Oldenbourgs

Technische Handbibliothek

Band I:

Neuere Kühlmaschinen

von

Dr. Dr.-Ing. **Hans Lorenz** und Dr.-Ing. **C. Heinel**

München und Berlin 1922
Druck und Verlag von R. Oldenbourg

Neuere Kühlmaschinen

ihre Konstruktion, Wirkungsweise und industrielle Verwendung

Ein Leitfaden
für
Ingenieure, Techniker und Kühlanlagen-Besitzer

von

Dr. Dr.-Ing. **Hans Lorenz** und Dr.-Ing. **C. Heinel**

Geh. Regierungsrat
o. Professor a. d. Techn. Hochschule
zu Danzig

o. Professor a. d. Techn. Hochschule
zu Breslau

Sechste, ergänzte Auflage

Mit 296 Figuren im Text und auf Tafeln

München und Berlin 1922
Druck und Verlag von R. Oldenbourg

Vorwort zur vierten Auflage.

Das Buch verfolgt auch in der neuen Form den Zweck, unter Vermeidung weitgehender theoretischer Ableitungen nicht nur dem Fachingenieur sondern auch anderen Kreisen, insbesondere den Betriebsleitern und Führern von Kältemaschinenanlagen, dasjenige zu bieten, was sie zur Lösung der ihnen gestellten praktischen Aufgaben brauchen.

Dabei wurde weniger Wert auf eine erschöpfende und alle Möglichkeiten umfassende Darstellung gelegt, als vielmehr darauf, daß sich der Leser an Hand des Buches in jedem Sonderfalle ein vollständiges Urteil bilden kann.

Hierzu erschien es nötig, in der neuen Auflage die Konstruktionsfragen eingehender zu behandeln, indem zuerst die an jeden Teil der Kälteanlage zu stellenden Anforderungen gekennzeichnet, dann die zu ihrer Befriedigung möglichen Mittel genannt und endlich untersucht wurde, welche Vor- und Nachteile den hauptsächlich in Betracht kommenden Ausführungsformen praktisch und wirtschaftlich anhaften.

Es ist an dieser Stelle mit besonderem Danke anzuerkennen, daß eine große Zahl von Kältemaschinen-Bauanstalten die Erreichung dieses Zieles durch Einsendung von Konstruktionszeichnungen und anderem geeigneten Stoff in weitestgehender Weise unterstützt haben. Daneben wurde noch eine große Anzahl von Darstellungen selbst entworfen, besonders zur Anregung von Neukonstruktionen.

Ein besonderes Kapitel behandelt den Betrieb von Kältemaschinenanlagen; die hierin gegebenen Anweisungen finden ihre Ergänzung in der Besprechung der Einzelkonstruktionen bzw. deren Bedienung und Instandhaltung in den vorhergehenden Kapiteln.

Fachgenossen, die sich eingehender mit der Theorie befassen wollen, finden Näheres hierüber in folgenden Schriften: Technische Wärmelehre von H. Lorenz. Vergleichende Theorie und Berechnung der Kompressions-Kühlmaschinen von demselben; Zeitschr. f. d. ges. Kälte-Ind. 1897. Prüfung und Berechnung ausgeführter Ammoniak-Kompressions-Kältemaschinen von Dr. Gust. Döderlein. Die Wirkungsweise und Berechnung der Ammoniak-Absorptionsmaschinen von H. Lorenz; Zeitschr. f. d. ges. Kälte-Ind. 1899.

Eine weitere Ergänzung des vorliegenden Buches bietet: Bau und Betrieb von Kältemaschinenanlagen von C. Heinel. In dem genannten Buche findet sich ein umfangreicher Zahlenstoff und eine eingehendere Behandlung von solchen Fragen, die in der vorliegenden Schrift des zur Verfügung stehenden Raumes wegen nur kurz berührt werden konnten.

Endlich sei noch auf die statistische Arbeit: Die wirtschaftliche Bedeutung der deutschen Kälte-Industrie im Jahre 1908 hingewiesen.

Das Kapitel »Erzeugung und Verwendung von Kälte bei abnorm tiefen Temperaturen« wurde gestrichen, weil es im Rahmen dieses Buches keine seiner modernen Bedeutung entsprechende Darstellung mehr finden konnte.

Die unterzeichneten Verfasser würden sich freuen, wenn das Buch, dessen ältere Auflagen in die französische, russische und englische Sprache übersetzt wurden, auch in dieser vollständig umgearbeiteten Ausgabe sich in der Praxis als nützlich erweisen würde.

Danzig und Charlottenburg, August 1909.

H. Lorenz. C. Heinel.

Vorwort zur sechsten Auflage.

Der Aufbau des vorliegenden Werkes hat auch in der Neuauflage keine durchgreifenden Änderungen erfahren. Dagegen wurden die im ersten Kapitel enthaltenen Dampftabellen sowie die darauf beruhenden Zahlenbeispiele auf Grund neuer Forschungsergebnisse sämtlich umgerechnet. Dasselbe gilt auch für die Tabellen über Salzlösungen mit Rücksicht auf deren Gefrierpunkte. Durch das Entgegenkommen zahlreicher Firmen sind wir in die Lage versetzt worden, alle wichtigen und bewährten Neuerungen unter Ausscheidung veralteter Bauweisen aufzunehmen, ohne daß der Umfang des Werkes eine Erweiterung zu erfahren brauchte.

Wir haben geschwankt, ob angesichts der in der Zeitschrift für die gesamte Kalteindustrie April 1922 erschienenen Regeln für Leistungsversuche an Kältemaschinen und Kühlanlagen, die die von einem Ausschuß des »Deutschen Kältevereins« unter Leitung von Professor Dr. R. Plank ausgearbeitet wurden, nicht das letzte Kapitel unseres Buches gestrichen werden könnte. Da diese Regeln indessen vorwiegend für Kältemaschineningenieure bestimmt sind, so dürfte doch unsere gemeinverständliche Anleitung zu derartigen Versuchen nach eingehender Prüfung der Sachlage den Bedürfnissen der Kühlhallenbesitzer und Leiter entsprechen und sich damit ihre Beibehaltung rechtfertigen. Für genaue Abnahmeversuche sei dagegen auf die genannten Leistungsregeln, denen in der Sonderausgabe noch ausführliche Tabellen beigegeben sind, nachdrücklich hingewiesen.

Bei der Neubearbeitung und Korrektur wurden wir durch die Herren Dipl.-Ing. S. Groß und cand. mach. H. Beckmann wirksam unterstützt.

Danzig und Charlottenburg, August 1922.

Dr. Dr.-Ing. H. Lorenz. Dr.-Ing. C. Heinel.

Inhaltsverzeichnis.

Kapitel I.

Die Hauptsätze der Wärmelehre.

1. Die Temperatur.

Die Aufgabe der Kälteerzeugung ist im allgemeinen eine doppelte; zunächst die Erniedrigung der Temperatur eines festen, flüssigen oder gasförmigen Körpers unter diejenige seiner Umgebung und weiterhin die Erhaltung dieser tieferen Temperatur gegen äußere und innere Einflüsse, welche den ursprünglichen Zustand wieder herzustellen streben. Ganz entsprechend liegen die Verhältnisse bei der Heizung; nur daß wir es bei dieser mit der Erzielung und Erhaltung von höheren Temperaturen gegenüber der Umgebung zu tun haben. In beiden Fällen handelt es sich also um die Bekämpfung des Bestrebens der Natur nach einem Temperaturausgleich.

Zum Verständnis der Aufgabe der Kälteerzeugung und der Mittel zu ihrer Lösung wird es darum notwendig sein, die Vorgänge, mit denen ein solcher Temperaturausgleich verknüpft ist, näher kennenzulernen und sich zunächst über den Begriff der Temperatur Klarheit zu verschaffen. Derselbe ist aus unserem Gefühls- oder Tastsinne hervorgegangen, der uns die verschiedene Wirkung von höher oder nieder temperierten Körpern auf unsere Haut kenntlich macht. Bringen wir nun zwei solche Körper miteinander in Berührung, so finden wir, daß der uns als wärmer erscheinende sich hierbei zusammenzieht, der kältere dagegen sich ausdehnt, ein Vorgang, der solange andauert, bis wir mit unserem Gefühl keinen Unterschied mehr empfinden. Bedienen wir uns aber statt unserer Haut eines anderen Körpers, z. B. eines in eine feine Glasröhre mit überall genau gleichem Querschnitt eingeschlossenen Quecksilberfadens, so finden wir, daß dieser in Berührung mit dem wärmeren Körper länger, mit dem kälteren dagegen kürzer wird, während er nach dem Temperaturausgleich mit beiden Körpern berührt eine und dieselbe, jedenfalls zwischen den beiden vorher gemessenen liegende Länge anzeigt. Benutzen wir dann die Länge dieses Quecksilberfadens als Maß für die Temperatur und berücksichtigen, daß derselbe ebenso wie die beiden beobachteten Körper dem Temperaturausgleich bei der Berührung mit ihnen unterworfen ist, so haben wir zunächst den wichtigen Erfahrungssatz: *Zwei Körper haben dieselbe Temperatur, wenn ein dritter, das sog. Thermometer, mit jedem getrennt in Berührung gebracht, unter sonst gleichbleibenden Verhältnissen ein und dasselbe Volumen annimmt.* Um nun zu einem Ausgangspunkte für unsere Temperaturmessung zu gelangen, bringen wir unser Thermometer mit schmelzendem Eis in Berührung und kennzeichnen den entsprechenden Fadenendpunkt. Dieser Punkt wird vom Quecksilberfaden immer wieder erreicht, wenn wir dieses Verfahren z. B. mit einer anderen Menge von Eis oder an anderer Stelle wiederholen, wenn nur der Atmosphärendruck (Barometerstand) immer derselbe ist. Wir können mithin den so erhaltenen Fadenendpunkt als *Nullpunkt* unserer Skala festhalten. Einen weiteren Punkt erhalten wir z. B. durch Eintauchen des Thermometers in siedendes Wasser, auch dieser Punkt wird immer wieder erreicht, wenn der auf dem siedenden Wasser lastende Atmosphärendruck derselbe bleibt. Wir wählen denselben zu 760 mm Quecksilbersäule und kennzeichnen den *Siedepunkt* an unserem Thermometer. Alsdann teilen wir den Zwischenraum des Eis- und Siedepunktes in eine Anzahl gleicher Teile, sog. *Grade* (am bequemsten 100 nach dem Vorschlage von *Celsius*), setzen diese Einteilung sowohl unterhalb des Eispunktes, wie oberhalb des Siedepunktes fort und haben so eine, sowohl von unserem mannigfachen Wechselfällen unterworfenem Gefühl als auch von den Abmessungen des *Thermometers unabhängige Skala für die Temperatur.* Dieselbe ist, wie aus der Betrachtung des Weges, auf dem wir zu ihr gelangten, hervorgeht, zweifellos ganz willkürlich, sie gewinnt aber eine allgemeinere physikalische Bedeutung, wenn wir mit ihr das Verhalten einiger Gase, z. B. der atmosphärischen Luft, untersuchen. Diese Gase dehnen sich nämlich unter gleichbleibendem Drucke bei Erhöhung ihrer Temperatur um 1^0 unserer

Skala immer um $\frac{1}{273}$ desjenigen Volumens aus, welches sie beim Nullpunkte besitzen, und ziehen sich bei entsprechender Erniedrigung um denselben Betrag wieder zusammen (Gesetz von Gay-Lussac). Den Wert $\frac{1}{273} = 0{,}00367$ bezeichnen wir auch als ihren Ausdehnungswert, welcher hiernach für diese Gase als unveränderlich zu betrachten ist. Nehmen wir unter Vernachlässigung sehr kleiner Abweichungen, welche hier für uns nicht in Betracht kommen, an, daß dieses Gesetz auch bei den höchsten und tiefsten Temperaturen gültig bleibt, so folgt daraus, daß bei einer Temperatur von 273° unter dem Nullpunkte (— 273°) das Volumen der Gase auf nichts zusammengeschrumpft sein würde Obgleich nun eine solche Verdichtung materieller Körper auf einen Punkt im höchsten Grade unwahrscheinlich und auch infolge des bei tiefen Temperaturen immer stärker werdenden Einflusses der schon erwähnten Abweichungen vom Gasgesetze ausgeschlossen ist, haben wir doch hinreichenden Anlaß, die überhaupt denkbar tiefste Temperatur in der Nähe von — 273° zu suchen, und wollen darum diese Temperatur als absoluten Nullpunkt zum Ausgangspunkte der absoluten Temperaturskala annehmen. Dann entspricht z. B. einer Temperatur in Zentigraden von

$$t = -273^0 \quad -100^0 \quad 0^0 \quad +100^0 \quad 200^0$$

eine absolute Temperatur von

$$T = \quad 0^0 \quad 173^0 \quad 273^0 \quad 373^0 \quad 473^0$$

usw.

2. Die Wärme.

Mit dem Temperaturausgleich ist der zwischen zwei miteinander in Berührung gebrachten Körpern von anfänglich verschiedener Temperatur sich abspielende Vorgang noch nicht erschöpfend gekennzeichnet. Vollzieht sich dieser Austausch z. B. zwischen zwei gleich großen Wassermengen von verschiedener Temperatur, so wird die Endtemperatur das arithmetische Mittel der beiden anfänglichen sein. Sind dagegen auch die Wassermengen verschieden groß, z. B. 1 kg mit 100° C, 3 kg mit 20°, so ergibt sich die Endtemperatur der Gesamtmasse von 4 kg aus

$$1\,\text{kg} \times 100^0 + 3\,\text{kg} \times 20^0 = 4\,\text{kg} \times 40^0,$$

also zu 40°, und es hat zwischen den beiden Wassermengen ein Übergang von

$$1\,\text{kg}\ (100-40)^0 = 3\,\text{kg}\ (40-20)^0 = 60^0 \cdot \text{kg}$$

stattgefunden. Man erkennt jedenfalls hieraus, daß die Endtemperatur bei der Berührung nicht allein von den Anfangstemperaturen, sondern auch von den Körpermengen abhängt. Dasjenige nun, was der eine Körper hierbei verloren, der andere gewonnen hat, wollen wir allgemein als Wärme bezeichnen und diese entsprechend unserem Beispiel durch die Temperaturzunahme einer gewissen Wassermenge messen. Unter einer Warmeeinheit (WE) oder Calorie (Cal) sei daher der zur Erwärmung von 1 kg Wasser um 1° C notwendige Wärmebetrag[1]) verstanden.

Bringen wir nun einen andern Körper, etwa aus Metall, mit Wasser in Beruhrung, so wird die Änderung der Temperatur des letzteren im allgemeinen eine andere sein als wenn wir das dem Körper gleiche Wassergewicht von derselben Temperatur benutzt hätten. Dieser Tatsache wird man am einfachsten dadurch gerecht, daß man diejenige Wassermenge angibt, welche bei derselben Anfangstemperatur dasselbe Ergebnis liefern würde, wie der angewandte Körper, und sie als den Wasserwert des Körpers bezeichnet. Da dieser Wasserwert aber auch laut unserer Festsetzung der Wärmeeinheit angibt, wieviel solcher Einheiten zur Erwärmung eines bestimmten Gewichts des angewandten Körpers von 1° notwendig sind, so erhalten wir durch Division mit dem Gewichte die zur Erwärmung von 1 kg des Körpers um 1° nötige Wärmemenge, die sog. spezifische Wärme. Kennt man diesen Wert fur die einer Erwärmung oder Abkuhlung unterworfenen Körper, so ergibt sich leicht die ihnen zugefuhrte oder entzogene Wärme.

Beispielsweise fasse ein Blechgefäß von 1000 kg Gewicht 7000 l einer Salzlösung, deren spez. Gewicht 1,15 und deren spez. Warme 0,82 beträgt, während die spez. Warme des Eisenbleches 0,11 sei. Bei Beginn der Messung habe das Gefäß mit Inhalt eine Temperatur von 0°, am Ende von — 5°; es soll die hierbei entzogene Wärme berechnet werden.

[1]) Genau genommen mußte man die Temperaturgrenzen, innerhalb welcher die Messung vollzogen wird, angeben; fur technische Zwecke genugt dagegen die obige Festsetzung vollkommen.

Zunächst ergibt der Wasserwert des ganzen Gefäßes mit Inhalt zu

$$1000 \times 0{,}11 + 7000 \times 1{,}15 \times 0{,}82 = 6711$$

und daraus die entzogene Wärme zu

$$6711 \times 5 = 33555 \text{ Cal.}$$

Der Versuch, welchen wir unserer Entwicklung des Begriffs der spez. Wärme zugrunde gelegt dachten, kann nun auch unmittelbar zu ihrer Ermittlung für die verschiedensten Körper benutzt werden. Dabei sind die Temperaturen, zwischen denen die Erwärmung bzw. Abkühlung stattgefunden hat, genau zu beachten, weil erfahrungsgemäß die spez. Wärme der Körper keine unter allen Verhältnissen unveränderliche Größe ist. Für feste und flüssige Körper kann indessen diese Veränderlichkeit bei technischen Fragen immer dann vernachlässigt werden, wenn die Temperaturunterschiede nicht zu groß und genügend weit von dem Erstarrungs- oder Schmelzpunkte bzw. dem Siedepunkte entfernt sind.

Bei Gasen und Dämpfen dagegen kommen noch andere Einflüsse in Betracht, auf die wir weiter unten eingehen werden.

Ein ganz eigentümliches Verhalten zeigen nun alle Körper bei sog. Änderungen ihres Aggregatzustandes, d. h. beim Übergange aus dem festen in den flüssigen Zustand (Schmelzen) bzw. aus dem flüssigen in den dampfförmigen Zustand (Verdampfen) und umgekehrt (Erstarren bzw. Niederschlagen oder Kondensieren). Erwärmt man nämlich eine bestimmte Eismenge in einem offenen Gefäß, also unter Atmosphärendruck, so steigt deren Temperatur bis zu 0° C, dann beginnt das Eis zu schmelzen, ohne daß die Temperatur trotz erheblicher Wärmezufuhr (zirka 80 Cal für 1 kg) weiter zunimmt. Erst wenn alles Eis zu Wasser geworden ist, steigt sie wieder, und zwar bis zum Siedepunkte, also unter atmosphärischem Drucke bis 100° C. Alsdann beginnt die Verdampfung ohne weitere Temperaturerhöhung unter noch bedeutenderer Wärmeaufnahme als beim Schmelzprozeß (rund 600 Cal für 1 kg). Die Wärmemengen, welche beim Schmelzen und Verdampfen verbraucht, beim Erstarren und Kondensieren wieder frei werden, sind übrigens, wie die entsprechenden Temperaturen selbst, abhängig vom äußeren Drucke und werden als latente Wärme oder auch als Schmelz- bzw. Verdampfungswärme bezeichnet. Für die Kälteerzeugung sind diese Vorgänge von der größten Bedeutung, da bei ihnen außerordentlich große Wärmemengen gebunden bzw. wieder freigegeben werden.

3. Die Äquivalenz von Wärme und mechanischer Arbeit.

Unsere bisherigen Betrachtungen zeigten uns die Wärme als eine Naturerscheinung ohne jeden Zusammenhang mit andern Energieformen. Ein solcher Zusammenhang aber ergibt sich schon aus der alten Erfahrung, daß durch Aufwendung mechanischer Arbeit, z. B. bei der Reibung fester Körper aneinander, Wärme entsteht. Daß diese beiden Größen zueinander in einem bestimmten, vom Verlauf des Vorganges selbst gänzlich unabhängigen Verhältnisse standen, stellte sich erst durch genaue Messungen im Jahre 1842 heraus und führte zur Erkenntnis des Satzes von der Äquivalenz der Wärme und Arbeit (Satz von Mayer und Joule). Es entsprach hierbei die Entstehung von 1 Cal dem Aufwand von rd. 427 mkg. Durch diese Feststellung war die Wärme gleichzeitig als eine Energieform gekennzeichnet und die Möglichkeit geschaffen, mechanische und thermische Vorgänge rechnerisch im Zusammenhange zu behandeln. Versteht man unter der Eigenenergie oder Energie kurzweg die gesamte in einem Körper latent aufgespeicherte und durch seine Temperatur erkennbar vorhandene Wärme, so läßt sich dieser Zusammenhang dahin aussprechen, daß die Zufuhr einer bestimmten Wärmemenge gleich ist der Summe aus dem Zuwachse seiner Energie und dem Äquivalent der von ihm während der Wärmezufuhr geleisteten Arbeit. Hiernach sind, je nach der Art der Arbeitsabgabe, eine große Zahl von Zustandsänderungen bei gegebener Wärmezufuhr denkbar. Die Durchforschung derselben ist Gegenstand der mechanischen Wärmetheorie oder Thermodynamik, als deren ersten Hauptsatz man die Erkenntnis der Gleichwertigkeit wohl auch bezeichnet.

Eine einfache Anwendung unseres Satzes erlaubt das Verhalten der schon oben besprochenen Gase. Schließt man z. B. 1 kg Luft von 0^0 C in einem Zylinder von 1 qm Querschnitt durch einen reibungslos verschiebbaren dichten Kolben (Fig. 1) ab, so lastet auf demselben und damit auch auf dem Gase der Atmosphärendruck von 10333 kg/qm. Das Volumen von 1 kg Luft bei 0° C beträgt dann 0,772 cbm. Erwärmt man nun die Luft im Zylinder um etwa 1°, so wird das Volumen (siehe oben § 1) um $\frac{1}{273}$ zunehmen, also der Kolben um $\frac{0,772}{273} = 0,00283$ m verschoben, wodurch eine Arbeit von $0,00283 \times 10333 = 29,24$ mkg, entsprechend einer Wärmemenge von $\frac{29,24}{427} = 0,068$ Cal gegen den Atmospharendruck geleistet wird. Die zur Erwärmung um 1° nötige Wärme, die wir als spez. Wärme bei unveranderlichem Druck bezeichnen wollen, ist aber 0,238 Cal, von denen 0,068 Cal auf die außere Arbeit entfallen. Man darf also schließen, daß bei unveranderlichem Volumen (also festgehaltenem Kolben) nur $0,238 - 0,068 = 0,170$ Cal verbraucht worden wären. In der Tat geht aus anderen Versuchen hervor, daß dieser Wert die spez. Warme der Luft bei unveranderlichem Volumen darstellt.

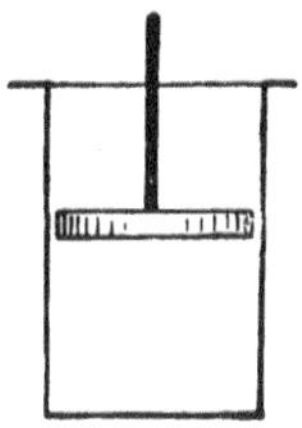

Fig. 1

Durch weitgehende Versuche, die man vorwiegend dem Franzosen Regnault verdankt, ist festgestellt worden, daß diese spez. Warme der Gase nahezu unveranderliche Werte besitzt, so daß der Energieinhalt von 1 kg eines Gases innerhalb weiter Grenzen einfach durch seine absolute Temperatur multipliziert mit der spez. Wärme fur unveranderliches Volumen gegeben ist.

Die bei einer Ausdehnung auf das der Temperatur entsprechende Volumen geleistete Arbeit kommt für den Energieinhalt nicht mehr in Frage, da sie ja zur Überwindung äußeren Widerstandes (z. B. des Atmosphärendruckes) verbraucht, also auch nicht mehr in dem Gase enthalten ist. Diese Erfahrungstatsache gewinnt fur die Kalteerzeugung eine gewisse Bedeutung, wenn wir sie mit dem von dem Engländer Boyle und dem Franzosen Mariotte durch Versuche ermittelten Gesetze verbinden, daß der Druck[1]), der auf einem Gase lastet, mit seinem jeweiligen Volumen multipliziert bei derselben Temperatur immer denselben Wert ergibt. Da nun das Volumen, wie wir oben (§ 1) gesehen haben, in geradem Verhaltnis zur abso-

[1]) Der Druck ist hier immer absolut, d. h. nicht als Überdruck zu verstehen.

luten Temperatur zunimmt, so wird auch das **Produkt aus Druck und Volumen in geradem Verhältnis zu dieser Temperatur und folglich auch zum Energieinhalte des Gases stehen.** Ein anschauliches Bild dieses Verhaltens ergibt sich durch Aufzeichnung des Zusammenhanges von Druck und Volumen für verschiedene Temperaturen, wie es in Fig. 2 geschehen ist. Die so erhaltenen, jedesmal für eine bestimmte Temperatur geltenden Kurven (gleichseitige Hyperbeln) bezeichnet man als die **Isothermen** des betreffenden Gases. Soll sich ein Gas **isothermisch** ausdehnen, d. h. so, daß sein Druck und Volumen stets einer solchen Kurve folgen, und wird dabei eine gewisse äußere Arbeit geleistet, so muß ihm, damit die Temperatur dieselbe bleibt, das dieser Arbeit entsprechende Wärmeäquivalent wieder zugeführt werden.

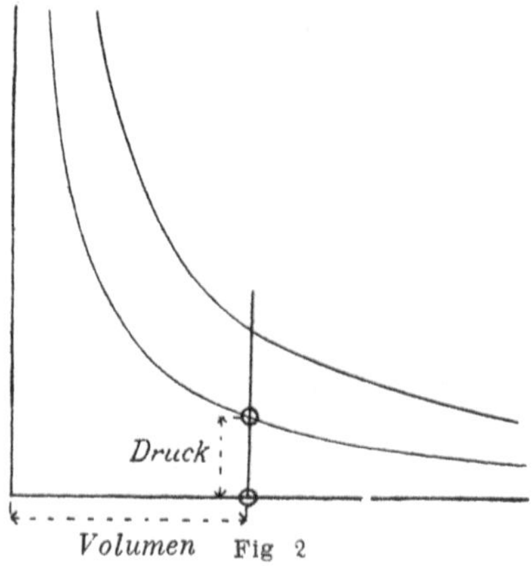

Fig. 2

Geschieht dies nicht, so wird eine dieser Arbeit entsprechende Temperaturerniedrigung auftreten, welche bei einigermaßen nennenswerten Arbeitsbeträgen sehr erheblich ausfällt und, wenn die Anfangstemperatur des Gases nicht viel über dem Eispunkte liegt, ganz bedeutend unter denselben sinken kann.

Dieser Temperaturerniedrigung entspricht naturgemäß eine kleinere Volumzunahme als bei der Isotherme, so daß die Zustandskurve in unserem Druckvolumendiagramm rasch abfällt, d. h. steiler verläuft als die Isotherme. Gerade umgekehrt liegen die Verhältnisse bei der Verdichtung eines Gases, die, wenn das Wärmeäquivalent der Verdichtungsarbeit nicht abgeleitet wird, mit einer starken Temperaturerhöhung verbunden sein muß. Derartige Zustandsänderungen bezeichnet man, da sie nur in Gefäßen mit wärmedichten Wandungen durchfuhrbar sind, als **adiabatische** und die zugehörigen Zustandskurven kurz als **Adiabaten**.

Läßt man weiterhin ein Gas aus einem Raum, der unter unveränderlichem Druck steht, in einen Raum mit niederer, ebenfalls unveränderlicher Pressung ausstromen, so bleibt hierbei, da die Verdrängungsarbeit des uberströmenden Gases gleich der Widerstandsarbeit des aus dem Raume niederen Druckes verdrängten ist, der Energieinhalt und damit die Temperatur unverändert. Diese Folgerung der oben entwickelten Sätze wurde von den Engländern Thomson und Joule gepruft und bis auf kleine, erst in der Neuzeit technisch benutzte Abweichungen fur richtig befunden.

Der Zustand eines Körpers, insbesondere seine Energie, ist, wie aus dieser Betrachtung der Gase hervorgeht, jedenfalls durch den Druck und sein Volumen vollständig bestimmt, da mit beiden Werten ja auch die Temperatur gegeben ist (siehe das Isothermendiagramm Fig. 2). Weiterhin aber zeigt sich, daß man jeden Körper aus einem Zustand A in einen andern B auf sehr verschiedene Weise uberfuhren kann, z. B. indem man ihn erst ohne Wärmeentziehung bzw. Zufuhr verdichtet und ihm dann Wärme entzieht bzw. zufuhrt oder indem man beide Vorgänge vereinigt usw. Fuhrt man den Übergang auf einem dieser Wege durch und läßt den Korper unter andern Verhältnissen (siehe Fig. 3) sich wieder ausdehnen bis der Anfangszustand erreicht ist, so hat der Korper offenbar einen Kreisprozeß durchlaufen, nach welchem seine Energie denselben Wert besitzt wie vorher. Das Wärmeäquivalent der bei einem solchen Kreisprozeß gewonnenen Arbeit muß demnach gleich sein dem Unterschied der zu- und abgefuhrten Wärme. Ist aber dieser Unterschied negativ, so ist beim Kreisprozeß Arbeit von außen einzuleiten, d. h. aufzuwenden.

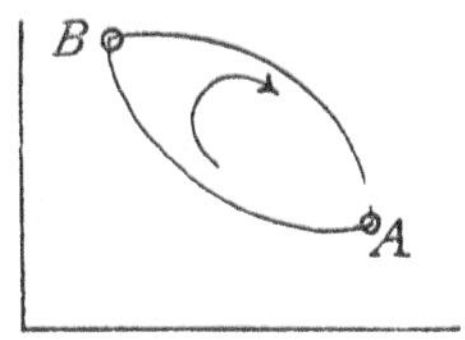

Fig. 3

Kreisprozesse der ersten Art, bei denen ein Arbeitsgewinn sich ergibt, benutzt die Technik in den Motoren, solche der zweiten Art, welche einen Aufwand von Arbeit erfordern, in den Kuhlmaschinen. In beiden Fallen haben wir es nach dem vorstehenden Satze mit zugefuhrten und abgeleiteten Energiegroßen zu tun, welche sich entsprechend den Aktiven und Passiven der kaufmännischen Buchfuhrung in der Bilanz, welche man hier als Warmebilanz bezeichnet, ausgleichen mussen

4. Der Verwandlungswert der Wärme.

Während die Erfahrung gezeigt hat, daß man unter allen Umständen imstande ist, eine beliebige Arbeitsmenge vollständig in Wärme überzuführen, ist dies umgekehrt nicht allgemein möglich. Bei allen praktisch durchführbaren Prozessen ergibt sich nämlich nur die Umwandlung eines Teiles von Wärme in Arbeit, während der Rest der zugeführten Wärme als solche, und zwar bei niederer Temperatur als vor der Arbeitsleistung wieder erscheint. Als Beispiel sei an die Dampfmaschine erinnert, welcher im Dampfe Wärme bei hoher Temperatur zugeführt wird. Nach der Arbeitsleistung tritt die um das Äquivalent derselben verminderte Wärme in den Verflüssiger über, dessen Temperatur jedenfalls bedeutend tiefer liegt als diejenige des Dampfes im Kessel. Es ist nun zweifellos wünschenswert, denjenigen Betrag von Wärme kennenzulernen, welcher bei einem solchen Übergang von einer höheren Temperatur zu einer niederen bestenfalls in Arbeit verwandelt werden kann.

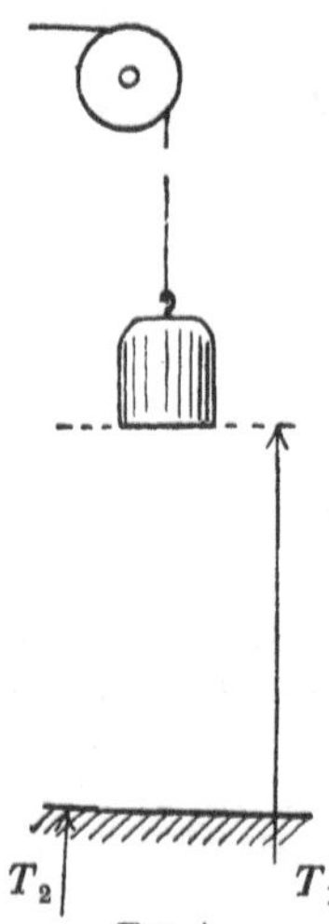

Fig. 4

Zu diesem Zwecke wollen wir uns eines mechanischen Gleichnisses für den Vorgang bedienen, welches von Zeuner herrührt. Da die Wärme der mechanischen Arbeit gleichwertig ist, so wollen wir sie wie diese durch ein Gewicht multipliziert mit einer Hubhöhe darstellen. Als letztere bietet sich uns zwanglos der Unterschied der absoluten Temperaturen dar, so daß wir setzen dürfen

$$\text{Wärmegewicht} = \frac{\text{Wärmemenge}}{\text{absolute Temperatur}}.$$

Stellen wir uns nun vor, dieses ideelle Wärmegewicht sinke von einer absoluten Temperatur T_1 auf eine niedere T_2, welch letztere etwa dem Erdboden beim Herabfallen eines Körpers entsprechen möge, herab, so wird jedenfalls, wenn nicht unterwegs Teile des Gewichtes (etwa durch Ausstrahlung von Wärme) verlorengehen, das Wärmegewicht vor und nach dem Herabsinken dasselbe sein (Fig. 4). Wir haben infolgedessen den Satz, daß im günstigsten Falle beim Übergange einer Wärmemenge Q_1 von einer höheren Temperatur

T_1 zu dieser tieferen T_2, wobei eine Arbeit L mkg geleistet wurde, dort nur noch die Wärmemenge $Q_2 = Q_1 - \frac{L}{427}$ ankommt, während nach der obigen Definition des hierbei unveränderten Wärmegewichtes

$$\frac{Q_1}{T_1} = \frac{Q_2}{T_2}$$

ist, d. h. die beiden Wärmemengen Q_1 und Q_2 sich zueinander verhalten wie die entsprechenden absoluten Temperaturen[1]) T_1 und T_2 (Satz von Carnot und Clausius oder auch zweiter Hauptsatz der Thermodynamik). Wird beim Herabsinken keine Nutzarbeit geleistet, d. h. stürzt das Gewicht einfach herab, so kommt beim Aufschlag auch die gesamte Energie als Wärme wieder zum Vorschein, ganz wie beim Übergang von Wärme von einem höher temperierten Körper auf einen solchen von niederer Temperatur. Da hierbei die übertretende Wärme sich nicht ändert, also $Q_1 = Q_2$ ist, während die Temperatur sich erniedrigt, so wird $\frac{Q_2}{T_2} = \frac{Q_1}{T_2}$ größer als $\frac{Q_1}{T_1}$ sein, d. h. beim einfachen Übergang der Wärme nimmt das Wärmegewicht zu.

Für die Kälteerzeugung ist nun der umgekehrte Vorgang von größter Bedeutung. Ebenso wie es unmöglich ist, ein Gewicht ohne Arbeitsaufwand emporzuheben, erfordert auch die entsprechende Überführung von Wärme von einem kälteren Körper nach einem wärmeren eine dem Gewinne beim umgekehrten Übergang mindestens gleiche Arbeit oder auch eine derselben gleichwertige Wärmezufuhr. Die an den wärmeren Körper abgegebene Wärme ist alsdann um dieses Wärmeäquivalent größer als die vom kälteren aufgenommene Wärme. Auch bei diesem Vorgange sind Verluste denkbar, welche einerseits durch beim Schlusse des Hebens nicht ausgeglichene Geschwindigkeiten, anderseits durch hinzutretende Belastungen (entsprechend Einstrahlungen von Wärme) während des Hebevorganges entstehen können, so daß jedenfalls die oben ermittelte Arbeit immer dann den kleinsten Betrag darstellt, wenn die Temperaturen

---

[1]) Es möge noch ausdrücklich hervorgehoben werden, daß die obige Darstellung kein Beweis, sondern nur eine Veranschaulichung des zweiten Hauptsatzes der Thermodynamik sein soll

des wärmeabgebenden und des wärmeaufnehmenden Körpers sich nicht ändern.

Treten dagegen derartige Temperaturänderungen ein, so würde man hinreichend genau die Mindestarbeit durch Einsetzen der Mitteltemperaturen beider Körper erhalten.

Für die Kälteerzeugung bedient man sich nun stets vermittelnder Körper, sog. Kältemedien oder Kälteträger, welche imstande sind, bei niederen Temperaturen größere Wärmemengen aufzunehmen und bei höheren wieder abzugeben. Es erscheint dann für die Annäherungsrechnung zweckmäßig, wenn während der Aufnahme und Abgabe der Wärme die Kälteträger ihre Temperatur selbst gar nicht oder nur unerheblich ändern, diese Temperaturen statt derjenigen des wärmeabgebenden und wärmeaufnehmenden Körpers einzuführen.

Zur Verdeutlichung wollen wir unsere Ergebnisse in einigen Zahlenbeispielen verwerten. Es seien einer Salzlösung bei — 10° C, also $T_2 = 273 - 10 = 263^0$ absoluter Temperatur stündlich $Q_2 = 100000$ Cal zu entziehen und diese einmal auf Kühlwasser bei $+10^0$, dann $+20^0$ und schließlich $+30^0$ entsprechend absoluten Temperaturen von $T_1 = 283^0, 293^0, 303^0$ zu übertragen. Die hierzu nötige Arbeit ergibt sich dann, nachdem man aus den Verhältnissen $Q_1 : Q_2 = T_1 : T_2 = 283 : 263$, bzw. $293 : 263$ und $303 : 263$ die abzuliefernde Wärmemenge Q_1 zu 107600 Cal bzw. 111400 Cal und 115200 Cal stündlich bestimmt hat, aus den Äquivalenten $Q_1 - Q_2 = 7600$ Cal, 11400 Cal und 15200 Cal durch Multiplikation mit 427 zu 3245000 mkg, 4863000 mkg und 6490000 mkg. Da eine Pferdestärke (1 PS) stündlich $75 \times 3600 = 270000$ mkg leistet, so ergeben sich die diesen Zahlen entsprechenden Werte zu 12, 18 und 24 PS.

Die hier betrachteten Vorgänge sind ganz unabhängig von der Natur des vermittelnden Körpers. Dies ist indessen nur so lange richtig, als der Prozeß, durch den wir den Wärmeübergang vermitteln, vollständig umkehrbar bleibt, d. h. als wir imstande sind, ihn jederzeit zu unterbrechen und in umgekehrter Richtung verlaufen zu lassen. Würde nämlich mit einem andern Körper dann ein anderes Ergebnis erzielt werden, so brauchte man nur den Vorgang des Wärmeüberganges von höherer zu tieferer Temperatur mit einem Körper vorzunehmen, welcher mehr Arbeit ergibt als ein anderer zum umgekehrten Vorgang erfordert, um so ein Perpetuum mobile zu erhalten. Die Unmöglichkeit eines solchen ergibt aber den wichtigen Satz, daß der vermittelnde Körper keinen Einfluß auf das Endergebnis ausüben würde, wenn man imstande wäre, die Kälteerzeugung vollständig durch umkehrbare Kreisprozesse zu bewältigen. Unter diesen nimmt nun der sog. Carnotsche Kreisprozeß eine besondere Stellung ein, weil wir unter Zuhilfenahme von gesättigten Dämpfen als vermittelndem Körper denselben nahezu verwirklichen können. Lassen wir nämlich eine bei gewöhnlicher Temperatur (zwischen $+10^0$ und $+30^0$) gebildete, aus einem Dampfe unter Entziehung der Wärme Q_1 niedergeschlagene Flüssigkeit in einem Arbeitszylinder von ihrem Energieinhalt so viel in Form von Arbeit abgeben, bis ihre Temperatur auf eine gewünschte niedere Stufe zwischen -10^0 und -20^0 gesunken ist, so können wir sie bei dieser Temperatur und dem ihr entsprechenden niederen Druck unter Zuführung der Wärme Q_2 (Kälteleistung) verdampfen, nachher durch einen Kompressor ansaugen und wieder auf den höheren Druck bzw. die höhere Temperatur ohne Wärmezufuhr, d. h. adiabatisch, verdichten, worauf sie schließlich unter Entziehung der Wärmemenge Q_1 von neuem verflüssigt wird. Wir erhalten auf diese Weise ein Diagramm, Fig. 5, in welchem die einfach gestrichelte Fläche den idealen Arbeitsbedarf darstellt, während die doppelt gestrichelte diejenige Arbeit ergibt, welche man durch den Arbeitszylinder aus der Flüssigkeit wieder gewinnen könnte.

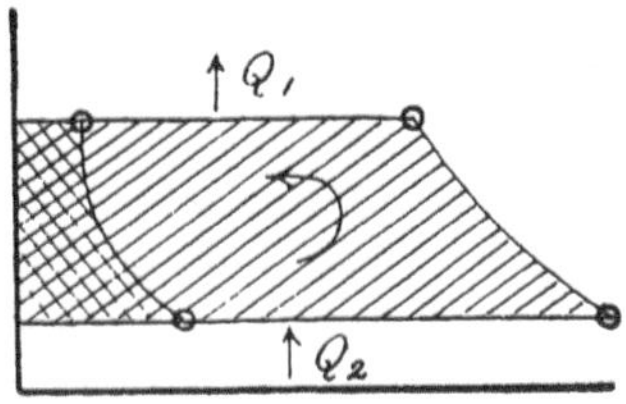

Fig. 5

Diesem Kreisprozesse entsprechen auch die oben durchgeführten Zahlenbeispiele. Die wichtigste Abweichung der praktischen Ausführung hiervon ist zunächst der Wegfall des eben genannten Arbeitszylinders, die für bestimmte Kälteträger in der geringen Ausbeute, für andere in gewissen Konstruktionsschwierigkeiten begründet ist. Die wirklich ausgeführten Maschinen des Verdichtungssystems werden darum einen wenigstens um die Arbeit dieses Zylinders höheren Energiebedarf erfordern.

5. Wärmeleitung und Wärmestrahlung.

In § 1 und 2 haben wir gesehen, daß bei der Berührung von Körpern verschiedener Temperatur der höher temperierte an den niederer temperierten Wärme abgibt. Genau dasselbe tritt auch zwischen zwei Teilen eines und desselben Körpers ein, wenn diese verschiedene Temperaturen haben, und dauert so lange an, bis ein vollständiger Temperaturausgleich eingetreten ist. Erhalten wir dagegen beide Stellen immer auf denselben, voneinander verschiedenen Temperaturen, verhindern also den Temperaturausgleich durch entsprechende Wärmezufuhr und -ableitung, so wird offenbar ständig ein Wärmestrom von der wärmeren zur kälteren Stelle des Körpers gehen. Dieser Wärmestrom wird auch noch aufrechterhalten, wenn wir eine Reihe von Körpern aneinander ketten, von denen der am einen Ende befindliche auf einer anderen Temperatur erhalten wird als der am entgegengesetzten Ende. Vorgänge dieser Art, welche wir als Wärmeleitung bezeichnen, treten überall auf, wo es sich um Übergang von Wärme handelt. Sind die Temperaturunterschiede nicht groß, wie es ja den Aufgaben der Kälteerzeugung durchgängig entspricht, so steht die durch Leitung in Bewegung gesetzte Wärmemenge in geradem Verhältnis zu dem zu ihrer Bewegungsrichtung senkrechten Querschnitt des Körpers und diesem Temperaturunterschied, dividiert durch die Länge des Weges selbst. Stellen wir diesen Versuch mit mehreren Körpern an, so finden wir, daß bei gleichen Temperaturunterschieden, gleichen Querschnitten und Stromlängen doch verschiedene Wärmemengen von ihnen übertragen werden, so daß wir annehmen müssen, daß die einzelnen Körper der Wärmebewegung einen verschiedenen Widerstand entgegenstellen. Diesen Widerstand werden wir durch Einführung eines Zahlenwertes, der sog. Wärmeleitziffer, gerecht, die uns angibt, welche Wärmemenge in Calorien stündlich durch einen Würfel von 1 m Seitenlänge hindurchgeht, wenn eine Würfelfläche (von 1 qm) genau 1^0 wärmer ist als die ihr gegenüber stehende. Je nach der Größe dieser Ziffer unterscheiden wir nunmehr gute und schlechte Wärmeleiter oder Leiter schlechtweg und Wärmeschutzkörper, welch letztere wir in der Technik dazu benutzen, den

Wärmedurchgang dort möglichst zu vermindern, wo es uns unerwunscht ist.

Die Warmeleitung ist an das Vorhandensein eines Temperaturunterschiedes geknüpft und verlauft immer in der Richtung der hoheren zur tieferen Temperatur. Da ein umgekehrter Wärmestrom nicht ermoglicht werden kann, so bezeichnen wir die Wärmeleitung als einen nicht *umkehrbaren Vorgang*. Wichtig ist dabei, daß die Warme auf ihrem Wege keine Arbeit leistet, sondern in unveranderter Menge die niedere Stufe erreicht. Wollten wir sie wieder auf eine hohere Stufe bringen, d. h. einen Wärmeübergang von einem kälteren auf einen warmeren Körper vermitteln, so mussen wir dazu Energie aufwenden. Diese Tatsache faßt man nach *Clausius* in den Satz zusammen, *daß ein Wärmeubergang von einem kälteren nach einem wärmeren Körper ohne Energieaufwand nicht durchfuhrbar ist.*

Praktisch lassen sich derartige nicht umkehrbare Vorgange niemals vollstandig vermeiden, so daß tatsachlich die Erzielung eines vollkommen umkehrbaren Kreisprozesses unmöglich ist. Wenn wir denselben oben trotzdem betrachteten und ihn als Vergleichsmaßstab fur wirkliche Vorgange weiterhin benutzen, so ist dies darin begrundet, daß man einerseits durch Vergroßerung der Warmedurchgangsflachen das zur Warmeleitung notige Temperaturgefalle beliebig verkleinern, anderseits aber diese selbst da, wo sie unzweckmaßig ist, durch reichliche Isolation beliebig verringern kann.

Auch zwischen Korpern von verschiedener Temperatur, welche nicht miteinander in Beruhrung stehen, findet erfahrungsgemaß ein Warmeubergang statt, den wir als *Warmestrahlung* bezeichnen. Dieser Vorgang konnte ganz rein nur in vollkommener Luftleere sich abspielen und lauft darauf hinaus, daß an der Oberflache des warmen Korpers die Warme sich in strahlende Energie (deren Unterschied gegenuber den Licht- und elektrischen Strahlen lediglich in der Wellenlange beruht) verwandelt, an der Oberflache des kalteren dagegen diese wieder in Warme ubergeht. Da nun der Zwischenraum zwischen den in solcher Weise warmeaustauschenden Korpern stets mit Gasen, z. B. Luft, ausgefullt ist, diese aber einen Teil der sie durchdringenden Strahlen festhalt und ihre Energie in Warme verwandelt, so gelangt niemals die ganze ausgestrahlte Warme an ihr Ziel. Fur technische Anwendungen ist dieses als Absorption bezeichnete Verschlucken von Wärmestrahlen ohne erhebliche Bedeutung, da hier nur diejenigen Wärmemengen interessieren, welche ein warmer Körper an seine Umgebung wirklich verliert bzw. ein kalter Körper von dieser erhalt.

Gegen die Aus- und Einstrahlung von Wärme kann man sich nur durch Oberflachen schützen, welche eine äußerst geringe Absorption der Wärme gestatten, wie Metallspiegel oder weißen Anstrich.

Mit spiegelnden Metallflachen pflegt man heiße Körper (z. B. Dampfzylinder) zu schützen, da der Spiegel auch die aus dem Innern kommenden Wärmestrahlen zurückwirft. Zum Schutz von Körpern, deren Temperatur tiefer liegt als die der umgebenden Luft, sind die Metallspiegel unbrauchbar, da sich an ihnen Wasser aus der Luft niederschlagt und zu Oxydbildungen Anlaß bietet, welche den Spiegel fast vollstandig zerstoren. Man begnugt sich daher in diesem Falle mit einem hellen Anstrich der im ubrigen durch schlechte Wärmeleiter umhullten kalten Körper, z. B. der Rohrleitungen von Kuhlmaschinen.

Kapitel II.

Verfahren und Energieverbrauch der Kälteerzeugung.

6. Verfahren der Kälteerzeugung.

Die Kalteerzeugung beruht in neuerer Zeit fast ausschließlich auf der kraftigen Bindung von Warme infolge der Verdampfung mehr oder weniger fluchtiger Flussigkeiten (verflussigter Gase) bei niederer Temperatur. Die fruher häufig, jetzt aber nur noch selten zur Kälteerzeugung verwendete Abkuhlung atmospharischer Luft wahrend ihrer Ausdehnung unter Leistung außerer Arbeit in sog. Kaltluftmaschinen hat sich dagegen als sehr unwirtschaftlich erwiesen, weil hierbei wegen der geringen Warmebindungsfahigkeit der Luft (fur 1° C nur 0,2377 Cal pro 1 kg oder rd. 0,3 Cal pro 1 cbm) einerseits die untere Temperaturgrenze auf Kosten des Arbeitsverbrauches sehr erniedrigt werden muß und anderseits beträchtliche Luftmengen zu bewältigen sind, denen dann ganz unförmliche Abmessungen der Maschinen und damit auch ungeheure Reibungsverluste entsprechen[1]). Außerdem wurde die Stetigkeit des Betriebes durch die niemals zu vermeidenden Schneebildungen aus dem Feuchtigkeitsgehalt der Luft und deren Reinheit, wenn sie, aus der Maschine austretend, zu Kühlzwecken verwendet werden sollte, durch mitgerissene Schmiermittel beeinträchtigt. Da alle diese Nachteile den auf dem Verdampfungsprinzip beruhenden Kaltdampfmaschinen bei zweckmäßiger Wahl der in ihnen arbeitenden Flussigkeit, des sog. Kaltetragers, entweder gar nicht oder doch nur in sehr beschränktem Maße anhaften, so hat diese Maschinengattung die Kaltluftmaschinen zurzeit vollständig verdrängt, und es besteht für uns keine Veranlassung mehr, auf deren oft sinnreichen Bau hier näher einzugehen.

Die Kaltdampfmaschinen, mit denen wir uns in der Folge allein zu beschäftigen haben, zerfallen nun in drei Gruppen, und zwar:

I. In reine Kompressionsmaschinen, in denen Ammoniak, Kohlensäure oder schweflige Saure, seltener

[1]) Diese Maschinen bestehen immer aus einem Kompressor zur Verdichtung der Luft, aus einem Kuhlapparat, in welchem die Verdichtungswarme an Kuhlwasser abgegeben und dadurch die Temperatur der Luft bis nahe auf die Wassertemperatur erniedrigt werden kann, und schließlich aus einem Expansionszylinder, in welchem sie arbeitend eine tiefe Temperatur erreicht, um betrachtliche Warmemengen aufnehmen zu konnen. Kompressor und Expansionszylinder sind gewohnlich durch eine Kurbelwelle vereinigt, wenn ihre Kolben nicht schon eine gemeinsame Stange besitzen. Da der arbeitleistende, ganz wie ein Dampfzylinder mit Steuerung versehene Expansionszylinder allein nicht imstande ist, den Kompressor zu treiben, so muß die Differenz durch einen Motor gedeckt werden, der ebenfalls gewohnlich an derselben Kurbelwelle angreift.

Naheres uber derartige altere Maschinen siehe in der Abhandlung von A. G. Kirk »On the mechanical production of cold« in den Proceedings of the Institution of Civil Engineers 1874. Versuche siehe in Schroters »Untersuchungen an Kaltemaschinen verschiedener Systeme«. I Bericht Munchen 1887 Fur die nahere Begrundung der Unwirtschaftlichkeit siehe Lorenz »Die Wirtschaftlichkeit der Kaltluftmaschinen mit Arbeitskolben und Kreiselradern«, Zeitschrift f d. ges. Kalte-Industrie 1911.

(in Frankreich) Chlormethyl, sämtlich wasserfrei, nach ihrer Verdampfung in einem Röhrenapparat, dem sog. Verdampfer oder Refrigerator, von einem Kompressor angesaugt, verdichtet und in einem zweiten Röhrenapparat, dem Kondensator, durch Wasserkühlung verflüssigt werden, um schließlich vermittelst eines zur Abdrosselung des Druckunterschiedes eingeschalteten Regelventils wieder in den Verdampfer zurückzutreten.

Bei Verwendung von Wasserdampf als Kälteträger, der bei den in Frage kommenden Temperaturen sehr niedere Drücke besitzt und außerordentlich große Kompressorvolumina erfordern würde, bedient man sich zur Verdichtung zweckmäßiger eines Dampfstrahlgebläses, dessen Austrittsdampf mit dem aus dem Verdampfer abgesaugten vermischt, im Kondensator niedergeschlagen und durch eine Pumpe, die ebenfalls als Strahlapparat ausgebildet sein kann, ins Freie gefördert wird.

II. In reine Absorptionsmaschinen, in denen als Kälteträger ausschließlich Ammoniak zur Anwendung gelangt, welches nach der Verdampfung von Wasser verschluckt, in dieser Lösung durch eine kleine Pumpe auf höheren Druck gebracht und unter diesem durch unmittelbare Wärmezufuhr (gewöhnlich Dampfheizung) wieder aus der Lösung ausgetrieben wird, um schließlich, von mitgerissenem Salmiakgeist tunlichst befreit, durch Kühlwasser verflüssigt und vermittelst eines Überstromventils in den Verdampfer zu erneuter Wärmeaufnahme zurückgeführt zu werden.

III. In aus I und II zusammengesetzte Maschinen, in denen als Kälteträger wie unter II zunächst Ammoniak verwendet wird, welches von einem Kompressor wie in der Gruppe I aus dem Verdampfer angesaugt und auf den der Absorption entsprechenden Sättigungsdruck verdichtet wird, ohne daß an der Absorptionsmaschine sonstige Änderungen vorgenommen sind.

Eine andere hierher gehörige Zusammensetzung bilden die Wasserdampfabsorptionskühlmaschinen, auch kurzweg Vakuummaschinen genannt, weil in ihnen Wasserdampf unter einem der niedrigen Temperatur entsprechenden Vakuum aus einer hierdurch abgekühlten Salzlösung gebildet und alsdann zum kleineren Teile durch die zur Aufrechterhaltung des Vakuums (1 bis 2 mm Quecksilbersäule) nötige Luftpumpe ins Freie geschafft, größtenteils aber in einem besonderen Raum (dem Absorber) von konzentrierter Schwefelsäure aufgenommen wird. Zur Wiederverwendung der letzteren muß der Wasserdampf schließlich wieder ausgetrieben, die Säure also von neuem konzentriert werden, was bei den älteren, ganzlich verlassenen Maschinen dieser Gattung durch Dampfheizung erfolgte, bei neueren dagegen durch unmittelbare Berührung der Schwefelsaure mit den heißen Abgasen einer Koksfeuerung geschieht, worauf die ebenfalls miterhitzte Säure durch Wasser abgekühlt und dem Absorber wieder zugeführt werden kann. Das so aus der Maschine entfernte, der Salzlösung im Verdampfer entzogene Wasser muß zur Aufrechterhaltung des Beharrungszustandes naturlich immer ersetzt werden.

Von diesen verschiedenen Systemen gelangte die reine Absorptionsmaschine, um deren Ausbildung sich Carré die großten Verdienste erwarb, zuerst zu einer weitgehenden industriellen Anwendung, wurde aber, nachdem das Kompressionssystem durch Pictet und Linde zu hoher Vollkommenheit gebracht worden war, von diesem stark verdrangt, so daß man heute nur noch selten Absorptionsmaschinen bei uns im Betriebe vorfindet, wahrend sie sich in wärmeren Klimaten aus Grunden, die wir noch kennenlernen werden, erhalten haben. Die unter III. zuerst genannte, von A. Osenbrück vorgeschlagene Vereinigung der Absorptionsmaschine mit einem Kompressor ist uberhaupt nicht aus dem Versuchszustand hinausgelangt, wahrend die Vakuummaschine in der von Windhausen vorgeschlagenen Gestalt an den Schwierigkeiten der chemischen Wirkungen der Schwefelsaure und eines nur mit Unterbrechungen möglichen Betriebes gescheitert ist. Die unter I. erwähnten Wasserdampfstrahl-Kuhlmaschinen wurden neuerdings von dem Franzosen Leblanc vorgeschlagen und erfuhren durch die gemeinsame Tätigkeit von Professor Josse und Dr. Gensecke eine erhebliche Vereinfachung, haben indessen bis jetzt noch nicht in großerem Umfange in die technische Praxis Eingang gefunden. Jedenfalls haben wir festzustellen, daß augenblicklich die reine Kompressionsmaschine das Feld fast ausschließlich beherrscht, so daß wir uns im folgenden vorwiegend mit dieser, auch den praktischen Anforderungen der Betriebssicherheit und der Gleichartigkeit in der Erhaltung der Temperaturen in hohem Maße genugenden Maschinengattung beschaftigen werden.

Der Zusammenhang der Hauptbestandteile der Kompressionskaltdampfmaschinen wird durch das Umrißbild 6 verdeutlicht. Der zur Verdichtung des dampfformig angesaugten Kälteträgers dienende Kompressor ist im wesentlichen eine mit selbsttätigen Ventilen (seltener mit einem Schieber) versehene Luftpumpe.

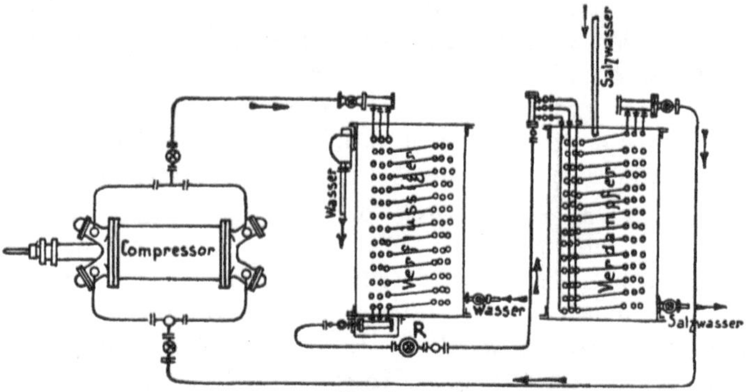

Fig. 6.

Die Druckleitung fuhrt vom Kompressor in den Kondensator (Verflussiger) und mündet dort in ein Schlangenrohrbündel, welches vom Kuhlwasser, das unten eintritt und das Gefäß oben verlaßt, umspult wird. Ein im Innern des Kondensators

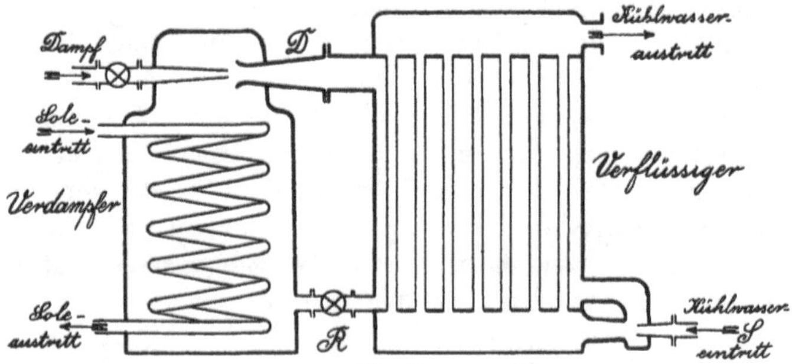

Fig. 7.

angebrachtes, in der Figur nicht gekennzeichnetes Ruhrwerk sorgt für die fortwahrende Bewegung des Wassers, welches selbst von einer Pumpe etwa aus einem Brunnen herbeizuschaffen ist. Den Übertritt des im Kondensator verflussigten Kältetragers in das Schlangenrohrbundel des Verdampfers vermittelt das Regelventil *R*. Der Verdampfer selbst entspricht in seiner Bauart genau dem Kondensator, enthält wie dieser häufig ein Rührwerk und wird im allgemeinen von einer oben ein- und unten austretenden schwer gefrierbaren Salzlösung durchströmt. Diese Salzlösung wird, nachdem sie im Verdampfer abgekühlt worden ist, durch besondere Pumpen der Verwendungsstelle (z. B. den Brauereikellern) zugeführt und kehrt erwärmt in den Verdampfer zurück, während der in diesem Apparat in Dampfform übergegangene Kälteträger durch die Saugleitung dem Kompressor zuströmt, um den Kreislauf von neuem zu beginnen.

Bei der Dampfstrahlkühlmaschine in der vereinfachten Bauart Josse-Gensecke, Fig. 7, saugt das Strahlgebläse D unmittelbar aus dem Verdampfer, der ein Schlangenrohrbündel für den Soleumlauf enthält. Der in der Rohrerweiterung des Gebläses verdichtete Wasserdampf tritt alsdann mit dem Treibdampf vermischt in den Oberflächenkondensator, dessen Einrichtung mit der bei Dampfmaschinen gebräuchlichen nahe übereinstimmt. Der zur Kälteerzeugung nötige Teil des Niederschlages strömt von da durch das Regelventil R zum Verdampfer zurück, während der Rest durch das Kühlwasser vermittelst eines Strahlapparates S abgesaugt wird, an dessen Stelle Leblanc eine eigentümlich gestaltete Schleuderpumpe verwendet.

Erheblich verwickelter gestaltet sich schon der Aufbau der Absorptionsmaschine, da in derselben nicht nur für Kühlung des Kondensators, sondern auch für eine hiervon getrennte Abfuhr der Absorptionswärme gesorgt werden muß, damit das zur Förderung des Ammoniaks vom Verdampfer in den Kondensator dienende Wasser nicht durch zu hohe Steigerung der Temperatur in seiner Aufnahmefähigkeit im Absorber beeinträchtigt werde. In der einfachsten Form der Absorptionsmaschine, Fig. 8, empfängt der Kondensator C die im Kocher K aus der Lösung (Salmiakgeist) ausgetriebenen heißen Dämpfe, kühlt sie ab und verflüssigt sie wie in den Kompressionsmaschinen. Der Übertritt in den Verdampfer V vollzieht sich ebenso wie dort durch ein Regelventil R. Das unter Aufnahme von Wärme bei niederer Temperatur wieder verdampfte Ammoniak wird nunmehr in ein Gefäß G, den sog. Absorber, geleitet und vereinigt sich hier mit der vom Kocher herfließenden armen Lösung, wobei die Absorptionswärme durch kaltes, bei A_1 in ein Schlangenrohrbündel ein- und bei B_1 austretendes Kühlwasser entfernt wird.

Die so entstehende reiche Lösung wird dann durch eine Pumpe P in den Kocher K gedrückt, wo aus ihr das Ammoniak durch ein Dampfheizungsrohr DH ausgetrieben und dem Kondensator C wieder zugeführt wird, worauf der Kreislauf wieder von neuem beginnt. Der so beschriebene Vorgang wurde erfordern, die heiß vom Kocher ablaufende arme Lösung etwa durch Kühlwasser auf die niedere Absorbertemperatur zu bringen; anderseits

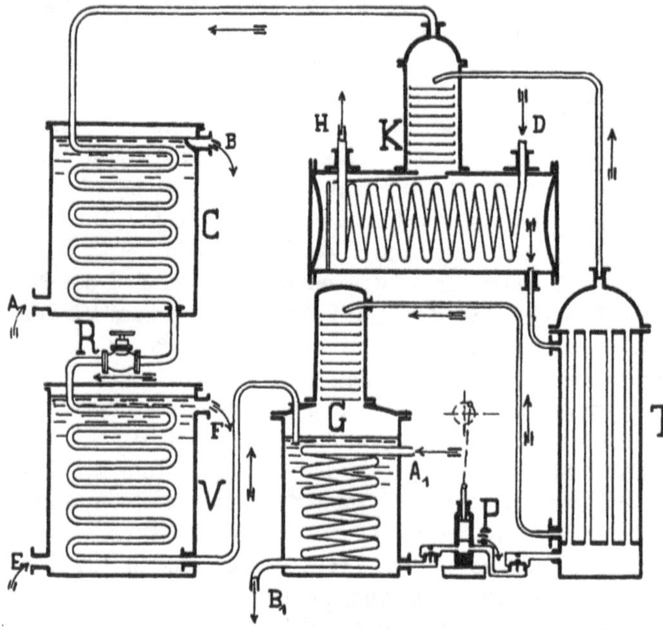

Fig. 8.

muß auch die kalt dem Absorber entnommene reiche Losung im Kocher bis auf diejenige Temperatur gebracht werden, bei welcher die Ammoniakentwicklung beginnt. Beide Vorgange können indessen in einem sog. Temperaturwechsler T vereinigt werden, der den Warmeaustausch der Flüssigkeiten im Gegenstrom vermittelt.

Aus dieser kurzen Beschreibung erkennt man, daß sich in der Absorptionsmaschine zwei Kreisprozesse abspielen, welche teilweise ineinander ubergreifen. Neben dem Kreislauf des Ammoniaks vollzieht sich noch derjenige des Losungs- oder Fördermittels in der Reihenfolge Absorber, Pumpe, Temperaturwechsler, Kocher, Temperaturwechsler, Absorber, wobei von außen Wärme im Kocher zugeführt, im Absorber aber solche entzogen wird. Da die eigentliche Kälteleistung, d. i. Überführung der Wärme aus dem Verdampfer in den Kondensator, einen Energieaufwand erfordert, welcher jedenfalls bedeutend größer ausfällt als die von der Pumpe zu leistende Arbeit (siehe unter § 10), so muß die im Kocher zugefuhrte Wärme ungefähr um den fraglichen Energiebedarf großer sein als die im Absorber entzogene, da ja im Temperaturwechsler nur ein innerer Austausch stattfindet. Der Kocher entspricht also, verglichen mit einer Kompressionskühlmaschine mit Dampfmaschinenantrieb, dem Dampfkessel, der Absorber dem Dampfkondensator, während der Temperaturwechsler etwa die Rolle eines Speisewasservorwärmers spielt.

Neuerdings ist ubrigens noch eine weitere Verbesserung dieses Prozesses durch Einschaltung eines 2. Temperaturwechslers fur die aus dem Kocher und dem Flussigkeitswechsler entweichenden Dampfe vorgeschlagen worden. In demselben werden diese in einem Rohrbundel von einem Teile oder auch der ganzen Menge der vom Absorber kommenden kalten Losung, bevor dieselbe in den 1. Temperaturwechsler tritt, im Gegenstrom umspult und gelangen so mit einer etwas niedrigeren Temperatur in den Kondensator, als wenn sie unmittelbar vom Kocher kamen. Auf diese Weise wird nicht nur das zu ihrer spateren Abkuhlung notwendige Kühlwasser erspart, sondern auch die nochmalige nutzlose Erhitzung des im Temperaturwechsler entwickelten Dampfes beim Durchströmen des Kochers verhutet.

Der niederen Temperatur wegen muß bei beiden Anordnungen sowohl der Verdampfer als auch die Saugleitung gegen das Eindringen unerwunschter Warme von außen durch Isolation, d. h. Umhullung mit schlecht leitenden Stoffen geschutzt werden.

7. Chemische Eigenschaften der wichtigsten Kälteträger.

Die chemischen Eigenschaften der in Kuhlmaschinen zur Warmeubertragung verwendeten Körper verlangen zunachst wegen ihres Einflusses auf die Lebensdauer der ganzen Anlage eine besondere Beachtung. In zweiter Linie kommt dann die Moglichkeit, daß infolge chemischer Wirkungen die Betriebssicherheit leidet, in Frage. Wir haben schon oben gesehen, daß gerade die Vereinigung beider Übelstände den Absorptions-Wasserdampfkühlmaschinen, in denen die chemisch außerordentlich aktionsfähige Schwefelsäure (H_2SO_4) als Absorptionsflüssigkeit dient, verhangnisvoll wurde. Es dürfte sich darum auch empfehlen, die zurzeit vorwiegend als Kälteträger dienenden Körper auf ihre chemischen Eigenschaften hier einer kurzen Prüfung zu unterwerfen. Es sind dies, wie wir sahen, Ammoniak (NH_3), Kohlensäure (CO_2), schweflige Säure (SO_2) und Wasser (H_2O), von denen das erstere in den Kompressionsmaschinen allein, in den Absorptionsmaschinen aber mit Wasser zusammenwirkt, während in einzelnen Fällen die Kohlensäure der schwefligen Säure nach Pictets Vorschlag früher beigemischt wurde. Jetzt werden diese beiden Körper in eigens hierfur ausgebildeten Maschinen, auf die wir noch zu sprechen kommen, allein verwendet.

Ammoniak, Kohlensaure und schweflige Saure sind unter atmosphärischem Drucke innerhalb weiter Temperaturgrenzen gasförmige Körper, welche sich in reinem Zustande gegenüber den in der Maschine vorwiegend verwendeten Kohle-Eisenlegierungen (Gußeisen, Stahl, Schmiedeeisen) so gut wie gänzlich neutral verhalten. Bei einer so kraftigen Base, wie Ammoniak, erscheint dies uberraschend, ebenso bei der verhaltnismäßig starken schwefligen Säure, während die Kohlensaure wegen ihrer chemischen Inaktivitat ja bekannt ist. Ein Angriff auf Metalle, insbesondere auf Kupfer und seine Legierungen (Bronze, Messing), durch Ammoniak findet indessen nur in Gegenwart von Sauerstoff (Luft) bzw. von Wasser statt, deren Eindringen in die Maschine darum tunlichst zu vermeiden ist. In ganz geringen Mengen sind indessen solche Beimengungen, die sich bei den im Handel erhältlichen flüssigen NH_3 stets vorfinden, nicht bedenklich. Immerhin wird man zweckmäßig von der Verwendung des Kupfers bei Ammoniakmaschinen gänzlich absehen, da kleine Undichtheiten und mit ihnen der Anlaß zur gemeinsamen Wirkung von Luft und Wasserdampf kaum zu umgehen sind. Die besonders in Amerika, wo man mit hoher Überhitzung der Dämpfe in den Kompressorzylindern arbeitet, gefurchtete Explosionsgefahr des Ammoniaks[1]) besteht tatsachlich nicht, da die Zersetzung des NH_3

[1]) Siebel, Storungen im Kuhlmaschinenbetrieb, Ice and Refrigeration 1894 und Zeitschr. f. Kalte-Industrie 1894. Cattaneo,

und mit ihr das Freiwerden des explosiven Wasserstoffes erst bei Gluhhitze erfolgt. Derartige Explosionen sind darum auch nur im Falle von Feuersbrünsten, bei denen größere Teile der Maschinen bis zur Glut erhitzt werden, möglich und somit für den gewohnlichen Betrieb ohne jeden Belang.

Nichtsdestoweniger ist es wichtig, etwaige Verunreinigungen des Ammoniaks sowohl vor seiner Einfüllung in die Maschinen als auch während des Betriebes leicht feststellen zu können. Hierfur eignet sich am besten ein von der Gesellschaft fur Lindes Eismaschinen eingeführtes, oben offenes, zylindrisches Glasgefäß (Fig. 9) von etwa 25 mm Durchmesser, an dessen Boden ein ca. 1 cm weites und mit Teilung versehenes Rohr von 3 ccm Inhalt angeschmolzen ist. Das ganze Gefäß faßt etwa 30 ccm; es wird mit dem zu prüfenden flüssigen NH_3 gefüllt, und dann die Verdunstung des NH_3 abgewartet. Dieselbe kann durch eine schwache Anwärmung (z. B. durch Aufstellung des Gefäßes auf einem Dampfmaschinenzylinder) noch beschleunigt bzw. grundlicher durchgefuhrt werden. Der Ruckstand, welcher nach Versuchen von Bunte und Eitner[1]) sowie von Lange[2]) aus Wasser, alkoholartigen Bestandteilen sowie höher siedenden organischen Korpern besteht, ermöglicht ein Urteil uber den Grad der Verunreinigung.

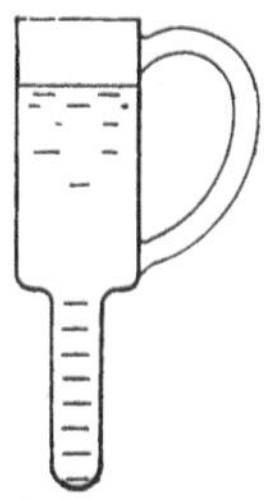

Fig 9.

Es sei gleich hier bemerkt, daß die organischen Bestandteile wahrscheinlich von dem Schmierol, welches in der Kompressionspumpe bei der Herstellung des Ammoniaks verwendet wird, bzw. von Kompressorol der Kuhlmaschine selbst herrühren, während das Wasser entweder wahrend des Betriebes durch die gegen Abtropfen nicht geschutzte Ölpumpe hineingelangt ist oder auch

---

Zur Frage der Ammoniakexplosionen. Plank, Über die Zersetzung des Ammoniaks, ebenda 1914. Dagegen sind Explosionen von Kompressorzylindern infolge Schmierolentzundung nicht ausgeschlossen bei deren Verwendung als Luftverdichter zum Prufen der Dichtheit der Rohre. Deshalb sollte davon ganzlich abgesehen werden, wenn man nicht vorher alles Öl aus den Leitungen und dem Kompressor selbst entfernt hat.

[1]) Zeitschrift fur Kalte-Industrie 1897, Journal fur Gasbeleuchtung und Wasserversorgung 1897.

[2]) Zeitschrift fur Kalte-Industrie 1897 und Wochenschrift fur Brauerei 1897.

Rückstände beim Ausdämpfen der Rohrschlangen darstellt. Beide Übelstände können natürlich durch sorgfältige Behandlung leicht vermieden werden.

Die Verunreinigungen der Kohlensäure, welche besonders durch den Geruch kenntlich werden, sind von Grünhut[1]) studiert worden. Derselbe fand bei kunstlich hergestellter, nachher verdichteter und verflüssigter CO_2 zunächst erhebliche Mengen von Eisenoxydhydrat, sowie Chloride und Sulfate des Eisens. Diese Verbindungen sind zweifellos bei der Darstellung des CO_2 in Gegenwart von Wasser und Luft bzw. anderer Säuren, z. B. Salz- und Schwefelsäure, entstanden. Sind solche Sauren, wenn auch in Spuren, der in die Maschinen eingefullten CO_2 beigemengt, so können sie in hohem Grade zerstörend wirken. Es empfiehlt sich darum, für den Kühlmaschinenbetrieb, wenn irgend moglich. nur natürliche CO_2 zu verwenden, welche von derartigen Beimengungen erfahrungsgemäß frei ist und uberhaupt einen hohen Grad von Reinheit besitzt. Die Beimengung von Luft ist nur dann schädlich, wenn gleichzeitig Wasser in der Maschine sich befindet, dessen Wirkung ubrigens durch das zur Schmierung fast allgemein übliche Glyzerin, mit dem es sich in allen Verhaltnissen mischt, vermindert wird. Da das Glyzerin auch häufig zur Schmierung der Kompressionspumpen bei der Herstellung der CO_2 benutzt wird, so ist sein Auftreten als Verunreinigung der in Flaschen käuflichen CO_2 ebenso begreiflich wie unbedenklich.

Über die Wirkung der Verunreinigungen der schwefligen Säure bestanden bis vor kurzem noch große Meinungsverschiedenheiten, welche von Lange[2]) nur teilweise aufgeklärt wurden. Derselbe wies nach, daß reine flüssige SO_2 erst bei $+96^0$ C in sehr geringer, aber doch nachweisbarer Weise das Eisen angreift, während eine Beimischung von Wasser, von dem die SO_2 bis 1% aufzunehmen vermag, den Angriffspunkt bis zu 70^0 erniedrigte. Da nun solche Temperaturen, wie wir noch sehen werden, nur nach der Kompression in den Maschinen auftreten, wobei die schon verdichtete SO_2 vollkommen gasförmig ist, d. h. keine Spur von Flüssigkeit mehr enthalt, so besteht tatsächlich keine Gefahr. In der Tat sind denn auch bei dieser Maschinengattung

[1]) Chemiker-Zeitung 1895, Zeitschrift fur Kalte-Industrie 1895

[2]) Zeitschr f d ges. Kalte-Industrie 1899, S. 81ff.

chemische Angriffe der Zylinderwandungen und Ventile bisher auch nach langem Betriebe nicht festzustellen gewesen, was Lange der Wirkung der Kompressorkühlung zuschreibt, obwohl diese die Druckventile nicht zu schützen vermag. Auch die von Venator[1]) geäußerte Befürchtung, daß in dem unter Vakuum stehenden Verdampfer der Schwefligsäuremaschinen Luft und Wasserdampf eindringt und zur Bildung von kristallisierten Schwefligsäurehydraten ($SO_2 + n H_2O$) führt, welche nicht nur den Wärmedurchgang durch die Rohrwandungen beeinträchtigen, sondern auch beim Eindringen in den Kompressor ausschleifend wirken sollen, hat sich in der Praxis nirgends bestätigt.

Wir können demnach aus den vorstehenden Erörterungen den Schluß ziehen, daß die drei wichtigsten Kälteträger NH_3, CO_2 und SO_2 bei genügender Reinheit keine chemischen Wirkungen auf die Bauteile der Kühlmaschinen ausüben. Auf ihren Einfluß auf die Schmiermittel kommen wir bei Gelegenheit der Besprechung der Stopfbüchsenkonstruktionen noch zurück.

8. Physikalische Eigenschaften der wichtigsten Kälteträger.

Bevor wir zur Besprechung der Konstruktion und des Betriebes der mit Ammoniak, Kohlensäure und schwefliger Säure[2]) arbeitenden Maschinen übergehen, wird es sich daher empfehlen, die Eigenschaften dieser Körper im Hinblick auf ihre Kälteleistungsfähigkeit kurz festzustellen, und zwar erscheint dies

---

[1]) Ebenda S. 132

[2]) Abgesehen von der im vorigen Paragraphen schon erwähnten Mischung aus SO_2 mit einigen Prozenten CO_2 (sog. Flüssigkeit Pictet), deren physikalische Eigenschaften sich wenig von denen der reinen SO_2 unterscheiden, findet man noch vereinzelt nach einem älteren, von ihm selbst jedoch bald wieder aufgegebenen Vorschlag Prof Lindes Methyläther auch Schwefelkohlenstoff, dessen Feuergefährlichkeit seiner Anwendung indessen hindernd im Wege steht. Diese letztere ist im Verein mit den verhältnismäßig großen Verdichterabmessungen wohl auch der Grund für das frühzeitige Verschwinden der Äther-Maschinen, in denen Schwefeläther nach dem Vorschlage von Siebe arbeitete, gewesen. In Frankreich und neuerdings auch in Deutschland werden vereinzelt Maschinen mit Chlormethyl (CH_3Cl) betrieben, welche sich nach einem Aufsatze von L Zigliani (Zeitschr f. d ges Kälte-Industrie 1898 und 1899) gut be-

um so notwendiger, als gerade über diesen Punkt in der Praxis nur wenig Klarheit herrscht und er zum Ausgang heftiger Streitfragen zwischen den Herstellern der einzelnen Kühlmaschinen geworden ist, denen der Abnehmer gewöhnlich ratlos gegenübersteht. Wenn es auch praktisch nicht von gleicher Bedeutung ist, so wollen wir doch das Wasser bzw. den Wasserdampf (H_2O) in unsere Betrachtung mit einschließen, da, wie sich zeigen wird, dieser Körper einen sehr bequemen Vergleichsmaßstab darbietet.

Für die Beurteilung der Kalteleistungsfähigkeit eines Körpers ist nun vor allem die Kenntnis zweier Werte von Bedeutung, der sog. Flüssigkeitswärme, welche angibt, wieviel Calorien einem Kilogramm der Flüssigkeit von 0° C zuzufuhren sind, um es auf eine andere Temperatur zu erwarmen, und weiter der sog. latenten oder Verdampfungswärme, welche die Anzahl von Calorien angibt, die zur vollstandigen Verdampfung der Flussigkeit benötigt werden. Auch dieser Wert schwankt mit der Temperatur, so zwar, daß er mit dem Ansteigen derselben stets abnimmt, und im kritischen Zustande des Körpers, in welchem zwischen Flüssigkeit und Dampf ein Unterschied nicht mehr wahrnehmbar, und bei dessen Überschreiten (auf die Temperatur

---

wahrt haben. Nach den Tabellen von Landolt und Bornstein (2. Aufl. Berlin 1894) betragt die Verdampfungswarme 96,9 WE bei 0°, wahrend G. Holst (Zeitschr. f. d. ges. Kalte-Industrie 1914) fur die Abhangigkeit des Druckes von der Temperatur folgende Werte ermittelt hat:

Temp. °C	abs Druck kg/qcm	Temp. °C	abs Druck kg/qcm
−30,3	0,75	+10,6	3,66
−22,4	1,04	+20,6	4,99
— 9,8	1,67	+32,8	7,07
— 4,7	2,15	+39,7	8,62

Damit kommt dieser Korper der SO_2 am nachsten, erfordert indessen (dem Molekulargewicht nach zu schließen) noch großere Kompressorvolumina, wogegen unter gewohnlichen Verhaltnissen kein Vakuum in der Maschine zu befurchten ist. Da uber die Flussigkeitswarme und das Dampfvolumen keine Angaben vorliegen, so konnen wir den Vergleich des CH_3Cl mit anderen Kaltetragern nicht weiter durchfuhren.

bezogen) eine Verflüssigung ausgeschlossen ist, verschwindet. Mit der Kenntnis dieser beiden Werte, welche durch zahlreiche Experimentatoren für verschiedene Temperaturen und eine große Anzahl von Körpern festgestellt und in Zahlentafeln vereinigt wurden, ist man dann sofort imstande, bei gegebener Temperatur des Kälteträgers vor und hinter dem — allen Kaltdampfmaschinen gemeinsamen — Regelventil die von der Gewichtseinheit (1 kg) des Kälteträgers zu erwartende Kalteleistung ohne jede Rechnung zu ermitteln. Die letztere bestimmt sich nämlich fast genau[1]) als die latente Wärme bei der Verdampfertemperatur, vermindert um die Differenz der den beiden Temperaturen entsprechenden Flussigkeitswärmen, welche Warme-

Tafel I[2]).

Temp. in °C	Verdampfungswarme pro kg in Cal				Flüssigkeitswarme pro kg in Cal			
	NH_3	CO_2	SO_2	H_2O	NH_3	CO_2	SO_2	H_2O
— 30	325,2	72,32	91,80	626	— 32,7	— 16,35	— 9,07	— 30
— 20	318,3	67,20	90,40	620	— 22,0	— 11,18	— 6,17	— 20
— 10	310,7	61.54	88,84	614	— 11,1	— 5,78	— 3,14	— 10
0	302,6	55,03	87,10	607	0,0	0,00	0,00	0
+ 10	293,7	47,05	85,15	600	+ 11,4	+ 6,19	+ 3,26	+ 10
+ 20	284,2	36,20	82,94	593	+ 22,9	+ 13,72	+ 6,63	+ 20
+ 30	274,0	15,34	80,39	585	+ 34,8	+ 25,22	+ 10,13	+ 30
+ 40	252,9	—	77,34	579	+ 46,9	—	+ 13,74	+ 40

[1]) Es ist besonders hervorzuheben, daß diese einfache Überlegung keine Rucksicht auf den — allerdings meist geringen — Arbeitsbetrag nimmt, welcher der Druckdifferenz der Flussigkeit zwischen Kondensator und Verdampfer entspricht, mithin nur eine angenaherte Gultigkeit besitzt.

[2]) Die Dampftafel fur H_2O ist der »Technischen Warmelehre« von H. Lorenz (Lehrbuch der Techn. Physik, Bd. II, Munchen 1904) entnommen, die fur NH_3 einer Zusammenstellung von Hybl, Zeitschr. f. d. ges. Kalte-Industrie 1911, S. 161, die fur SO_2 ebenfallls einer Arbeit von Hybl (ebenda 1913, S. 65) und die fur CO_2 einer Arbeit von Langen (ebenda 1921, S. 2) Die Drucke in der folgenden Tafel II sind, wie ausdrucklich noch hervorgehoben werden muß, als absolute zu verstehen, d h. vom absoluten Vakuum aus gerechnet Von den in der Technik gebrauchlichen Überdrucken (vom Atmospharendruck aus gerechnet) unterscheidet sich der absolute Druck um rund 1 kg/qcm.

menge ja in den Verdampfer mitgenommen wird. Daraus erhellt sofort, daß von der Verdampfungswärme um so weniger nutzbar gemacht werden kann, je größer die Flüssigkeitswärme in ihrem Verhältnis zu dieser ist. Die nachstehende kleine Tafel I enthält für einige Temperaturen die Werte der beiden hier in Betracht kommenden Größen.

Hieraus folgt, daß durch die unvermeidliche Mitnahme der Flussigkeitswärme in den Verdampfer das Wasser als Kälteträger am wenigsten in seiner Leistungsfähigkeit beeinträchtigt

Tafel II.

Temp. in °C	Pressung abs. in kg pro qcm				Volumen von 1 kg in cbm			
	NH_3	CO_2	SO_2	H_2O	NH_3	CO_2	SO_2	HO_2
—30	1,19	14,60	0,392	—	0,986	0,0267	0,795	—
—20	1,91	20,09	0,657	0,0012	0,631	0,0192	0,488	994,78
—10	2,93	26,94	1,039	0,0028	0,422	0,0142	0,317	451,42
0	4,34	35,39	1,578	0,0060	0,291	0,0104	0,213	210,68
+10	6,24	45,70	2,321	0,0121	0,205	0,0075	0,148	108,52
+20	8,73	58,15	3,320	0,0229	0,148	0,0052	0,105	58,73
+30	11,92	73,09	4,635	0,0415	0,109	0,0030	0,076	33,27
+40	15,93	—	6,335	0,0722	0,081	—	0,056	19,65

wird, etwas mehr, aber immerhin nur unbedeutend, Ammoniak und schweflige Saure, sehr erheblich dagegen die Kohlensaure. Trotz dieser Tatsachen finden wir, daß man den scheinbar geeignetsten Körper, das Wasser, in Kompressionsmaschinen mit Arbeitskolben uberhaupt nicht, sondern nur schweflige Saure, Kohlensaure und bei weitem am haufigsten Ammoniak verwendet. Eine annahernde, wenn auch noch nicht vollkommen hinreichende Erklarung hierfur gewahrt uns die Betrachtung der Pressungen, unter denen die fraglichen Korper bei den obigen Temperaturen stehen, und die Volumina, welche sie als gerade trocken gesattigte Dämpfe einnehmen würden. Die letzteren Zahlen, wieder bezogen auf 1 kg, sind alsdann im Verein mit der aus Tafel I hervorgehenden Kälteleistung b stimmend fur die Abmessungen der Kompressorzylinder. Sie sind mit den zugehorigen Pressungen in die Tafel II aufgenommen worden.

Die Tafel II enthält, wie schon Tafel I für CO_2, keine Werte mehr für die in Frage stehenden Großen bei $+40^0$, da der kritische Punkt fur diesen Körper schon bei $+31,35^0$ mit einer absoluten Pressung von 75,3 kg/qcm überschritten ist. Der Umstand, daß oberhalb dieses Zustandes keine Änderung des Aggregatzustandes mehr erfolgt, also die Verdampfungswärme verschwindet, gab fruher zu der Vermutung Anlaß, daß die Kohlensäuremaschine dann unwirksam würde, wenn ihr Kondensatordruck über dem kritischen liegt, bzw. wenn es nicht moglich wäre, die Temperatur vor dem Regelventil unter die kritische herabzudrücken.

Diese Ansicht stand mit der Erfahrung in Widerspruch, nach welcher auch in den außersten Fällen kein Versagen dieser Maschinen eintrat, obgleich ihre Leistungsfahigkeit gegenuber derjenigen bei normalen Kondensatordrucken und Temperaturen erheblich geringer ausfiel. Es liegt dies, worauf hier nicht weiter eingegangen werden kann, an dem in diesem Bereiche sehr hohen und mit der Temperatur stark veranderlichen Werte der spezifischen Warme der CO_2 bei unveranderlichem Druck, welche die Entziehung ganz bedeutend großerer Wärmemengen, als das Äquivalent der Kompressorarbeit betragt, im Verflüssiger ermoglicht und damit die Kalteleistungsfahigkeit aufrechterhalt.

Mit Hilfe unserer beiden Tafeln ist es nun leicht, die theoretische Kälteleistung und die Verdichterabmessungen der mit verschiedenen Kaltetragern arbeitenden Maschinen bei gegebenen Temperaturen (und Pressungen) im Verflüssiger und im Verdampfer sowie vor dem Regelventil zu vergleichen. Diese letztere Temperatur braucht namlich durchaus nicht mit der Sattigungstemperatur im Verflüssiger ubereinzustimmen, da der Kalteträger ja im Gegenstrom bis auf die Zuflußtemperatur des Kuhlwassers heruntergedrückt werden kann.

Um gleichzeitig auch den Einfluß dieser Unterkuhlung festzustellen, wollen wir die gesuchten Werte fur zwei Falle den Tafeln entnehmen, und zwar soll fur beide im Verdampfer eine Temperatur von -10^0 C, im Kondensator eine Verflussigungstemperatur von $+20^0$ herrschen, mit welcher im ersten Fall der Kaltetrager unmittelbar dem Regelventil zustromt, wahrend er im zweiten vorher auf eine Temperatur von $+10^0$ herabgekuhlt werden soll. Dann erhalten wir die folgende Tafel III,

Tafel III.

Temperatur vor dem Regelventil	+20°				+10°			
Kaltetrager	NH_3	CO_2	SO_2	H_2O	NH_3	CO_2	SO_2	H_2O
Verdampferdruck in kg pro qcm	2,93	26,94	1,04	0,0028	2,93	27,1	1,04	0,0028
Kondensatordruck » » »	8,73	58,15	3,32	0,0229	8,73	58,1	3,32	0,0229
Verdampfungswarme im Verdampfer in Cal	310,7	61,54	88,84	614	310,7	61,54	88,84	614
Mitgebrachte Flüssigkeitswarme in Cal	34,0	19,5	9,77	30	22,5	11,97	6,40	20
Kalteleistung pro 1 kg in Cal	276,7	42,04	79,07	584	288,2	49,57	82,44	594
Umlaufende Menge pro 100000 Cal stündlicher Kalteleistung in kg rd.	362	23,80	1265	172	347	2020	1215	168
Stundliches Hubvolumen des Kompressors pro 100000 Cal in cbm rd.	153	33,8	400	77300	146	28,7	385	76000
Verhaltnis der stundlichen Hubvolumina, das der CO_2 gleich 1 gesetzt	4,53	1	11,85	2290	5,1	1	13,4	2650

aus welcher sowohl die Kälteleistung fur 1 kg jedes einzelnen der in Frage stehenden Körper für beide Falle sich ergibt, wie auch die zur Erzielung einer stündlichen Verdampferleistung von 100000 Cal bei — 10⁰ notige Menge derselben und das durch Multiplikation mit dem in Tafel II enthaltenen Dampfvolumen folgende Hubvolumen des Verdichters, d. i. der von dem Kolben in der Stunde durchstrichene Raum, entnommen werden kann.

Die Tafel III lehrt nun sofort, daß die unter der mit der jetzt üblichen Praxis gut übereinstimmenden Voraussetzung gerade trocken angesaugter Dampfe im Verdicht r ermittelten Hubvolumina für eine gegebene Kalteleistung (hier also stündlich 100000 Cal) bei CO_2 am kleinsten, größer schon bei NH_3 und SO_2 ausfallen und schließlich unter Anwendung von H_2O auf ungeheure Maschinenabmessungen fuhren wurden. Damit aber hätte man wie bei den verlassenen Kaltluftmaschinen bei Wasserdampf außerordentliche Reibungsverluste zu erwarten, welche die sonst vortrefflichen Eigenschaften dieses Korpers vollkommen aufheben, ganz abgesehen von der mit den äußerst niederen Pressungen (hohes Vakuum) verbundenen Gefahr des Eindringens von außerer Luft in die Maschine. Aus diesen Grunden ist der Wasserdampf kaum jemals ernstlich als Kältetrager fur reine Verdichtungsmaschinen mit Arbeitskolben in Betracht gezogen worden.

9. Der indizierte Arbeitsverbrauch der Verdichtungskühlmaschinen,

welcher für deren praktische vergleichende Beurteilung in erster Linie maßgebend ist, setzt sich aus einzelnen Posten zusammen, die je nach der Anordnung und Verwendung der Maschinen sehr verschieden ausfallen konnen. Diese einzelnen Betrage zerfallen in solche, welche vorwiegend durch die Wahl des Systems bei gegebenen unteren und oberen Temperaturen bestimmt sind, und andere, die wesentlich von der Gesamtanordnung der Anlage, insbesondere deren Rohrleitungen abhangen.

Unter den erstgenannten Posten spielt nun die durch den Indikator meßbare sog. indizierte Verdichterarbeit die Hauptrolle. Es ist hier nicht der Ort, deren Große auf rechnerischem Wege mit Hilfe der Thermodynamik festzustellen; dagegen laßt sich leicht nachweisen, daß dieselbe, bezogen auf eine bestimmte Kälteleistung, für verschiedene Kälteträger unter sonst gleichen Verhältnissen andere Werte annehmen wird. Denkt man sich nämlich zunächst einen Kälteträger, dessen Flüssigkeitsvolumen gegen das des Dampfes und dessen in den Verdampfer mitgebrachte Flüssigkeitswärme gegenüber der Verdampfungswärme vernachlässigt werden kann, Bedingungen, wie sie nach dem vorigen Paragraphen der Wasserdampf[1]) nahezu erfüllt, so wird mit dem Durchströmen durch das Regelventil kein nennenswerter Verlust verbunden sein, und die unter solchen Verhältnissen ermittelte Verdichterarbeit kann als ein Mindestwert betrachtet werden, dem sich die Praxis tunlichst zu nähern streben wird.

Für unser in Tafel III enthaltenes Beispiel wurde sich dieser kleinste Arbeitsbedarf für 100000 Cal Kälteleistung im Verdampfer, wie aus unseren fruheren Berechnungen (Kap. 1 § 4) hervorgeht, auf rd. 18 PS stellen, wobei es natürlich gleichgultig ist, ob eine Unterkuhlung vor dem Regelventil stattfindet oder nicht, da der hierauf entfallene Betrag gegenuber der Verdampfungswarme bei dem gedachten Kältetrager verschwindet. Ebenso ist dabei vorausgesetzt, daß der Kalteträger sowohl durch die Ventile des Kompressors wie auch durch die Rohrleitungen der ganzen Anlage widerstandslos hindurchtreten kann.

Um nun aus dem kleinsten Arbeitsverbrauche den wirklichen für die einzelnen Kälteträger zu ermitteln, haben wir zunächst zu berücksichtigen, daß der obige Wert unter der Voraussetzung erhalten wurde, daß unter Wegfall der Flussigkeitswärme die ganze Verdampfungswärme[2]) zur Kälteleistung nutzbar gemacht wird. Da dies der Wirklichkeit nicht entspricht, so ergibt sich zunächst eine Erhohung des Arbeitsverbrauches im Verhältnis der Verdampfungswärme zur wirklich nutz-

[1]) Dies ist auch der Grund, warum wir den Wasserdampf als Vergleichskorper in unsere Tafeln aufgenommen haben.

[2]) Wir nehmen, wie schon im vorigen Paragraphen, an, daß der vom Verdichter angesaugte Dampf immer gerade trocken gesattigt ist. Es hat sich dies als wirtschaftlicher erwiesen, als das Ansaugen nasser Dampfe, wenn dies letztere auch fur den Maschinisten selbst bequemer war, da er nur darauf zu achten hat, daß die Druckrohrleitung nicht mehr als gut handwarm wurde. Diese Regel findet sich auch in den meisten, von den Herstellern ihren Maschinen beigegebenen Betriebsvorschriften. Der Mehraufwand an

baren, bezogen auf 1 kg arbeitenden Masse, wobei, wie ein Blick auf die frühere Tafel III lehrt, die Unterkühlung vor dem Regelventil schon eine erhebliche Rolle spielt.

Man kann die vom Verdichter verbrauchte Arbeit auch unmittelbar berechnen, wenn man für jede Saugspannung p_2 und Druckspannung p_1, deren Werte ja durch die Temperaturen im Verdampfer (abgesehen von den weiter unten zu erwähnenden Ventilüberdrücken) gegeben sind, den mittleren Druck p_m kennt. Legt man, was angenähert zutrifft, für alle Kälteträger dasselbe Gesetz der adiabatischen Verdichtung zugrunde, so ergibt sich der Mitteldruck bei gegebenem Verhältnis der absoluten Verflüssiger- zur Verdampferspannung $p_1 : p_2$ durch Multiplikation der letzteren mit den Zahlen der 2. Spalte der folgenden Tafel IV. Dieser theoretische Mitteldruck stellt in Fig. 10 nichts anderes dar als die Hohe desjenigen Rechtecks, welches mit dem gestrichelten Diagramm selbst flächengleich ist. Die 3. Spalte gibt dann (wenn anfangs trocken gesättigte Dämpfe angesaugt werden) das Verhältnis der absoluten Endtemperatur zur Anfangstemperatur (Verdampfertemperatur) $T_1 : T_2$ an, bietet also einen Maßstab fur die in der Maschine auftretende Überhitzung.

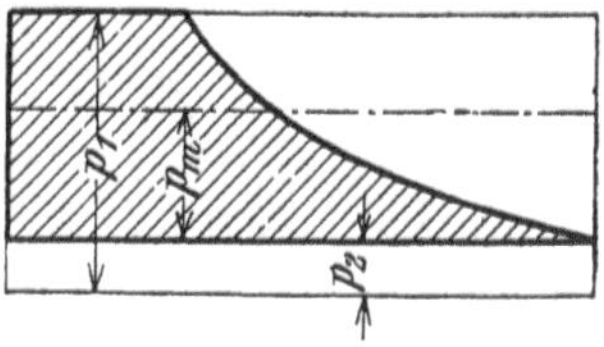

Fig. 10.

Multipliziert man den aus dieser Tafel entnommenen Mitteldruck mit der Kolbenfläche in qcm, so ergibt sich der mittlere theoretische Kolbendruck, und weiter multipliziert mit dem vom Kolben in 1 Sekunde zuruckgelegten Wege die Arbeit in mkg/Sek., bzw. mit dem Kolbenweg in der Stunde auch die Arbeit in mkg/Stunde. Es lauft dies auch, wie man erkennt, auf dasselbe hinaus, als wenn man den Mitteldruck in kg/qm mit dem in der Sekunde bzw. Stunde vom Kolben durch-

---

Arbeit beim trockenen Ansaugen wird, wie sich auch theoretisch nachweisen laßt (siehe Lorenz, Technische Warmelehre § 29), reichlich durch die großere Kalteleistung aufgewogen, wahrend die an die hiermit verbundene Überhitzung geknupften Befurchtungen sich als nicht stichhaltig erwiesen haben. Selbstverstandlich darf die Überhitzung nicht zu weit getrieben werden und sollte fur die angesaugten Dampfe moglichst vermieden werden.

strichenen Volumen in cbm multipliziert. Dividiert man schließlich diese Werte mit 75 mkg/Sek. bzw. 270000 mkg/Stunde, so erhält man die Leistung in Pferdestärken; die Division mit 102 mkg/Sek. bzw. mit 367200 mkg/Stunde ergibt die Leistung in Kilowatt (kW).

Für eine Ammoniakmaschine unseres Beispiels ohne Unterkühlung ist der absolute Verdampferdruck laut Tafel II 2,93 kg qcm, der Kondensatordruck 8,73 kg/qcm, das Verhältnis beider

Tafel IV.

$\frac{p_1}{p_2}$	$\frac{p_m}{p_2}$	$\frac{T_1}{T_2}$	$\frac{p_1}{p_2}$	$\frac{p_m}{p_2}$	$\frac{T_1}{T_2}$
1,0	0	1,000	4,0	1,684	1,389
1,2	0,186	1,043	4,2	1,711	1,395
1,4	0,350	1,081	4,4	1,766	1,408
1,6	0,487	1,115	4,6	1,829	1,423
1,8	0,630	1,145	4,8	1,891	1,437
2,0	0,752	1,173	5,0	1,947	1,450
2,2	0,865	1,200	5,2	2,006	1,463
2,4	0,970	1,224	5,4	2,062	1,476
2,6	1,070	1,247	5,6	2,116	1,489
2,8	1,163	1,268	5,8	2,168	1,501
3,0	1,249	1,288	6,0	2,216	1,512
3,2	1,344	1,308	7,0	2,454	1,567
3,4	1,414	1,327	8,0	2,666	1,616
3,6	1,491	1,344	9,0	2,858	1,660
3,8	1,564	1,361	10,0	3,036	1,701

also rund 3, demnach haben wir nach Tafel IV den Anfangsdruck 2,93 kg/qcm mit 1,249 zu multiplizieren und erhalten so den Mitteldruck von 3,66 kg/qcm = 36600 kg/qm. Da 1 kg NH_3 beim Ansaugen nach Tafel II ein Volumen von 0,422 cbm besitzt, und nach Tafel III 362 kg NH_3 stündlich umlaufen, so ist das stündliche Hubvolumen 0,432 · 362 = 153 cbm und die Arbeit 153 · 36630 = 5600000 mkg/Std., oder 5600000 : 270000 = 20,75 Pferdestarken bzw. 5600000 : 367200 = 15,25 kW. Das Verhältnis dieses Wertes zum Mindestarbeitsverbrauch von 18 PS ist rd. 1,15 und steht angesichts der nur rohen Naherungsrechnung in leidlicher Übereinstimmung mit dem Verhaltnis der Verdampfungswärme zur nutzbaren Kälteleistung in der folgenden Tafel V (2. Zeile).

Schließlich ergibt sich noch die Endtemperatur der Verdichtung bei einer Anfangstemperatur von -10^0 absolut, also $T_2 = 263^0$ zu $T_1 = 263 \cdot 1{,}288 = 338{,}7^0$ oder $+65{,}7^0$ C.

Der nach diesem Verfahren bestimmte Mitteldruck p_m ist übrigens nicht etwa gleich dem aus dem Indikatordiagramm durch Auswertung der Fläche desselben (sog. Planimetrieren) gewonnenen Werte, da in unserer Fig. 10 der schädliche Raum nicht berücksichtigt wurde. Dieser hat zur Folge, daß einerseits die Drucklinie am linken Ende des Diagramms wegen der Ruckdehnung des im schädlichen Raum eingeschlossenen und nicht durch die Druckventile entwichenen Dampfes nicht scheitelrecht abfällt, sondern nach Fig. 11 erst nach Durchlaufen eines

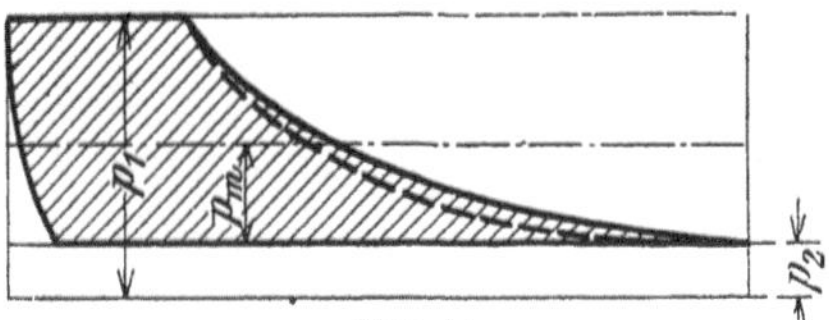

Fig. 11

bestimmten Kolbenweges die Saugdrucklinie erreicht. Ganz entsprechend wird auch die Verdichtungslinie flacher verlaufen, so daß das wirkliche Indikatordiagramm Fig. 11 gegenüber dem theoretischen bei gleichem gestrichelten Inhalt länger ausfällt. Die großere Länge hat naturgemäß auch eine Vergrößerung des aus Tafel III ersichtlichen Hubvolumens und eine Verminderung des mittleren Druckes zur Folge, während die indizierte Arbeit hiervon unberührt bleibt.

Berucksichtigen wir weiter, daß die Widerstande in den Ventilen der Verdichter erfahrungsgemaß je nach der Umdrehungszahl und Große der Maschine ca. 5 bis 10%, im Mittel also 7,5% der Verdichterarbeit verzehren, so erhalten wir den gesuchten indizierten Arbeitsbedarf aus Tafel V (S. 38) für die in Tafel III aufgestellten Beispiele.

Vergleicht man die zuletzt erhaltenen Werte mit zuverlassigen Versuchsergebnissen an guten Maschinen, so wird man sie immer noch zu gunstig finden. Es liegt das an dem Einfluß der inneren Undichtheiten, d. h. an der Unmoglichkeit,

Tafel V.

Temperatur vor dem Regelventil	+ 20°				+ 10°			
Kaltetrager	NH_3	CO_2	SO_2	H_2O	NH_3	CO_2	SO_2	H_2O
Kleinster Arbeitsverbrauch pro 100000 Cal in Pferdestarken	18	18	18	18	18	18	18	18
Verhaltnis der Verdampfungswärme zur nutzbaren Kalteleistung	1,12	1,46	1,12	1,051	1,08	1,24	1,08	1,033
Vermehrung durch die Widerstandsarbeit in den Ventilen	1,075	1,075	1,075	1,075	1,075	1,075	1,075	1,075
Verhaltnis der gesamten indizierten zur kleinsten Arbeit	1,204	1,570	1,204	1,130	1,163	1,334	1,163	1,110
Gesamte indizierte Arbeit pro 100000 Cal in Pferdestärken	21,7	28,3	21,7	20,4	21,0	24,0	21,0	20,0
Stundliche Kälteleistung pro 1 indiz. Pferdestarke in Cal	4620	3530	4620	4900	4770	4170	4770	5000

vollkommen dicht schließende Ventile und Kolben herzustellen. Diese Undichtheiten, welche naturgemäß an neuen, gerade eingelaufenen Maschinen nicht bedeutend sind, wirken mit der Zeit bei allen Systemen störend, indem sowohl während des Verdichtungshubes ein Teil der schon vorher hinausgeschobenen Masse durch das undichte Druckventil zurucktritt und teils durch das Saugventil, teils am Kolben vorbei nach dem Saugraum gelangt, als auch während des Saughubes in den Zylinder schleichend dessen Saugvolumen teilweise einnimmt. Dieser verschlichene Teil hat aber stets Verdichtungsarbeit aufgenommen, ohne daß er zur Kälteleistung wieder herangezogen werden kann. Der so entstehende Arbeitsverlust kann sehr betrachtlich (10—20%) werden, und ist nicht nur von der ursprunglichen Ausführung sowie der spateren Instandhaltung der Maschine, sondern auch von deren Umdrehungszahl abhängig.

Die vorstehende Tafel erlaubt nun, trotz der Unberechenbarkeit des eben erwahnten Verlustes im Verein mit Tafel III, die einzelnen Kalteträger unter sich zu vergleichen. Man erkennt, daß — abgesehen von dem hier nur der Vollständigkeit halber noch aufgenommenen Wasserdampf — der Arbeitsverbrauch einer unter den erwahnten Temperaturen arbeitenden Ammoniak- oder Schwefligsäuremaschine miteinander nahezu übereinstimmt und nur die Kohlensäure eine großere Minderleistung gegen beide aufweist. Beim Arbeiten ohne Unterkuhlung wird dieser Unterschied recht beträchtlich, so daß diese fur Kohlensäuremaschinen immer dann als unbedingt erforderlich zu bezeichnen ist, wenn kaltes Kühlwasser, wenn auch nur in geringer Menge, zur Verfugung steht. Alsdann fällt die Minderleistung dieser Maschinengattung gegenuber den beiden anderen Systemen unter gewohnlichen Verhältnissen kaum noch ins Gewicht, da uberdies der Verlust infolge der inneren Undichtheiten bei Kohlensäureverdichter mit Lederstulpkolben verhaltnismaßig geringer wird als bei anderen Maschinen mit metallischer Kolbenliderung.

Die Unterkuhlung selbst wird am zweckmäßigsten durch Anordnung eines besonderen Flussigkeitskuhlers hinter dem Verflüssiger erreicht; derselbe wird wie letzterer als Röhrenapparat mit ca. $^1/_{10}$ bis $^1/_3$ der Verflussigerheizfläche ausgebildet, dessen Rohrbündel im Innern von dem aus dem Verflüssiger kommenden, schon flüssigen Kälteträger durchstromt, außen dagegen von dem frischen Kühlwasser im Gegenstrom umspült werden. Das letztere tritt alsdann erst in den Verflussiger zur Weiterverwendung über.

Zu der Tafel V ist noch zu bemerken, daß die erhaltenen Vergleichswerte durchaus nicht etwa als allgemein gültig betrachtet und auf andere Verflüssiger- und Verdampfertemperaturen ausgedehnt werden dürfen. In dem Verhältnis zwischen Ammoniak und schwefliger Säure ändert sich unter anderen Bedingungen allerdings nicht viel, dagegen verschlechtert sich mit steigender Verflüssigungstemperatur die Leistungsfahigkeit der Kohlensäuremaschine recht beträchtlich, so daß sie — unter gewohnlichen Verhältnissen vollkommen wettbewerbsfähig — bei höheren Temperaturen (z. B. $+25^0$ bis 30^0) vor dem Regelventil nur ausnahmsweise berechtigt sein dürfte.

Die vorstehenden Überlegungen behalten ihre Gültigkeit auch für den Fall des Ersatzes der Kolbenverdichter durch Kreiselgebläse, wenn auch in diesen die indizierte Arbeit nicht durch ein Diagramm an der Maschine selbst ermittelt werden kann. Da solche Anlagen indessen nur fur sehr große Kalteleistungen ausfuhrbar sind und unseres Wissens bisher in die Praxis keinen Eingang gefunden haben, so wollen wir von einer weiteren Besprechung an dieser Stelle absehen[1]).

Für die in § 6 erwähnten, ebenfalls als reine Verdichtungsmaschinen anzusprechenden Dampfstrahlkühlmaschinen ist die indizierte Arbeit noch weniger festzustellen, da die Vorgange der aufeinanderfolgenden Ausdehnung des Arbeitsdampfes unter Verwandlung seiner Energie in kinetische sowie der darauffolgenden Ansaugung aus dem Verdampfer bei sehr niedrigen Drucken (99,4% Vakuum) und Rückverwandlung der Energie in potentielle unter Verdichtung des Gemisches auf den Verflussigungsdruck (94 bis 96% Vakuum) theoretisch noch nicht hinreichend geklärt sind[2]). Durch Versuche ist bisher nachgewiesen worden, daß man mit 1 kg Arbeitsdampf von 12 bis 13 kg/qcm Druck etwa 0,5 bis 0,6 kg aus dem Verdampfer absaugen, also

[1]) Lorenz, »Die Moglichkeit der Verwendung von Kreiselgeblasen als Kuhlmaschinen-Verdichter«. Zeitschr. f. d. ges. Kalte-Industrie 1910.

[2]) R. Linde, »Uber Vakuum-Kaltemaschinen«. Ebenda 1910. Josse, »Über die Verwendung von Wasserdampf als Kaltetrager in Kaltemaschinen«. Ebenda 1911.

eine Kälteleistung von 300 bis 360 Cal erzielen kann, während man mit dem Dampfbetrieb der Kolbenverdichter dabei bequem 500 Cal erzielt. Dazu kommt noch bei der Strahlmaschine der Arbeitsbedarf zur Aufrechterhaltung des tiefen Vakuums im Verflussiger, über den überhaupt noch keine Angaben vorliegen, sowie der durch Niederschlag des Betriebsdampfes sehr hohe Kühlwasserbedarf. Die Leistung dieser Maschine sinkt stark mit der Verdampfertemperatur, ist aber nahezu unabhängig von derjenigen des Kühlwassers, dessen Menge wieder durch die des Betriebsdampfes vorwiegend bedingt ist und nur wenig mit der Kälteleistung schwankt.

10. Der gesamte Arbeitsverbrauch der Verdichtungskühlmaschinen.

Mit der indizierten Verdichterarbeit ist indessen der Arbeitsbedarf einer Verdichtungskühlmaschine bei weitem noch nicht erschöpft, und darum muß es als unzulässig bezeichnet werden, wenn, wie es haufig geschieht, die einzelnen Systeme nur mit Rucksicht auf die Verschiedenartigkeit dieser Größe gegenseitig abgewogen werden, während doch für den Besitzer einer Kühlanlage deren Gesamtarbeitsbedarf allein in Frage kommen kann. Dieser aber schließt z. B. in einer Brauereikuhlanlage neben der oben ermittelten Arbeit noch folgende Beträge ein, welche jedoch von der Wahl des Systems nahezu unabhangig und in ihrer Größe vorwiegend durch die Gesamtanordnung der Anlage bedingt sind:

a) Die Reibungsarbeit der Maschine, welche gewöhnlich, allerdings nicht ganz genau, mit dem Unterschiede der indizierten Betriebsarbeit am Motor und am Verdichter gleichgesetzt wird[1]). Je nach der Große der Anlage wird diese Arbeit 15 bis 25% der indizierten Verdichterarbeit betragen.

Wieviel von dieser Reibungsarbeit auf den Verdichter allein entfallt, laßt sich praktisch fast niemals nachweisen, und daher sollte die sog. effektive Verdichterarbeit als unsicherer und zu Tauschungen Anlaß bietender Begriff z. B. in Garantieangeboten nicht mehr benutzt werden.

[1]) Dies ist nur dann richtig, wenn die weiter folgenden Arbeiten nicht, wie es meistens geschieht, ebenfalls von der Antriebsmaschine zu leisten sind.

b) Die Antriebsarbeit der Rührwerke im Verflüssiger und Verdampfer im Falle, daß der erstere durch Wasser, dessen Temperatur hierbei steigt, gekühlt und die erzeugte Kälte im Verdampfer auf eine Salzlösung übertragen wird, welche dann selbst in Rohrleitungen Wärme den abzukühlenden Räumen bzw. Körpern entzieht.

Unter gewöhnlichen Betriebsverhältnissen soll jeder dieser Arbeitsbeträge nicht mehr als 2 bis 3% der gesamten Arbeit verzehren.

c) Die Arbeit der Kühlwasserpumpen fällt nur dann einigermaßen ins Gewicht, wenn die Bezugsquelle des Wassers (z. B. der Brunnen) sehr weit von der Kühlanlage entfernt ist und eine öfters gebogene Rohrleitung erfordert. Letzteres trifft schon zu, wenn die Verflüssiger der Kühlanlage nicht in Maschinenräumen, sondern, um die Verdunstung auszunutzen, auf dem Dache der Gebäude aufgestellt werden mussen. Alsdann machen sich die hydraulischen Bewegungswiderstände sehr stark geltend. Im allgemeinen wird man nicht sehr fehl gehen, wenn man diese Pumpenarbeit einfach aus dem Gewicht des stündlichen Wasserbedarfs und der gesamten Hubhöhe berechnet und diesen Betrag mit Rücksicht auf die Bewegungswiderstande etwa verdoppelt. Wesentlich ungünstiger gestaltet sich dieses Verhältnis, wenn das Wasser aus tiefen Bohrlochern mit Hilfe sog. Mammutpumpen, das sind Luftstrahlapparate, entnommen werden muß. Diese Pumpen erfordern zu ihrem Betriebe einen Luftverdichter, welcher am besten unabhängig von der Betriebsmaschine durch eigene Dampfzylinder angetrieben wird. Nach eingehenden Versuchen[1]) darf man bei diesen Pumpen ein Verhältnis der Nutzarbeit (gemessen in gefördertem Wasser und der Förderhöhe) zur indizierten Verdichterarbeit von 30 bis 40% erwarten. Wenn sich auch dieser Wirkungsgrad durch das Verhältnis der indizierten Verdichter- zur Dampfarbeit auf 25 bis 35% noch vermindert und außerdem die Ausnutzung des Dampfes in so kleinen unmittelbar wirkenden Pumpen nicht gerade gunstig sein kann, so muß doch diese Pumpengattung als sicher wirkender Notbehelf mit Genugtuung begrußt werden.

[1]) Josse, »Versuche mit Mammutpumpen (Druckluftwasserheber)«, Zeitschr. d. V. d. Ingenieure 1898, und Lorenz, »Die Arbeitsweise und Berechnung der Druckluftflussigkeitsheber«. Ebenda 1909.

d) Die Arbeit der Salzwasserumlaufpumpen ist in hohem Grade abhängig von der Anordnung der Leitungsnetze in den Kühlräumen (Kellern) und spielt jedenfalls neben der Verdichterarbeit die Hauptrolle. Wird die Salzlösung mit großer Geschwindigkeit durch kleine Querschnitte (oder was auf dasselbe hinauskommt, durch zahlreiche, mit Krümmern hintereinander geschaltete Kühlrohre) hindurchgetrieben, so kann die Pumpenarbeit leicht bis zu 30% der ganzen Betriebsarbeit verschlingen, während sie bei geschickter Anordnung der Kühlrohrsysteme (teilweise Parallelschaltung der einzelnen Kühlrohre) mit reichlichen Querschnitten kaum die Hälfte dieses Betrages erfordert. Bei der großen Schwierigkeit der Abschätzung wird man jedoch am sichersten gehen, für die Bestimmung der Stärke des Betriebsmotors den genannten Höchstwert einzusetzen.

e) Die Arbeit der Süßwasserumlaufpumpe fur die Gärbottichschwimmer braucht nicht besonders in Rechnung gestellt zu werden, da sie nicht nur im Vergleich zu den anderen Beträgen wenig ins Gewicht fällt und auch selten mit ihnen zugleich aufzuwenden ist. In den meisten Brauereien wird das Süßwasser, welches sich nach dem Durchlaufen der Schwimmer in einem tief gelegenen Behälter sammelt, einfach nach Füllung des letzteren in kurzer Zeit in den hochgelegenen Süßwasserkuhler zuruckgefördert.

f) Die Betriebsarbeit des Eiserzeugers tritt ebenfalls nicht immer als Bestandteil der Gesamtarbeit der Anlage in Erscheinung, da der Eiserzeuger häufig mit dem Verdampfer (Salzwasserkühler) vereinigt wird, wobei allerdings das Salzwasser auf eine tiefere Temperatur herabzukühlen ist, als es der übrige Betrieb erfordert, so daß die Verdichterarbeit sich hierbei etwas erhöht. Da nun der Kältebedarf einer Brauereianlage naturgemäß in verschiedenen Tagesstunden verschieden ist (schon wegen der kühleren Nachtzeit), so kann die Eiserzeugung mit Vorteil als Betriebs- und Temperaturregler dienen. Zu diesem Zwecke verlegt man nicht selten, auch wenn der Eisbedarf nur einen Bruchteil der Kälteleistung verbraucht, sämtliche Verdampferrohre in den Eiserzeuger, der somit befähigt ist, den Überschuß der Maschinenleistung aufzunehmen bzw. aufzuspeichern.

g) Der Arbeitsverlust der Kraftubertragung laßt sich, da er vorwiegend von der zweckmäßigen Anordnung und der Instandhaltung (Schmierung) abhängig ist, kaum von vornherein abschätzen.

Von den vorstehend aufgeführten Arbeitsmengen sind die Posten b) c) d) dadurch noch bemerkenswert, daß sie durch ihre Vernichtung in Wärme übergehen[1]) und somit einerseits zur Erwärmung des Kühlwassers beitragen, anderseits in der Salzlösung einen Teil der Kälteleistung nutzlos verzehren. Dies gilt vor allem vom Posten d), welcher sehr leicht die Kälteleistung um 10% und noch mehr herabzuziehen geeignet ist. Diese selbst wird noch durch die Einstrahlung von atmosphärischer Wärme in den Verdampfer vermindert, und zwar bei kleinen Anlagen infolge der verhältnismäßig größeren Oberfläche der Apparate stärker als bei größeren. Man kann diesen Einfluß auf 5% bei letzteren, steigend bis zu 10% bei sehr kleinen Anlagen, abschätzen.

Hat man es mit einer Luftkühlung zu tun, bei welcher die Luft in einem besonderen Apparat abgekühlt, getrocknet und durch Ventilatoren den kühl zu haltenden Räumen zuzuführen ist, so verschlechtert auch hier die vollständig zur Überwindung von Bewegungswiderständen verbrauchte Ventilatorarbeit die Kälteleistung, so daß auf die zweckmäßige Führung der Luftleitungen eine ebenso große Sorgfalt aufgewendet werden muß wie auf die Anordnung der Salzwasserrohre.

Die nachstehende Tafel VI soll für die einzelnen Kälteträger NH_3, CO_2, SO_2 den Einfluß der verschiedenen Arbeitsgrößen auf die effektive Betriebsarbeit verdeutlichen. Dieselbe beruht auf den Werten der Tafel V, setzt also eine theoretische Kälteleistung von 100000 Cal voraus. Durch Undichtheiten innerhalb der Maschine werde diese Kälteleistung bei NH_3- und SO_2-Maschinen um 10%, also auf 90000 Cal, bei CO_2-Maschinen, wegen der geringeren inneren Undichtheit um 5%, d. h. auf 95000 Cal pro Stunde erniedrigt, ohne daß die indizierte Arbeit des Verdichters sich ändert.

Aus dieser, gewöhnlichen Betriebsverhältnissen angepaßten und gleich gute Anordnung und bauliche Ausführung voraussetzenden Tafel kann man entnehmen, daß zwischen den einzelnen Kühlmaschinenbauarten keine nennens-

---

[1]) Durch Vernichtung von 1 PS werden stündl. rund 632 Cal frei.

Tafel VI.

Temperatur vor dem Regelventil	+ 20°			+ 10°		
Kaltetrager	NH_3	CO_2	SO_2	NH_3	CO_2	SO_2
Gesamte indizierte Arbeit (nach Taf. V) in Pferdestarken	21,7	28,3	21,7	21,0	24,0	21,0
Reibungsarbeit des Verdichters und der Betriebsmaschine in Pferdestarken	3,3	4,3	3,3	3,2	3,6	3,2
Antriebsarbeit der Ruhrwerke » »	1,0	1,0	1,0	1,0	1,0	1,0
Arbeit der Kuhlwasserpumpen » »	1,5	1,5	1,5	1,5	1,5	1,5
» » Salzwasserpumpen » »	8,0	8,0	8,0	8,0	8,0	8,0
Betriebsarbeit der Transmission » »	2,0	2,0	2,0	2,0	2,0	2,0
Effektive gesamte Betriebsarbeit » »	37,5	44,8	37,5	36,7	40,1	36,7
Kalteverlust durch die Ruhrwerksarbeit » »	632	632	632	632	632	632
» » » Salzwasserpumpen » »	5056	5056	5056	5056	5056	5056
» » » Einstrahlung » »	4500	4500	4500	4500	4500	4500
Restliche nutzbare Kälteleistung » »	79812	84812	79812	79812	84812	79812
Kalteleistung pro 1 effektive Pferdestarke » »	2130	1920	2130	2170	2120	2170

werten Unterschiede in der Betriebsarbeit für die an der Verwendungsstelle wirklich nutzbare Kälteleistung bestehen, daß dieselben also als gleichwertig zu bezeichnen sind. Treten gelegentlich in der Praxis größere Unterschiede auf, so ist daraus entweder auf mangelhafte Ausführung, unzweckmäßige Anordnung oder unrichtige bzw. nachlässige Wartung der Maschinen zu schließen.

11. Der Energiebedarf der Absorptionskühlmaschinen.

Wir haben schon oben (§ 6) gesehen, daß die bei Absorptionsmaschinen nötige Energie vorwiegend in Form von Wärme zugeführt wird im Gegensatz zu dem Arbeitsbedarfe der Ver-

Tafel VII.

	Ammoniakgehalt von 1 kg Losung						
Temperatur in °C	Druck in kg/qcm						
	1	2	3	5	7	10	13
— 10	0,53	—	—	—	—	—	—
0	0,47	—	—	—	—	—	—
+ 10	0,40	—	—	—	—	—	—
+ 20	0,34	0,45	—	—	—	—	—
+ 30	0,29	0,39	0,46	—	—	—	—
+ 40	0,23	0,33	0,39	0,49	—	—	—
+ 50	0,18	0,28	0,34	0,43	0,50	—	—
+ 60	0,136	0,23	0,29	0,38	0,44	0,52	—
+ 70	0,095	0,182	0,24	0,33	0,39	0,46	0,51
+ 80	0,058	0,137	0,196	0,28	0,34	0,41	0,48
+ 90	0,025	0,096	0,151	0,23	0,29	0,36	0,43
+ 100	—	0,060	0,110	0,185	0,24	0,31	0,38
+ 110	—	0,027	0,072	0,143	0,198	0,26	0,31
+ 120	—	—	0,039	0,102	0,156	0,22	0,28
+ 130	—	—	0,008	0,066	0,115	0,174	0,23
+ 140	—	—	—	0,033	0,079	0,135	0,190
+ 150	—	—	—	0,003	0,045	0,097	0,145

dichtungsmaschinen. Die Bestimmung dieser Warmemenge ist von vornherein nur möglich, wenn wir die physikalischen Eigenschaften der Lösungen von Ammoniak in Wasser (sog. Salmiakgeist) kennen. Hierüber liegen nun neuere Versuche von H. Mollier vor, deren Ergebnisse in den Tafeln VII und VIII zusammengefaßt sind. Die zweite dieser Tafeln liefert die Lösungswärme von 1 kg NH_3 in Ammoniaklösungen in ihrer Abhängigkeit von dem ursprünglichen NH_3-Gehalt, die erste den NH_3-Gehalt gesättigter Lösungen vom Druck und der Temperatur[1]), deren Einfluß auf die Lösungswärme selbst unmerklich zu sein scheint.

Tafel VIII.

NH_3-Gehalt der Lösung	Spez. Gewicht	Lösungswärme in Cal des flussigen NH_3	Lösungswärme in Cal des gasform. NH_3
0	1	193	493
0,10	0,95	171	471
0,20	0,90	144	444
0,30	0,85	113	413
0,40	0,80	79	379
0,50	0,78	39	339
0,60	0,76	0	
0,80	—	0	} 300
1,00	—	0	

Wir gehen nunmehr sogleich zur Berechnung einer Absorptionsmaschine mit einer stündlichen Kälteleistung von 100000 Cal bei einer Verdampfertemperatur von — 10^0 über, wobei wir einmal sowohl im Verflüssiger wie auch im Absorber eine Temperatur von + 20^0, dann von + 30^0 voraussetzen, von einer Unterkuhlung aber in beiden Fallen absehen wollen. Die entsprechenden absoluten Drucke sind dann im Verdampfer 2,93 kg/qcm, im Verflussiger aber 8,73 bzw. 11,92 kg/qcm.

Aus Taf. I ergibt sich nun, daß 1 kg NH_3 bei + 20^0 Verflussigertemperatur eine Flüssigkeitswärme von 34,0, bei 30^0 dagegen von 45,9 Cal in den Verdampfer mitbringt, so daß es

[1]) Zeitschr. f. d. ges. Kalte-Industrie 1909, S. 51, sowie 1910, S. 141. Die letzte Spalte der Taf. VII wurde exrtapoliert und die Werte unter + 10^0 nach Versuchen von Mallet (American Chem. Journal 1897) zugefugt.

dort zur vollständigen Verdampfung nur noch rd. 277 bzw. 265 Cal aufnehmen kann.

Mithin werden zur Leistung von 100 000 Cal stündlich 361 bzw. 377 kg Ammoniak umlaufen müssen. Im Absorber herrscht nun ein niedrigerer Druck als im Verdampfer, da ja der Übertritt der Dämpfe aus diesem von selbst erfolgt, wir schätzen ihn auf rund 2 kg/qcm.

Ebenso muß der Druck im Kocher höher liegen als im Verflüssiger; wir setzen ihn fur die ins Auge gefaßten Beispiele zu 10, bzw. 13 kg/qcm fest und nehmen an, daß unter der Wirkung des Heizdampfes die arme Lösung den Kocher mit einer Temperatur von 150° verläßt. Dieser Temperatur entsprechen nach Taf. VII für die beiden Kocherdrücke NH_3-Gehalte von 0,097 bzw. 0,145, die wir auf 0,1 bzw. 0,15 abrunden dürfen. Ebenso liefert diese Tafel fur die beiden Absorbertemperaturen von 20° und 30° bei 2 kg/qcm Sattigungsgehalte von 0,45 und 0,39, denen für die Kocherdrucke wiederum die Temperatur von rund 70° und 100° zugehören. Mit diesen Temperaturen möge dann die reiche Losung in den Kocher eintreten, in dem sie alsdann im Gegenstrom mit dem aus ihr entbundenen NH_3-Gas auf 150° erwärmt wird, so daß dieses Gas den Kocher selbst nahezu mit der Eintrittstemperatur der Lösung verläßt. Nun enthalt

die reiche Losung von	0,45 bzw.	0,39 Sättigungsgehalt
fur 1 kg H_2O	0,82 »	0,64 kg NH_3
die arme Losung von	0,1 »	0,15 Sättigungsgehalt
fur 1 kg H_2O	0,11 »	0,18 kg NH_3.
Mithin werden		
für 1kg H_2O	0,71 »	0,46 kg NH_3 entwickelt.
oder es entfallen		
auf 1 kg NH_3	2,57 »	3,57 kg reiche Losung
und	1,57 »	2,57 kg arme Lösung,

deren spezifische Wärme wir hinreichend genau derjenigen des Wassers gleichsetzen durfen. Aus dem mittleren Sättigungsgrade der Losungen, nämlich

$$\frac{0{,}45+0{,}1}{2}=0{,}275 \text{ bzw. } \frac{0{,}39+0{,}18}{2}=0{,}285$$

folgt dann nach Taf. VIII fur 1 kg NH_3 eine Losungswarme von 421 bzw. 420 Cal.

Diese Wärme vermindert sich im Absorber durch die Erwärmung des vom Verdampfer herankommenden Ammoniakdampfes, der mit einer spez. Wärme von 0,54 um 30° bzw. 40° erwarmt rd. 16 bzw. 22 Cal aufnimmt, so daß nur mehr 405 bzw. 399 Cal im Absorber zu entziehen sind. Hierzu tritt die Verflüssigungswarme von 284 bzw. 274 Cal und die Überhitzungswärme des vom Kocher kommenden Gases

$$\text{mit } 0,54 \cdot 130 = 70 \text{ bzw. } 0,54 \cdot 120 = 65 \text{ Cal.}$$

Mithin sind im ganzen

$$759 \text{ bzw. } 738 \text{ Cal fur } 1 \text{ kg } NH_3$$

zu entziehen. Dem gegenüber erfordert der Kocher außer der Zufuhr der schon oben ermittelten Losungswarme von 421 bzw. 420 Cal noch die Wärme zur Erhitzung der armen Losung um 80 bzw. 50°, wozu für 1 kg NH_3 $1,57 \cdot 80 = 126$ bzw. $2,57 \cdot 50 = 128$ Cal erforderlich wird.

Hierzu tritt noch die Kalteleistung mit 277 bzw. 265 Cal, so daß sich eine Gesamtwarmezufuhr von 824 bzw. 813 Cal für 1 kg NH_3 ergibt. Die nur unvollkommene Übereinstimmung dieser Werte mit den oben ermittelten fur die Wärmeentziehung liegt — abgesehen von der nur ungenauen Überschlagsrechnung — an der Vernachlässigung der Rolle des vom NH_3-Gas stets mitgerissenen Wasserdampfes[1]), wahrend die ebenfalls unterdruckte Pumpenarbeit keinen nennenswerten Beitrag liefert. Bemerkenswert ist jedenfalls, daß die gesamte Energiezufuhr im Kocher, nämlich 547 bzw. 548 Cal für 1 kg NH_3, nahezu unabhängig von der Verflussigungs- bzw. Absorbertemperatur ausfallt. Demgemaß ergibt sich in den beiden Fallen fur 100000 Cal Kalteleistung eine Gesamtwärmezufuhr von 197000 bzw. 206000 Cal im Kocher.

Bei einem Vergleiche dieser Zahlen mit den früher erhaltenen für Verdichtungsmaschinen ist nun zu berucksichtigen, daß die letzterhaltenen nicht nur rohe Annaherungen darstellen, sondern auch ohne Rucksicht auf die in der Maschine zweifellos auftretenden Energieverluste berechnet wurden. Diese Verluste

[1]) Eine genauere »Thermodynamische Untersuchung des Vorgangs in der Absorptions-Kaltemaschine auf Grund der Theorie der binaren Gemische« lieferte R. Plank, Zeitschrift f. d. ges. Kalte-Industrie 1910. Diese abschließende Arbeit stutzt sich ebenfalls auf die von uns benutzten Versuchswerte von H. Mollier.

lassen sich nur abschätzen, sie dürften die Energiezufuhr auf mindestens 250000 Cal erhöhen.

Man erkennt übrigens, daß bei Absorptionsmaschinen die Energiezufuhr nicht in demselben Maße mit der Verflüssigungstemperatur wächst wie bei Verdichtungsmaschinen; hierin liegt auch die Erklärung dafür, daß in heißen Gegenden diese Maschinengattung sich recht wohl behaupten konnte. Der außerordentlich hohen Energiezufuhr entspricht naturgemäß auch die Notwendigkeit einer entsprechend großen Warmeentziehung und damit großer Kühlwassermengen.

Immerhin steht die Energieausnutzung in diesen Maschinen nicht zu stark hinter derjenigen in Verdichtungsmaschinen zurück, wenn man bei letzteren eine Dampfmaschine als Antrieb voraussetzt und diese in die Betrachtung einbezieht. Rechnen wir pro 1 kg Dampf eine Wärmezufuhr von rund 650 Cal im Kessel, so erfordert unsere Absorptionsmaschine etwa 400 kg Dampf pro Stunde für eine Leistung von 100000 Cal, was bei 10 kg Dampfverbrauch pro Pferdestärke einer Maschinenleistung von etwa 40 PS entsprechen dürfte.

Günstiger wurde sich das Verhältnis beim Betrieb mit dem Abdampf einer anderweitig nötigen großen Dampfmaschine stellen, da diese gleichzeitig die kleine Pumpe mit ubernehmen würde, welche, für sich vom Kessel betrieben, mit verhältnismäßig sehr hohem Dampfverbrauch arbeitet. Bei der heute fast überall verfügbaren elektrischen Energie spielt dieser Umstand indessen kaum noch eine praktische Rolle.

Die für den gesamten Energiebedarf noch zu berücksichtigenden Nebenbetriebe, wie Rührwerke, Salzwasserpumpen, können mit denselben Werten eingesetzt werden wie bei Kompressionsmaschinen, dagegen wäre der großen hier notwendigen Kühlwassermenge wegen die zu ihrer Förderung nötige Arbeit entsprechend zu erhöhen.

12. Bezeichnung der Kühlmaschinen in der Praxis nach ihrer Leistung.

Wie wir im § 9 gesehen haben, hängt die Leistung einer Verdichtungskühlmaschine bei gegebenen Verdampfer- und Ver-

Tafel IX.

Modell Nr.		I	II	III	IIIa	IV	IVa	V	Va	VI	VIa	VII
Leistung in 1000 Cal stündlich	von $+10^0$ bis $+1^0$	3,3	7	16	30	42	60	84	120	170	210	270
	von -2^0 bis -5^0	2,5	5	13	25	35	50	70	100	140	180	225
Eiserzeugung pro Stunde in kg .		20	40	100	175	250	375	500	750	1000	1500	2000
Eisersatz pro Tag in Ztr. à 50 kg		15	30	80	140	200	300	420	600	840	1100	1400

Tafel X.

Modell Nr.		1	2	3	4	5	6	7	8	9	10	11	12	13	14	15	16	17	18
Leistung in 1000 Cal stündlich	von $+10^0$ bis $+1^0$	2,4	3,6	4,8	6	7,2	12	15,5	22	26	48	66	96	144	180	220	270	330	400
	von -2^0 bis -5^0	2	3	4	5	6	10	13	18	22	40	55	80	120	150	190	220	275	330

flüssigungstemperaturen vom stündlichen Hubvolumen des Verdichter, d. h. von den Abmessungen desselben und seiner Umdrehungszahl ab. Diese Zahlengrößen werden nun von den Fabriken im allgemeinen nicht veröffentlicht, wenn sie auch nach dem Bezuge einer Anlage jeder Besitzer sich selbst entnehmen kann. Es würde nun keine Schwierigkeiten bieten, dieselben aus unseren früheren Darlegungen mit Hilfe einiger Annahmen ebenso abzuleiten, wie wir dies mit dem Arbeitsverbrauche getan haben. Indessen würden derartige Ergebnisse bei der Verschiedenartigkeit der Annahmen, welche sich hauptsächlich auf das Verhältnis zwischen Zylinderdurchmesser und Kolbenhub beziehen, keinen allgemeinen Wert besitzen. Dagegen erscheint es wünschenswert, diejenigen Bezeichnungen hier kennenzulernen, unter denen die Maschinen hauptsächlich verkauft werden. Hierüber gibt die nachstehende Tafel, welche für die meisten Fabriken mit Ausschluß der Gesellschaft für Lindes Eismaschinen mit geringen Abweichungen gültig ist, Auskunft. Die Bezeichnung der Kühlmaschinen geschieht hierin durch römische Ziffern, zwischen die man im Laufe der Zeit noch Zwischennummern eingeschoben hat. Die Tafel enthält weiter die Leistung der Maschine in 1000 Cal pro Stunde, und zwar für Süßwasserkühlung (+10° bis + 1°) und Solekühlung (—2° bis — 5°), sowie die stündliche Eiserzeugung, welche gewöhnlich bei einer Soletemperatur von — 5° bis — 6° erfolgt. Schließlich ist derselben noch der tägliche Eisersatz in Zentnern (à 50 kg) hinzugefügt, welcher — nach amerikanischem, auch bei uns hie und da befolgtem Vorbild — diejenige Natureismenge angibt, deren Abschmelzen die Leistung der Kühlmaschine ersetzen würde. Dieselbe ist, wie man sofort sieht, durchaus nicht mit der täglichen Eiserzeugung der Anlage gleichbedeutend, sondern stets viel größer, was einerseits in der verhältnismäßig hohen Schmelztemperatur des Natureises (0°), anderseits aber in seiner wechselnden und im allgemeinen wenig gleichmäßigen Beschaffenheit begründet ist. Daraus erklären sich auch die ziemlich weitgehenden Abweichungen in der Angabe des Eisersatzes.

Fur die Eiserzeugung bedient sich auch die Gesellschaft für Lindes Eismaschinen einer der Tafel IX entsprechenden Nummernbezeichnung, nur mit dem Unterschiede, daß sie die hier mit VI a und VII bezeichneten Größen mit VII bzw

VIII benennt. Für Kühlmaschinenbetrieb dagegen numeriert diese Firma gemäß Tafel X.

Fur die in den Tafeln aufgeführten Nummern sind in den besseren Fabriken Modelle vorhanden, so daß die Herstellung meist keine Neuentwürfe erfordert. Fällt die erforderliche Leistung zwischen zwei Tafelwerte, so hilft man sich nicht selten durch weiteres Ausbohren des Verdichterzylinders der nächst niederen Nummer oder durch eine mäßige Erhöhung der Umdrehungszahl. Natürlich müssen die Hilfsapparate (Verdampfer und Verflüssiger) den wirklichen Leistungen und nicht bloß den Tafelangaben entsprechen, wenn die Maschine wirklich wirtschaftlich arbeiten soll.

Kapitel III.

Die Bauweise der Druckverdichter.

13. Zylinder.

Die Grundgestalt desselben ergibt sich aus folgenden Betriebsrucksichten:

Geringster schadlicher Raum. 1. Die Ausnutzung des Hubes ist um so besser, je kleiner der schädliche Raum ist (Fig. 12).

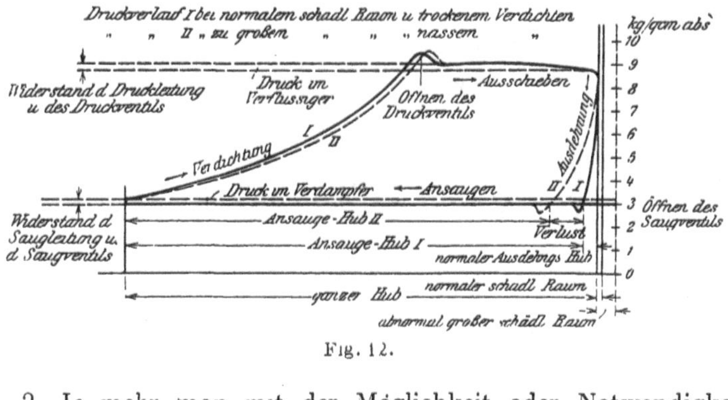

Fig. 12.

2. Je mehr man mit der Möglichkeit oder Notwendigkeit rechnen muß, den Dampf mit etwas Flussigkeit gemischt in den

Zylinder treten zu lassen, desto kleiner muß der schädliche Raum sein.

3. Diese unter 2. erwähnte Rücksicht ist um so wichtiger, je mehr die spezifische Flüssigkeitswärme des Kältemittels gegenüber der Verdampfungswärme ins Gewicht fällt (z. B. bei Kohlensäure). Bei größerem Flüssigkeitsgehalt des Dampfes und großem schädlichen Raum ist die Dauer des Ausdehnungshubes sehr lang auf Kosten des Ansaughubes.

Geringster Wärmeaustausch während eines Kolbenspieles zwischen Wandungen, Kolben und Kältemittel. Dieser Austausch ist groß bei kleiner Umlaufszahl wegen längerer Ansauge- und Ausschubzeit, bei großem Verhältnis zwischen Kolbendurchmesser und Hub (bestes Verhältnis liegt zwischen 1 : 2 und 1 : 4) bei Ansaugen nasser Dämpfe wegen großer Wärmeaustauschzahl (siehe S. 173). Folge dieses Austausches ist: lange Ausdehnungslinie, starkes Nachverdampfen bzw. Vergrößerung des spezifischen Volumens des Kältemittels, im ganzen also Verminderung des angesaugten Gewichtes, d. h. der Leistung. Also: große Umlaufszahl, langer Hub, Ansaugen getrockneten Dampfes.

Hindernisse: zu große Umlaufszahl siehe S. 55, langer Hub bringt zu kleine Ventilquerschnitte. Kurzer Hub ist zulassig bei trockenem Ansaugen, großer Umlaufszahl, gekuhlten Deckeln. Ansaugen getrockneten Dampfes ergibt hohe Verdichtungs- und Wandungstemperatur, Ansaugen überhitzten Dampfes sehr hohe Verdichtungs- und Wandungstemperaturen, daher wieder zu großen Wärmeaustausch und zu geringes Ansauggewicht, gefährdet außerdem die Stopfbüchse und damit die Kolbenstange.

Mittel gegen zu hohe Wandungstemperatur bei trockenem Ansaugen: Kühlung des Zylinders, vor allem aber der Deckel. Die Kühlung der Deckel wird umständlich, wenn die Ventile im Deckel untergebracht sind. Die Kuhlung versagt und schlägt ins Gegenteil um, wenn der anzusaugende Dampf des Kältemittels sehr viel kälter ist als das Kühlwasser. Man kuhlt dann oft durch das Kältemittel selbst, muß aber dann die hierfur aufgewendete Kälte durch die Maschine erzeugen. Ob hierdurch der wärmetechnische Nutzen der Kuhlung aufgehoben wird, entscheidet eine langwierige Rechnung in jedem Einzelfalle. Trotzdem wird man in solchem Falle die künstliche Kühlung des besseren Verhaltens der Stopfbüchse wegen manchmal durchführen

Große Ventildurchgangsquerschnitte. Die zum Überwinden der Ventilwiderstände benötigte Arbeit steigt mit dem Quadrat der Durchgangsgeschwindigkeit, aber auch mit der Masse der durch den Überdruck im Verdichter zu bewegenden Ventilteile.

Da bei Anwendung eines ebenen Kolbens und ebenen Zylinderdeckels große Ventile nur bei Zulässigkeit eines etwas größeren schädlichen Raumes möglich sind (Fig. 34 und 36,) so werden nach dem Muster der Lindeschen Verdichter die Deckel oft nach einer Kugelhaube gewölbt und die Kolbenform der Deckelform angepaßt. Im Totpunkte kommt der Kolben auf $\frac{3}{4}$ bis $\frac{1}{2}$ mm an den Deckel heran.

Die gegenüber einer Dampfmaschine geringen Temperaturschwankungen und danach geringen Längenänderungen der Verdichterteile gestatten dies. Bei Heißlaufen der Kolbenstange kann jedoch unter Umständen der Kolben hinten anstoßen (siehe Fig. 13, S. 57).

Möglichst große Hubzahl in der Minute gestattet, mit kleinen Maschinen auszukommen und rasch laufende Antriebsmaschinen zu verwenden.

Drei Rücksichten beschränken diese Hubzahl:

1. Mit zunehmender Hubzahl vergrößert sich die Schwierigkeit, die Bewegung der Ventile auf die kurzen, durch das Diagramm vorgeschriebenen Zeiträume zu beschränken, zur Erzielung einer möglichsten Annäherung des indizierten Diagrammes an das theoretische. Von dieser Annäherung hängt neben anderem die bei jedem Hub vom Verdichter aus dem Verdampfer angesaugte und in den Verflüssiger geschobene Dampfmenge ab. Kleine Ventilmassen ermöglichen höhere Umlaufzahl.

2. Große Hubzahl ergibt große Kolbengeschwindigkeit; daher müssen die Ventile besonders groß gemacht werden, sofern die Durchgangsgeschwindigkeit eine bestimmte Grenze nicht überschreiten soll.

3. Um die größeren Ventile unterzubringen, muß der Deckel, also auch der Zylinderdurchmesser, groß und der Hub dafür verkürzt werden. Bei gleichen Druckunterschieden geben aber große Kolben- und Ventildurchmesser größere Undichtheitsverluste

als kleine Kolben und Ventile. Da aber bei größerer Umlaufzahl die geförderte Gasmenge eines Zylinders für die Zeiteinheit größer ist, so kann das Verhältnis zwischen Undichtheitsverlust und Fördermenge für 1 Stunde ebenso günstig oder noch günstiger sein wie beim langsam laufenden Verdichter.

14. Ammoniakzylinder.

Zylinder mit kleinerer Hubzahl und schweren Ventilen (Fig. 13). Die schweren Teller und Führungsstangen der Ventile verbieten eine allzu große Steigerung der Hubzahl. Letztere ist bei kleineren Maschinen ca. 100, bei größeren zirka 60 in der Minute.

Der Zylinder wird bei Maschinen mittlerer und kleiner Leistung durch zwei seitliche Füße befestigt auf einem Gestell nach Fig. 14.

Die Füße werden durch Rippen versteift zur Vermeidung elastischer Bewegung des Zylinders. Außer den Fußschrauben werden noch zwei Paßstifte mit möglichst großem Abstand voneinander (Diagonale) eingeschlagen zum leichten Einrichten der Zylinderachse in die Geradführungsachse[1]).

Kolben. Derselbe ist meist zweiteilig (Fig. 13). Abdichtung der beiden Hälften durch Rundgummi ist empfehlenswert, damit der Innenraum des hohlen Kolbens nicht als schädlicher Raum arbeitet. Schwere Kolben erhalten zur Entlastung des Stopfbuchsengrundringes eine Stützung zwischen Kolbenkörper und Dichtungsringen. Diese Stützung soll etwas elastisch sein. Der Durchbruch für die Kolbenstange und die Kolbenmutter wird ebenfalls durch Rundgummi abgedichtet.

Einen einteiligen Kolben mit selbstspannenden Ringen zeigt Fig. 15. (Maschinenfabrik Germania-Chemnitz.)

Die Kolbenstange ist hinreichend stark auszuführen, da sie sich sonst zu leicht durch das Kolbengewicht durchbiegt. Die Kolbenstange soll in einem tunlichst langen Grundring aus weichem Metall gestützt werden. Beim Heißlaufen der Kolbenstange zerspringen die Weichmetallringe leicht.

Ventile. Die Schrägstellung derselben soll nur so groß sein, daß das etwa hängenbleibende Saugventil durch den Kolben

[1]) Siehe auch Zeitschr f. d. ges. Kälte-Industrie 1907, S 25.

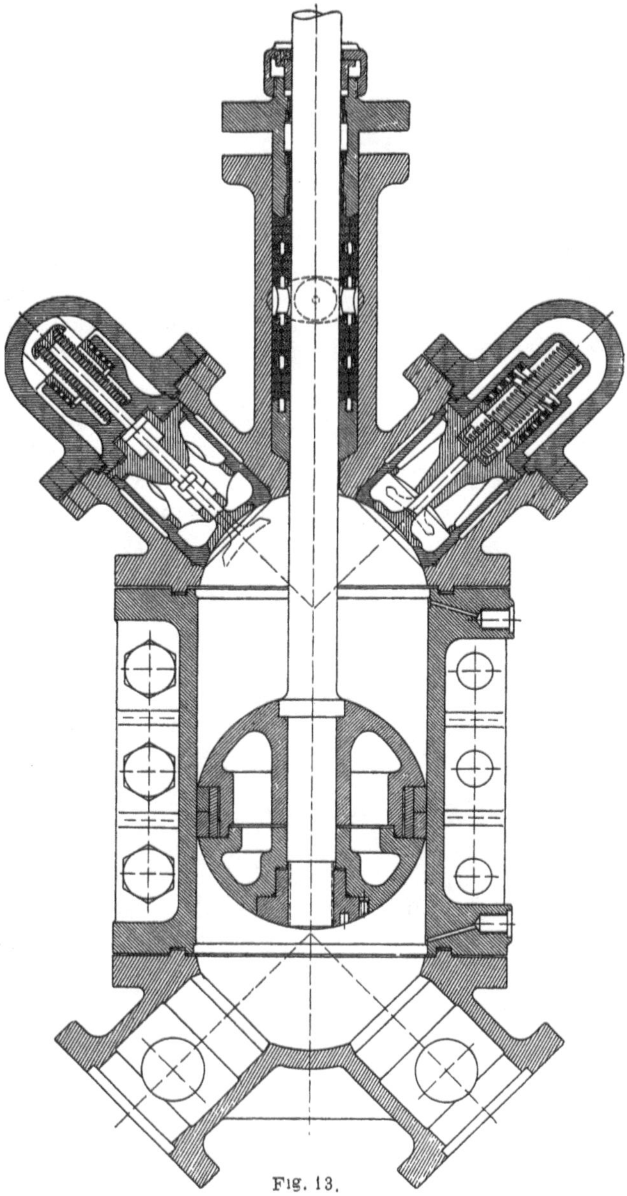

Fig. 13.

nicht abgebogen, sondern zugeschoben wird. Der Kegel ist aus Stahl, die sauber eingepaßten Sitze aus Gußeisen oder Stahlguß. Zweckmäßig ist das Ausbohren der Deckel und Abdrehen der Ventilsitze nach Lehre und Schablonen (Fig. 16 u. 17), und zwar sowohl nach den Durchmessern als auch nach den Längenmaßen. Die Ventile können dann ausgetauscht, abgenutzte Ventile bequem ersetzt werden.

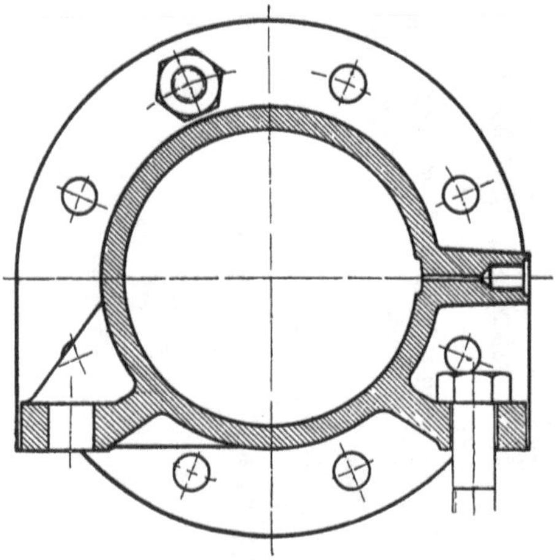

Fig. 14.

Die Ventilsitze sind so weit, daß bei geöffnetem Ventil keine Drosselungen im Ventilgehause stattfinden (z. B. zwischen Druckventilkegel und Führung) (Fig. 19 u. 20).

Deckel. Er wird der Kolbenform angepaßt. Die Flanschen macht man so stark, daß sie durch die Schrauben nicht ver-

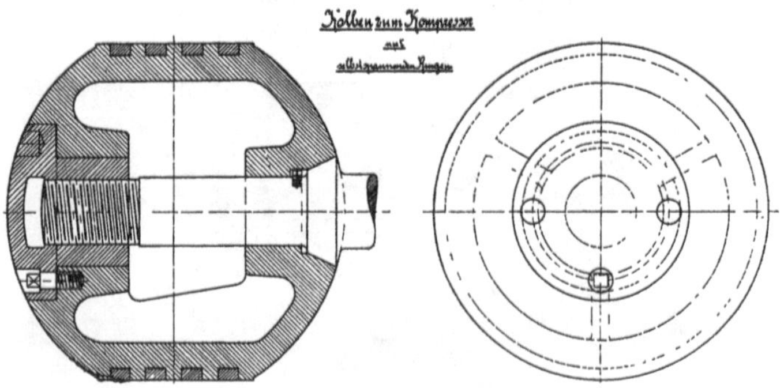

Fig. 15.

bogen werden, da sonst das Abdichten fraglich wird. Man achte auf großen spezifischen Flächendruck in der Dichtung.

Bedeuten in der nachstehenden Annäherungsrechnung:

D_1 den Außendurchmesser,
D_2 den Innendurchmesser der Dichtung,
d den Kerndurchmesser,
i die Zahl der Schrauben,
p den Überdruck des Dampfes,

so ist die Vorspannung, mit der beim Zusammenbau der Deckel auf die Dichtungsfläche aufgedrückt wird:

$P_v^{\mathrm{kg}} = i\, d^2 \frac{\pi}{4} \cdot 600$ kg/qcm, verteilt auf die Fläche $(D_1{}^2 - D_2{}^2)\frac{\pi}{4}$ mit k_v kg/qcm Vorspannung.

Dieser Druck wird im Betrieb vermindert um $P_1 = \left(\frac{D_1 + D_2}{2}\right)^2 \cdot \frac{\pi}{4} \cdot p$, es verbleibt ein Restdruck auf der Dichtung von $P_v - P_1$, so daß im Betrieb der Dichtungsdruck auf 1 qcm $\frac{P_v - P_1}{(D_1{}^2 - D_2{}^2)\frac{\pi}{4}} = k_d$ beträgt. k_d muß nun auf alle Fälle größer als p sein, mindestens $= 1{,}5$ bis $2\,p$. k_v darf so groß sein, als es das gewählte Dichtungs-

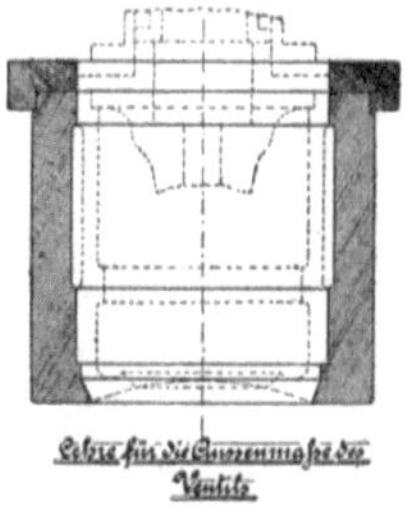

Fig. 16.

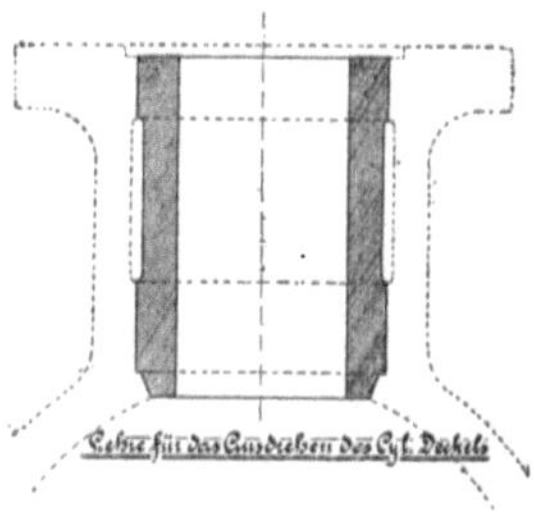

Fig. 17.

material verträgt, ohne herausgequetscht zu werden, und muß so groß sein, daß die Dichtung unter diesem Druck elastisch zum Fließen kommt, so daß ein vollständig schließender Dichtungsring entsteht.

Im Dampfmaschinenbau wird nur metallisch durch Aufschleifen gedichtet und dabei k_v durch kleines $D_1 - D_2$ auf über 1000 kg/qcm getrieben.

Als letzte Gleichung ergibt sich durch die Rücksicht auf die Elastizität des Flansches der Abstand, d. h. die Zahl der Schrauben.

Unerfahrene Techniker glauben immer noch, im Gegensatz zu obigem, die beste Dichtung durch recht breite Dichtungsflächen erreichen zu können und richten damit viel Unheil an.

Kopfschrauben sind zu vermeiden. Die Schraubenabstände dürfen nicht zu groß sein, sonst ist der Dichtungsdruck infolge Flanschdurchbiegung ungleichmäßig. Vorderer und hintererDeckel werden nach gleichem Modell hergestellt. Bei mehr als einem

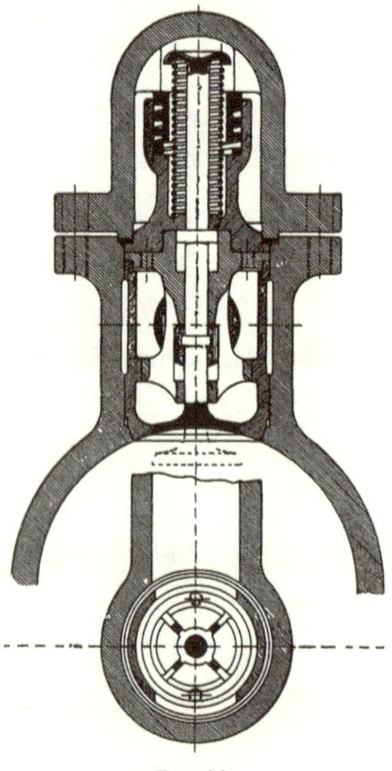

Fig. 18.

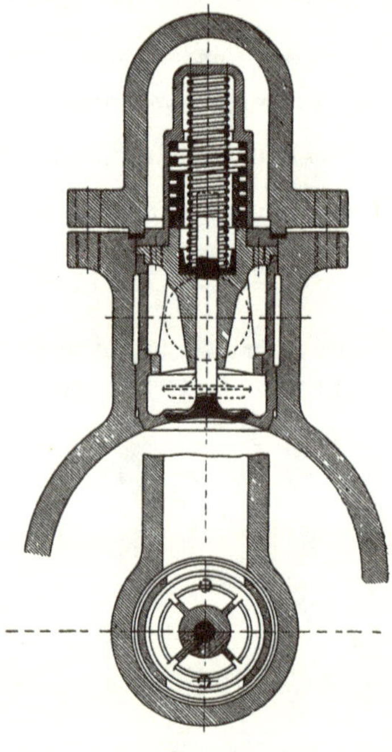

Fig. 19.

Saug- und Druckventil ist hohler Deckel nötig, der zugleich eine Art Windkessel bildet. (Siehe auch bei »Verhaltnis zwischen Verdichtervolumen und Verdampfervolumen bzw. Verflüssigervolumen«.)

Saugventil (Fig. 18). Die Fuhrung ist zweiteilig. Die Hubbegrenzung wird bewirkt durch eine Hubfangfeder, zweitens durch einen Luftpuffer; der Bund zwischen dem Luftpuffer und dem Teller soll das etwa am Luftpuffer brechende Ventil aufhalten, damit es nicht in den Zylinder fallt. Dies war schon Ursache der

Zerstörung mehrerer Zylinder und schwerer Unfälle. Lange Führung und gute Zentrierung sind erforderlich. Die zweiteilige Führung muß dicht schließen, sonst ist der Luftpuffer unwirksam. Erst ist die Teilfuge zu bearbeiten, dann wird die Führung zusammengesetzt aus- und abgedreht.

Druckventil (Fig. 19). Die Fuhrung ist zweiteilig. Die Hubbegrenzung wird bewirkt durch eine Hubfangfeder. Der Luft-

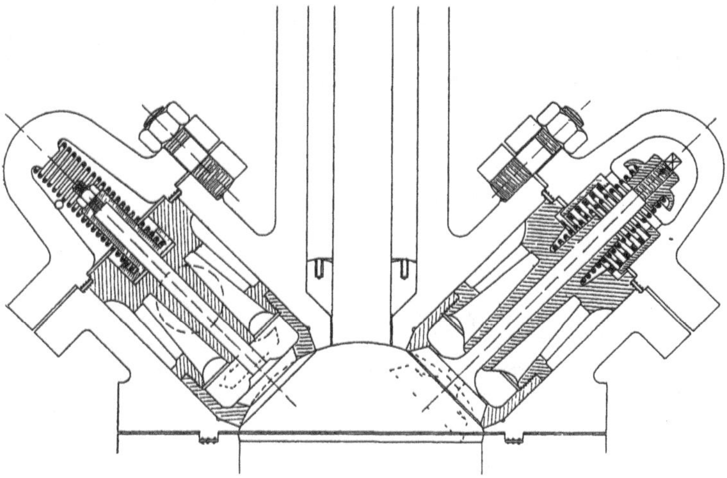

Fig. 20.

puffer wirkt nur bei Schluß. Die zweiteilige Führung muß dicht sein.

Man verwende bei selbsttätigen Ventilen lange, enggewickelte Federn, damit beim Zusammenpressen die Federkraft nur um einen geringen Bruchteil zunimmt. Hierdurch wird genugender Hub des Ventils und Verminderung des Gerausches ermoglicht. Zu kleine Luftpuffer wirken zu wenig wegen der großen Undichtheit, zu große vermehren die Masse in unzulässiger Weise. Das Regulieren der Undichtheit der Luftpufferräume durch Ventile od. dgl. ist nur bei sehr großen Luftpuffern zweckmaßig.

Ventile mit einteiliger Fuhrung (Fig. 20). Diese Ventile finden Verwendung nur bei kleinen Verdichtern. Die Federteller werden auf die Ventilstangen mit Vorspannung aufgeschraubt und gesichert; ihre Gewinde mussen abnormal lang sein, sonst werden sie rasch gelockert. Eine elastische Hubbegrenzung ist beim Saugventil unbedingt nötig.

Anschlußstutzen an die Saug- und Druckleitung. Das Dichthalten der Flanschen ist nur zu erwarten bei ganz ruhig liegendem Zylinder. Man achte auf großen spezifischen Flächendruck in der Dichtung. Die Verbindung der beiden Zylinderseiten geschieht in der Regel durch ein Bügelrohr außerhalb des Zylinders. Armatur s. S. 100.

Stopfbüchse. Das Dichthalten derselben ist bei den Kältemaschinen von besonders großer Wichtigkeit. Größere Verluste an Kältemittel verringern mit der Zeit die Kälteleistung

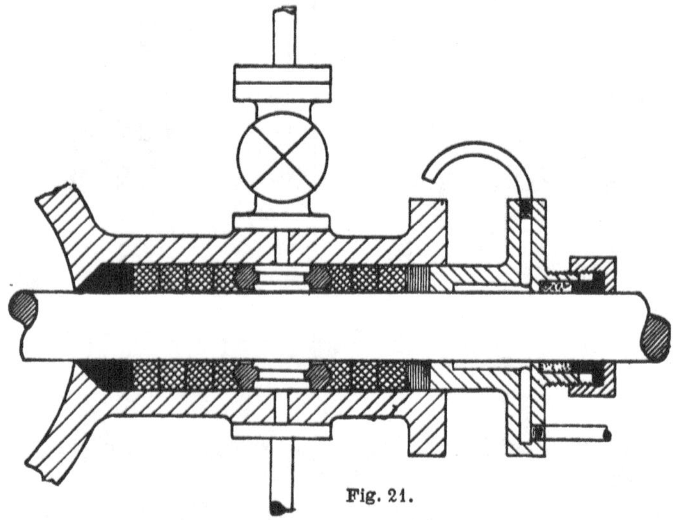

Fig. 21.

der Maschine und belästigen die Maschinisten unter Umständen bis zur Lebensgefahr.

Erste Bedingung ist genaues Zusammenfallen der Stopfbüchsenachse mit der Achse des Zylinders und der Geradführung, Unbeweglichkeit des Zylinders und des Deckels, möglichst geringes Durchbiegen der Kolbenstange.

Zahlreich sind die Versuche zur Lösung der Aufgabe, aber nur wenige Konstruktionen sind dauernd in Ausführung geblieben.

Baumwollpackung mit Laterne (Fig. 21). Es folgen aufeinander: Metallgrundring, Baumwollringe, Laterne mit Ringraum, der durch Verbindung des Stopfbüchsenhalses mit der Saugleitung unter Saugdruck gehalten wird, Baumwollringe, ein Gummiring mit Gewebeeinlage, Stopfbüchsbrille mit Ölringraum und vorderer Stopfbüchse zum Abdichten des Öles. Die Zufuhr des Öles zum Ölringraum wird bewirkt entweder durch einen Tropföler oder durch eine Ölpumpe (Fig. 22) (Ges. für Lindes

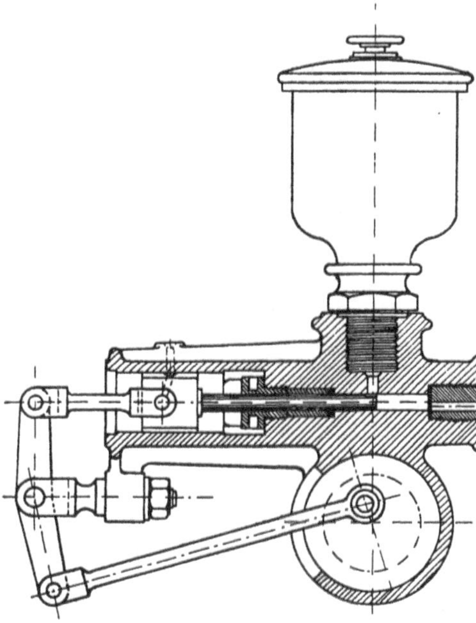

Fig 22.

Eismaschinen), die am Gestell des Verdichters angeschraubt und durch eine Schnur von der Hauptwelle aus betrieben wird.

Beim trockenen Verdichten wird in der Regel eine Ölpumpe angewendet, beim Ansaugen von etwas nässerem Dampf ist ein Tropföler zulässig.

Der untere Anschluß am Stopfbüchsenhals (Fig. 21) wird jetzt meist weggelassen, er diente bei den Maschinen einiger Firmen zur Abfuhr des überschüssigen Öles zum Öltopf (S. 127), bei anderen aber zur Zufuhr von Öl, so daß der Laternenringraum stets mit Öl gefullt war. Letzteres erscheint nicht ganz zweckmäßig, da hierbei zuviel Öl in den Zylinder tritt. Zuviel Öl im

Zylinder bringt die Gefahr mit sich, daß Öl in die Schlangen des Verflüssigers und Verdampfers mitgerissen wird, und vermindert die Saugleitung deshalb, weil beim Verdichten im Zylinder von dem Öl Ammoniak absorbiert und bei der nachfolgenden Ansaugperiode wieder abgegeben wird.

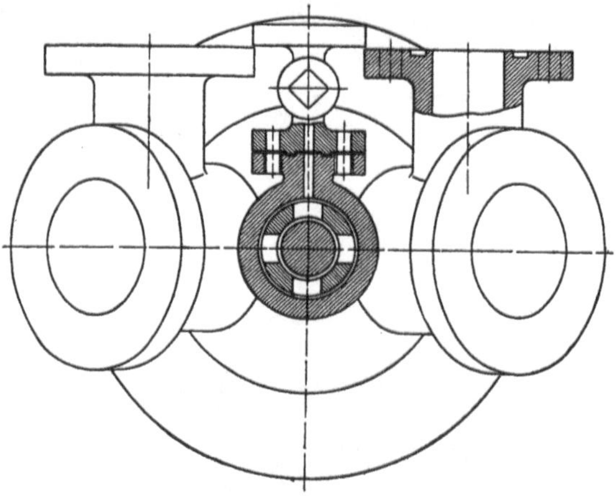

Fig. 23.

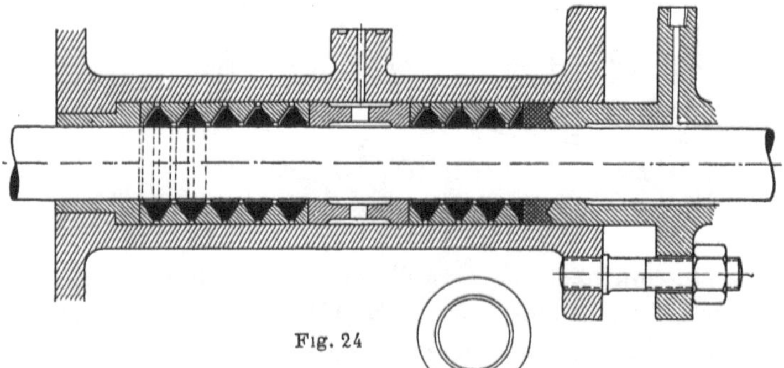

Fig. 24

Die Ausfuhrung des Anschlusses des Stopfbüchsenhalses an die Saugleitung führt man zweckmäßiger nach Fig. 23 aus, zur Vermeidung von dicken Gußaugen, die sich leicht undicht gießen.

Beim Anziehen der Stopfbuchsbrille muß der Abstand derselben vom vorderen bearbeiteten Flansch des Stopfbuchsenhalses ringsum genau gleich gemacht werden (Abtasten), sonst lauft die Stange heiß, ohne daß sie dicht zu sein braucht.

Federnde Metallringe und Laterne (Fig. 24). Die Form der Stopfbuchse und der Anschluß an die Saugleitung ist wie bei der Baumwollpackung, nur werden statt dieser federnde Weichmetallringe an den Kolbenstangen und federnde Stahl- oder auch Metallringe außen verwendet. Betriebsbedingung: Der Verdichter darf nicht zu heiß werden, weil sonst die Weichmetallringe in Stucke zerfallen oder gar schmelzen.

Friesepackung und künstliche Kühlung (Fig. 25). Die Friesepackung besteht aus ein r inneren Spirale aus Dreikant-

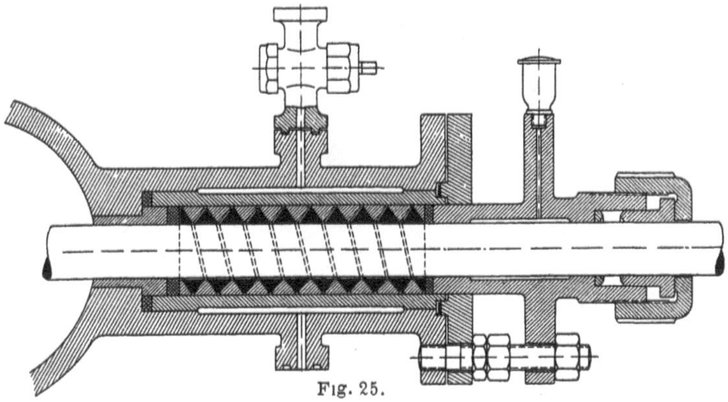

Fig. 25.

weichmetall und einer äußeren aus Dreikantstahl. Vor und hinter der Friesepackung liegt je ein Gummiring mit Gewebeeinlage. Durch dichtes Einsetzen einer Stopfbüchsenseele (weitere Bauformen siehe S. 71 u. 72) wird ein Ringraum gebildet, in den flussiges Ammoniak geleitet wird. Der Ringraum wird an die Saugleitung angeschlossen, so daß das verdampfte Ammoniak zu dieser gelangt.

Vereinigung der beiden letzten Bauweisen. Federnde Ringe, nach Fig. 24, gekuhlt durch Verdampfungsringraum nach Fig. 25.

Das trockene Verdichten ergibt bei Ammoniak besonders im Sommer und bei Verwendung von Rieselverflussigern hohe Verdichtungstemperaturen. Hierbei sind die Stopfbuchsenpackungen besonders sorgfaltig zu warten und mussen naturlich auch den Temperaturen angepaßt sein. Kuhlung ist zweckmaßig, da sie die Wartung erleichtert

Man verwende jedenfalls nur eine Packung, welche von der Maschinenfabrik für den betreffenden Verdichter empfohlen bzw. von ihr gutgeheißen oder wenigstens in anderen Fällen bei genau gleichen Verhältnissen erprobt ist, z. B. (Fig. 26) MAN-Metallpackung (Maschinenfabrik Augsburg-Nürnberg, A.-G.). Die Dichtung wird bewirkt durch zweiteilige, durch federnde Außenringe angedrückte Ringe von Weißmetall, welches der hohen Temperatur gemäß zusammengesetzt ist. Alle Gußringe lassen der Kolbenstange und den Dichtungsringen etwas

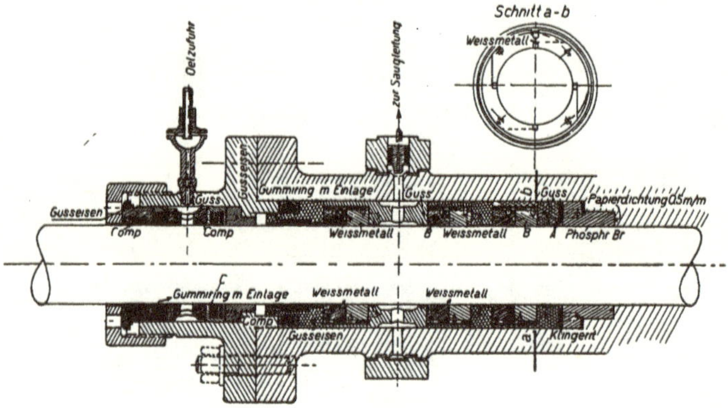

Fig. 26.

Spiel, so daß eine geringe Schiefstellung oder geringes Ausbiegen der Kolbenstange unschädlich bleibt.

Lebensdauer der Packungen: Baumwollpackung bei normalem, nicht zu heißem Verdichterbetrieb 6 bis 8 Wochen (bei täglicher Betriebsdauer von 20 Stunden), Weichmetall-Packung bei kräftiger Kühlung ein Jahr und länger, bei geringer oder unregelmäßiger Kuhlung drei Monate und weniger.

Erneuerung der Packungen. Alte Ringe sind stets zu beseitigen, nicht wieder zu verwenden. Die Abmessungen der Ringe sollen so sein, daß sie satt passen, sich aber bequem von Hand einschieben lassen. Sie sind vorher gut einzuölen mit Verdichteröl.

Neuerdings wird empfohlen, auch die Baumwollringe in abgepaßten Maßen von der Fabrik zu beziehen.

Rasch laufende Verdichter mit leichten Ventilen für Ammoniak. Der verhaltnismäßig große Unterschied zwischen Saug- und Verdichtungsdruck erschwert die Bauweise sehr leichter Ventile, die Bedingung einer großen Hubzahl sind.

Wie nachfolgende Figuren zeigen, sind aber neuere Bauarten für NH_3-Verdichter gefunden, die mit Rücksicht auf die Hinweise auf S. 53 u. ff. anstreben:

Leichte Ventile, hohe Umlaufzahl, möglichst langer Hub, trockenes Ansaugen mit Zylinderkühlung (besser auch mit Deckelkühlung), Stopfbüchsenkühlung. Zulassung größeren schädlichen Raumes, der sich ohnedies aus der Bauart der Ventilgehäuse für die leichten Ventilkörper ergibt, durch Ausschaltung des Nachteiles der großen schädlichen Räume bei Ansaugen nassen Dampfes, d. h. durch trockenes Ansaugen.

Verdichter mit leichten Ringplattenventilen (L. A. Riedinger, Augsburg) Fig. 27, deren Vorteil zweifacher Durchflußring, d. h. geringer Hub ist, Stopfbüchse mit getrennten Innen- und Außendichtungsringen, die zu gleich gutem Innen- und Außendichten genau den vorgeschriebenen Querschnitt haben müssen. Stopfbuchsenkühlung durch Einsatzmantel. Die Ventile erhalten zur dreifachen Längenpassung und Dichtung genugend weiche, fließfahige Dichtungsringe. Leistungsregelung durch Anhub des Saugventils (Nebenfigur) durch eine Spindel und Daumenmutter, Saugventilsieb gegen Eindringen von Plattenbruchstücken in den Verdichter, Zylinderkühlung und trockenes Ansaugen.

15. Schwefligsäurezylinder.

Man muß auch bei sorgfältigster Inbetriebsetzung und noch so gut überwachtem Betrieb mit der Möglichkeit rechnen, daß die schweflige Säure mit Resten von Formsand und dessen Beimengungen, eingedrungenem Wasser und Schmierstoffen in Beruhrung kommt. Die hierdurch ermöglichten chemischen Vorgange sind um so kräftiger, je mehr sich die schweflige Saure in flussigem Zustande befindet. Deshalb ist man bemuht, die Schwefligsäureverdichter nur trockenen Dampf ansaugen zu lassen. Es kommt hinzu, daß die chemischen Vorgänge bei hoherer Temperatur kräftiger eintreten als bei niedriger, und daß die hochste Temperatur stets im Verdichter zu finden ist.

Wenn Vorgange der bezeichneten Art eintreten, so entstehen Verunreinigungen des Zylinders und der Ventile, ja sogar Verstopfungen von Kanalen durch Ablagerungen.

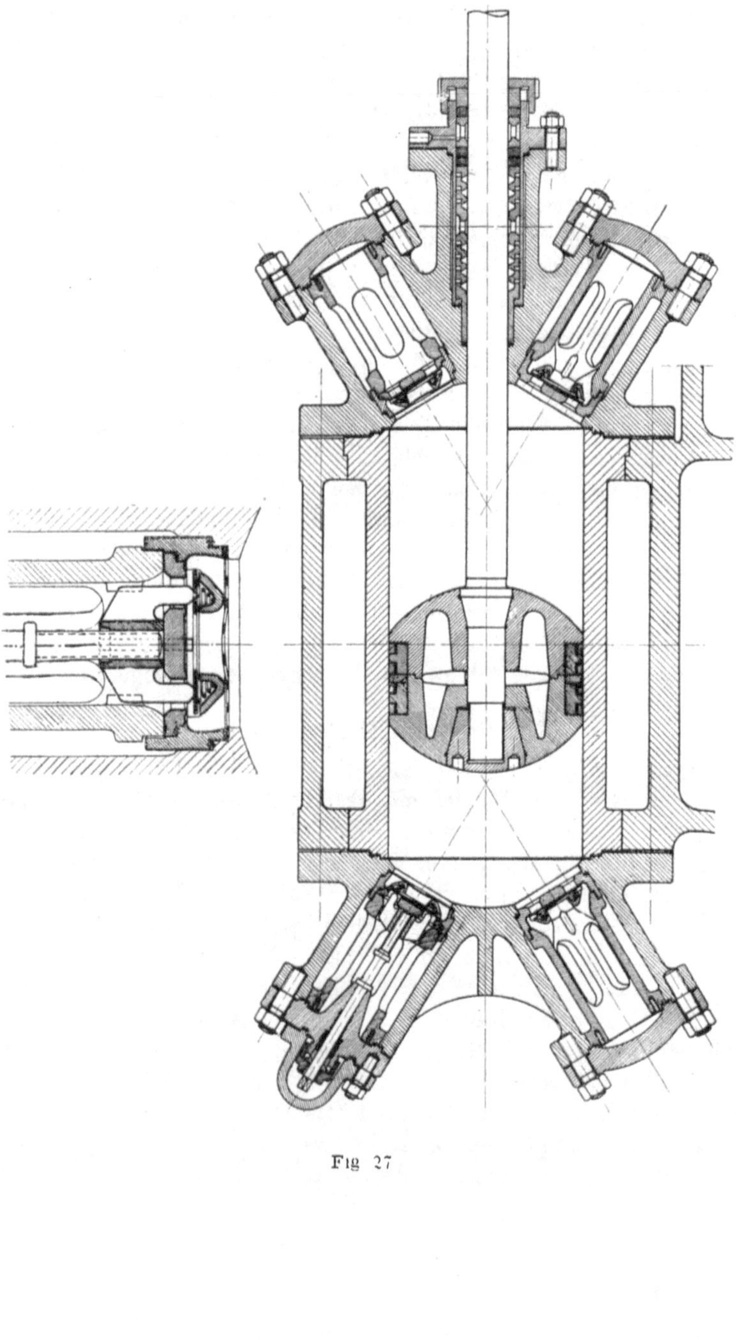

Fig. 27

Das Ansaugen trockenen Dampfes fuhrt bei den Schwefligsauremaschinen wegen des kleinen Exponenten der adiabatischen Verdichtung ($k = 1{,}25$) zu einer Endtemperatur des verdichteten Dampfes, welche in keiner Weise schadlich werden kann, wenn nur die Stopfbuchsenpackung dieser Temperatur angepaßt ist.

Das Arbeiten mit trockenem Dampf vermindert den auf S. 54 geschilderten, bei nassem Arbeiten auftretenden Einfluß des schadlichen Raumes. Demnach ist hier ein großerer schadlicher Raum zulassig. Diese Eigenschaft ermoglicht den Bau rasch laufender Druckverdichter (s. S. 55). Das Hubvolumen der SO_2-Zylinder[1]) ist wesentlich großer als dasjenige von Ammoniakzylindern gleicher Kalteleistung. Bei gleichem Verhaltnis von Hub zu Durchmesser hat aber der Kolben der SO_2-Zylinder größere Geschwindigkeit als beim NH_3-Zylinder, die bei großen Verdichtern uber ein gewisses Maß nicht moglich ist ohne Betriebsschwierigkeiten. Der kleinere Unterschied zwischen Saug- und Verdichtungsdruck (z. B. bis 1 und 5 Atm. absolut) gestattet aber großere Kolbendurchmesser und Ventildurchmesser, also kleineres Verhaltnis zwischen Hub und Zylinderdurchmesser. Hierdurch kann die Kolbengeschwindigkeit in richtiger Grenze gehalten werden. Die fruhere Anlehnung an die bewahrten Formen und Verhaltnisse der NH_3-Zylinder, nach Fig. 13, ist zum Teil verlassen zugunsten besserer Anpassung an die besonderen Bedingungen des SO_2-Betriebes und zugunsten großerer Umlaufzahlen.

Stopfbuchse. Baumwollpackung nach Fig. 21, aber ohne Laternenraum, weil die Spannung der Saugleitung meist ungefahr gleich dem atm. Druck ist.

Kuhlung der Kolbenstange. Das trockene Ansaugen ergibt eine hohe Verdichtungstemperatur. Zum Schutz der Stopfbuchsenpackung sowie aus dem im Vorigen erwahnten Grunde wird daher gerne die Kolbenstange durch Kuhlwasser gekuhlt. Die Wasserzufuhr geschieht entweder durch Schlauche oder durch eine Pumpe.

Die Kuhlung der Kolbenstange von innen heraus ist wirksamer als die Kuhlung durch die Stopfbuchspackung hindurch, namentlich bei Baumwollpackung, aber auch umstandlicher im

[1]) S. Heinel, »Bau und Betrieb von Kaltemaschinen«, S. 35 u ff

Aufbau und in der Wartung, besonders bei hoher Umlaufzahl bzw. Kolbengeschwindigkeit.

Fig. 28. Auf der Kolbenstange ist ein Wasserzuleitungs- und ein Wasserableitungsstück aufgeklemmt. In jedem der

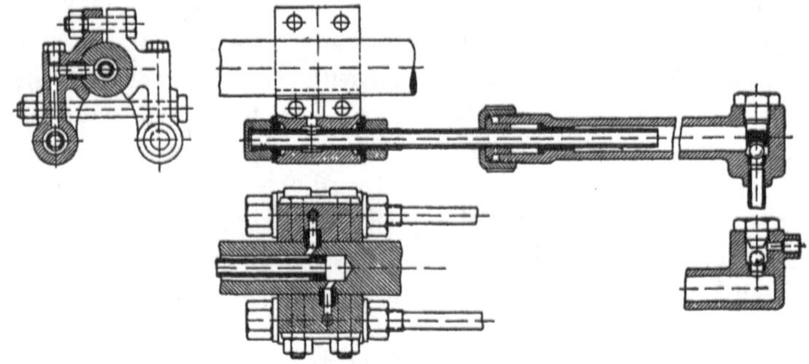

Fig. 28.

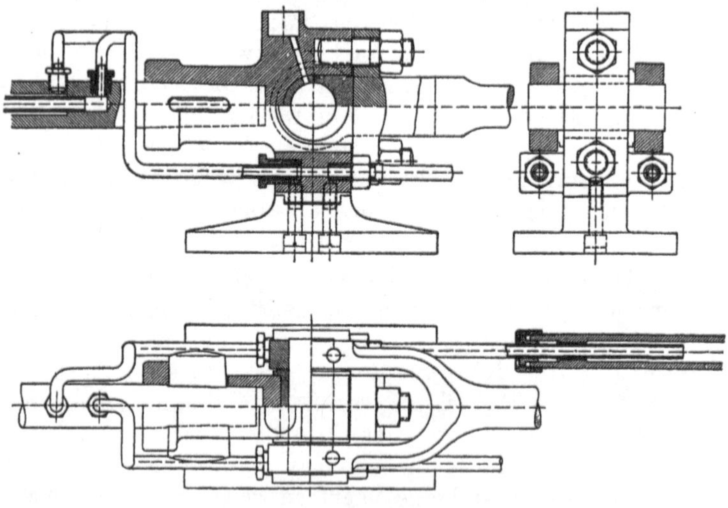

Fig. 29.

beiden ist ein Rohr eingesetzt, das als Plungerkolben wirkend in einem Zylinder geführt ist. An dem Ende des einen Zylinders ist ein Saugventilchen, am Ende des anderen ein Druckventilchen angebracht. Bei größerer Hubzahl kommt noch ein kleiner Windkessel hinzu. Die beiden Zylinder werden auf der Geradführung des Kreuzkopfes befestigt.

Fig. 29. Die Plungerrohre sind in Seitenlappen des Kreuzkopfes angeschraubt, von denen aus durch Rohre die Verbindung mit dem hohlen Kolben hergestellt wird.

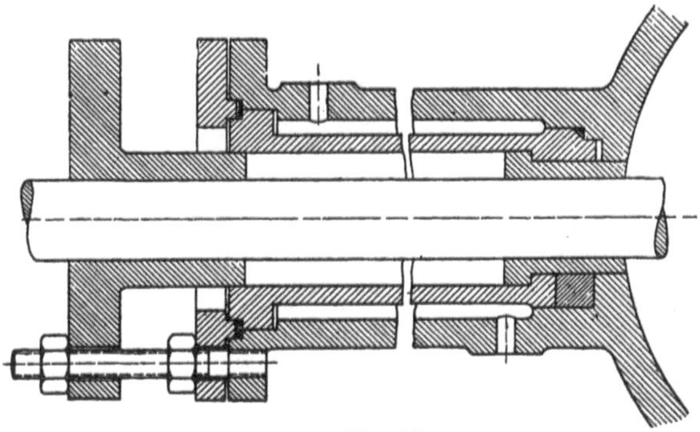

Fig. 30.

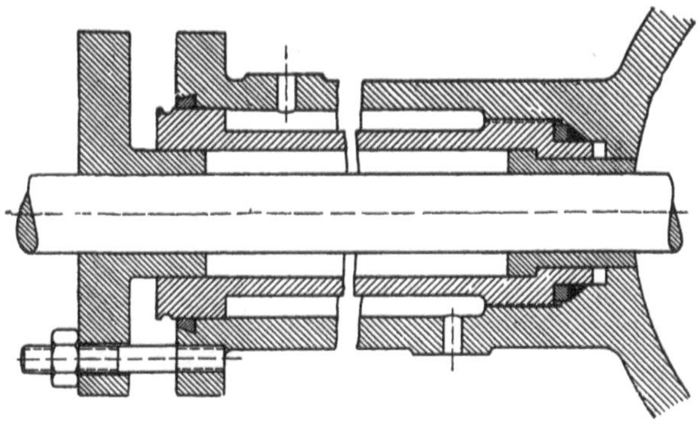

Fig. 31.

Kühlung der Stopfbüchse von außen. Das Eingießen eines Hohlmantels im Stopfbüchsenhalse ist schwierig, er wird gern undicht. Eintritt von Wasser in den Zylinder ist unbedingt zu vermeiden. Deshalb wird entweder eine Stopfbüchsenseele eingesetzt nach Fig. 30 oder besser Fig. 31, oder noch besser nach A. Borsig ein Stopfbüchsenmantel aufgeschraubt (Fig. 32 u. 57). Durch Einguß von Rippen ist außerdem richtiger Wasserumlauf im Mantel bezweckt.

Schmierung der Kolbenstange und des Kolbens. Einige Firmen empfehlen, so wenig als möglich zu schmieren und dann nur mit Vaseline oder ähnlichen, gegen SO_2 indifferenten

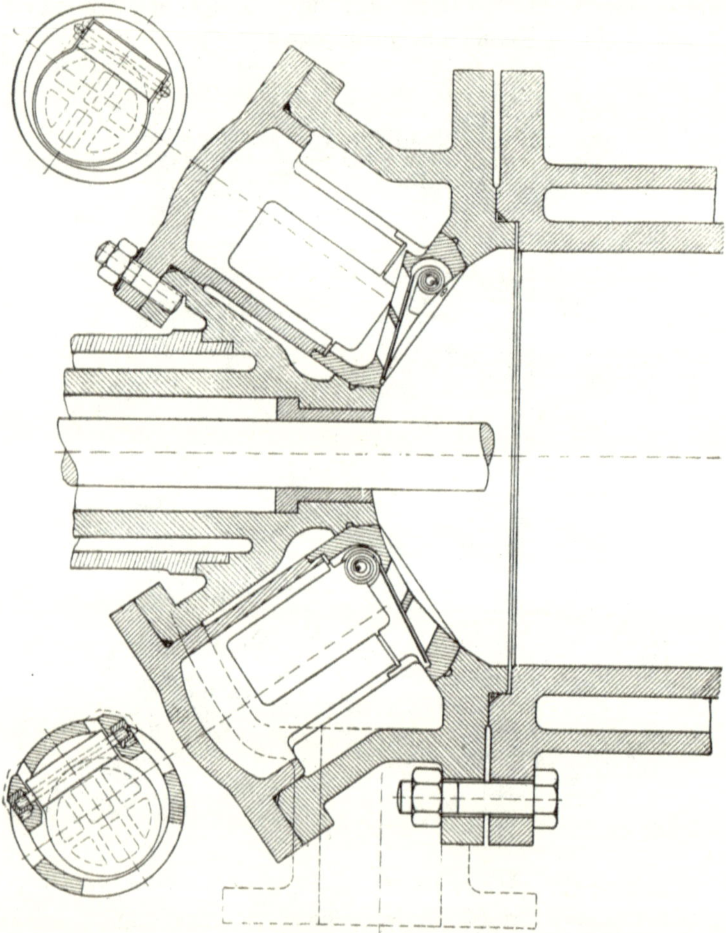

Fig. 32.

Schmiermitteln. Sie behaupten auf Grund langjähriger Beobachtung, daß die Schwefligsäure selbst genügend Schmiereigenschaft habe, wenn dafür gesorgt wird, daß sie sich tropfenweise auf den betreffenden Flächen absetzt. Bedingung ist, daß diese Flächen wenigstens zeitweise eine Temperatur erhalten, die unter der Verflussigungstemperatur liegt, welche dem Verdichtungsdruck im Zylinder entspricht, also genugende Mengen

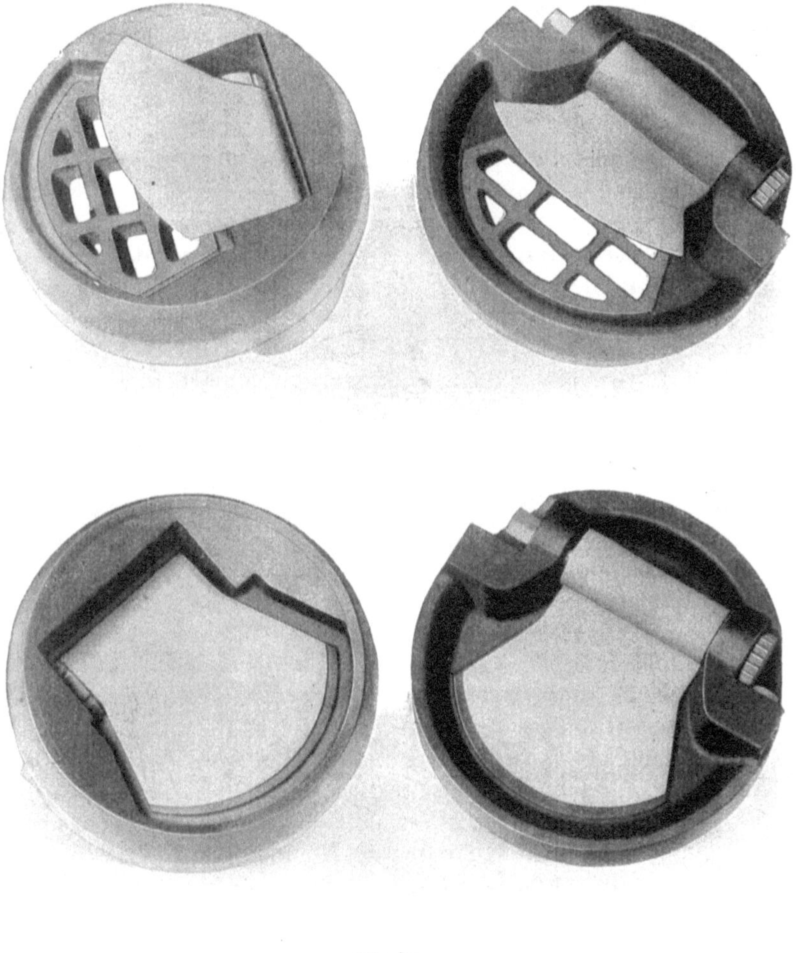

Fig. 33.

kalten Kuhlwassers in der Stopfbuchse bzw. Kolbenstangenkuhlung. Außerdem wird der Zylinder mit einem Kuhlmantel versehen (Fig. 34). Das Wasser gelangt in der Regel erst zur Stopfbuchse bzw. Kolbenstange, dann zum Zylindermantel. Bei sehr tiefer Ansaugetemperatur der SO_2 wurde aus dem Kuhlwasser während des Ansaugehubes eine zu große Wärmemenge in den angesaugten Dampf übergehen, hieraus würde folgen: geringes spez. Gewicht des Dampfes und geringe Kälteleistung der Maschine, außerdem starke Überhitzung beim Verdichten. In diesem Falle wird vorgezogen Kühlung der Stopfbüchse und des Zylindermantels durch verdampfende SO_2. Jedoch darf die Kühlung nicht so weit gehen, daß eine größere Menge von SO_2 im Zylinder während der Verdichtung verflüssigt wird, sonst tritt Minderleistung ein, nach Fig. 12.

Eine andere Firma behauptet, daß das Überziehen der Reibflächen mit einem Hauch flüssiger Schwefligsäure nicht nötig sei, da der Dampf der schwefligen Säure schlüpfrig genug sei, um den Kolben zu schmieren. Diese Ansicht ist wohl irrig, denn trockener Dampf hat niemals eine Schmiereigenschaft.

Zylinder mit leichten Ventilen:

Klappenventil Patent Gutermuth. (Ausführung von A. Borsig, Tegel) (Fig. 32 u. 33). Ein Stahlblech ist an einem Ende zu einer Spiralfeder aufgewickelt und durch einen zentralen Stab festgehalten. Durch Drehung dieses Stabes ist stärkere oder geringere Spannung der Spirale möglich. Bei richtiger Ausbildung ergibt sich schleichendes Zuschieben der Klappe statt harten Aufschlages, so daß angeblich Brüche sehr selten sind, auch bei weniger sorgfältiger Auswahl des Materials. Die vielen Stege im Ventilsitz verengen den freien Querschnitt, aber der geringe Federwiderstand und der Wegfall der Ablenkung des Dampfstrahles im Ventil (die Stege sind schräg gestellt, so daß der Strahl parallel läuft mit der geöffneten Klappe) sowie die geringe Arbeit zum Bewegen der sehr kleinen Masse der Klappe gleichen die Nachteile der größeren Ventildurchflußgeschwindigkeit aus.

Verdichter mit Gutermuth-Klappen von A. Borsig, Tegel (Fig. 34). Alle Klappen sind in den Zylinder verlegt, die Zylinderdeckel sind abnehmbar ohne Abbau der Rohrleitungen. Die schädlichen Raume können durch Einstellung des hinteren Deckels (Beilagen) und der Kolbenstange im Kreuzkopf ohne Rucksicht auf die Rohrleitungen geandert werden. Die Unterbringung der Klappen im Zylinder bedingt großere schädliche Raume, das ist aber wegen des trockenen Verdichtens ohne Bedeutung. Kolben und Deckel konnen eben sein. Zylinder, Deckel und Stopfbuchsen haben Kuhlmantel. Die Langen-

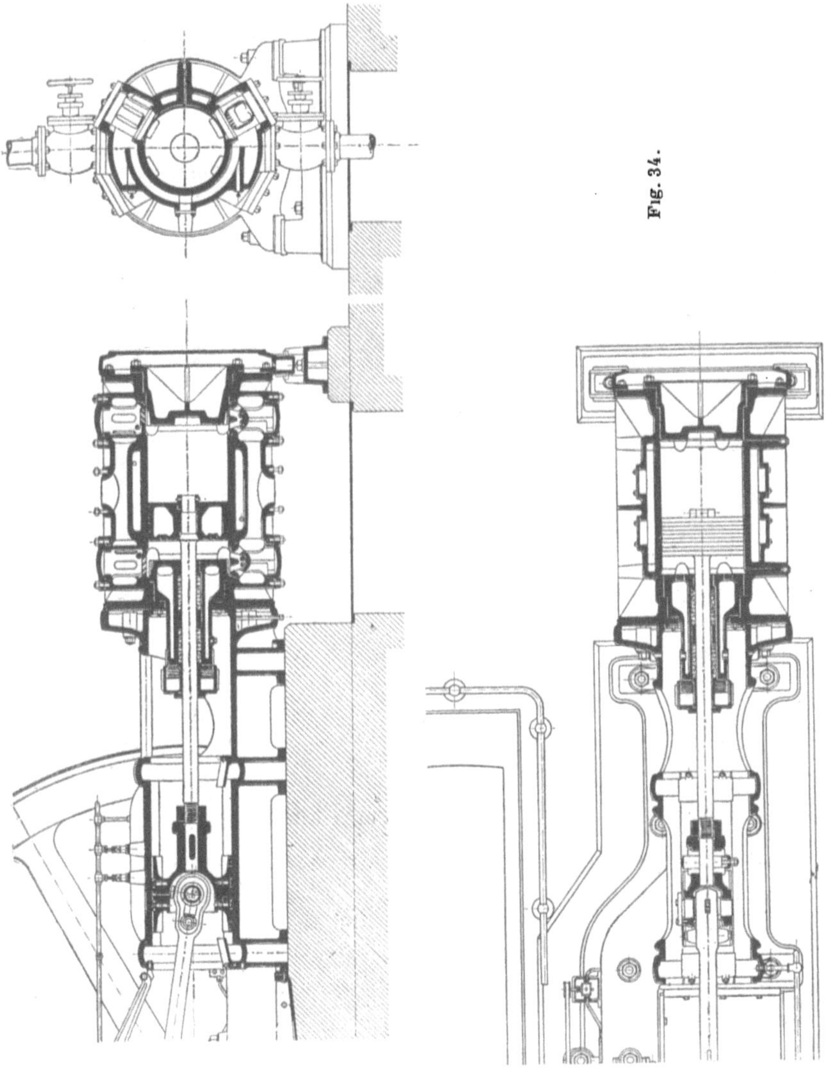

Fig. 34.

anderung des Zylinders aus der Temperaturbewegung ist durch den Gleitschuh am hinteren Deckel frei moglich. Etwa brechende Saugklappen bleiben durch ihr Gewicht im Ventilgehause liegen. Der Zylinder ist durch Rundflansch am Gestell befestigt (siehe S. 94).

Das Ringplattenventil der Maschinenfabrik Eßlingen (Fig. 35) besteht aus dem durchbrochenen Sitz, einer durchbrochenen Platte mit zwei angenieteten Spiralfedern und einem Spiralfedertrager nebst Hubfang.

Fig. 35.

Zylinder mit im Zylinder untergebrachten Ringplattenventilen der Maschinenfabrik Schuchtermann & Kremer, Dortmund (Fig. 36).

Die Plattenventile ergeben wegen der Stege der Druckventile, und weil sie sich der Kugelform des Deckels nicht anschmiegen, immer etwas großeren schadlichen Raum als die Ventile mit Kegel, eignen sich also mehr fur trockenes Verdichten.

16. Kohlensäurezylinder.

Zylinder. Gußeisen von besonderer Gattierung und unter hoherem Druck gegossen hat sich bewahrt. Der hohe Druck von 70 und mehr Atm. bietet keine besonderen Schwierigkeiten, weil die Zylinderdurchmesser der CO_2-Maschinen sehr klein sind. Bei gußeisernem Zylinder sind die Verbindungskanale fur vordere und hintere Kolbenseite mit eingegossen. Meist liegt der Saugkanal unten, der Druckkanal oben. Ausfuhrung von L. A. Riedinger, Augsburg, u. a. (Fig 37). Die Kernlocher am Ende der Kanale werden durch Stopsel dicht verschraubt. Der Zylinder zeigt gute Materialverteilung, freie Flanschen, was Bedingung fur

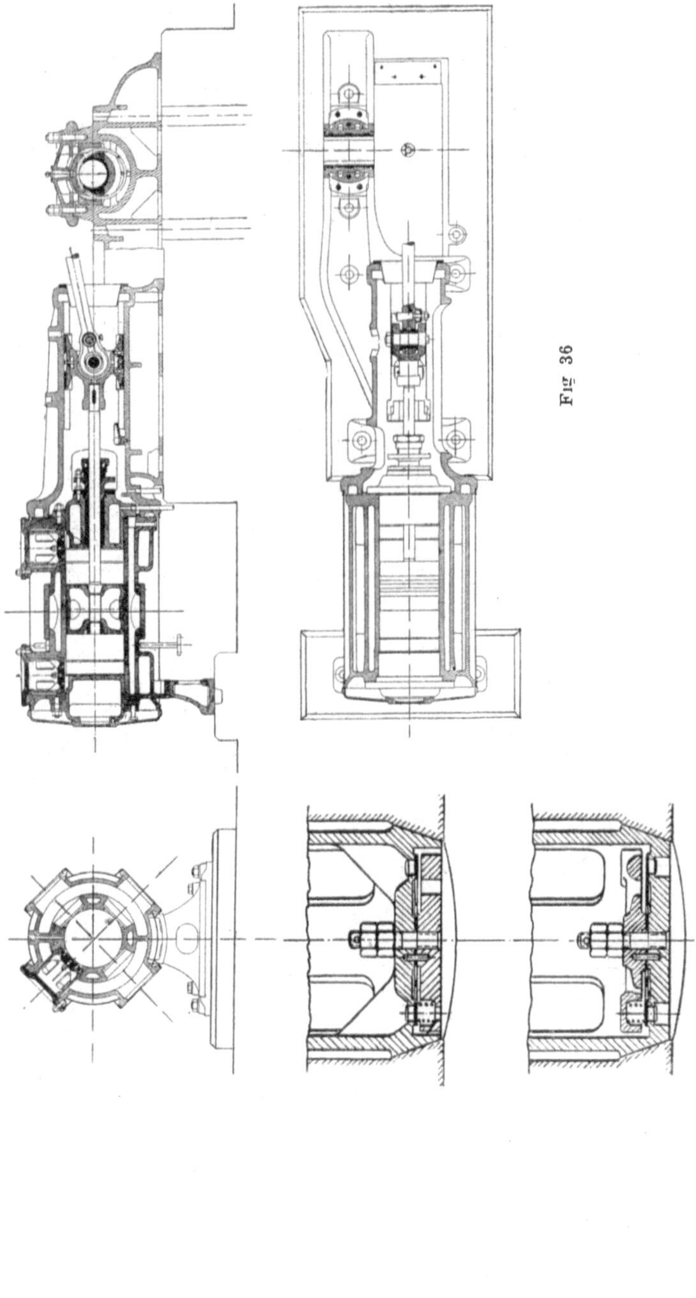

Fig. 36

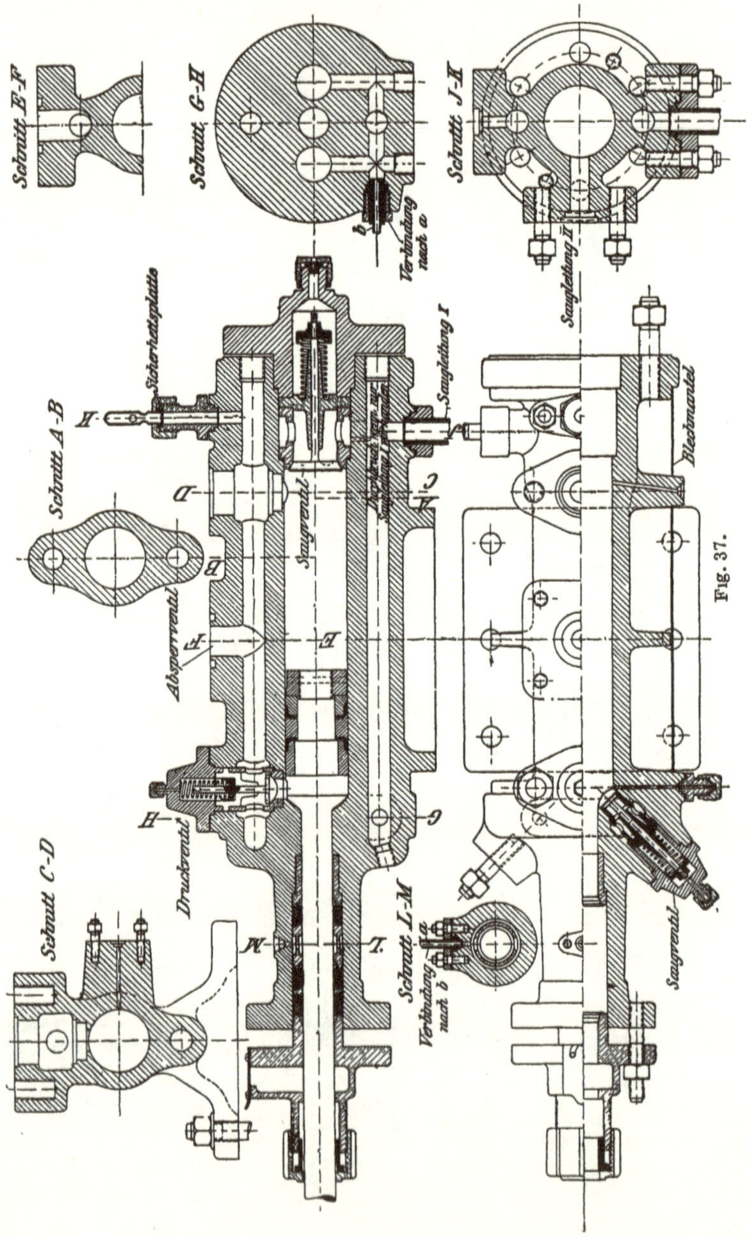
Schnitt E-F
Schnitt G-H
Schnitt J-K
Verbindung nach a
Schnitt A-B
Absperrventil
Saugventil
Saugleitung I
Saugleitung II
Blechmantel
Druckventil
Schnitt C-D
Schnitt L-M
Verbindung nach b
Saugventil

Fig. 37.

dichten Guß ist. Die Saugleitung ist, wenn nur eine solche anzuschließen, am hinteren Zylinderende unten angeschlossen, dann ist die Wand zum hinteren Saugventil durchgebohrt. Wenn zwei Saugleitungen vorhanden, fehlt diese Durchbohrung; die erste Leitung führt dann durch den unteren Kanal zu den vorderen Ventilen, die zweite Leitung wird am hinteren Ende seitlich angeschlossen. Der Zylinder hat nur einen hinteren Deckel. Die Indikatorstutzen sind in der Regel durch Stifte ausgefüllt, sonst vergrößern die Bohrungen den schädlichen Raum.

Fig. 38.

Die Zylinder werden von A. Borsig, Berlin-Tegel, auch aus einem massiven Schmiedeblock hergestellt (Fig. 38). Die Bohrung für den Kolben, die Verbindungskanale, die Hohlräume und Durchbrüche fur die Ventile werden aus dem Vollen herausgebohrt.

Große Zylinder werden auch manchmal als Stahlrohren ausgebildet und in ein Gußstuck eingesetzt (Zylinderseele). Das Einfügen der Ventile ist hier etwas schwieriger und erfordert sehr sorgfaltige Bauuberlegung. Der zwischen der Zylinderseele und dem außeren Gußstuck verbleibende Ringraum wird zweckmaßigerweise als Verbindung der beiden Saugventile und zugleich als Kuhlmantel ausgebildet, der auf die Lebensdauer der Ledermanschetten des Kolbens gunstig einwirkt und gestattet, weniger naß anzusaugen, als es sonst bei Kohlensauremaschinen ublich ist.

Kolben. Er ist meist ein Stück mit der Kolbenstange, nur bei großen Maschinen wird er auf der Stange aufgeschraubt. Die Abdichtung wird bewirkt durch 2 Lederstulpen, die zwischen

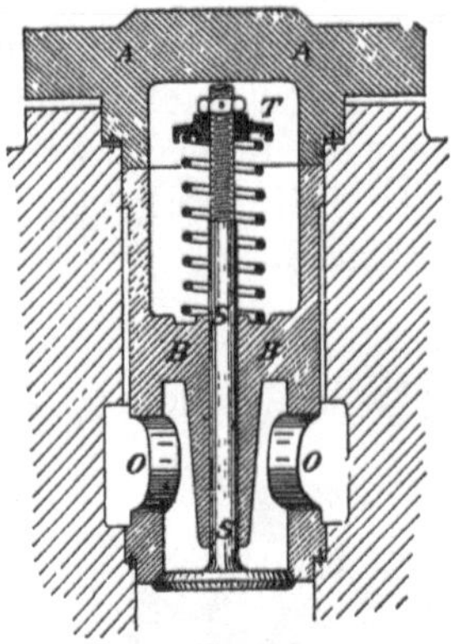

Fig. 39.

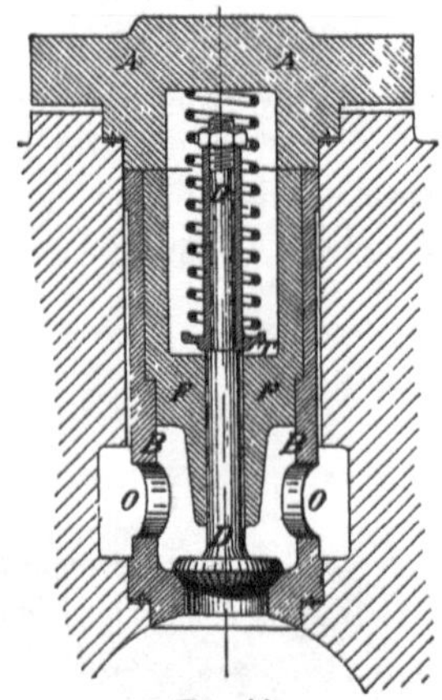

Fig. 40.

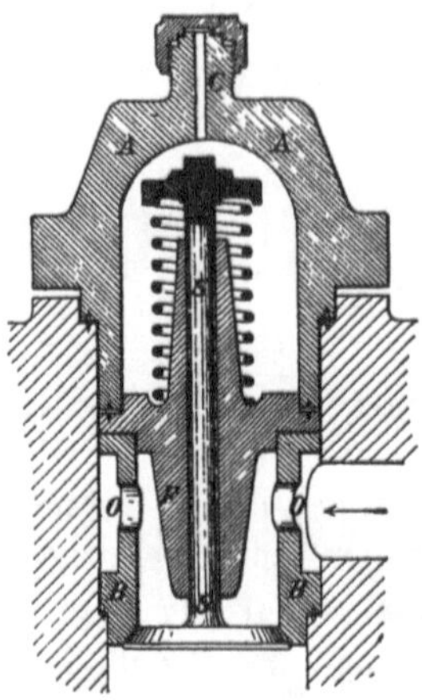

Fig. 41.

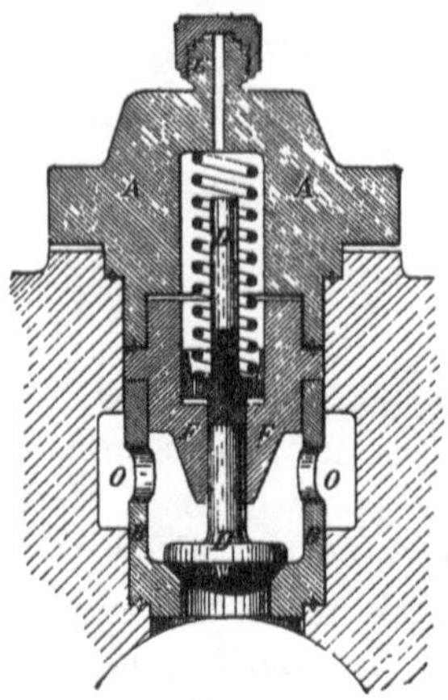

Fig. 42.

3 Rotgußringen eingeklemmt sind. Zur Schmierung wird saure- und wasserfreies Glyzerin verwendet.

Ventile (nach Fig. 37). Auf der hinteren Seite des Zylinders ist ein großes Saugventil, auf der vorderen meist zwei kleine Saugventile. Da infolge des großen Verhaltnisses zwischen

Kolbenstangendurchmesser und Kolbendurchmesser die vordere Kolbenseite weniger CO_2 ansaugt als die hintere, so brauchen die beiden vorderen Saugventile zusammen nicht soviel freien Durchgangsquerschnitt zu haben wie das hintere. Ihre Schrägstellung darf nur so groß sein, daß das etwa hängenbleibende Ventil vom Kolben zugeschoben wird. Auf beiden Kolbenseiten ist nur je ein Druckventil, am besten oben. Diese Anordnung ergibt zwar etwas schädlichen Raum, läßt sich aber kaum umgehen. Ventilformen Fig. 39 und 40: Einteilige Führungen, aufgeschraubte Federsteller; Fig. 41 und 42: Zweiteilige Führungen, aufge-

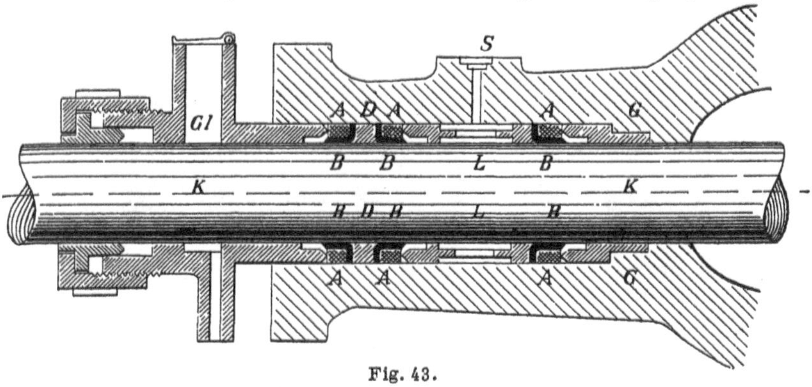

Fig. 43.

schweißte Federteller; Sitze aus Bronze, Ventilteller aus Stahl, lange, enggewickelte Federn von genügender Starke.

Stopfbüchse (Fig. 43 bzw. 37). Es folgen sich ein langer Grundring aus Bronze, dann eine Ledermanschette mit übergeschobenem Gummiring, dann die Laterne mit Ringraum, der durch Öffnung *a* (Fig. 37) im Stopfbüchsenhals und ein Kupferrohr mit Öffnung *b* (Fig. 37) und dadurch mit dem Saugkanal verbunden ist, dann eine Ledermanschette mit Gummiring im Rotgußring, wieder eine Ledermanschette mit Gummiring, endlich die Stopfbüchsenbrille. Letztere ist als Glyzeringefaß ausgebildet und hat vorne die Hilfsstopfbuchse für das Glyzeringefaß. Die Brille wird ziemlich lang, deshalb ist genau gleichmaßiges Anziehen erforderlich.

Einige Maschinenfabriken (Humboldt-Kalk) geben den Kohlensauremaschinen, besonders stehenden Zylindern, eine automatische Glyzerinpumpe (Fig. 44). Die vordere Kolbenseite ist mit einem Laternenraum der Stopfbuchse verbunden, die andere mit der Druckleitung. Infolge der Verschiedenheit der wirksamen Kolbenflachen wird das vorher in den vorderen Zylinderteil eingefullte Glyzerin zur Stopfbüchse hinubergedruckt. Beim Wiederfullen der Pumpe wird das Ventil der Druckleitung geschlossen, das Entluftungsventil geoffnet, das Ventil zur Stopfbüchse geschlossen, das zum Glyzerintrichter geoffnet und dann die Kolbenstange von Hand zuruckgeschoben.

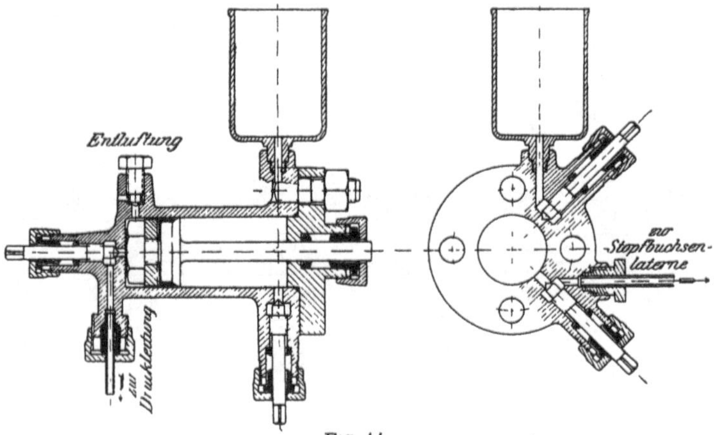

Fig. 44.

Herstellung der Ledermanschetten[1]. Es empfiehlt sich nicht, die Manschetten im eigenen Werk herzustellen, da langjahrige Erfahrung und gute Einrichtungen nötig sind. Das Leder muß je nach Durchmesser und Länge der Manschetten ausgewahlt werden. Es soll nicht zu dick sein, sonst ist die Manschette zu steif und nicht selbstdichtend. Das Einweichen, die Form der Pressen, richtiges Trocknen, richtiges Ausschneiden und Zuscharfen sind wichtige Fragen. Beim Pressen wird der zylindrische Teil außen konisch wegen des Streckens des Leders. Der Gummiring ist nach diesem Konus zu formen. Die ganze Packung muß sich mit sanftem Druck in die Stopfbüchse von Hand einschieben lassen. Nicht einkeilen! Fig. 45: Entstehung von Stopfbuchsmanschetten. Die Manschette wird vor dem Einbringen in die Stopfbuchse in Glyzerin eingeweicht.

[1] Siehe Zeitschr. f. d. ges. Kalte-Industrie 1900, S. 161.

Sicherheitsventil. Dasselbe wird am hinteren Ende des Druckkanals (Fig. 46) aufgesetzt. Es besteht heute meistens aus einem Gußeisenplättchen (Fig. 46), das bei einem bestimmten Druck platzt. Die Bruchstücke werden durch ein Rohrchen auf-

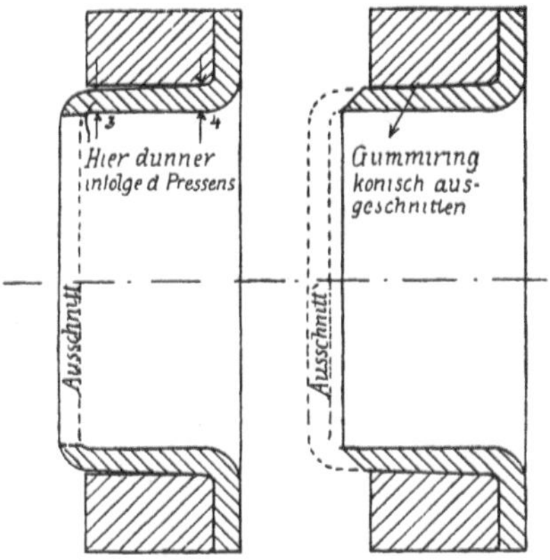

falsch Fig. 45. richtig

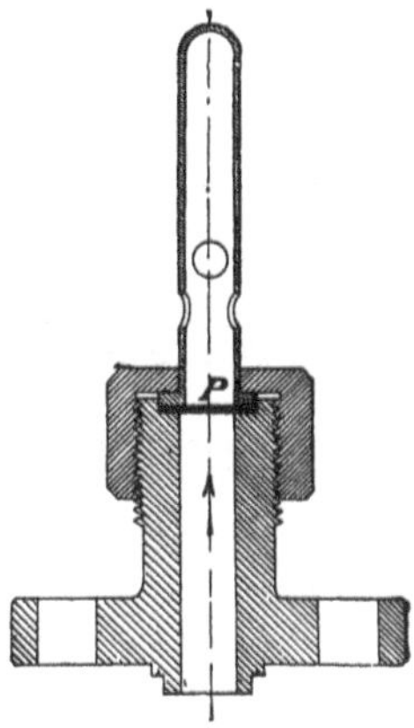

Fig. 46.

gefangen. Die Kohlensaure darf, weil sie nicht giftig ist, in den Maschinenraum ausblasen, sofern derselbe nicht im Keller liegt. CO_2 ist schwerer als Luft, legt sich auf den Boden. Erstickungsgefahr ist vorhanden, wenn die Luft zu kohlensaurereich ist. Zur Vermeidung des willkurlichen Ersatzes des Gußeisenplattchens durch ein anderes Material seitens des Maschinisten erhält das Ventil

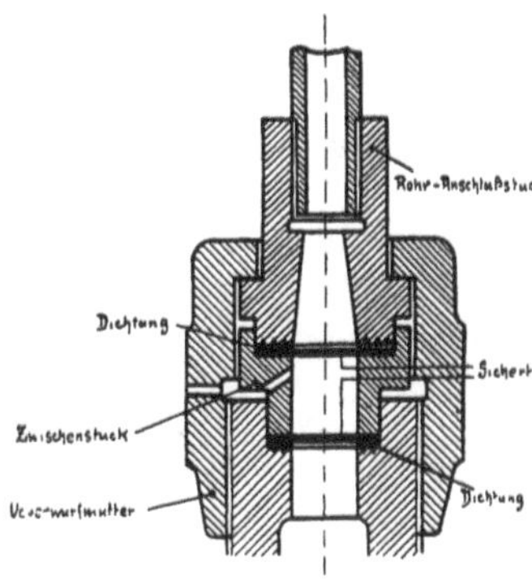

Fig. 47.

eine Plombe. Eine neuere Ausfuhrung fur Schiffskuhlmaschinen zeigt Fig. 47 (A. Borsig, Tegel). Zweck: Eine sehr enge Ausblasoffnung laßt nur wenig CO_2 in den Schiffsraum fließen, wirkt mehr als Alarmzeichen. Bei starkerem Überdruck platzt dann auch die zweite Sicherheitsplatte und offnet den Abfluß in eine besondere Leitung, z. B. die Saugleitung.

Kohlensäureverdichter mit Flüssigkeits-Hochdruckpumpe (L. A. Riedinger, Augsburg). (Fig. 48 u. 49[1]). Die Wirkung der Kohlensäuremaschinen kann, nach einem Vorschlag von Krämer und Ausführung nach Planck, besonders bei

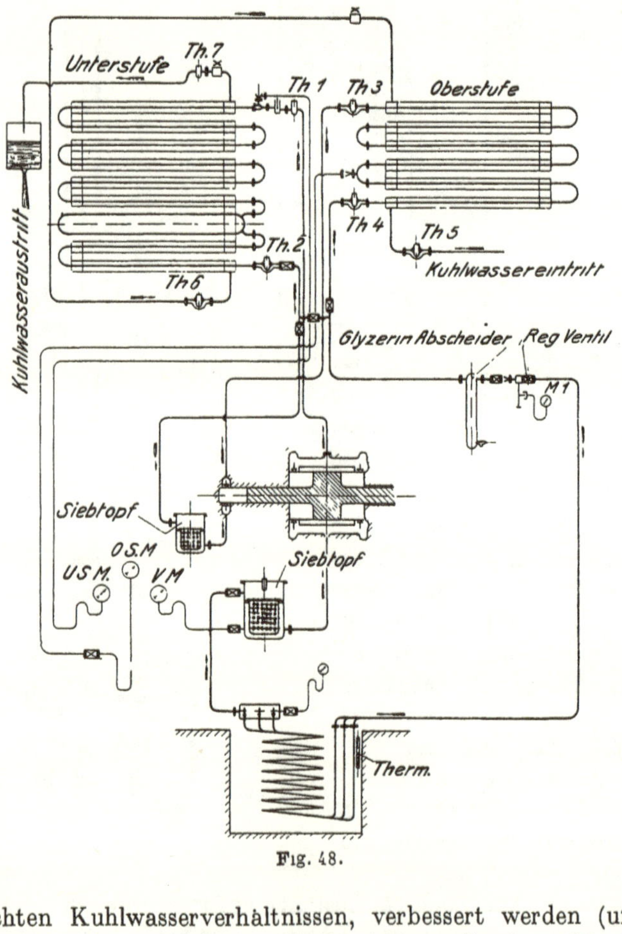

Fig. 48.

schlechten Kuhlwasserverhaltnissen, verbessert werden (um 16 bis 20%), wenn man die im Verflüssiger verflussigte CO_2 durch eine Pumpe auf höheren Druck nachverdichtet und dann unterkuhlt. Fig. 48 zeigt schematisch die Anordnung der Anlage,

[1]) Siehe Zeitschr. f. d. ges. Kalte-Industrie 1921, Heft 11

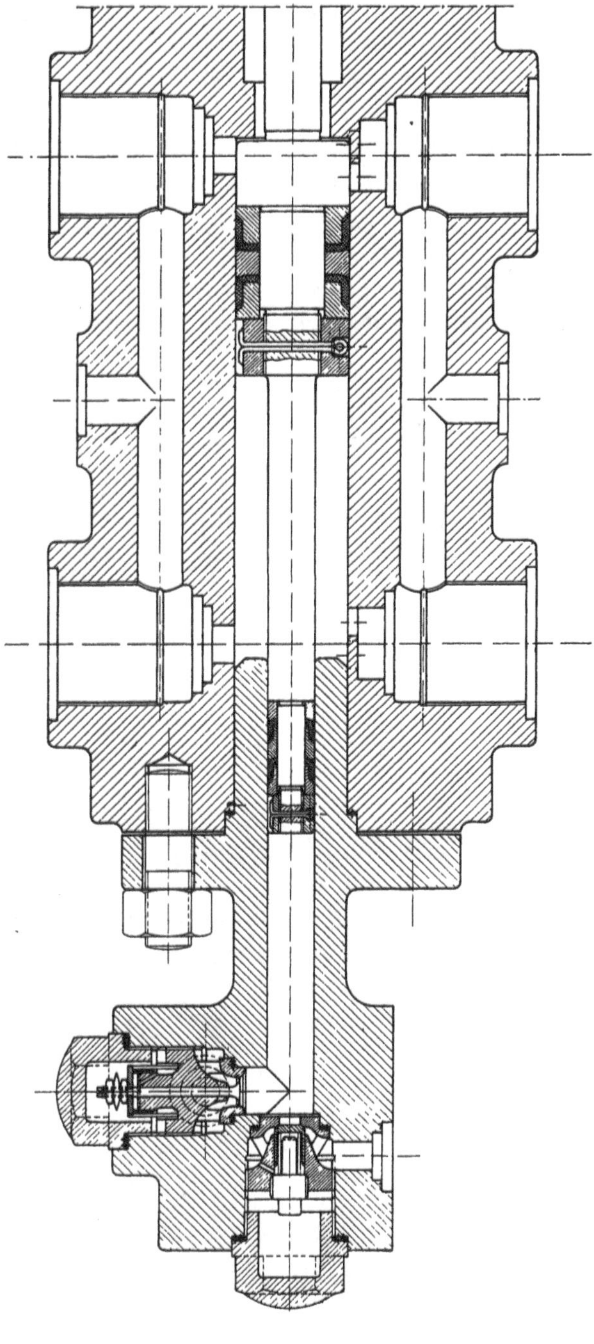

Fig. 49.

Fig. 49 die Versuchsausführung des Verdichters, die Pumpe ist hinter diesem angebaut als abgeänderter Deckel und an der verlangerten Kolbenstange angesetzter Hilfskolben.

17. Willkürliche Verminderung der Saugleistung im Zylinder zu Zeiten geringeren Kältebedarfes[1].

Diese kann bewirkt werden: a) durch Teilung des Verdichters in zwei Zylinder und zeitweises Stillsetzen des einen derselben durch Aushangen der Kurbelstange. Dies ist nur außer Betrieb möglich, daher ungeeignet, wenn haufiger Wechsel

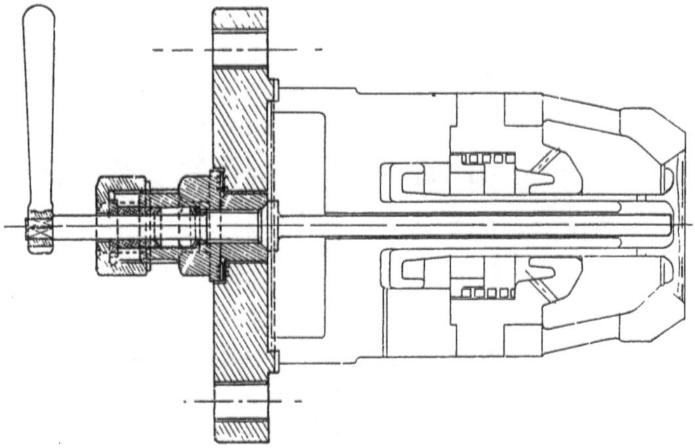

Fig. 50.

der Leistung erwunscht ist. Die Saugleistung wird auf ½ vermindert.

b) Durch Abheben des Saugventils der einen Zylinderseite vermittelst einer Schraubenspindel (z. B. Fig. 50, A. Borsig, Tegel, Fig. 27, L. A. Riedinger, Augsburg). Dies ist wahrend des Betriebes moglich. Die Saugleistung wird auf ½ vermindert. Der Kolben darf nicht an das abgehobene Saugventil anschlagen. Der Verdichter kann durch diese Vorrichtung entlastet anlaufen. Das Abheben des Druckventils ergibt großeren Undichtheitsverlust als das Abheben des Saugventils, weil

[1]) Siehe Zeitschr f d ges Kalte-Industrie 1904, S 145 und 1908 S 179.

wahrend etwa ¾ der Zeit einer Umdrehung großer Druckunterschied zwischen den Räumen vor und hinter dem Kolben herrscht.

c) Durch Öffnen und Schließen von Schlitzen in der Zylinderwand, die mit der Saugleitung in Verbindung stehen, nach Fig. 51. Die Saugleistung kann auf ½ bis 0 vermindert werden, aber nichtauf ¾.

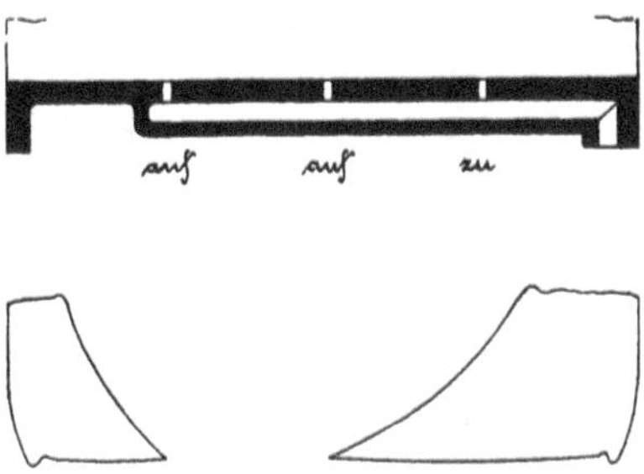

Fig. 51

d) Nach A. Borsig, Tegel, durch kunstliche Vergroßerung des schadlichen Raumes. Sie ist wahrend de Betriebes möglich (Fig. 52 bis 54). Unter dem Zylinder ist ein Hilfszylinder angegossen, der mit dem Hauptzylinder in Verbindung steht. Durch eine Spindel mit Rechts- und Linksgewinde werden zwei dichte Kolben von Hand eingestellt. Diese Art der Regulierung bedingt trockenes Arbeiten, ist also bei Zylindern mit Mantel- und Deckelkuhlung anwendbar, hat auch den Vorteil, daß der Gleichformigkeitsgrad der Maschine nicht wesentlich verandert, eher verbessert wird. (Dies ist wichtig bei gleichzeitiger Arbeitsabgabe der Antriebsmaschine an Dynamomaschinen). Die Saugleistung kann beliebig vermindert werden.

Fig. 55. Der hohle Zylinderdeckel kann durch Anheben eines Ventiles mit dem Verdichterinneren verbunden werden. Die Verkleinerung der Leistung ist abhangig von dem Verhältnis des Hohlraumes im Deckel zum Hubvolumen.

e) Durch Verminderung der Umlaufzahl. Hierbei ist Bedingung, daß der Wirkungsgrad der Antriebsmaschine durch die Verminderung der Umlaufzahl nicht wesentlich verschlechtert wird. Bei elektrischem Antrieb mit Drehstrom bietet sich ein sehr zweckentsprechendes Mittel dar in Form des verlustlos regelbaren Drehstrom-Kommutatormotors mit verstellbaren Burstensatzen (Siemens-Schuckert-Werke), der unter Last anfahrt und dessen Umlaufzahl in weiten Grenzen verandert werden kann ohne wesentliche Beeinflussung des Wirkungsgrades[1]).

[1]) Siehe Elektrotechn Zeitschr 1912, Nr 19, S 473

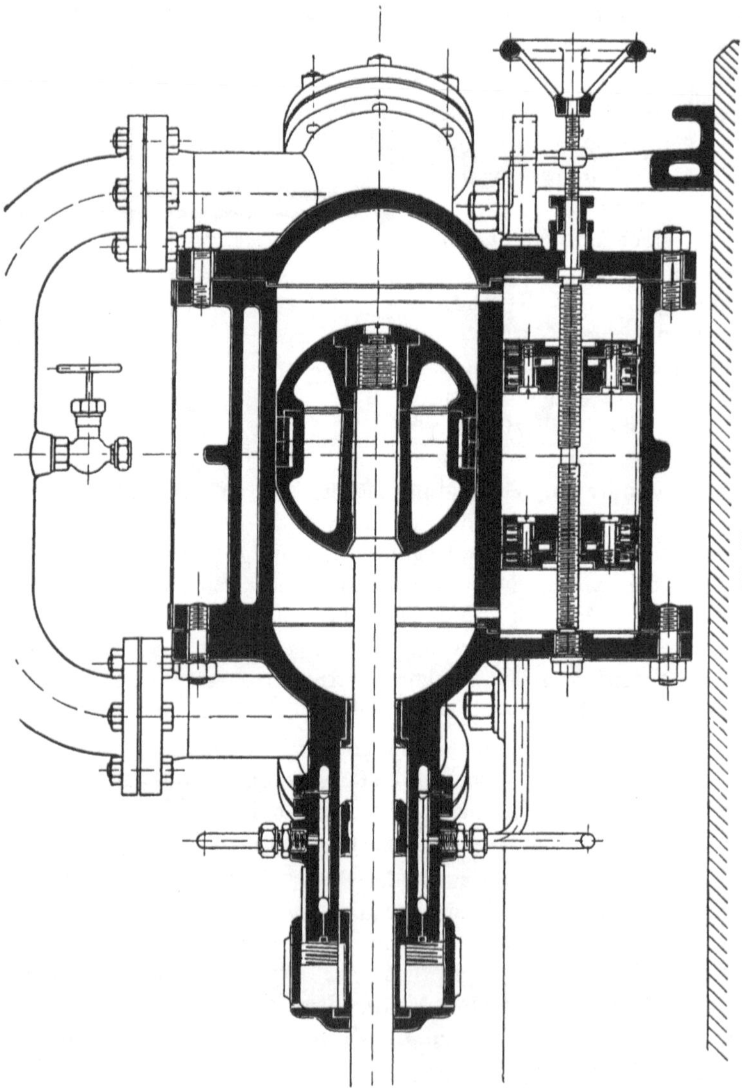

Fig. 52.

Fig. 53.

Fig. 54.

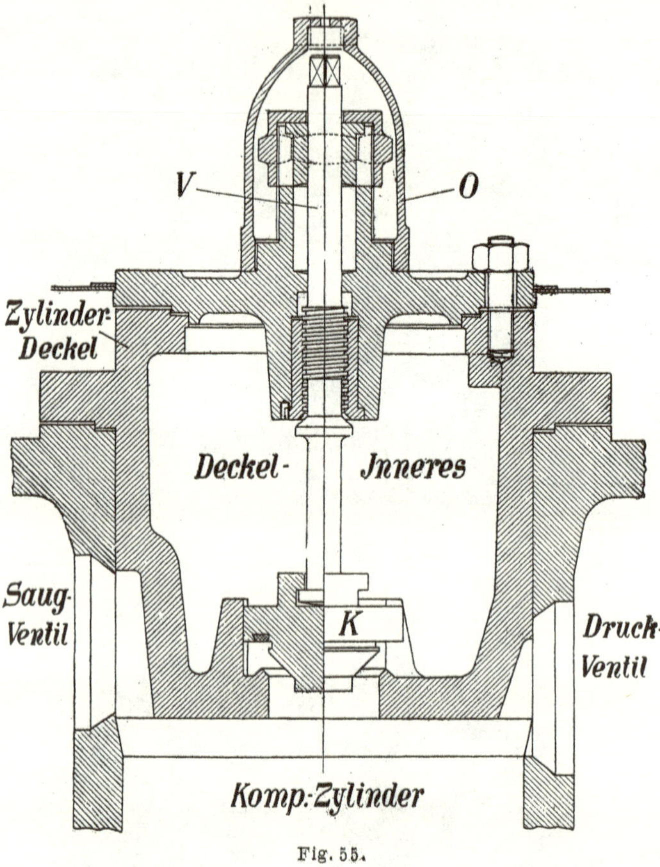

Fig. 55.

18. Grundgestelle, Geradführung, Kurbellager.

Konstruktionsbedingungen: Genügende Steifigkeit, so daß keine Durchbiegungen auftreten beim Bearbeiten, bei der Montage, im Betriebe[1]; Durchbiegungen würden nachteilig wirken auf das Dichthalten der Stofpbüchse; genaues Zusammenfallen der Achsen der Geradführung, der Stopfbüchse und des Zylinders nach der Montage und Unveränderlichkeit dieses Zusammenfallens im Betriebe. Elastische Bewegungen des Zylinders, des

[1]) Siehe auch Zeitschr. f. d. ges. Kälte-Industrie 1907, S. 21, 41, 68.

vorderen Deckels, der Kolbenstange (seitliches Ausbiegen), des Kreuzkopfes (wegen zu schwacher Lineale bzw. zu leichter Befestigung derselben) müssen unmöglich sein. Die Kurbellagerachse muß die Zylinder- und Geradführungsachse genau senkrecht schneiden. Der Lagerkörper muß stark genug sein und darf keine elastische Bewegung vollziehen. Die Gestelle werden unter dem Zylinder und den Ventilhauben meist zu Tropfwasserschalen ausgebildet.

Gestell mit flacher Geradführung und ebenem Fuß des Zylinders (Fig. 56). Auf Biegen des Gestelles in der neutralen Achse *MN* wirkt die Kolbenkraft am Hebel *C*, hiergegen muß Schnitt *C-D* hoch genug gemacht werden. Auf Kippen des Zylinders wirkt die Kolbenkraft am Hebel *H*. Hiergegen ist die Länge *A* des Fußes lang genug zu machen, die Flanschen in Schnitt *A-B* sind kräftig zu versteifen. Maßgebend ist hierbei nicht die Festigkeit der einzelnen Teile, sondern ihre elastische Bewegung, die nachteilig auf die Stopfbüchse und Kolbenstange (s. S. 62) und das Dichthalten der Rohranschlußflanschen wirkt (s. S. 100). Wenn die Kurbelstange von der Kurbel abgekuppelt wird (durch Öffnen des Marinekopfes), so wird sie hochgestellt. Die Antriebsmaschine kann dann für andere Zwecke ausgenutzt werden, die Kurbel des Druckverdichters läuft leer um.

Doppelgestell. Zwei Schubstangen wirken an einer gemeinschaftlichen Kurbel; entweder sind die beiden Zylinderachsen um die Breite der Kurbelzapfenschale einer Stange gegeneinander versetzt, oder sie fallen zusammen, dann muß der Kopf der einen Kurbelstange beim Kurbelzapfen gegabelt werden. (Dies gibt größere Gesamtlänge des Kurbelzapfens, größeres Biegungsmoment, größeren Zapfendurchmesser, größere Reibungsarbeit.)

Fig. 57 (Tafel). Doppelgestell einer Schwefligsäuremaschine (A. Borsig Tegel). Das Gestell ist unter dem Zylinder gegabelt, dadurch können die Zylinderfüße mehr seitlich und näher an die Zylinderachse gebracht werden zur Verminderung des Kippmomentes. Betreffs der Zylinderbauweise mit Saugleistungsverminderung siehe S. 86. Das Gestell ist zweiteilig gegossen, durch Keile und Schrauben verbunden.

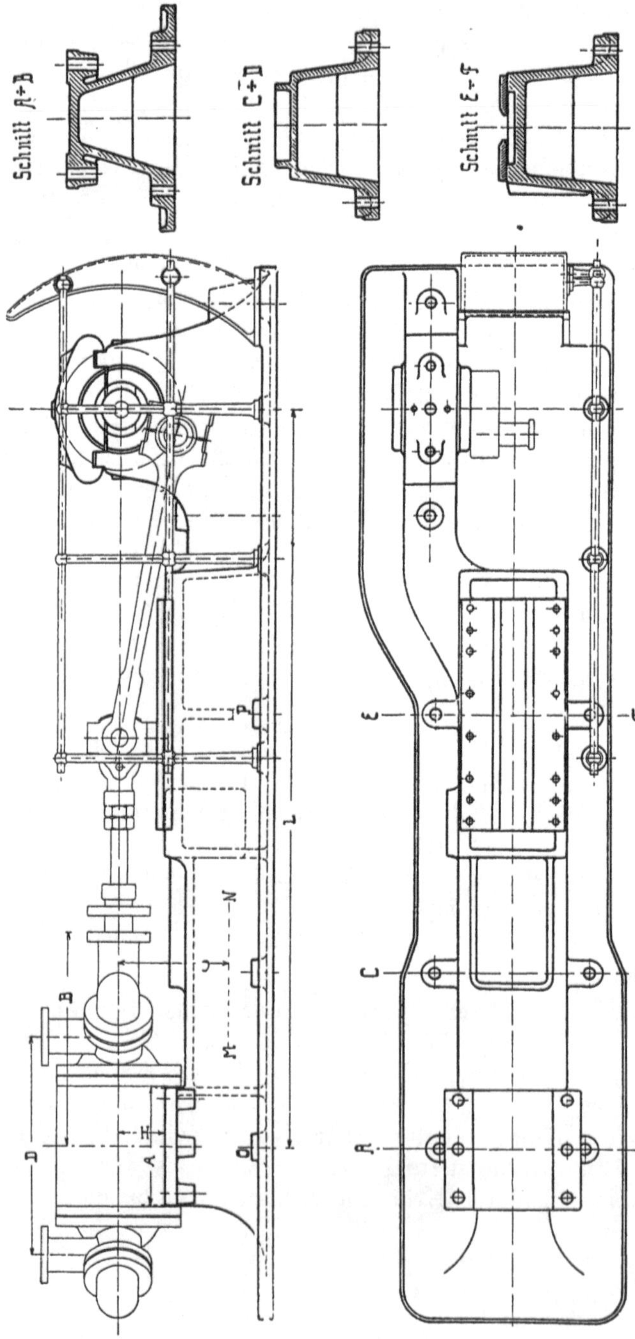

Fig. 56.

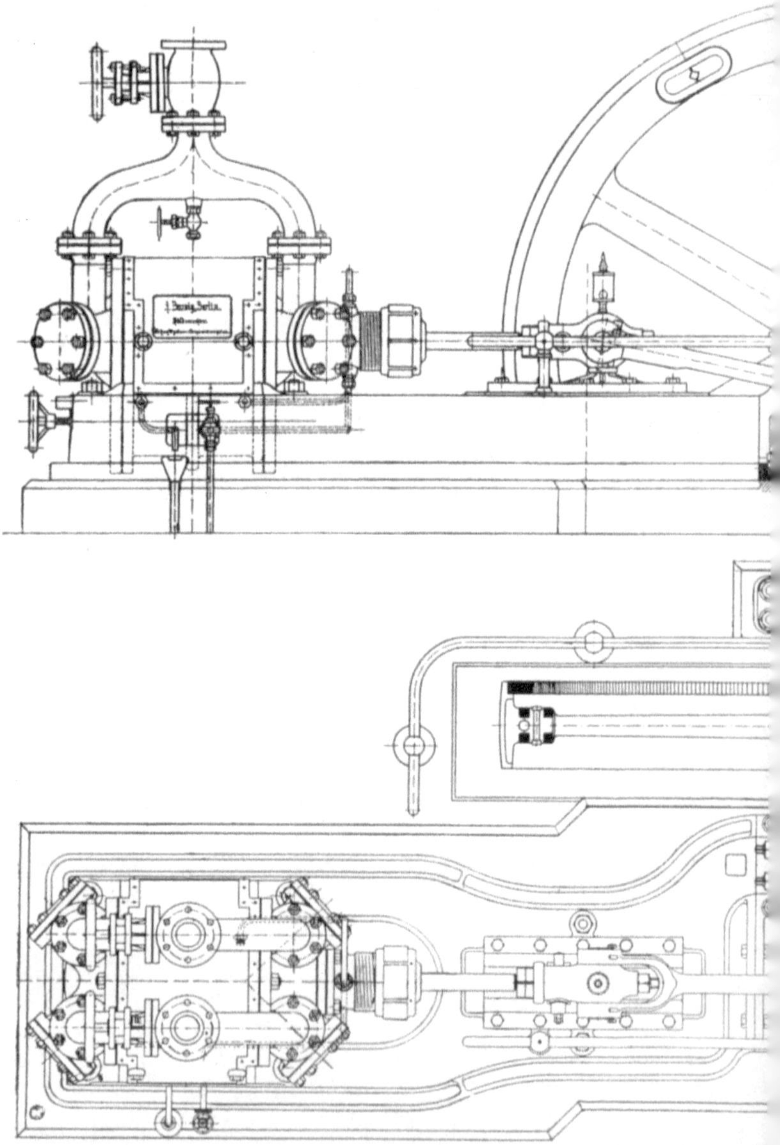

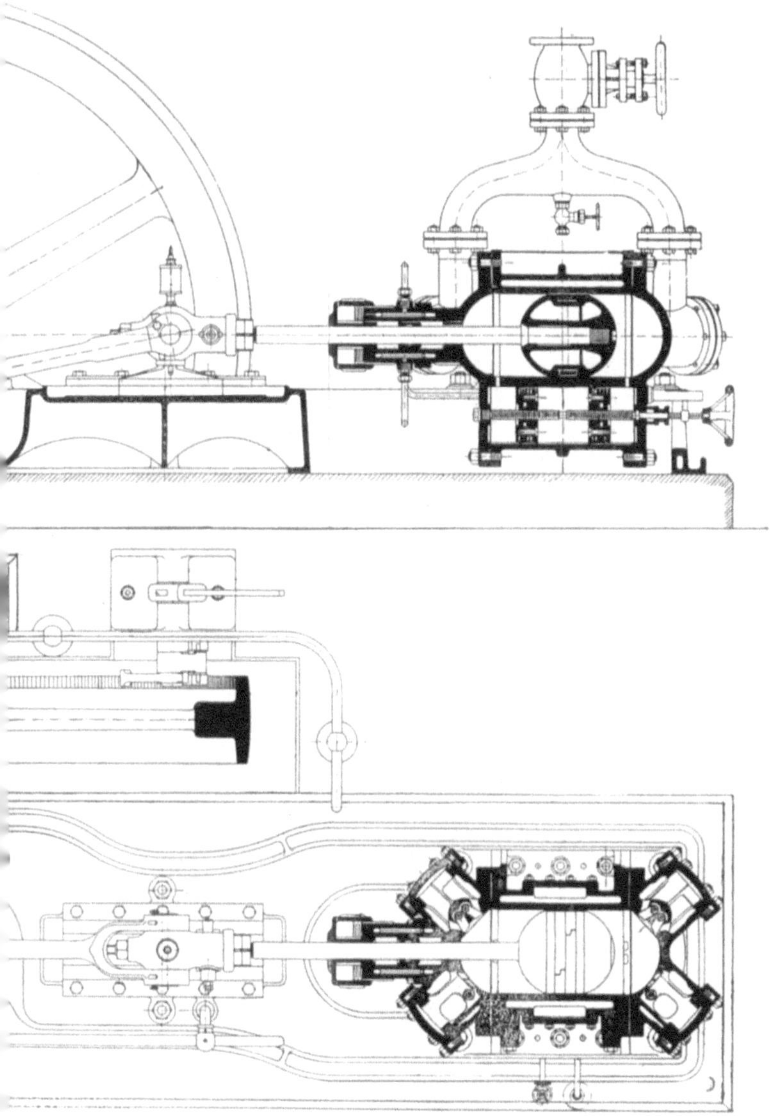

Fig. 58.

Fig. 58. Doppelgestell einer Kohlensäuremaschine (C. G. Hauboldt, Chemnitz). Die Verbindung der beiden Kolbenseiten geschieht hier außerhalb des Zylinders durch Rohre. Die Figur gibt ein Beispiel für den Anschluß mehrerer Saugleitungen an einen Zylinder. Jede Saugleitung kommt von einem Verdampfer; die Verdampfer arbeiten mit verschiedenen Verdampfungsdrücken; dies ermöglicht Arbeitsersparnis.

Fig. 59.

Gestelle mit Rundführungen.

Fig. 59. Ammoniakmaschine. Der Kreuzkopf hat Rundführung, der Zylinder ebenen Fuß. Die Bearbeitung ist etwas schwieriger, das Zusammenfallen der Achsen unsicherer als bei den folgenden Konstruktionen.

Fig. 34. Schwefligsäuremaschine (A. Borsig, Tegel). Bei Fig. 59 und 34 ist der Zugang zur Stopfbuchse freigelegt durch eine Aussparung des Gestells. die dadurch bedingte Schwächung des Gestells ist durch Zug- und Druckstangen ausgeglichen.

Fig. 60. Gestell für eine Kohlensäuremaschine (Escher, Wyß & Co., Zürich). Der Zylinder ist durch Halbrundflansch zentriert. Das Gestell ist schwer und kräftig. Der Zylinder hat statt eines Absperrventils nur ein Rückschlagventil in der Druckleitung. Das nächste Absperrventil befindet sich am Verflüssiger.

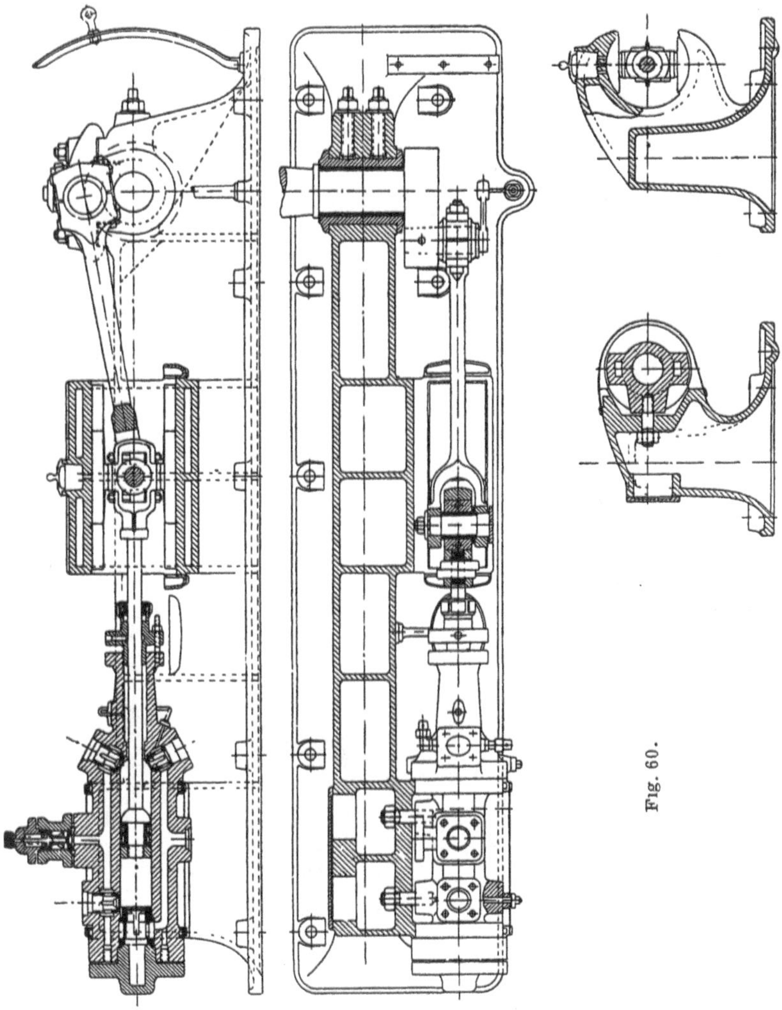

Fig. 60.

Der Vorteil dieser Anordnung ist: geringere Gefahr, wenn das Absperrventil zufällig geschlossen bleibt bei Inbetriebsetzung des Verdichters. Auf der vorderen Zylinderseite ist das Druck-

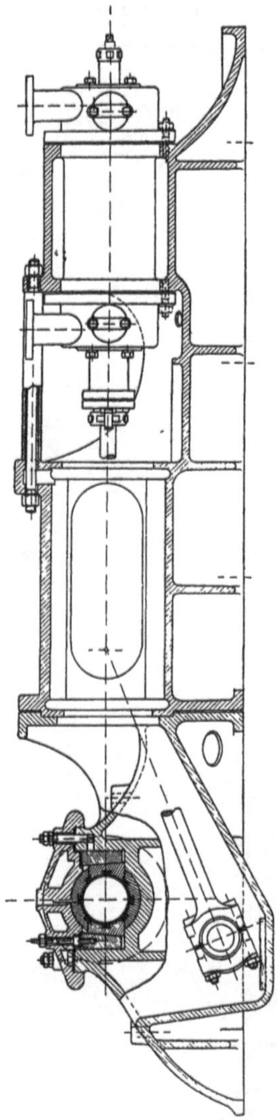

Fig. 62.

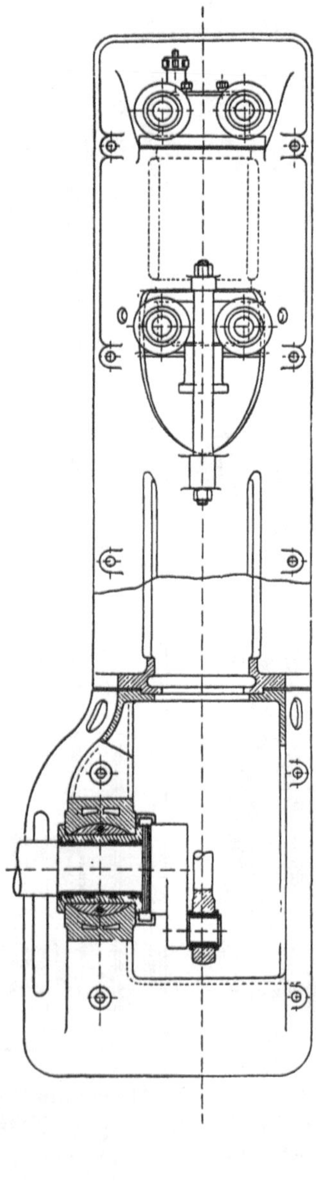

Fig. 63.

ventil in die Kugelausrundung gelegt. Vorteil: kleinerer schädlicher Raum.

Fig. 64

Fig. 61 (Tafel). Kohlensäuremaschine (Hallesche Maschinenfabrik) mit Rundführung und unterer Halbrundlagerung des Zylinders.

Fig. 62 u. 63. Amerikanisches Vorbild. Das Gestell hat Rundführung, der Zylinder ist in einen runden Zylindersitz eingepaßt, letzterer wird mit dem Rundführungsteil durch eine

Zug- und Druckstange verbunden. Diese wird so bemessen, daß sie sich nicht über ein zulässiges Maß dehnt und kürzt während des Betriebes. Durch Anziehen der Zylinderdeckelschrauben werden sowohl die Deckel abgedichtet als auch der Zylinder in seinem Sitz festgemacht. Der Kurbellagerteil ist durch Rundnut im Geradführungsteil zentriert und durch Flanschenschrauben mit diesem verbunden. Das Lager ist ausgestattet mit zylindrisch geführten Nachstellkeilen der seitlichen Lagerschalen. Schiefes

Fig. 65.

Anziehen der Schalen ist hierdurch vermieden. Im Aufriß der Fig. 62 ist die Kurbelstange in ausgehängtem Zustande gezeichnet. Die Geradführung muß so weit sein, daß in diesem Falle die Kurbel an der Stange vorbeikommt.

Fig. 64. Ammoniak-Druckverdichter (Maschinenfabrik Augsburg-Nürnberg). Der Zylinder ist in einem Rundsitz eingepaßt; ähnlich wie Fig. 63 ist dieser Rundsitz durch ein unteres Verbindungsstück und oben durch eine kräftige auf elastische Langenanderung gerechnete Zug- und Druckstange mit der Geradfuhrung verbunden. Der Lagerteil beim Doppelgestell ist besonders gegossen und mit der Geradführung verschraubt.

Ammoniak-Verdichter für 400000 WE (A. Borsig, Tegel). Fig. 65. 55 (Leistungsverminderung), Lagerteil, Geradfuhrung und Zylinder sind nur durch Drehflachen verbunden. Die Einzelgußstucke sind kleiner als bei der Form nach Fig. 57. Die Ventile sitzen im Zylinder, statt im Deckel, und sind leicht zugänglich. Beim Lösen und Abnehmen des Deckels brauchen die Saug- und Druckleitungen nicht abgelöst zu werden.

Fig. 66.

Der Zylinder ist mit Kühlwassermantel versehen. Dies deutet darauf hin, daß der Verdichter trocken ansaugen soll. Der Zylinder kann bei der Montage so gedreht werden, daß der Anschluß der Saug- und Druckleitung bequem geschehen kann, je nach der Richtung, in welcher die Leitungen weggehen. Für

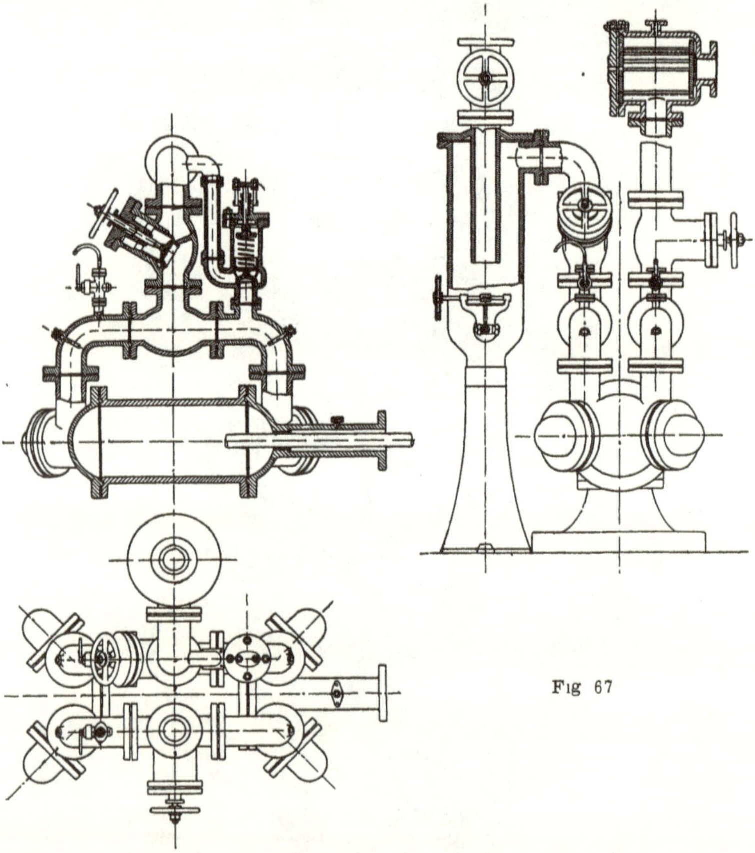

Fig 67

die Gießerei bietet diese Ausfuhrung gewisse Vorteile gegenüber der Form Fig. 57, bei der sich die lange Platte leicht verzieht. Fig. 66. Dasselbe Gestell in Verbindung mit einem Zweistufen-Verdichterzylinder (kleiner und großer Kolben auf gleicher Kolbenstange), angewendet als Ammoniakverdichter für Erzeugung sehr tiefer Verdampfungstemperatur

19. Besondere Ausrüstung des Druckverdichterzylinders.

Fig. 67. In der Saugleitung ist möglichst nahe am Zylinder ein Siebtopf (s. S. 122), vor der Gabelung der Saugleitung ein zuverlassiges Absperrventil (s. S. 115), an dem Gabelrohr ein Stutzen mit Hahn zum Einsaugen von Luft[1]), dicht vor dem Anschluß an die Deckel je ein Thermometereinsatz fur genauere

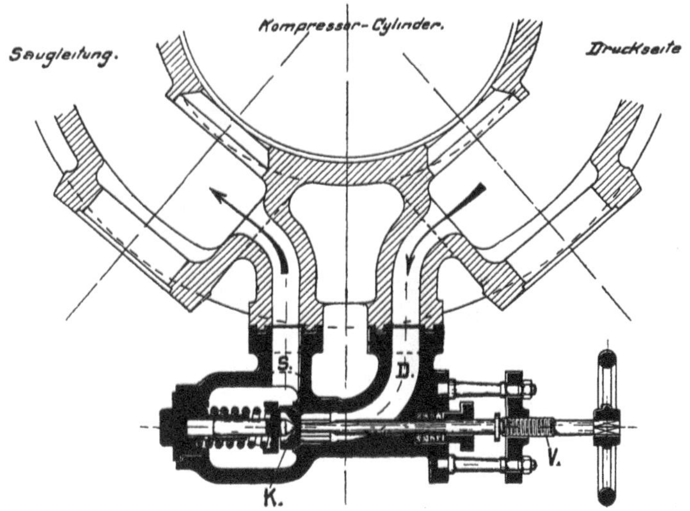

Fig. 68.

Untersuchungen. (Diese Einsatze fehlen in der Regel, da sie nur in Ausnahmefallen notig sind.) In der Druckleitung: je ein Thermometereinsatz zum Messen der Verdichtungstemperatur (fehlen in der Regel), im Gabelrohr ein Stutzen mit Hahn und Rohr für den Schlauchanschluß zum Druckablaß vor dem Öffnen des Zylinders. Dieser Stutzen ist zweckmaßigerweise nach oben gerichtet zur Vermeidung von Verunreinigung, die sehr unangenehme Folgen haben kann (s. S. 106), hinter der Vereinigung der Gabel sitzt ein zuverlässiges Absperrventil, das haufig zugleich Ruckschlagventil ist. Auf der Gabel sitzt haufig ein Sicherheitsventil. Ammoniak und Schwefligsaure durfen nicht aus dem Sicherheitsventil ins Freie (bzw. in den Maschinenraum) geleitet

[1]) Weitere Verwendung dieses Hahnes siehe Heinel, »Bau und Betrieb von Kaltemaschinenanlagen«

werden, man leitet sie entweder in die Saugleitung zurück (Nachteil: ständiger kleiner Verlust an Fördermenge) oder in die Druckleitung hinter dem Absperrventil (Fig. 67) (Nachteil: wenn das Sicherheitsventil nicht ganz dicht ist, Erschwerung der Arbeit am geöffneten Zylinder).

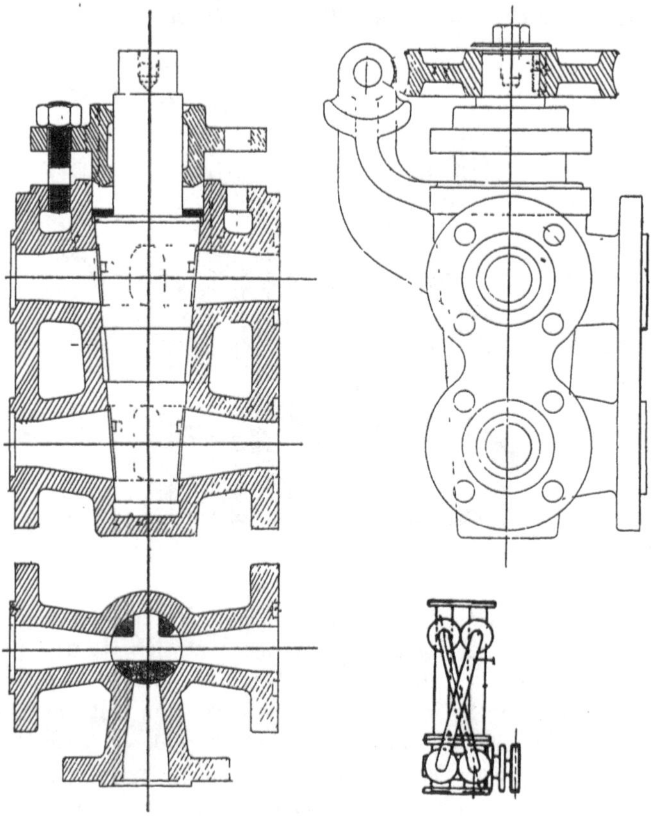

Fig. 69.

Das Sicherheitsventil (Fig. 68, A. Borsig, Tegel) ist zugleich Umlaufventil zur vorubergehenden Entlastung beim Anfahren.

Kreuzleitung. Um zur Vornahme gewisser Arbeiten (z. B. Ausbesserung des Verflussigers) aus der Druckleitung saugen und

Fig. 70

in die Saugleitung drücken zu können, wird manchmal eine Kreuzleitung nach Fig. 69 (Enzingerwerke Breslau) angebracht. Der hier angebrachte Doppeldreiweghahn erspart mehrere Ventile. Seine Abdichtung muß aber sehr sorgfältig sein. (Bester Guß, genauestes Einschleifen.)

Teurer, aber vielleicht zuverlässiger ist die Kreuzleitung nach Fig. 70 (Maschinenfabrik Eßlingen). Ammoniak-Doppelverdichter von 800000 WE. Je eine Leitung verbindet den Raum vor dem Saugabsperrventil mit dem Raum hinter dem Druckabsperrventil, den Raum vor dem Druckabsperrventil mit dem Raum hinter dem Saugabperrventil. Zylinderbauart ähnlich wie Fig. 34.

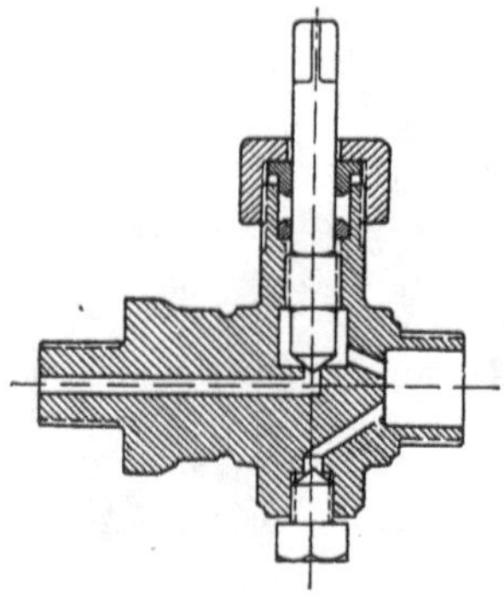

Fig. 71.

Indikatorhähne. Für Schwefligsäure verwendet man die gewöhnlichen Dampfmaschinen-Indikatorhähne, für Ammoniak die gleiche Form der Hähne, aber aus Eisen mit eisernem Kükengriff. Für Kohlensäure sind Hähne nicht gut verwendbar, statt dessen Ventile aus Rotguß nach Fig. 71. Zur Wiederherstellung des atmosphärischen Druckes unter dem Kolben des Indikators wird nach Schließung des Ventils eine Entlüftungsschraube aus Stahl geöffnet.

Gabelung der Saugleitung zum Anschluß mehrerer Zylinder. Sind mehrere Zylinder an die gleiche Saugleitung angeschlossen, so müssen die Zweigleitungen, besonders bei Doppelverdichtern auf einem Gestell (Doppelkurbelzapfen), von der Gabelung bis zu den Zylindern genau gleich lang sein, sonst arbeitet der Zylinder mit längerer Saugleitung stark überhitzt, während der andere unter Umständen naß saugen muß, wenn die Überhitzung im ersten ein gewisses Maß nicht überschreiten soll. Also arbeiten beide Zylinder mit ungünstigem Wirkungsgrad. Bei der Anordnung nach Fig. 72 sind die Saugleitungen nicht gleich lang. Zur Vermeidung des eben erwähnten Übelstandes sind aber die Kurbeln der beiden Maschinen gegeneinander versetzt, so daß die Saugzeiten nicht zusammenfallen.

Fig 72.

20. Untersuchung der Druckverdichter.

Öffnen des Zylinders. Das Ventil in der Saugleitung wird abgesperrt, nachdem einige Zeit stark überhitzt gearbeitet wurde, damit kein flüssiges Ammoniak im Zylinder und in den Gabelrohren bleibt. Danach folgen noch einige Umdrehungen und dann gleichzeitiges Absperren des Ventils in der Druckleitung und

Stillsetzen der Maschine. Dann wird ein Schlauch an den Druckablaßstutzen am Druckgabelrohr angeschlossen, das Schlauchende in Wasser getaucht. Die Fenster und Türen werden geöffnet. Der Hahn am Druckablaßstutzen wird langsam geöffnet. Ist der Hahn durch Unreinigkeit verstopft (s. S. 101), so ist seine Reinigung umständlich und gefährlich, wenn man nicht vorher den Druck durch vorsichtiges Öffnen eines Flansches langsam entfernt. Deshalb ist der Druckablaßstutzen nach oben gerichtet anzuordnen. Öftere Erneuerung des durch Absorption des Ammoniaks warm werdenden Wassers ist nötig. Allmählich wird der Hahn ganz geöffnet, bis kein Druck mehr im Verdichter ist. Ist ein Luftansaugstutzen vorhanden so kann man nach Wiederingangsetzen der Maschine durch diesen Luft ansaugen und durch den Druckablaßstutzen wieder ausblasen. Dann setzt man wieder still. Der Ventildeckelflansch wird bei geöffnetem Entlüftungshahn vorsichtig gelüftet, ohne die Muttern von den Schrauben abzunehmen.

Wiederingangsetzen des Verdichters. Vor Inbetriebnahme muß die in den Zylinder eingedrungene Luft entfernt werden: Man befestigt den Schlauch am Druckablaßstutzen und legt das Schlauchende ins Wasser. Der Lufteinsaughahn wird geschlossen. Den Druckablaßhahn laßt man offen. Die Maschine wird in langsame Umdrehung versetzt. Dann wird das Absperrventil in der Saugleitung einen kurzen Augenblick geoffnet und wieder geschlossen. Das hierdurch eingedrungene Ammoniak läßt man durch den Schlauch ins Wasser ausströmen. Dieser Vorgang wird wiederholt, bis aus dem Wasser keine Luftblasen mehr aufsteigen. Dann wird gleichzeitig der Druckablaßhahn zu- und das Absperrventil in der Druckleitung aufgemacht und hierauf erst das Saugleitungsabsperrventil ganz geöffnet. Alle Absperrventile in der Druckleitung hinter dem Ölabscheider müssen vorher geöffnet sein.

Die Untersuchung mit dem Indikator. Zur Beurteilung der Wirksamkeit der einzelnen Teile des Verdichters einer Kuhlmaschine ist eine Untersuchung desselben mit dem Indikator notwendig. Eine solche sollte bei jeder Maschine kurz nach deren Fertigstellung und wenigstens einmal alle 2 Jahre vor Schluß des Betriebsjahrteils stattfinden. Zu diesem Zwecke versehen alle guten Fabriken ihre Verdichterzylinder mit

Indikatorstutzen, welche der Länge nach bis in das Zylinderinnere durchbohrt und für gewöhnlich durch eine Schraube oder einen Flansch (s. Fig. 74) verschlossen, außerdem aber mit einem Gewinde oder einem Paßstück zum Anbringen des Indikatorhahnes versehen sind. Die Indikatorbohrung kann nach Fig. 73 und 74 im Flansch des Zylinders oder (nach Germania, Chemnitz) im Flansch des Zylinderdeckels sitzen. Es ist in hohem Grade zu bedauern, daß man sich immer noch nicht auf bestimmte Normalien für diese Gewinde und Anschlußstücke geeinigt hat, so daß fast jedesmal Zwischenstücke vor der Untersuchung erst

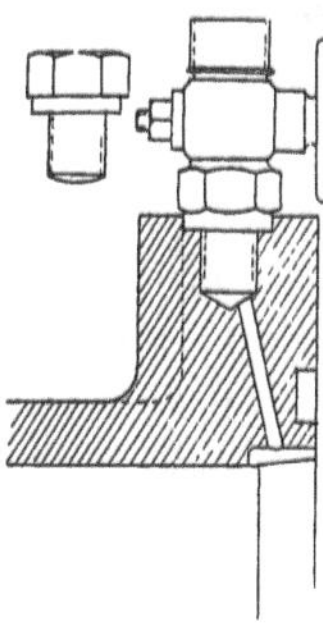

Fig. 73.

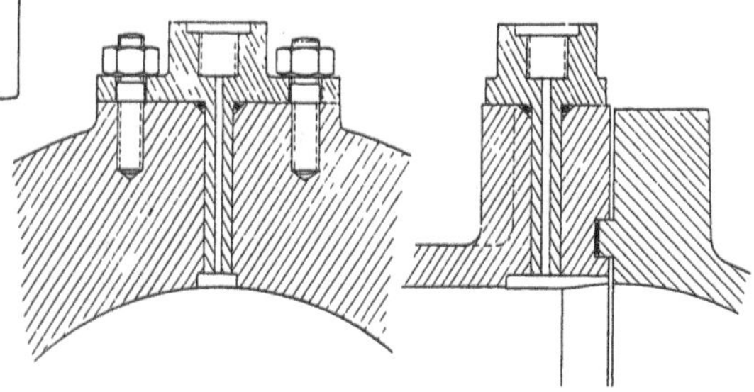

Fig. 74.

beschafft werden müssen. Dies bereitet vor allen Dingen bei Ammoniak- und Kohlensäuremaschinen Schwierigkeiten, da bei diesen die Indikatoröffnung, um den schädlichen Raum nicht unnötig zu vergroßern, durch einen Stift verschlossen wird, der vermöge seiner langen Führung nicht leicht zu entfernen ist. Besser wäre es darum, wenn man sich entschließen wollte, gleich von vornherein die Öffnung mit einem Flansch (nach Fig. 74), an dem sowohl das Gewinde zur Aufnahme des Hahnes wie auch der durchbohrte Stift zur Ausfüllung des überflüssigen schädlichen Raumes angebracht ist, zu versehen.

Als Indikatoren[1]) kann man für Schwefligsaure ohne weiteres die für Dampfmaschinen gebräuchlichen anwenden, für Ammoniak dagegen müssen besondere, ganz aus Eisen und Stahl bestehende Instrumente verwendet werden, deren Einrichtung indessen mit

[1]) Über die Einrichtung und Handhabung der Indikatoren siehe P. H. Rosenkranz, »Der Indikator und seine Anwendung«. 6. Aufl. Berlin 1900.

den gebräuchlichen ubereinstimmt[1]). Die früher manchmal verwendeten Plattenfederindikatoren haben sich gegenüber den Kolbeninstrumenten infolge der ungleichmäßigen Durchbiegung der Plattenfeder nicht bewährt, trotzdem sie kein Ammoniak hindurchtreten lassen. Um den Einfluß der Temperatur im Innern des zu untersuchenden Zylinders auf die Indikatorfeder auszuschalten und dadurch die Genauigkeit der Angaben des Indikators zu erhöhen, finden neuerdings Indikatoren mit außenliegender Feder häufig Anwendung. So wichtig diese Neuerung insbesondere für Dampfmaschinen wegen der hohen jedenfalls durchaus über der atmosphärischen liegenden Dampftemperatur ist, so spielt sie doch für Kühlmaschinenverdichter nur eine untergeordnete Rolle, da in denselben die Temperatur des Kälteträgers um einen mit der Lufttemperatur nahe übereinstimmenden Mittelwert schwankt, so daß sich die Temperatureinflusse im ganzen nahezu ausgleichen. Dieselben wären erst dann in Rücksicht zu ziehen, wenn sich die Untersuchung auf den speziellen Verlauf der Zustandsänderungen im Zylinder erstreckt, so daß hierfur nur Indikatoren mit freiliegender Feder verwendet werden sollten. Bei Kohlensäuremaschinen wird der Druck so groß, daß man mit dem gewöhnlichen, 20 mm im Durchmesser haltenden Indikatorkolben nicht auskommt, sondern kleinere, entweder im unteren engeren Teile des Indikators laufende Kolben von 10 mm oder noch kleinere von 6 mm, in einer dort eingeschraubten Buchse laufende, sog. Riedlerkolben einsetzen muß.

Das Öffnen der Indikatorstutzen zum Anschrauben der Indikatorhähne geschieht nach der auf S. 106 gegebenen Anweisung zum Öffnen des Zylinders. In die erhaltenen Indikatordiagramme tragt man möglichst sofort danach als gerade Linien die Verflussiger- und Verdampferspannung nach dem Manometerangaben ein, zu welchem Zwecke die Manometer vorher mit den Indikatorangaben verglichen werden mussen. Zu diesem

---

[1]) Gelegentlich hat Verfasser auch NH_3-Verdichter mit gewohnlichen Bronzeindikatoren ohne Gefahrdung derselben gepruft, allerdings unter Beobachtung der Vorsichtsmaßregel, die Kolben nach jeder Indizierung herauszunehmen, zu putzen und in frisches Verdichterol eingetaucht wieder einzusetzen. Ebenso wurden die Indikatorzylinder nach jeder Indizierung mit frischem Bakuol ausgespult.

Zwecke sollten an den Manometern Vorrichtungen zum Anschrauben des Indikators vorhanden sein.

Sind alle Teile der Maschine in ordnungsgemäßem Zustande, so erhält man Diagramme nach Fig. 75, deren Sauglinie *s* nur wenig unter der Verdampferspannung *vv* und deren Drucklinie *d* etwas hoher als die Verflüssigerspannung *kk* verläuft. Die zur Öffnung beider Ventile benötigte Arbeit zeigt sich als schwaches, in der Sauglinie nach unten, in der Drucklinie nach oben gerichtetes Horn, der Einfluß des schädlichen Raumes ist an dem Verlaufe der Ruckenausdehnungskurve *r* zu erkennen, welche die Verdampferspannung erst nach dem Hubwechsel schneidet. Ebenso schneidet die Verdichtungskurve die Verdampferspannung erst nach dem Hubwechsel. Die beiden Schnittpunkte begrenzen das angesaugte Volumen, bezogen auf die Verdampferspannung. Aber auch dieses Volumen ist noch nicht die angesaugte Menge, sondern besteht zum Teil aus Dämpfen, die durch die Undichtheiten des Druckventils und des Kolbens auf die Saugseite des Zylinders gelangt sind. Dieser Anteil beträgt bei guten rasch laufenden Verdichtern 2 bis 3%, bei starken Undichtheiten bis zu 100. Die indizierte Arbeit ist dargestellt durch den Inhalt der von der angezogenen Linie eingeschlossenen Fläche aus einer Anzahl von Diagrammen, die bei gleichbleibenden Drücken im Verdampfer und Verflüssiger in Zeiträumen von je 10 bis 30 Minuten gewonnen werden, entweder mit Hilfe des Planimeters oder durch Teilung in zehn vertikale Streifen, deren einzelne mittlere Langen addiert und durch zehn geteilt werden. Die mittlere Hohe des Diagrammes in Millimetern, geteilt durch die Anzahl von Millimetern, welche bei der verwendeten Indikatorfeder einem kg/qcm entsprechen, ergibt die mittlere indizierte Spannung, welche, mit der Kolbenflache in qcm multipliziert, den mittleren Kolbendruck in kg ergibt. Dieses Verfahren ist, da die Kolbenflache infolge der Stangendicke vorn und hinten verschieden ausfallt, fur beide Seiten zu wiederholen. Multipliziert man darauf den Mittelwert beider Kolbendrucke mit dem Kolbenweg in der Sekunde, d. h. mit dem doppelten Hube und der sekundlichen

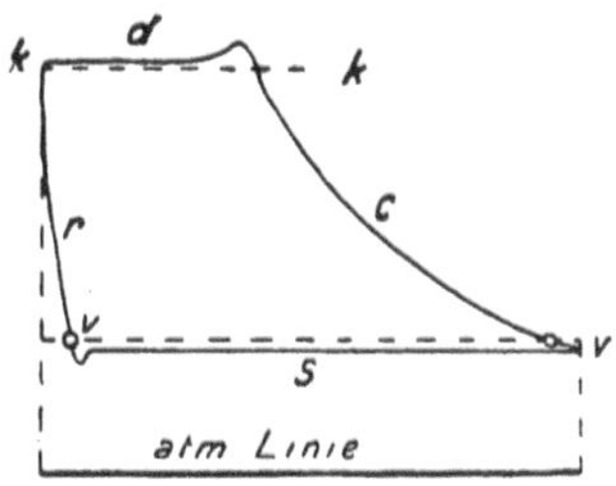

Fig. 75.

Umdrehungszahl, so ergibt sich die Arbeit in m/kg, und durch 75 dividiert in Pferdestärken.

Hat man z. B. einen Ammoniakverdichter von 25 cm Durchm. bei einer Stangendicke von 5,5 cm und einem Kolbenhube von 40 cm = 0,4 m, so wird die

Kolbenfläche vorn 467,11 qcm, hinten 490,87 qcm betragen. Weiterhin mogen sich aus den Diagrammen der

mittlere indizierte Druck vorn zu 2,92 kg/qcm, hinten zu 3,01 kg/qcm ergeben, so folgen die

Kolbendrücke vorn 1363,96 kg, hinten 1477,52 kg oder im Mittel 1420,74 kg.

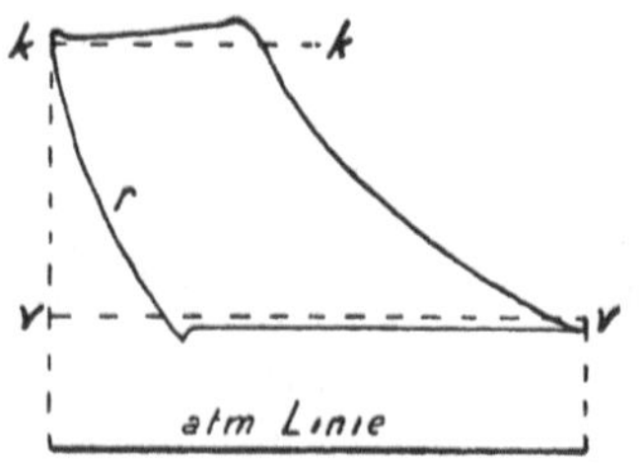

Fig. 76.

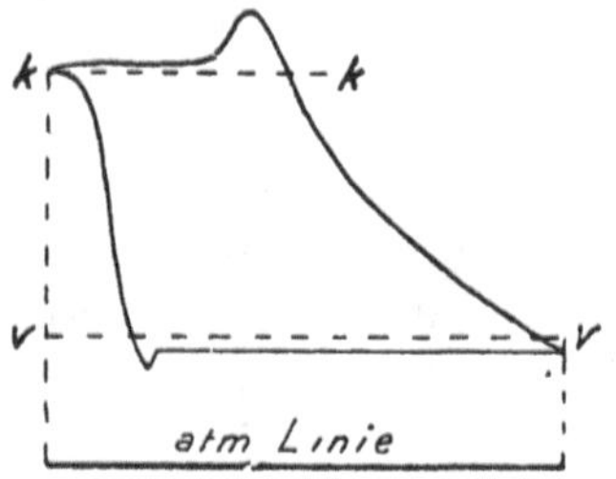

Fig 77

Bei 60 Umdrehungen in der Minute entspricht dies einem sekundlichen Wege von $2 \cdot 0{,}4 = 0{,}8$ m oder einer Leistung von $1420{,}74 \cdot 0{,}8 = 1136{,}59$ m/kg pro Sekunde oder 15,155 PS.

Das Indikatordiagramm ist indessen auch geeignet, etwaige Fehler am Verdichter anzuzeigen. So wird z. B. ein zu großer schädlicher Raum, besonders bei nassem Ansaugen, in Fig. 76 einen flachen Verlauf der Rückausdehnungslinie und damit eine ungenügende Ausnutzung des Saugvolumens zur Folge haben. Ähnlich wirkt das kurzzeitige Festklemmen des Druckventils (Fig. 77) in geöffneter Stellung etwa durch schräge Lage der Spindel in ihrer Fuhrung. Dieser Mangel, der nach längerem Gange sich manchmal einstellt, bewirkt oft auch ein etwas verspatetes Öffnen des Druckventils unter starkem Arbeitsaufwand (großes Horn in der Drucklinie). Da nach dem Öffnen das locker gehende Ventil sich sofort bei voller Öffnung festsetzen wird, so ist der weitere Verlauf der Drucklinie ganz gunstig, und erst beim Schlusse im Momente des Hubwechsels tritt der Fehler wieder in obiger Weise hervor.

Das Druckventil kann aber auch bei großem Hube von seinem Sitze zurückprallen. Dies gibt sich durch einen Haken in der von dieser Stelle (Fig. 78) sehr flach verlaufenden Rückausdehnungslinie kund und hat ebenfalls eine sehr schlechte Ausnutzung des Hubvolumens zur Folge. Verläuft, wie in Fig. 79, die Ausdehnung von dem Haken aus zuerst ziemlich steil, dann aber normal, so liegen keine Fehler im Ventilspiele, sondern nur Klemmungen des Indikatorkolbens vor.

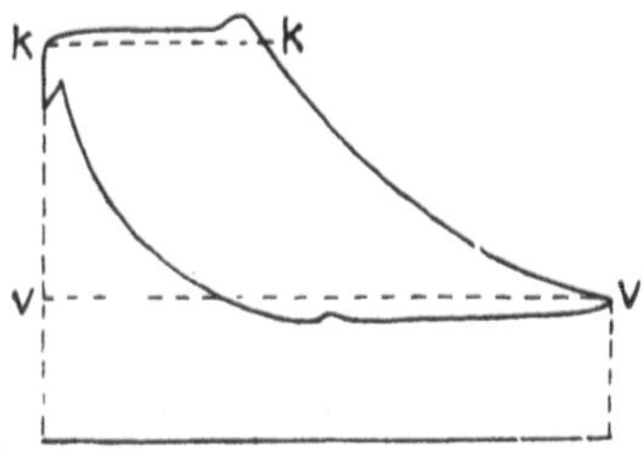

Fig. 78.

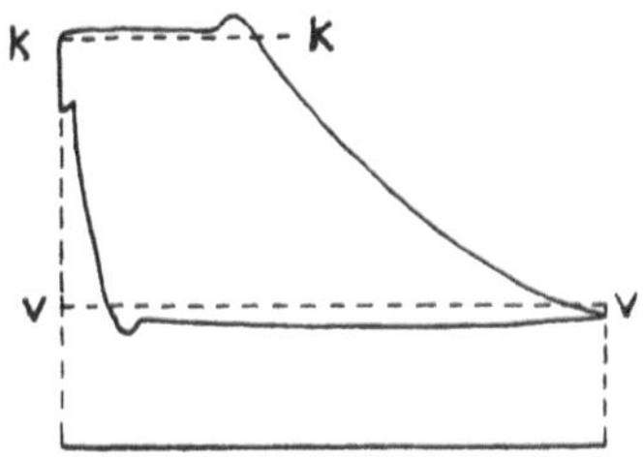

Fig. 79.

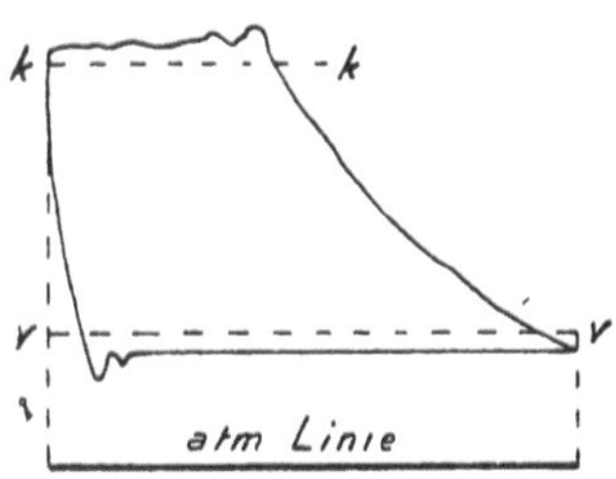

Fig. 80

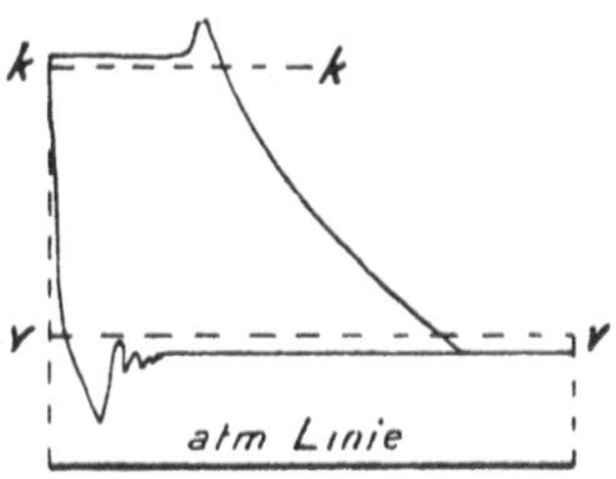

Fig. 81.

Bedeutende Arbeitsverluste entstehen ferner durch zu große Widerstände in den Saug- und Druckleitungen, zu starke Belastung der Ventile, bzw. falsche Einstellung etwa vorhandener Luftpuffer an denselben (s. Fig. 80), welche sich durch großen Abstand der betreffenden Linien von der Verdampfer- oder Verflüssigerspannung verraten. In solchem Falle wird man zunächst die Ventilfedern durch schwächere ersetzen, bzw. dem Luftpuffer mehr Spiel geben und erst, wenn dies ohne nennenswerten Erfolg sein sollte, nach Verengungen (welche natürlich nicht etwa durch ungenügendes Öffnen der Saug- und Druckabschließungen verursacht sein dürfen) in den Leitungen suchen. Diese sind alsdann sofort zu beseitigen.

Ein Festklemmen des Saugventils wird in geschlossenem Zustande eine beträchtliche Drucksenkung vor Beginn des Saugens und damit in Fig. 81 die Entstehung eines großen Hornes in der Sauglinie verursachen, während es in geöffnetem Zustande eine große Verspätung der Verdichtung, d. h. den Verlust eines Teiles des Kolbenwegs zur Folge hat.

Starke Undichtheiten der Ventile verraten sich im Diagramm (Fig. 82) durch Wegfall der Hörner und sanfte Übergänge der Verdichtungskurve in die Drucklinie und der Rückausdehnungskurve in die Sauglinie; außerdem aber verläuft die

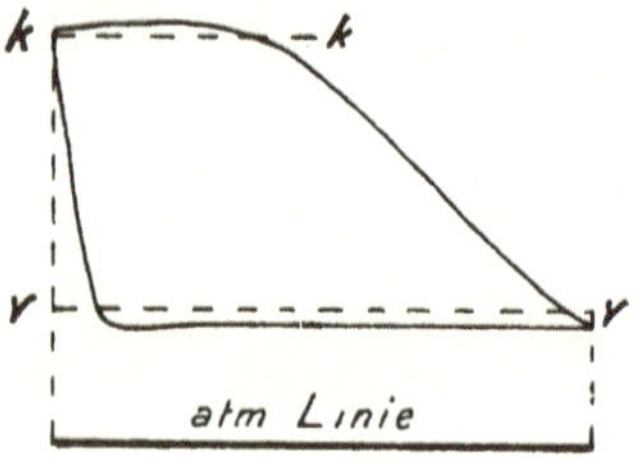

Fig. 82.

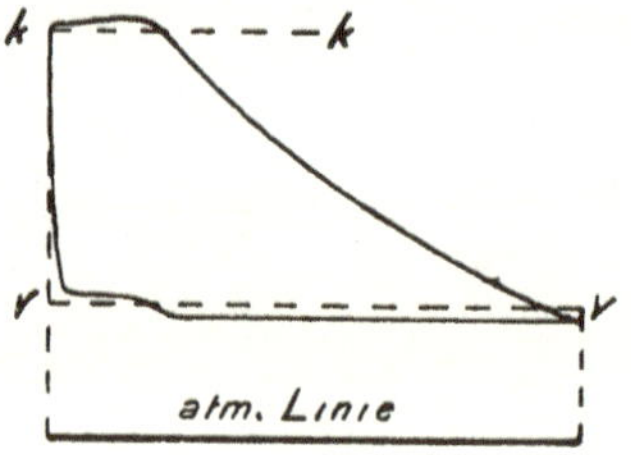

Fig. 83.

Verdichtungskurve fast geradlinig und steil, solange die Undichtheit des Druckventils, und flach, sobald die des Saugventils überwiegt.

Starke Undichtheiten des hohlen Kolbenkörpers verursachen ein Mitarbeiten des Hohlraumes, d. h. eine zu langsame Drucksteigerung auf der Verdichtungsseite und damit einen sehr flachen Verlauf der Verdichtungskurve (Fig. 83). Die zu späte und darum zeitlich mit dem Schlusse nahe zusammenfallende Öffnung des Druckventils in diesem Falle ist sofort durch heftige Schläge bzw. einen kurzen Doppelschlag desselben erkenntlich. Anderseits wird auf der Saugseite beim Hubwechsel die Spannung leicht höher bleiben als die im Verdampfer herrschende und so das Saugventil am Öffnen gehindert. Dies dauert so lange an, bis die Kolbengeschwindigkeit so groß geworden ist, daß die durch die Undichtheit überschleichende Menge nicht mehr den Saugraum zu füllen vermag. Alsdann sinkt dort die Spannung allmählich, und das Saugventil tritt in Tätigkeit.

Starke Undichtheiten der Kolbenringe verursachen ein Überströmen von einer Seite zur andern. Die Verdichtungslinie sieht ähnlich aus wie in Fig. 83, desgleichen die zu steile Ausdehnungslinie, die Sauglinie ist anfangs scheinbar fehlerlos, im späteren Verlaufe zu hoch, am Ende vielleicht sogar abgerundet.

Sind mehrere der vorstehend geschilderten Fehler vorhanden, so können recht verwickelte Diagramme entstehen, deren Deutung indessen nach dem obigen keine großen Schwierigkeiten mehr bieten dürfte.

Von Nutzen ist hierfür die Bemerkung, daß regelmäßige Schwankungen der einzelnen Linien um ihren normalen Verlauf stets auf Schwingungen der Indikatorfedern zurückzuführen und nicht etwa dem Spiele der Ventile zur Last zu legen sind. Auf den Flächeninhalt der Diagramme, welcher, wie oben gezeigt, die indizierte Verdichterarbeit darstellt, haben derartige Schwingungen keinen nennenswerten Einfluß. Dagegen sollte der Schreibstift des Indikators nur leicht an die Papiertrommel angedrückt werden, da sonst der Reibungswiderstand die Bewegung des Schreibstiftes merklich hemmt und denselben veranlaßt, unrichtige Linien zu verzeichnen, welche stets die Verdichterarbeit zu klein ergeben.

21. Die Verbindungsleitungen zwischen Verdampfer bzw. Verflüssiger und Druckverdichter.

Material und Stärke der Rohre. Obwohl im Betrieb der Druck in der Saugleitung geringer ist als der in der Druckleitung, verwendet man doch die gleichen Rohrarten fur die Saug- und Druckleitung. Grund hierfur: Der Druck in der Saugleitung steigt manchmal bei besonderen Vorkommnissen (s. S. 102) ebenso hoch als in der Druckleitung. Die Montage vereinfacht sich bei Verwendung von nur einer Rohrgattung.

Für Ammoniak werden verwendet patentgeschweißte oder nahtlose Rohre (Probedruck mindestens 25 Atm.) aus Schmiedeeisen, fur kürzere Stücke auch gußeiserne Rohre. Die Flanschen haben Nut und Feder. Der Schraubenkreis und der Flanschendurchmesser sind so bemessen, daß sie fur schmiedeeiserne und gußeiserne Rohre (Anschlusse an Gußstucke) gleichzeitig passen. Schmale Dichtungen sind vorzuziehen wegen hoheren spez. Druckes. Steife Flanschen, kräftige Schrauben, nicht zu große Schraubenabstande, nicht zu große Schrauben-

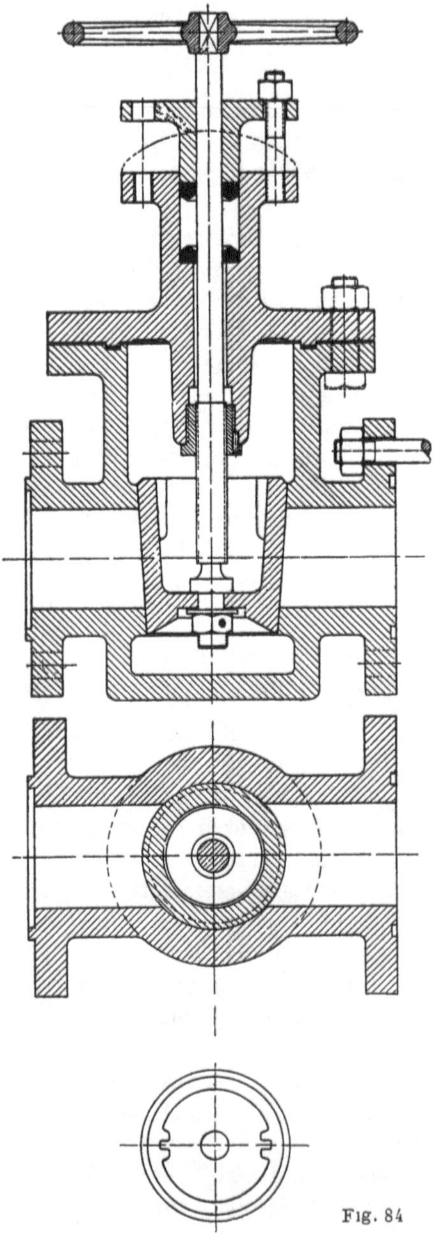

Fig. 84

kreise gewähren sicheres Abdichten. Die schmiedeeisernen Flanschen werden auf den schmiedeeisernen Rohren meist durch Aufschrauben befestigt und durch Ausgießen der Gewindezwischenräume mit Weichlot gedichtet. Hierzu gehört große Sorgfalt und Gewandtheit, sonst sind die Gewinde leicht undicht. Kupfer und Rotguß sind ausgeschlossen. Die Dichtungen sind in der Regel Gummiringe mit Hanfeinlage.

Für Schwefligsäure können billigere Rohre verwendet werden, jedoch ist nach dem Biegen derselben die Schweißnaht sorgfältig zu untersuchen. Der Probedruck beträgt 8 Atm. Kupferrohre sind verwendbar und bieten den Vorteil bequemer Verarbeitung, größerer Reinheit (weniger Zunder in der Maschine), sie sind dünnwandig und ermöglichen leichtere Lötung. Die Kupferrohre werden entweder direkt mit einem Rotgußflansch verlötet oder bekommen Rotgußringe mit übergeschobenen schmiedeeisernen Flanschen. Die Dichtung besteht meist aus schmalen Bleiringen.

Das Einschließen der Dichtungen in Nut und Feder ist nur bei fließendem, unelastischem Dichtungsmaterial notig (z. B. Blei). Wegen des Dichtungsdruckes siehe S. 59.

Für Kohlensäure werden patentgeschweißte Rohre verwendet, Probedruck mindestens 120 Atm.; sie erhalten sehr kräftige, aufgeschraubte und verlötete Flanschen mit Nut und Feder oder ähnlicher Bauweise. Kupferrohre verwendet man nur

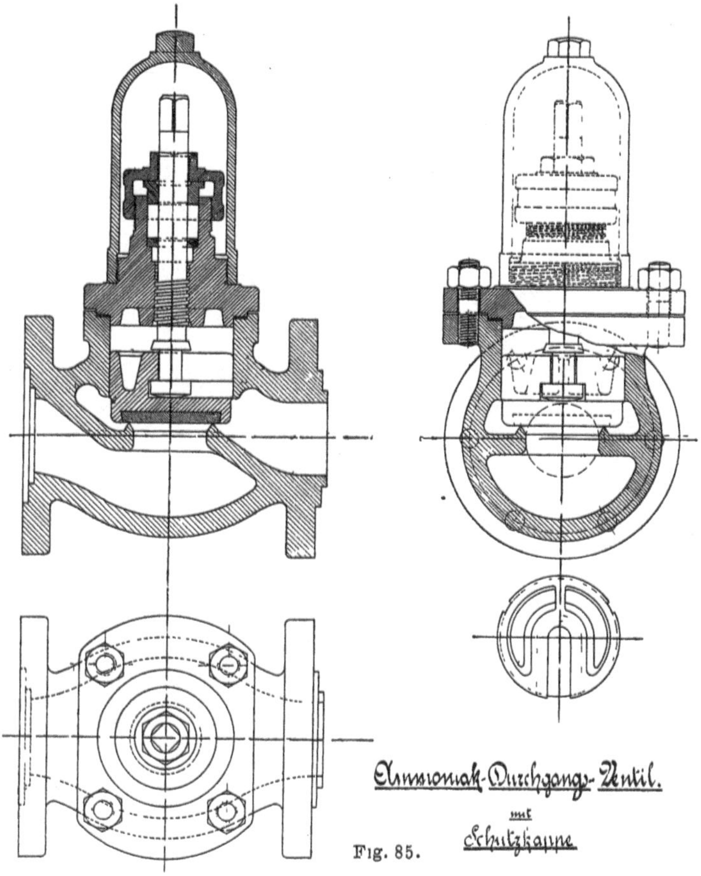

Fig. 85.

in Ausnahmefallen. Die Dichtung geschieht durch Lederringe, auch Bleiringe, die aber schmaler sein müssen als die Lederringe, da sie großeren spez. Flächendruck zum Fließen brauchen.

Absperrorgane. Das absolute Dichthalten der Absperrorgane ist sehr wichtig, weniger fur den Betrieb als fur die Vornahme von Ausbesserungen, besonders am Druckverdichter.

Pflockhahn (Fig. 84). Dieser ist geeignet für Ammoniakleitungen und war längere Zeit beliebt. Er ist sorgfältig einzuschleifen. Bei Verunreinigung der Hahnflächen ist er leider nicht immer ganz dicht.

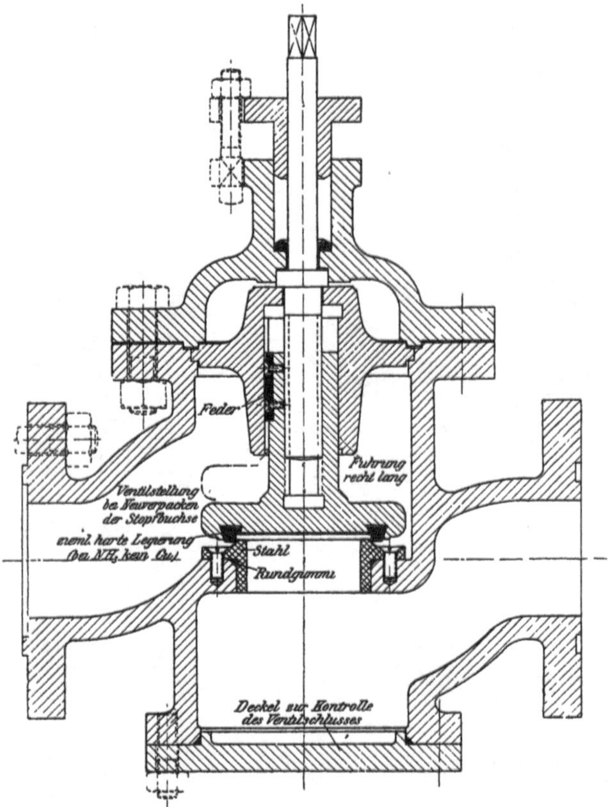

Fig. 86.

Gewöhnliche Tellerventile, ähnlich wie fur Dampf- und Wasserleitungen. Sie sind nur bei Schwefligsaure zuverlassig und erfordern stets genaue Fuhrung behufs genauen Nachschleifens des Tellers und Sitzes. Bei Ammoniakleitungen sind diese Ventile nicht immer zuverlässig, weil Rotgußsitze nicht verwendbar sind; bei Verunreinigung der Sitzflache ergibt sich ungenugendes Abdichten.

Tellerventil nach Fig. 85 (Germania, Chemnitz). Das Gehause und der Sitz sind aus Stahlguß. Der Teller ist gut ge-

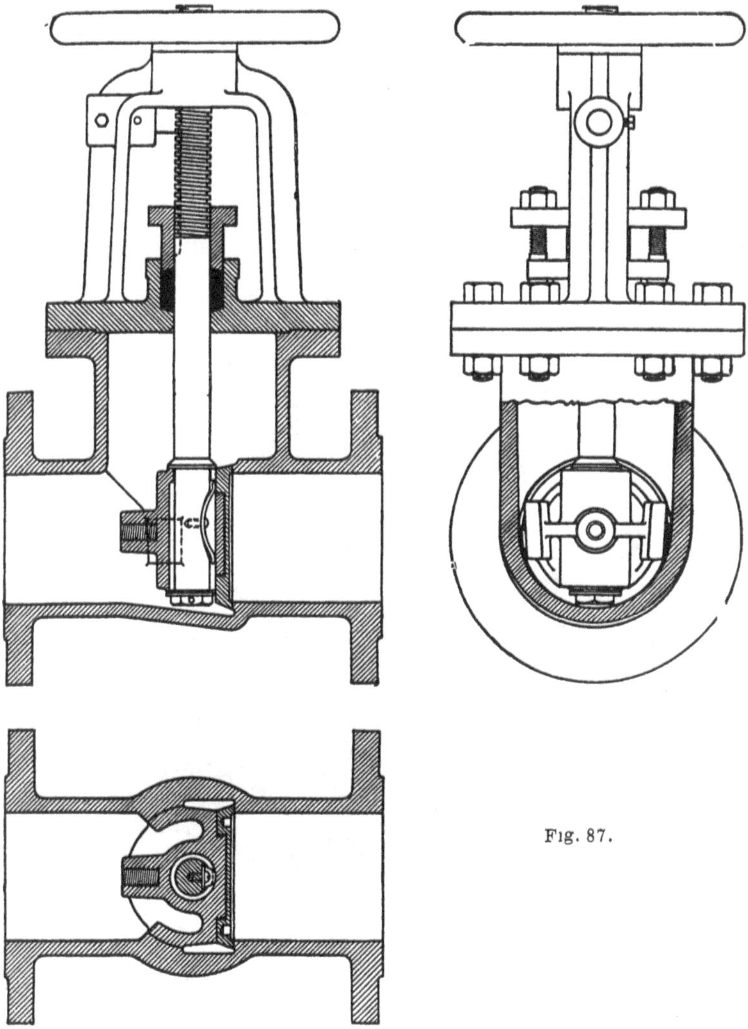

Fig. 87.

fuhrt und hat einen Weichmetallring. Amerikanische Bauart Fig. 86. Der Vorteil dieser Ausfuhrung besteht darin, daß Sitz und Ring leicht nachzudrehen sind und großen spez. Flächendruck bei geringem Spindeldruck erhalten. Verunreinigungen sind weniger schädlich. Für Schwefligsäure würde ein besonders eingepreßter Sitz aus harter Bronze, der Ring aus weichem Rotguß bestehen können.

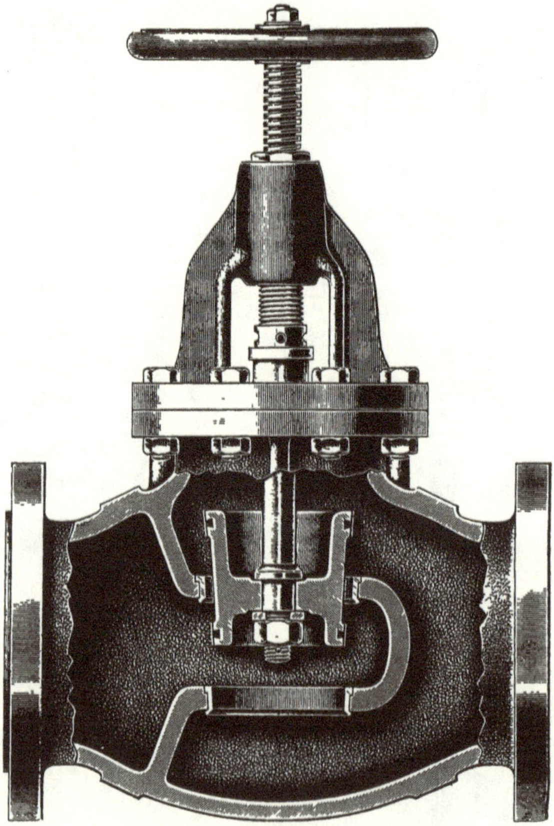

Fig. 88.

Weitere Vorschläge. Fur Ammoniak und Schwefligsaure scheinen ferner geeignet zu sein: der Universalabsperrschieber Missong (Schaffer & Budenberg, Magdeburg-Buckau) (Fig. 87); Unreinigkeiten werden abgeschoben. Leichte Wiederinstandsetzung ist moglich; der Schieber hat gute Fuhrung; die Fig. 87 gibt nur das Prinzip, keine Bauzeichnung wieder;

ferner das Doppelventil (Fig. 88) (Schäffer & Budenberg, Magdeburg-Buckau). Unreinigkeiten werden abgeschoben. Der Ventilkörper ist teilweise entlastet. Leichtes Nacharbeiten ist möglich. Die Führung ist gut.

Kleine Absperrorgane für Schwefligsäure und Ammoniak. Für erstere verwendet man meist kleine Niederschraubventile gewöhnlicher Bauart, für letzteres gerne Hähne (Fig. 89). Das Küken ist aus Stahl, das Gehäuse aus dichtem

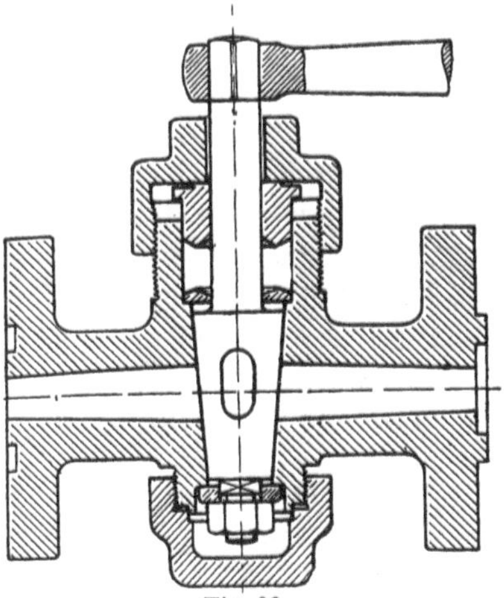

Fig. 89.

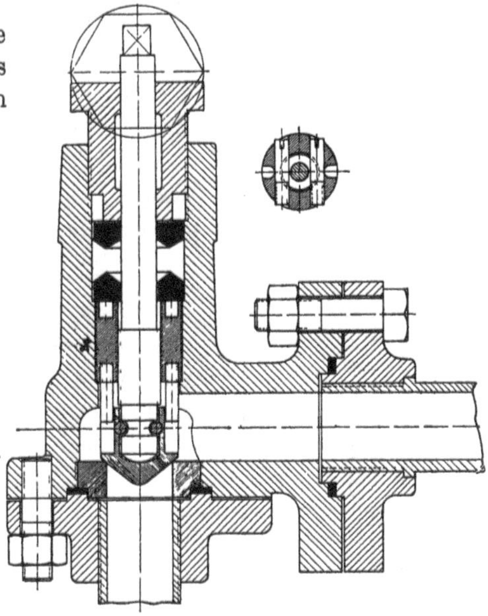

Fig. 90.

Guß. Der Grundring der Stopfbüchse darf nicht auf das Küken drücken, weil dieses sonst zu schwer geht. Die Stopfbüchse muß lang genug sein und sorgfältig verpackt werden mit genau passenden Baumwollringen und einem Gummiring, damit mäßiges Anziehen der Überwurfmutter genügt. Zwischen Überwurfmutter und Kükenstange bleibt etwas Luft, sonst wird die Mutter beim Drehen des Hahnes gelöst. Das Kükenende trägt eine Unterlagscheibe mit genau passendem Vierkantloch, das Gewinde dort ist Feingewinde zum feinen Einstellen der Kükenreibung. Die Überwurfhaube muß gute Dichtung haben, weil das Küken leicht undicht wird. Die Mutter des Kükens muß nach Abnehmen der Überwurfhaube für einen normalen Schlüssel zugänglich sein.

Absperrventil für Kohlensäure (Fig. 90). Das Gehäuse ist aus besonders gutem Guß, bei kleineren Ventilen aus gutem Rotguß (Bronze). Der Rotgußsitz wird eingeschraubt und durch Flanschfeder abgedichtet. Der Kegel ist aus Stahl. An der zuerst scharfen Kante des Sitzes preßt sich der Stahlkegel eine schmale Sitzfläche ein. Umgekehrte Ausführung wäre ganz falsch und würde kein zweites Mal sicher abschließen. Der Kegel wird gegen Drehung gesichert. Die Spindel ist aus Stahl, weil sie stark beansprucht wird. Die Spindelmutter wird eingeschraubt und gesichert und ist aus Rotguß. Die Stopfbüchse muß lang genug sein.

22. Gesamtanordnung der Rohrverbindungen der Kälteerzeugungsmaschinen.

Ammoniakmaschine. Am Druckverdichter (über besondere Armatur der Druckverdichter s. S. 101) befindet sich zunächst (Fig. 91) das Absperrventil 1, dann folgt der Ölabscheider *a*. Dieser ist nötig, um zu verhindern, daß das aus dem Verdichter mitgerissene Öl nach den Schlangen des Verflüssigers und Verdampfers gelangt, weil dasselbe dort verseifen und den Wärme-(Kälte-)Durchgang verschlechtern würde. Das in *a* abgeschiedene Öl gelangt durch eine Leitung zum Ammoniakaustreiber *b*. Unter dem hohen Druck im Verdichter hat nämlich das Öl viel Ammoniak absorbiert; dieses wird in *b* wieder ausgetrieben dadurch, daß das Öl hier unter Saugleitungsdruck gehalten und gleichzeitig durch Dampf oder Warmwasser erwärmt wird. Bauweise von *a* und *b* s. S. 126. Ferner sind nötig die Absperrhähne 15 und 16, der Absperrhahn 14, die Leitung 14/13 als Anschluß von *b* an die Saugleitung und der Absperrhahn 13.

Der von Öl gereinigte Ammoniakdampf verläßt *a* beim Absperrventil 17 (dieses fehlt manchmal, wenn vor *a* ein Rückschlagventil ist, s S. 101) und tritt beim Absperrventil 5 in den Verflüssiger (Kondensator). Beim Absperrhahn 8 fließt das verflüssigte Ammoniak ab nach dem Regulierventil *R*. Hinter *R* ist ein T-Stück (meist zwischen *R* und diesem noch ein Absperrhahn, oft auch noch ein solcher hinter dem T-Stück). Unter (besser über, s. S. 106) dem T-Stück ist ein Hahn mit Vorrichtung zum Anschluß einer Verbindungsleitung zur Ammoniakflasche beim

Einfüllen von Ammoniak in die Maschine[1]). Beim Absperrhahn 10 tritt das Ammoniak in den Verdampfer, beim Absperrventil 12 aus demselben in die Saugleitung. Bei 13 ist ein Siebtopf eingebaut zum Abscheiden von Unreinigkeiten, Zunder usw. Hinter dem Absperrventil 2 folgt die Gabelung und der Eintritt in den Druckverdichter.

Außerdem wird ein Manometer an die Druckleitung, etwa beim Absperrhahn 7, und ein Manometer an die Saugleitung beim Absperrhahn 11 angeschlossen.

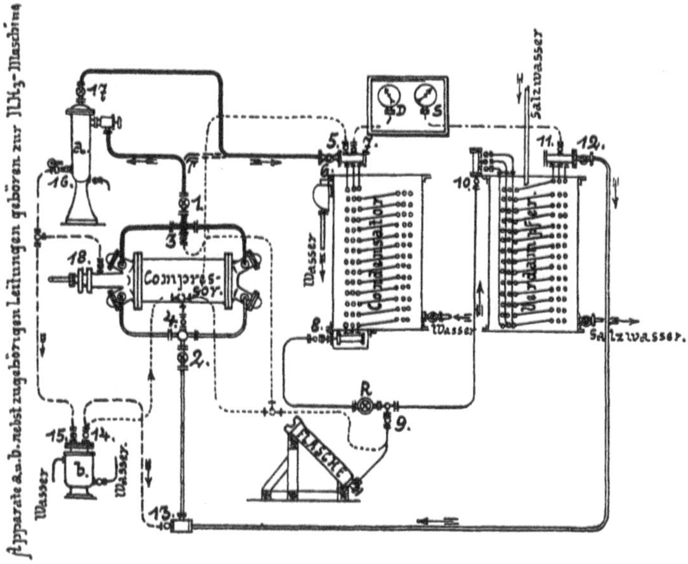

Fig. 91

Schwefligsäuremaschine. Die Ölabscheidung, der Öltopf und zugehörige Leitungen fallen weg, sonst ist die Rohranordnung wie bei der Ammoniakmaschine.

Kohlensäuremaschine. Die Ölabscheidung usw. fällt weg und wird ersetzt durch ein Glyzerinablaßventil am unteren Ende des Verflüssigers.

Die übrigen in Fig. 91 schwach punktiert angegebenen Hilfsleitungen dienen zur Instandsetzung langer in Betrieb gewesener Anlagen[2]).

[1]) Siehe Kapitel Betriebsfuhrung der Verdichtungs-Kaltemaschine

[2]) Siehe Heinel, »Bau und Betrieb von Kaltemaschinen«.

Wegen weiterer Vorrichtungen zum Zwecke des Arbeitens mit sehr nassem Dampf im Verdampfer und Trocknen des Dampfes vor dem Verdichter siehe S. 173.

Siebtöpfe. Diese werden kurz vor dem Druckverdichter in die Saugleitung eingefügt. Nach der Montage und Inbetriebsetzung lösen sich trotz vorheriger Reinigung von den Rohrwandungen, Gußstücken usw. immer noch kleine Formsandkörner und Hammerschlag, deren Eintritt in den Zylinder und die Ventile verhindert werden muß. Fig. 92: Siebtopf für Ammoniak

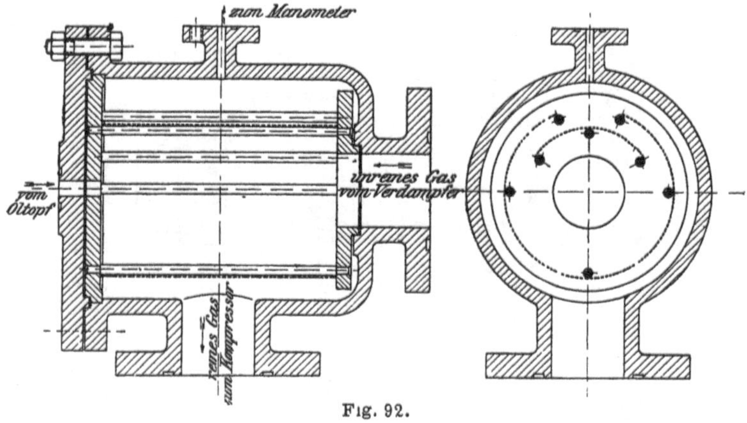

Fig. 92.

und Schwefligsäure. Das Sieb ist nicht ganz geschlossen, damit es nicht durch den Gasdruck zerrissen wird, wenn sich die Sieblöcher verstopft haben. Geringe Gasgeschwindigkeit ist nötig, also langer Siebzylinder, damit durch die Zwischenräume zwischen dem äußeren und inneren Sieb keine Unreinigkeiten mitgerissen werden. Fur leichtes Herausnehmen und bequemen Ersatz des Siebes ist Sorge zu tragen. Der Siebtopf wird haufig benutzt zum Anschluß des Ammoniakabsaugerohres vom Öltopf und eines Manometers an die Saugleitung.

Fig. 93. Dieser Siebtopf hat folgende Vorzüge: Beide Anschlüsse in einer Hohe, Moglichkeit der Reinigung ohne Abbau der Leitung, Absetzen des Schmutzes durch seine Schwere Absetzen nicht auf dem Sieb (nur ganz leichte Teile gehen bis zu diesem). Abfallen dieser leichten Teile vom Sieb beim Stillstand der Maschine. Geringe Steiggeschwindigkeit des Gases. Umkehr der Fließrichtung des Gases, was die Schmutzteile nicht mitmachen bei der geringen Steiggeschwindigkeit.

Manometer. Dieselben werden zweckmäßigerweise als Vakuummanometer angefertigt, weil zur Vornahme bestimmter Arbeiten ab und zu Vakuum gesaugt werden muß (z. B. beim Entlüften der Maschine oder beim Öffnen eines Apparates usw.). Außerdem erhalten dieselben neben der Druckskala eine Skala

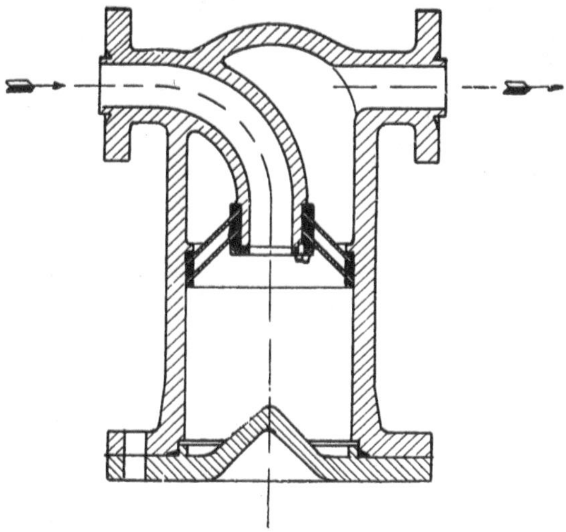

Fig. 93.

der zu den betreffenden Drucken gehörigen Siedetemperaturen des kälteerzeugenden Mittels (Fig. 94 u. 95). (Ausführungen von Schäffer & Budenberg, Magdeburg-Buckau.)

Regelventile. Als solche werden leider noch vielfach kleine Niederschraubventile verwendet, noch dazu von gleichem lichten Durchgangsquerschnitte wie die Flüssigkeitsleitung. Da in dieser die Flüssigkeit mit kleiner Geschwindigkeit fließt, während in der Öffnung des Regulierventils infolge des großen Druckabfalles die Stromgeschwindigkeit sehr groß ist, so darf der Kegel nur sehr wenig vom Sitz abgehoben werden. Der Durchgangsquerschnitt ist ein sehr niedriger Ringraum ($\frac{1}{2}$ mm hoch und niedriger), der sich leicht mit Unreinigkeit versetzt und schwer regulierbar ist.

Niederschraubventil mit Hilfszapfen (Fig 96). Die Ausführung des Zapfens als Kegel nützt nicht viel, er wirkt

Fig. 94.
Verdampfungsdruckmesser.

Fig. 95.
Verflüssigungsdruckmesser.

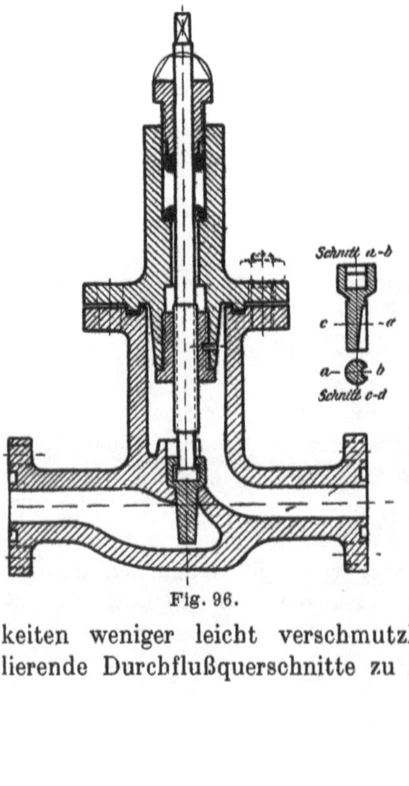

Fig. 96.

besser, wenn er als Zylinder mit nach unten sich erweiternder Auskehlung ausgebildet wird.

Regelventil für Kohlensäure (Fig. 97). Dasselbe trägt zugleich ein Absperrventil, ferner einen Fuß zum Anschrauben an die Wandtafel, einen Stutzen mit Ventil zum Anschluß der Kohlensäureflasche.

A. Freundlich, Düsseldorf, gibt der Spindel ein Rechts- und ein Linksgewinde, jedoch mit verschiedener Steigung, so daß eine große Verdrehung der Spindel nur einen kleinen Hub derselben gibt.

Regelventil mit mehreren Drosseldüsen. Um größere, durch Unreinigkeiten weniger leicht verschmutzbare und leichter zu regulierende Durchflußquerschnitte zu bekommen, empfiehlt es sich (besonders für sehr kleine Kälteleistungen), das Druckgefälle in mehrere Stufen zu teilen. Zwischen jede Stufe wird ein Ausdehnungsraum eingeschaltet. Nach der ersten oder zweiten Düse

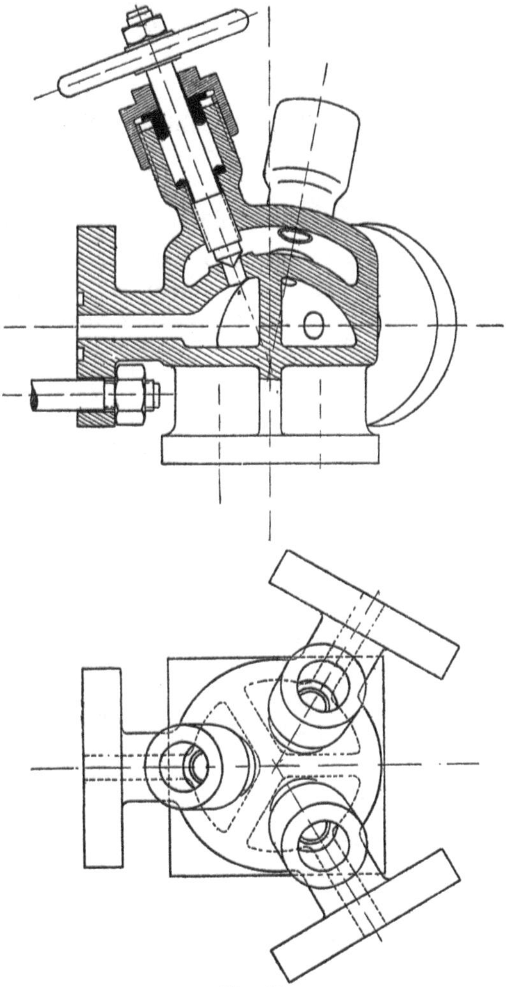

Fig. 97.

hat man schon ein Gemisch von Flüssigkeit und Dampf, also großes spez. Volumen. Wenn man die Stufenzahl genügend groß nimmt, erhält man also große Düsenquerschnitte. Die Düsen bewirken den ersten (Haupt-) Teil der Druckverminderung. Ein nachgeschaltetes Regelventil, das nun für große Volumen zu berechnen ist, besorgt den Rest der Abdrosselung und die Anpassung an schwankende Drücke, schwankende Flüssigkeits-Unterkühlung und verschiedene Kälteleistung (siehe S. 86 u. ff.).

Statt der Düsen können Labyrinthgänge als Widerstand eingeschaltet werden (Gesellschaft für Lindes Eismaschinen); ein weiteres Patent dieser Gesellschaft sieht den Ersatz der Labyrinthgänge durch Glaskugelfüllung vor.

23. Die Ölabscheide-Apparate der Ammoniakmaschinen.

Ölabscheider der Gesellschaft für Lindes Eismaschinen (Fig. 98). Die Ölascheidung geschieht in dem weiten Gefäß infolge kleiner Fließgeschwindigkeit des Ammoniakdampfes. Das unten sich sammelnde Öl wird zum Öltopf geleitet; um den Übertritt größerer Mengen von Ammoniak in den Öltopf zu vermeiden, ist ein Hahn mit ständig in Drehung befindlichem Küken eingeschaltet; das letztere ist nicht ganz durchbohrt. Bei jeder Kükendrehung wird nur das Volumen der Kükenbohrung aufgenommen und zum Öltopf geleitet. Außerdem ist ein Absperrhahn dem rotierenden Hahn vorgeschaltet, um den rotierenden Hahn ohne Betriebsunterbrechung ausbessern zu können. Der Ablaßhahn wird nur zum Zweck der Reinigung (alle 2 bis 3 Jahre)

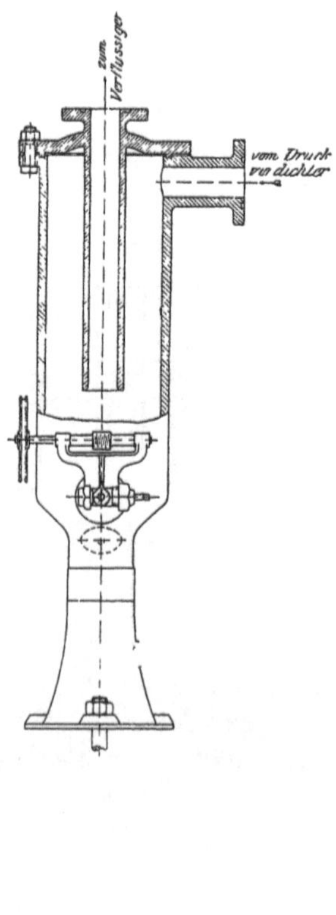

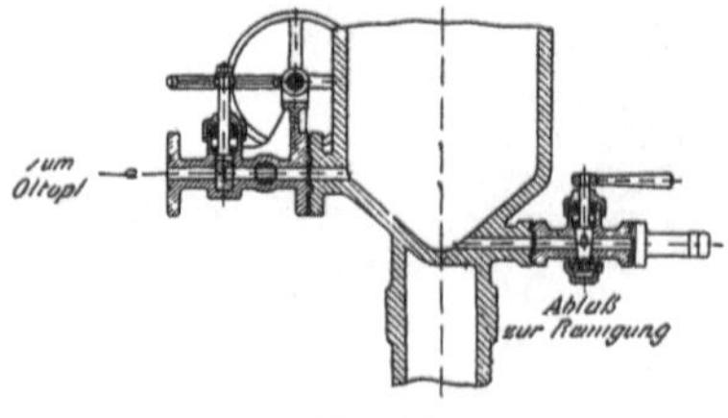

Fig. 98.

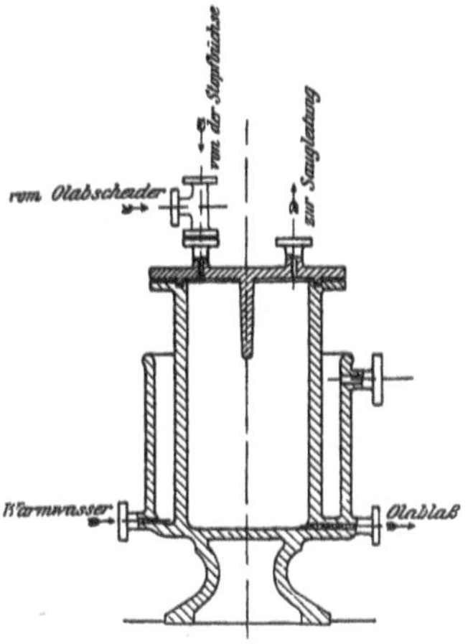

Fig. 99.

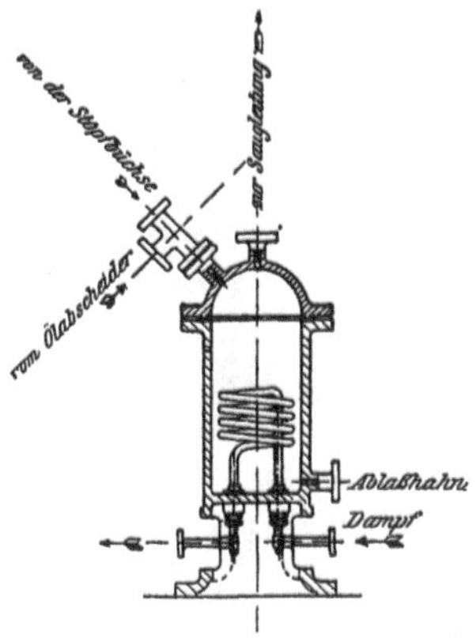

Fig. 100.

benutzt. Der Öltopf Fig. 99 u. 100 ist mit der Saugleitung verbunden und mit Anwärmevorrichtung versehen. Das durch Druckerniedrigung und Anwärmen aus dem Öl ausgetriebene Ammoniak wird vom Druckverdichter angesaugt. Das von Ammoniak befreite Öl wird unten von Zeit zu Zeit abgelassen und gewogen. Das täglich an der Maschine verbrauchte und das dem Öltopf entnommene Öl muß ungefähr von gleicher Menge sein; ist dies nicht der Fall, so ist zu vermuten, daß die Ölabscheidung nicht richtig arbeitet. Die Anwärmevorrichtung kann entweder ein Warmwassermantel, Fig. 99, oder eine Schlange für Warmwasser oder Dampf, Fig. 100, sein

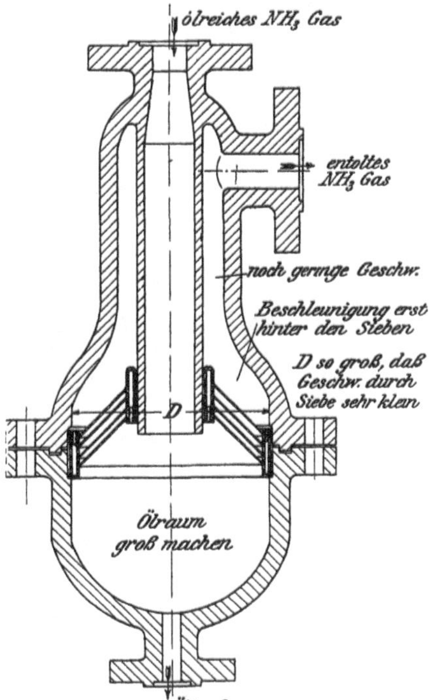

Fig. 101.

Ölabscheider der Maschinenbau-Anstalt Humboldt, Kalk-Koln (Fig. 101 u. 102). Die Ölabscheidung wird ebenfalls

Fig. 102.

durch Verminderung der Fließgeschwindigkeit bewirkt und durch kegelformige Siebe unterstutzt. Fig. 102 zeigt links oben den

Ölabscheider in Ansicht. Der untere, rechte Apparat ist der Öltopf, in welchem sich eine mit Dampf geheizte Schlange befindet.

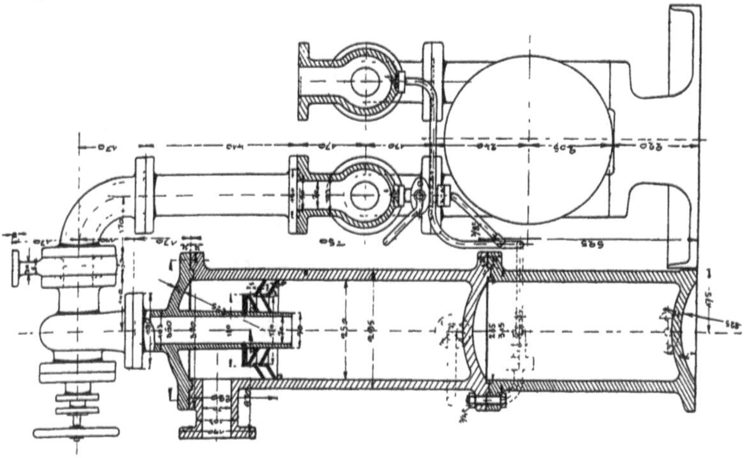

Fig. 103.

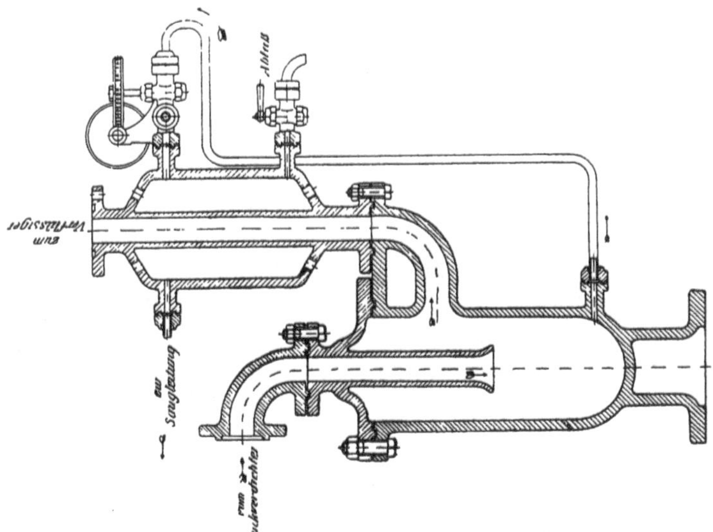

Fig. 104.

Vorne befindet sich ein Ölstandszeiger, der durch zwei Hahne abstellbar ist. Durch den unteren, linken Apparat strömt das vom Verflüssiger kommende flüssige Ammoniak, das etwa noch in der Flüssigkeit befindliche Öl setzt sich ab und zu Boden. Durch

Anheben der Gewichte werden die Hähne des Flüssigkeitsstandzeigers geöffnet. In der Glasröhre steigt dann das Öl hoch. Durch Öffnen des Absperrventils in der Leitung, welche vom linken zum rechten Apparat führt, wird das Öl zum Öltopf geleitet, solange bis beim Öffnen der Hähne des Flüssigkeitsstandzeigers des linken Apparates im Glasrohr sich nicht mehr Öl, sondern wasserhelles, flüssiges Ammoniak zeigt.

Das Öl im linken Apparat soll nie so hoch steigen, daß es in das Steigrohr für das flüssige Ammoniak eintreten kann.

Richtiger als bei Fig. 98 ist die Gasführung bei Fig. 101 wie auch in Fig. 103, 104 u. 100.

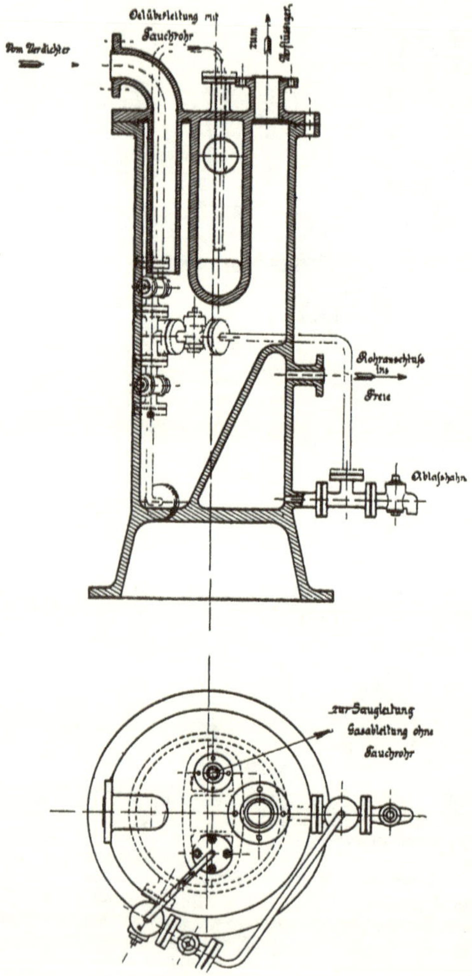

Fig. 105.

Ölabscheider mit Ammoniakaustreibung durch die Gaswärme (Fig. 104 nach der Ausführung der Halleschen Maschinenfabrik). Der Ölabscheider und rotierende Hahn wirken wie bei Fig. 98. Der Öltopf hat jedoch ein Durchgangsrohr für das entölte, aber noch warme Ammoniak, dessen Wärme zum Austreiben des Ammoniaks aus dem unter Saugdruck gehaltenen Öl benutzt wird.

In ähnlicher Weise wirkt der Abscheider nach Fig. 105. Der Ammoniakaustreiber hangt am Deckel. Im Fuß ist ein drittes Gefaß untergebracht, in welchem das unter atmospharischem Außendruck befindliche Öl den Rest von NH_3 abgibt, den es im Austreiber noch behalten hatte. Dieser Rest geht ins Freie statt, wie gewöhnlich, in den Maschinenraum (z. B. bei Schiffen wichtig).

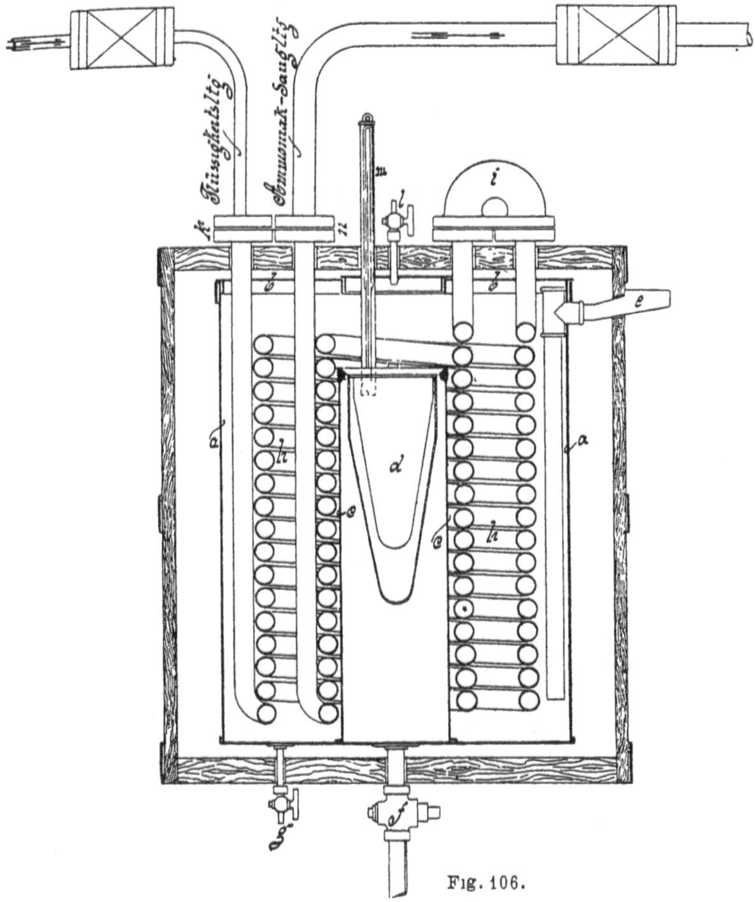

Fig. 106.

Behandlung und Wiederverwendung des Öles. Sowohl das frische Öl als auch das aus dem Ölabtropfgefäß der Stopfbuchse entnommene Öl muß vom Wasser befreit werden. Die Stopfbuchse beschlägt sich manchmal mit Wasser oder Schnee, das sich mit dem abtropfenden Öl vermischen kann.

Reinigungsapparat von B. Weiser in Basel (Fig. 106). Derselbe enthält eine Kühlschlange *h*, durch welche das Öl stark unter 0 Grad abgekühlt wird. Die Harzbestandteile und das Wasser erstarren und werden ausgesiebt. *ae* Ölgefäß, *d* Sieb und Filter, *g* Entleerungshahn, *f* Ablaß des reinen Öles, *l* Entlüftungshahn, *m* Thermometer.

Kapitel IV.

Antrieb der Druckverdichter.

24. Antriebsarten.

Antrieb durch Riemen oder Seiltrieb von einer Transmission aus. Bei Bemessung der Riemen, Seile, der Ausrückkupplung usw. ist zu berücksichtigen, daß beim Inbetriebsetzen des Verdichters die große Schwungradmasse zu beschleunigen ist; die Beschleunigungsarbeit ergibt starke abnormale Beanspruchung des Antriebes. Häufig werden die aus dem Ungleichförmigkeitsgrad folgenden Beschleunigungs- und Verzögerungskräfte des Schwungrades nicht genügend berücksichtigt. Dann werden oft die Riemen überlastet, strecken sich zu stark, kommen ins Rutschen und fallen ab. Los und Leerscheibe auf der Verdichterwelle verwendet man nur bei kleinen Maschinen, bei großeren Maschinen und bei Seiltrieb Kupplungen auf der Transmissionswelle. Langsam einrückende Kupplungen (Gleitkupplungen) sind vorzuziehen. Vorteil dieser Antriebsart: Die Umlaufzahl der Antriebsmaschine kann beliebig sein, daher ist die Anwendung kleiner rasch laufender Antriebsmaschinen mit gutem Wirkungsgrad moglich. Nachteil: Es ist eine Transmission nötig, in dieser gibt es Verluste. Man erzielt keine Platzersparnis, weil die Anordnung wieder wegnimmt, was durch Anwendung kleiner Antriebsmaschinen an Platz gespart wird.

Unmittelbare Kupplung mit der Dampfmaschine[1]) (Fig. 107): Eine Einzylinder-Dampfmaschine treibt einen einfachen Verdichter. Fig. 108: Eine Zweizylinderdampfma-

[1]) Bestimmung des Kurbelwinkels siehe Heinel, »Bau und Betrieb von Kaltemaschinenanlagen«, S. 97.

schine (Reihenanordnung) treibt einen Doppelverdichter. Beide Male wird außerdem Arbeit durch Seile an eine Transmission abgegeben.

Fig. 107.

Fig. 109: Eine zweistufige Dampfmaschine (Zylinder nebeneinander) treibt an verlängerten Kolbenstangen zwei Verdichter. Nachteil der letzteren Anordnung: lange Verdichterzylinder, hohe

Ventildurchgangsgeschwindigkeit, wenn die Hubzahl normal gewählt wird; also ist die Hubzahl beschränkt. Dieser Nachteil kann bis zu einem gewissen Grade bei überhitztem Arbeiten durch Zulassung großen schädlichen Raumes ausgeglichen werden, der die Anbringung großer Ventile ermöglicht siehe Fig. 34). Vorteil der Anordnung: Platzersparnis.

Fig. 110: Eine stehende, zweistufige Dampfmaschine treibt zwei liegende Verdichter (amerikanische Ausfuhrung). Diese Ausführung ergibt höchste Platzersparnis, erfordert aber ein sehr schweres Schwungrad.

Fig. 108.

Moglichst hohe Umlaufzahl ist bei der unmittelbaren Kupplung auch deshalb anzustreben, weil langsam umlaufende Dampfmaschinen einen größeren spez. Dampfverbrauch haben.

Antrieb durch Gaskraftmaschinen. Bei direkter Kupplung muß fur unbelastetes Anfahren des Verdichters Sorge getragen werden (Anheben der Saugventile durch Spindeln). In der Regel wird ein Vorgelege eingeschaltet, weil die zulassig hochste Umlaufzahl des Verdichters meist kleiner ist als die kleinste zulässige Umlaufzahl der Gaskraftmaschine. Wenn das Anfahren durch am Schwungradkranz wirkende Hilfsmotoren geschieht, so können und sollten diese so stark sein, daß sie die Verdichtung der Luft im Gaszylinder und des Kältemittels im Kältezylinder überwinden können bei der zum Anfahren nötigen Umlaufgeschwindigkeit.

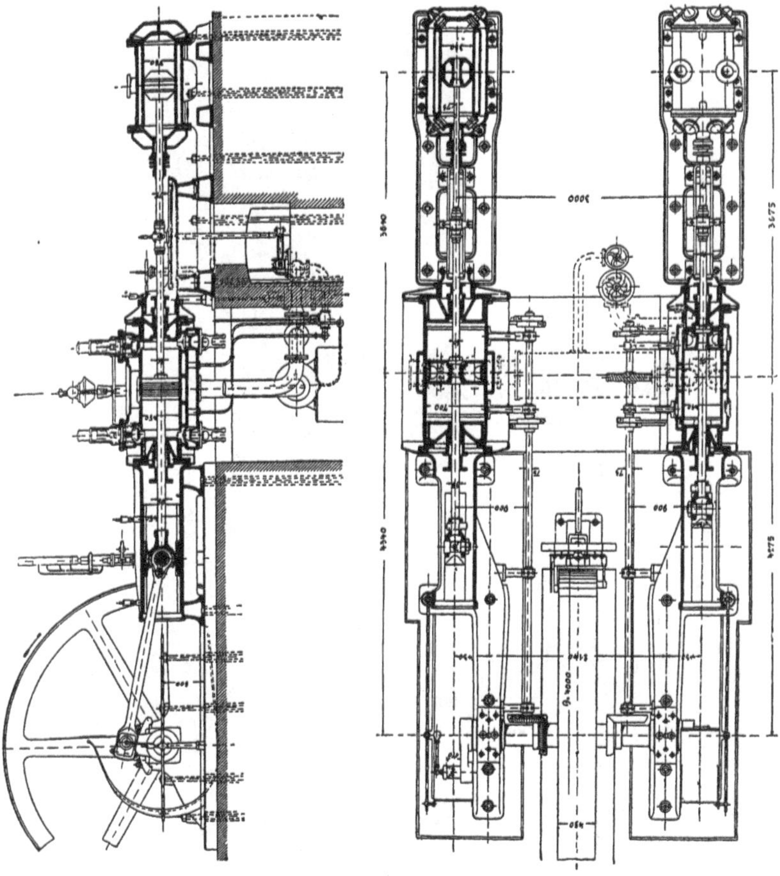

Fig. 109.

In Betracht kommen bei kleineren Anlagen Gasmaschinen, bei größeren Sauggasanlagen und Dieselmotoren.

Antrieb durch Elektromotoren (Fig. 111). Einfacher Riemenantrieb vom Motor zum Verdichter. Die höchste Übersetzung ist bei sehr reichlichem Achsabstand etwa ein Siebentel, hierin liegt die Begrenzung der Anwendungsmöglichkeit; der Motor muß sich auf einem Spannschlitten befinden. Empfehlenswert ist bei größerer Übersetzung ein Riemenspanner.

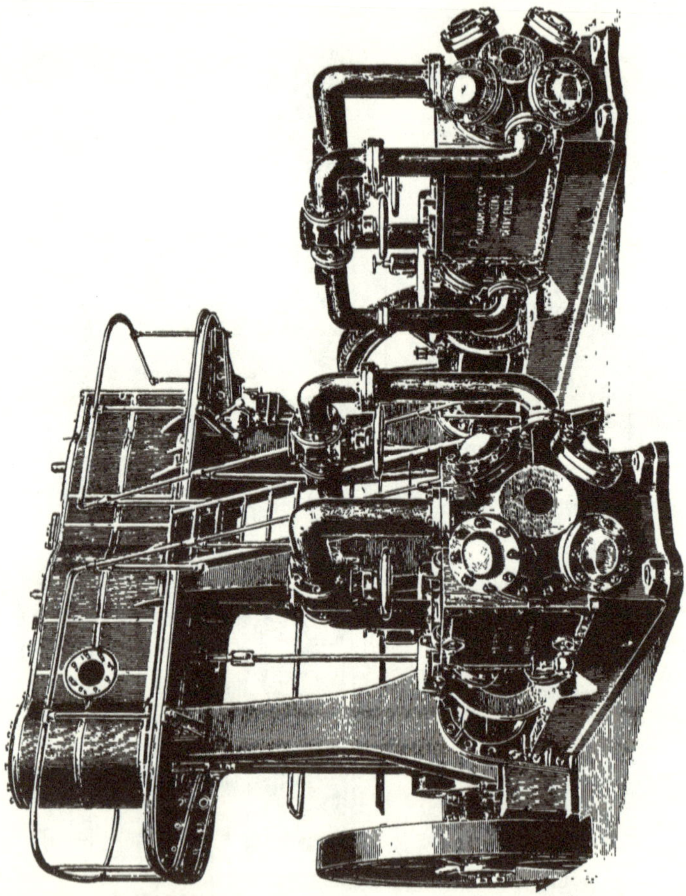

Fig. 110.

Fig. 112, schnell laufender Ammoniakverdichter, Maschinenfabrik Eßlingen.

Fig. 113: Antrieb unter Zwischenschaltung eines Vorgeleges (in der Figur im Kellergeschoß) gestattet die Anwendung rasch laufender leichter Elektromotoren von hoher Spannung. Nachteil: Verluste im Vorgelege.

Unmittelbarer Antrieb durch Elektromotor wird heute meist uur bei kleinen Verdichtern angewandt (Fig. 157 S. 189) oder allenfalls in Verbindung mit schweren langsamlaufenden Drehstrommotoren bei Platzmangel. Indes gestattet die Anwendung von Spannrollen auch bei Platzmangel sehr gedrängte Aufstellung und die Verwendung eines raschlaufenden Motors mit Riementriebübersetzung bis 1:5.

Fig. 111.

Wahl der Antriebsmaschine. Maßgebend sind folgende Gesichtspunkte:

Platzbedarf und Baugrundpreise,

Abschreibungs- und Verzinsungskosten fur Maschinen und Gebäude (auch Baugrundverzinsung),

Kohlen- und Stromkosten, Wasserkosten (besonders auch für die Wasserdampfverflüssigung),

Ausnutzung der Gesamtanlage (z. B. Ausnutzung der städt. elektrischen Kraftwerke, sofern die Betriebskraft derselben billig ist, z. B. durch Ausnutzung billiger Wasserkrafte),

Arbeitsbedarf fur anderweitige Zwecke[1]),

[1]) Siehe Zeitschr. f. d. ges. Kalte-Industrie 1908, September.

Fig. 113.

Dampfbedarf für anderweitige Zwecke (Heizdampf, Warmwasser)[1]).

Allgemein gültige Regeln können nicht aufgestellt werden. Die Wirtschaftlichkeit der Gesamtanlage ist unter Zugrundelegung einer den Verhältnissen entsprechenden Zahl von Jahren, soweit möglich, für jeden Fall zu untersuchen.

Zu diesem Zwecke wird der tägliche Arbeits- und Dampfbedarf getrennt nach der Tageszeit in den verschiedenen Monaten des Jahres am besten in einem Dreiachsenschaubild aufgetragen, und diese Aufzeichnung auf einige Jahre der Voraussicht nach ausgedehnt. Das Zusammenfallen oder Nichtzusammenfallen von Arbeits- und Dampfbedarf sowie von billiger Überschuß-Arbeit oder Abdampf aus einem benachbarten oder eigenen Betriebe ergibt dann die Hinweise für die weiteren wirtschaftlichen Untersuchungen.

Kapitel V.

Die Apparate zur Abgabe und Aufnahme der Wärme.

25. Die Wirkung der Verflüssiger.

Die im Verdampfer aufgenommene und durch das Äquivalent der Verdichterarbeit vermehrte Wärme wird im Verflüssiger an Wasser abgegeben, welches durch diesen Vorgang sich erwärmt oder auch infolge dieser Wärmezufuhr bei gleichbleibender Temperatur verdunstet. Nicht selten finden sich diese beiden Arten der Wärmeabgabe vereinigt vor, so daß nur ein Teil des Kühlwassers eine hohere Temperatur annimmt, während der Rest verdampft, oder auch in der Weise, daß das vorher erwärmte Wasser durch nachträgliche teilweise Verdunstung wieder auf seine ursprüngliche Temperatur zurückgeführt wird. Unter allen Umständen darf das Wasser mit dem Kälteträger nicht in direkte Beruhrung gelangen; Einspritzverflüssiger, wie bei Dampfmaschinen, sind hier ausgeschlossen und nur sog. Oberflachenverflüssiger zulässig.

---

[1]) Siehe Eis und Kalte 1911, S. 144.

Der vom Verdichter kommende Dampf tritt im allgemeinen im überhitzten Zustande in den Verflüssiger, wird dort zunächst auf seine Sättigungstemperatur abgekühlt, bei dieser verflüssigt und die Flüssigkeit schließlich infolge der Einwirkung des kalten Wassers auf eine noch etwas niedere Temperatur (wenn möglich bis nahe auf die Zuflußtemperatur des Wassers selbst) herabgekuhlt. Somit vollziehen sich im Verflüssiger drei voneinander verschiedene Wärmeubergänge, allerdings bei nahezu gleichbleibendem Druck im Innern, von denen unter normalen Verhältnissen auf den Verflüssigungsprozeß der höchste Betrag entfällt. Ziehen wir zunächst diesen allein in Rechnung, so ist klar, daß, wenn durch die Wärmeabgabe das Kühlwasser ohne Verdunstung sich nur erwärmt, dessen Abflußtemperatur höchstens gleich der Verflüssigungstemperatur des Kälteträgers sein kann. Bei zweckmäßiger Anordnung werden in der Tat diese beiden Temperaturen nahezu ubereinstimmen. Sie werden uberdies gemeinsam um so höher ansteigen, je höher die Zuflußtemperatur des Kühlwassers und je geringer die Menge desselben im Verhältnis zur Kälteleistung der Maschine ist. Um uber diese, für den Betrieb wichtigen Einflusse eine Übersicht zu ermöglichen, ist die nachstehende Tafel XI fur eine stundliche Kalteleistung von 100000 Cal. bei — 10⁰ Verdampfertemperatur berechnet[1]) worden, deren abgerundete Werte die Änderung der Abflußtemperatur mit der Zuflußtemperatur und der Kuhlwassermenge verdeutlicht.

Ein Ansteigen der Verflussigungstemperatur hat nun bekanntlich eine Druckerhöhung und damit eine Vergrößerung der Betriebsarbeit zur Folge, deren Ermittelung mit Hilfe der Dampftafeln fur die einzelnen Kälteträger moglich ist[2]). Ihre Berechnung ruckwarts durch Abzug der Kälteleistung von der aus Tafel XI ermittelten Verflussigerleistung sollte vermieden werden, da die letztere nur als mittlerer Überschlagswert zu betrachten ist. Dagegen erlaubt die nachstehende Tafel von vornherein eine bequeme Beurteilung der Zweckmaßigkeit einer etwaigen

[1]) Berechnungsverfahren siehe Zeitschr. f. d. ges. Kalte-Industrie 1897, S 186ff. Die Werte der Tafel XI sind als Annaherungszahlen aufzufassen.

[2]) Siehe Heinel, »Bau und Betrieb von Kaltemaschinenanlagen«, S 52ff.

Unterkühlung vor dem Regulierventil, welche immer dann angebracht ist, wenn der Unterschied der Zu- und Abflußtemperaturen des Kühlwassers bei Schwefligsäure- und Ammoniakmaschinen größer als 10°, bei Kohlensäuremaschinen größer als 5° ausfällt. Außerdem aber erkennt man ohne weiteres, ob die Aufnahme der Verflüssigerwärme durch Temperaturerhöhung des Wassers nicht auf zu hohe Temperaturen führt, in welchem Falle man unbedingt eine wenigstens teilweise Verdunstung zu Hilfe nehmen sollte. Die bei einfacher Temperatursteigerung noch zulässigen Abflußtemperaturen sind in der Tafel durch kräftigen Druck hervorgehoben.

Tafel XI (Abflußtemperaturen).

Zufluß-temperatur °C	Stundliche Wassermenge in Kubikmetern				
	5	10	15	20	25
5	28	**17**	**12**	**11**	**10**
10	34	**22**	**18**	**16**	**15**
15	39	26	**22**	**21**	**20**
20	44	32	28	**26**	**25**
25	50	38	34	32	30

Einfacher gestaltet sich die Ermittelung des theoretischen Wasserbedarfes bei Anwendung eines Verflüssigers mit Kühlung durch reine Verdunstung, da jedes Kilogramm Wasser rund 600 WE bindet. Die Verflussigungstemperatur des Kälteträgers wird hierbei stets um einige Grade den Taupunkt der Luft übersteigen, auf welchen das Kühlwasser, bevor es verdunstet, sich an den Verflüssigerrohren erst erwärmen muß, wenn seine Temperatur nicht ohnehin schon hoher lag. Außerdem wird die Verdunstung nur dann eintreten, wenn die Luft noch nicht mit Wasserdampf gesattigt war[1]). In diesem Falle geht sie erst dann vor sich, wenn das Wasser an den Rohren eine höhere Temperatur als diejenige der Luft angenommen hat, wovon man ubrigens durch Be-

[1]) Das treibende Moment fur die Verdunstung ist die Differenz der Spannungen des Wasserdampfes an der Wasseroberflache und in der Luft; ist diese Differenz negativ, so findet umgekehrt ein Niederschlag und damit eine Warmezufuhr an der Wasseroberflache statt.

nutzung des kalten Kühlwassers zur Unterkühlung des im Verflüssiger niedergeschlagenen Kälteträgers Nutzen ziehen kann. Jedenfalls erkennt man, daß die Funktion eines Verdunstungsverflüssigers in hohem Grade von der Witterung abhängig ist. daß er bei trockener Luft günstig, bei feuchter dagegen nur mühsam arbeiten wird, wenn auch der Wasserverbrauch immer gegenüber der bloßen Wasserkühlung ein sehr kleiner bleibt.

Eine große Rolle spielt naturgemäß auch die Aufnahmefähigkeit der Luft, weil hierdurch die dem Verflussiger stündlich zur Verfügung zu stellende Luftmenge bestimmt wird. In vollständig gesättigtem Zustande enthält jedes Kubikmeter eine Dampfmenge, welche für einzelne Temperaturen durch die nachstehende Tafel XII in Grammen gegeben ist.

Tafel XII (Dampfgehalt der gesättigten Luft).

Temperatur °C	Dampfgehalt g in 1 cbm	Temperatur °C	Dampfgehalt g in 1 cbm	Temperatur °C	Dampfgehalt g in 1 cbm
0	4,87	+11	9,96	+21	18,16
+1	5,21	12	10,60	22	19,24
2	5,57	13	11,56	23	20,38
3	5,95	14	11,98	24	21,57
4	6,36	15	12,74	25	22,82
5	6,79	16	13,53	26	24,13
6	7,25	17	14,36	27	25,50
7	7,73	18	15,24	28	26,95
8	8,24	19	16.15	29	28,47
9	8,73	20	17,15	30	29,90
10	9,36			35	39,51

Der absolute Dampfgehalt der Luft schwankt nun zwischen 60 und 95% dieser Werte, so daß die Luft noch Wasserdampf durch Verdunstung aufzunehmen vermag. Diese Aufnahmefähigkeit ergibt sich fur einzelne Temperaturen und Feuchtigkeitsgehalte aus der vorigen Tafel in Grammen folgendermaßen:

Aus dieser Tafel XIII folgt z. B., daß 1 cbm Luft mit einem durch das Hygrometer festgestellten Feuchtigkeitsgehalte von 70% bei + 20° C 5,2 g Wasser aufzunehmen vermag, wodurch rd. 3,12 Cal. gebunden werden. Fur eine Kuhlanlage von

100000 Cal. stündlicher Kälteleistung wird unter diesen Verhältnissen die Verflüssigerleistung ca. 126000 Cal. betragen, zu deren Abführung eine Verdunstung von rd. 210 kg Wasser erforderlich sind, welche ihrerseits unter den genannten Verhältnissen eine stündliche Luftmenge von mindestens 40000 cbm erfordern. Da man indessen auf eine vollständige Sättigung der Luft durch den Verdunstungsvorgang nicht rechnen kann, so ist der Luftbedarf auf das 1½ fache ungefähr zu veranschlagen.

Tafel XIII (Aufnahmefähigkeit ungesättigter Luft).

Luft-temperatur °C	Feuchtigkeitsgehalt der Luft			
	60%	70%	80%	90%
10	3,74 g	2,81 g	1,87 g	0,94 g
15	5,10 »	3,82 »	2,55 »	1,27 »
20	6,94 »	5,20 »	3,47 »	1,73 »
25	9,13 »	6,85 »	4,56 »	2,28 »
30	11,96 »	8,97 »	5,98 »	2,99 »
35	15,80 »	11,85 »	7,90 »	3,91 »

Ganz dasselbe gilt naturgemäß von der nachträglich durch teilweise Verdunstung erzielten Abkuhlung des gebrauchten Kuhlwassers, der sog. Rückkühlung; einigermaßen gemildert wird der Einfluß warmer und feuchter Witterung auf den Verdunstungsvorgang in der Praxis durch Vereinigung dieser mit der oben erwähnten reinen Wasserkühlung, indem man z. B. für 100000 Cal. stündlicher Kälteleistung statt der theoretisch erforderlichen Verdunstungsmenge von 200 bis 250 kg den 4- bis 6fachen Betrag an Kühlwasser, wenn irgend möglich, zuführt.

Nach den vorstehenden Erörterungen bietet es keine Schwierigkeit, sich fur die Methode der Verflussigung zu entscheiden, wenn die meteorologischen Verhältnisse des Aufstellungsortes der Kuhlanlage bekannt sind. Um hierfur einen Anhalt zu bieten, sind die wichtigsten Angaben (Monatsmittel) fur Frankfurt a. M. in der Tafel XIV zusammengestellt, aus der man erkennt, daß die Kuhlung des Verflüssigers in den Monaten Februar, Marz, Oktober und November am besten mit Flußwasser, welches uberdies in fast unbegrenzter Menge zur Verfugung steht, von April bis September dagegen mit Grundwasser bewirkt werden kann. Da der Taupunkt gerade in den heißesten Monaten über der Grundwassertemperatur liegt, so erscheint die Verdunstungskühlung lediglich als Notbehelf bei ungenügender Grundwassermenge. In der Tat zeigen denn auch Verdunstungsverflüssiger mit Berieselung stets höhere Drucke als Tauchverflüssiger, auch bei ubereinstimmenden Wasserzu- und -abflußtemperaturen. Diese Erscheinung ist

Tafel XIV.

Monat	Luft-temperatur °C	Dampf-spannung mm Quecksilber	Taupunkt °C	Temperatur des Grund-wassers °C	Temperatur des Fluß-wassers °C
Januar . . .	0,5	3,9	— 2,3	7,9	2,0
Februar . .	2,0	4,2	— 1,3	7,2	2,6
Marz	5,4	4,6	0	7,5	5,5
April	10,0	5,5	+ 2,5	8,1	10,2
Mai	13,0	7,7	+ 7,4	9,1	13,9
Juni	18,0	9,9	+ 11,2	10,3	18,4
Juli	19,7	11,1	+ 13,0	11,6	20,4
August. . .	19,0	10,6	+ 12,2	12,2	19,9
September.	15,0	9,5	+ 10,5	12,5	16,8
Oktober . .	9,5	7,0	+ 6,0	12,3	10,8
November .	4,3	5,6	+ 2,8	10,9	4,9
Dezember .	0,5	4,4	0,7	9,3	2,4

ubrigens hauptsächlich dadurch begründet, daß der Wärmeubergang von Wasser an die Luft auch bei kräftiger Verdunstung in der Zeiteinheit eine größere Oberfläche erfordert als der entsprechende Übergang zwischen den Kälteträgern in den Verflussigerrohren auf das umgebende Wasser. Diese geringere Übertragungsfähigkeit kann natürlich nur durch ein größeres Temperaturgefälle und folglich auch bei denselben Wassertemperaturen durch hoheren Verflüssigerdruck ausgeglichen werden. Die in der Neuzeit vielfach zu beobachtende Vorliebe fur Verdunstungsverflüssiger mit Berieselung ist demnach vom ökonomischen Standpunkte nicht allgemein gerechtfertigt. Steht allerdings nur Kuhlwasser zur Verfugung, das entweder sehr viel organische Substanzen mit sich fuhrt oder durch Niederschlag von Salzen (z. B. Kalk, Gips usw.) den Wärmedurchgang durch die Rohroberflächen beeinträchtigt, so rechtfertigt dies die Wahl der leicht und ohne Betriebsstörung zu reinigenden Verdunstungsapparate.

26. Bauweise der Verflüssiger mit Tauchschlangen.

Grundlegende Anforderungen: Möglichste Ausnutzung der Austauschoberfläche, gleichmäßiges Arbeiten aller Schlangen, kleiner Raumbedarf, gute Ausnutzung des Gegenstromverfahrens; einfache Herstellung, Betriebssicherheit; die Flanschen der Schlangenanschlüsse müssen außerhalb des Wassers und zugänglich sein.

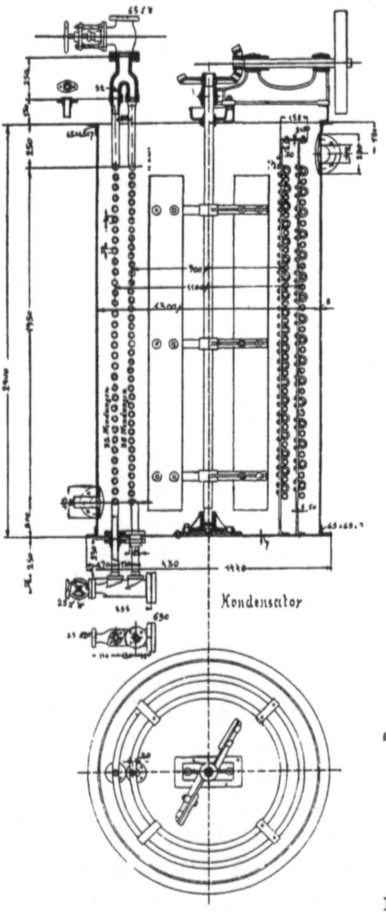

Schlangenmaterial: Für Ammoniak: Schmiedeeisenrohre, patentgeschweißt, von 25 mm l. W. bei kleineren, 30 bis 34 mm l. W. bei größeren Maschinen; die Wandstärke beträgt 4 bis 6 mm.

Für Schwefligsäure: wie vorstehend, oder auch Kupferrohre von etwa 1 ½ mm Wandstärke oder schmiedeeiserne Rohre von 40 mm l. W. und 4 mm Wandstärke.

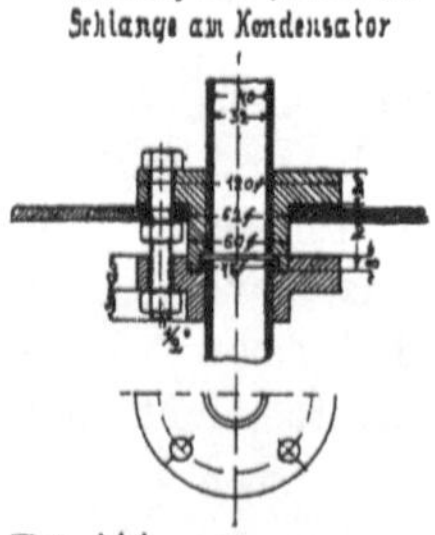

Fig. 114.

Für Kohlensäure: besonders gut geschweißte oder nahtlose schmiedeeiserne Rohre von 26 mm l. W. und 5 mm Wandstärke oder Kupferrohre von 26 bis 30 mm l. W. und 3 mm Wandstärke.

Die Kupferrohre sind bie Kältemaschinen nahtlos. Bezüglich der engsten, möglichen Windungsdurchmesser siehe Zahlenreihen in Fig. 115.

Fig. 114: Senkrechtes, zylindrisches Gefäß mit Wasserzulauf unten, Wasserablauf oben (s. Fig. 117 und Fig. 118). Das Rührwerk wird durch Kegelräder und Riemenscheibe von der Transmission angetrieben. Das Fußlager des Rührwerkes ist gegen Rosten zu schützen, das Senken der Welle muß verhütet werden (Pockholzeinlage oder besser durch Aufhängen der Welle im oberen Lager). Die Umlaufzahl des Rührwerkes beträgt ca. 15 in der Min. Statt der Kegelräder wird besser ein Schneckentrieb verwendet, weil dann die Übersetzung von raschlaufender Transmission aus leichter ist. Der Schlangenanschluß ist oben durch ein Hosenrohr bewerkstelligt, unten sind die Schlangenenden durch den Boden hindurchgeführt. Das Sammelstück ist unterhalb des Bodens. Das Fundament ist entsprechend ausgespart. Am Verteilungsstück wird in der Regel ein kleines T-Stück angeschlossen, an dem zwei Hähne sitzen. Der eine dient zur Entlüftung, der andere zum Anschluß der Manometerleitung. Das Wassergefäß erhält unten einen Wasserablaßhahn.

Fig. 115. Verflüssiger mit sechs Schlangen. Die unteren Schlangenenden gehen durch eine Gußplatte, die zugleich das Rührwerkfußlager trägt. Das Abdichten der Gußplatte und der Rohrdurchführung zeigen Fig. 116. Am Ende des Rohres ist ein Ring lose aufgeschraubt; die Abdichtung des Ammoniaks geschieht durch eine Stopfbüchse mit zwei Gummiringen. Das Sammelstück ist ringförmig und so weit, daß nur ganz geringe Fließgeschwindigkeit in demselben herrscht. Auch hier ist eine Aussparung des Fundamentes behufs Zugänglichkeit der Flanschen nötig. Das Einsteigloch wird mit Riffelblech nach Fig. 115 abgedeckt. Die Windungshöhe der Schlangen ist so gewählt, daß alle Schlangen gleiche Länge haben, also gleichen Fließwiderstand bieten. Andernfalls würden die Schlangen mit größerem Fließwiderstand schlechter arbeiten.

	mm				
⌀ der engsten Schlange	700	600	500	400	300
bei Eisenrohr ⌀ innen	34	25	20	15	-
außen	42	32	26	20	-
bei Kupferrohr ⌀ innen	60	45	35	25	20
außen	65	49	39	28	23

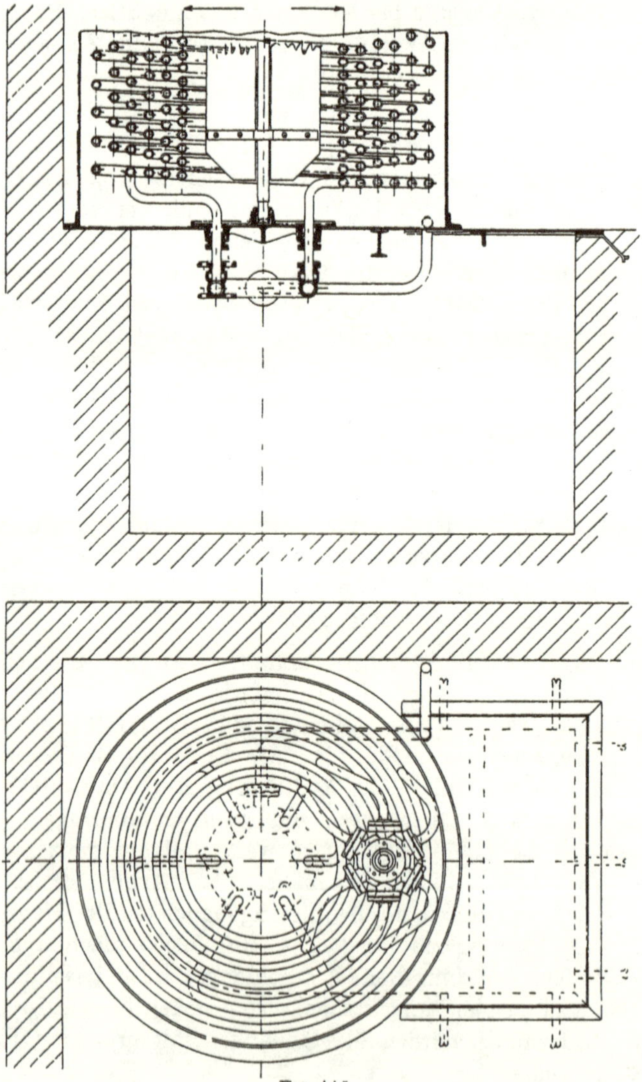

Fig. 115.

Das Rührwerk stört unter Umständen den Gegenstrom und stellt eine Mischtemperatur des Wassers her[1]). Dadurch wird die Unterkühlung des verflüssigten Kältemittels verhindert. Deshalb wird statt des Rührwerkes häufig ein den innersten Raum ausfüllender Zylinder eingesetzt, das Wasser tangential statt radial zugeführt und abgeleitet; der Umlauf des Wassers geschieht so, daß es gleichlaufend mit der Schlangenwindung nach oben steigt. A. Freundlich, Düsseldorf, benutzt ein mit gekrümmten Schaufeln ausgestattetes Zulaufstück (Fig. 117), durch welches das Wasser im Zylinder in Umlauf gehalten wird infolge des tangentialen Einlaufes des frischen Wassers. Außerdem ist in dieser Figur zu beachten, daß das Wasser oben in einen Ring übertritt, damit der Umlauf nicht gestört wird.

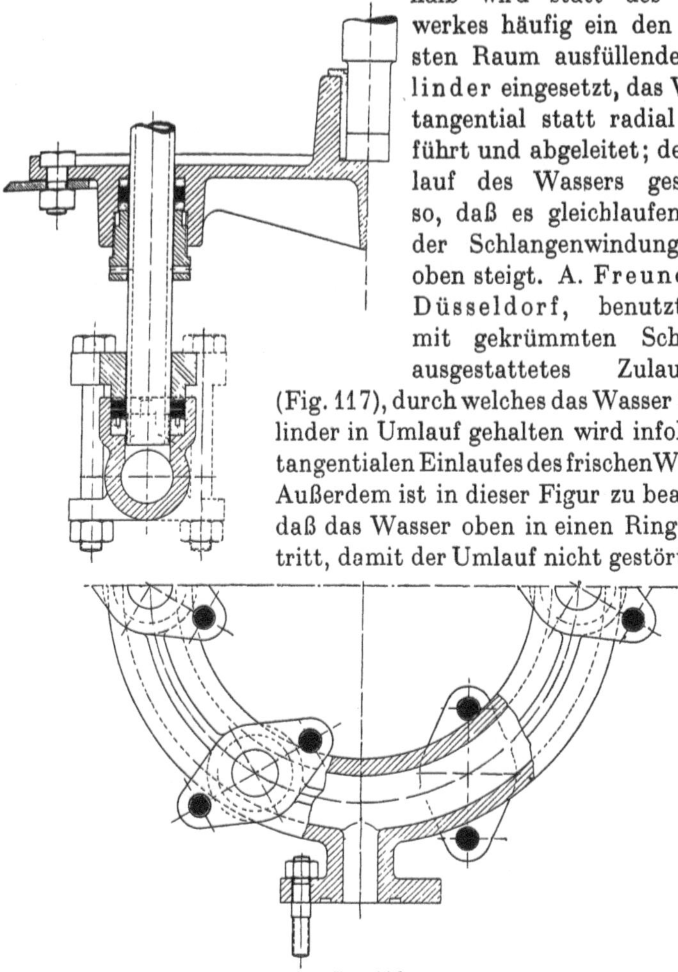

Fig 116.

Der Uberlauf wird haufig so gebildet, daß er mit Hilfe eines Flüssigkeitsstandzeigers und einer geeichten Auslauf-

[1]) Siehe Zeitschr. f. d. ges. Kalte-Industrie 1908, S. 41.

öffnung die ungefähre Wassermenge für die Stunde anzeigt und ein Thermometer enthält. Fig. 118. Aus Wassermenge, Wasserzu- und -ablauftemperatur kann dann jederzeit rasch die ungefähre Leistung des Verflüssigers berechnet werden.

$$Q^{lt}/_{stunde} \cdot (t_{ablauf} - t_{zulauf}) = \text{Leistung}.$$

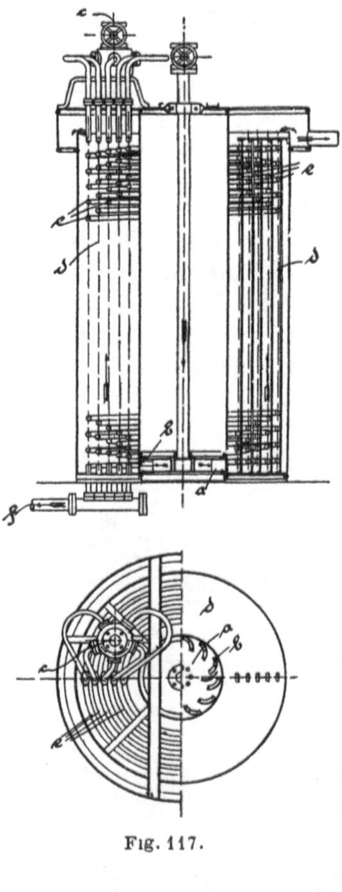

Fig. 117.

Die Verteilungs- und Sammelstücke. Die genau gleichmäßige Verteilung des Kältemittels auf alle Schlangen hängt ab von dem Eintrittswiderstand in die Schlange und dem Austrittswiderstand aus der Schlange. (Fig. 119): Das Kältemittel kommt von der Seite. Bei großer Fließgeschwindigkeit im Verteilungsrohr werden die letzten Schlangen mehr Kältemittel erhalten als die ersten. Muß man seitlichen Eintritt ausführen, so muß das Verteilungsrohr sehr weit sein, jedenfalls viel weiter als das Zuleitungsrohr. Handelt es sich aber um Verteilung flüssigen Kältemittels (beim Verdampfer), so ist die Ausführung nach Fig. 119. unter keinen Umständen zulässig. In Fig. 119 sind weiter gezeigt vier Möglichkeiten des Anschlusses der Rohrenden an das Verteilungsstück. Die Anwendung von Rundflanschen ist meist undurchfuhrbar. Die Ovalflanschen müssen dicker sein als Rundflanschen, damit sie sich nicht durchbiegen. Beim Durchbiegen reißt das Lot zwischen Rohr und Flansch und wird undicht, der Druck auf die Dichtung wird ungleichmäßig. Links: Ein Bund wird auf das Rohr aufgeschraubt und verlotet, ein loser Flansch sitzt hinter dem Bund. Nächste Verbindung: Der aufgeschraubte und verlötete Flansch sitzt flach metallisch auf, die Abdichtung geschieht durch Rundgummi. Dritte Verbindung: Der aufgeschraubte und verlötete Flansch hat zylindrischen Ansatz, Abdichtung durch Rundgummi (sicherste Verbindung). Vierte Ver-

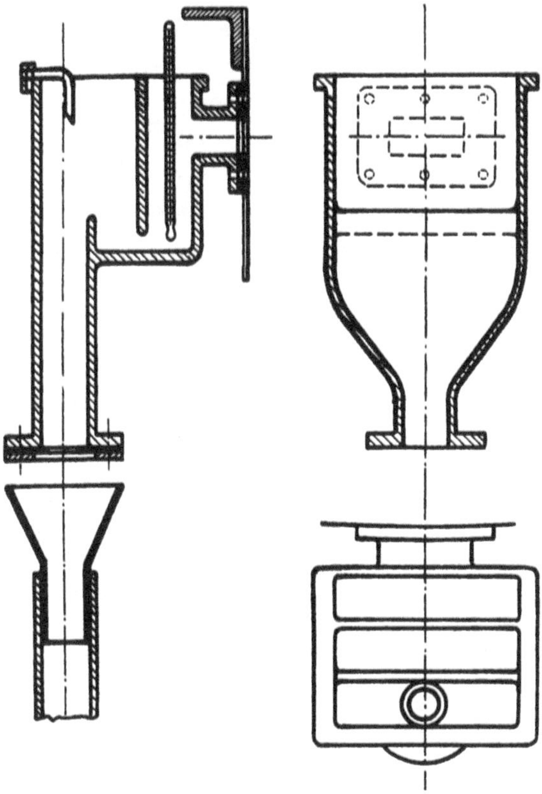

Fig. 118.

bindung: Der aufgeschraubte und verlötete Flansch hat eine Feder, das Gußstück die Nut. Abgedichtet wird durch eine Gummischeibe o. dgl. (meist angewendete Verbindung).

Fig. 120: Zuleitung bzw. Ableitung in der Mitte des Verteilungsrohres. Diese Bauart wirkt etwas besser, zuverlässig aber nur bis zu vier Rohrschlangen; im übrigen gelten die bei voriger Figur gemachten Bemerkungen.

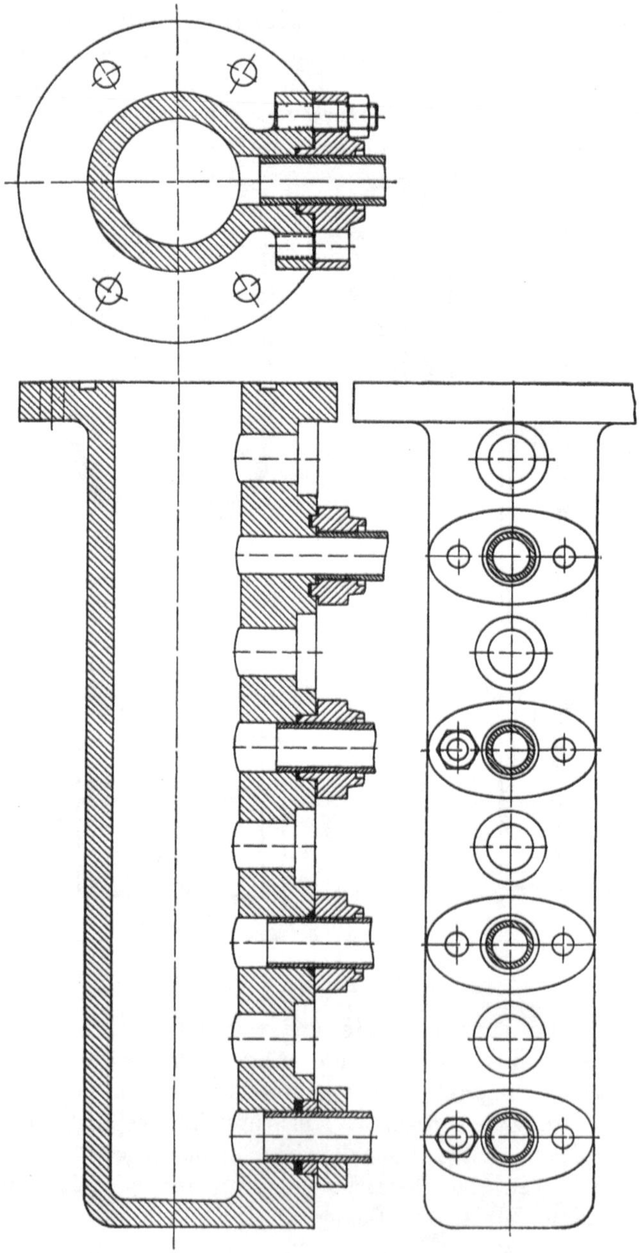

Fig. 119.

Fig. 121. Die Anschlüsse sind kreisförmig in gleichem Abstand vom Mittelpunkt angeordnet, die Zuleitung senkrecht dazu zentral. Die Verteilung ist genau gleichmäßig, wenn die

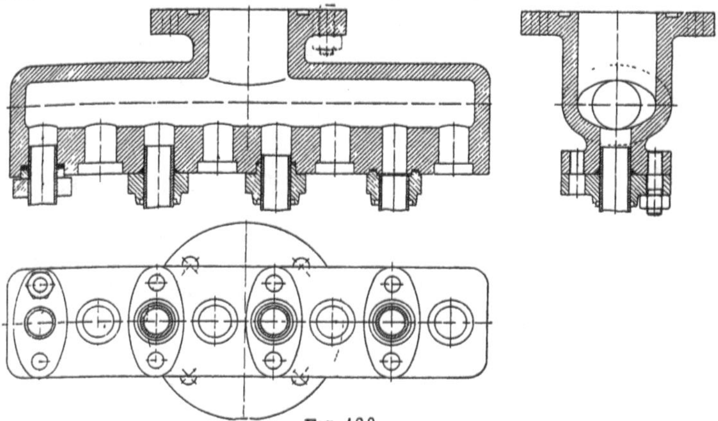

Fig. 120.

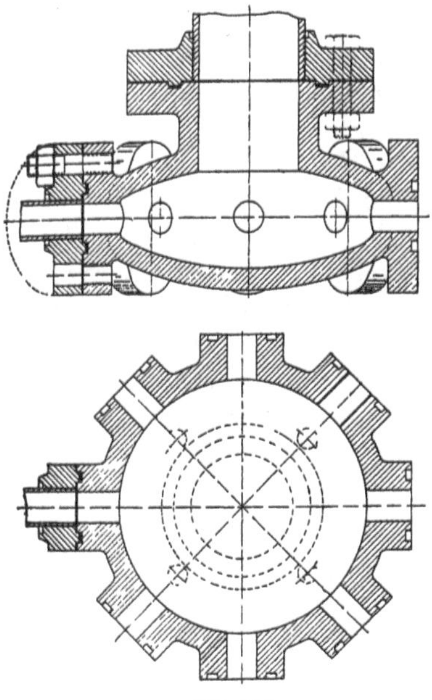

Fig. 121.

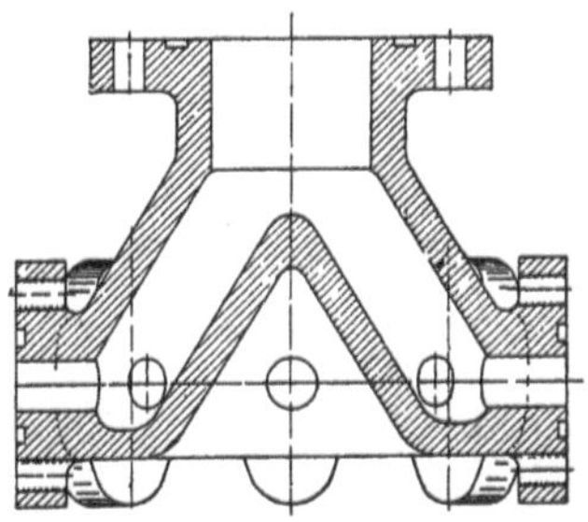

Fig. 122.

Verbindungsrohre zwischen den Schlangenenden und dem Verteilstück gleich lang sind. Während bei Fig. 119 und 120 die Schlangenenden unmittelbar an das Verteilstück angeschraubt werden können, sind bei Fig. 121, genau angepaßte Zwischenrohre nötig (siehe Grundriß in Fig. 117). Ungenaues Anpassen ergibt schlechte Flanschdichtung.

Fig. 122. Zur Unterstützung der Verteilung wurde auch wohl ein Kegel eingegossen. Ist derselbe nicht genau in der Mitte, so stört er die Verteilung, statt sie zu unterstützen.

27. Flüssigkeitsunterkühler.

Die Schlangenzahl ist niedriger als beim Verflüssiger, weil das spezifische Volumen des flüssigen Kältemittels sehr klein ist. Die Fließgeschwindigkeit in der Unterkühlerschlange darf nicht zu klein werden, sonst ist der Wärmeaustausch schlecht. Das zylindrische Wassergefäß ist meist oben und unten durch einen versteiften Deckel dicht verschlossen vermittelst Verschraubung und Dichtung, weil der Unterkühler in der Regel in Verbindung mit einem Berieselungskühler verwendet wird, der höher steht als der Unterkühler. Der Unterkühler soll tiefer stehen als der Verflüssiger, damit die noch nicht unterkühlte Flüssigkeit stets unter dem Druck der Flüssigkeitssäule steht, sonst wirkt der Unterkühler unter Umständen als Verdampfer (s. S. 178). Das Verbindungsrohr zwischen Verflüssiger und Unterkühler muß weit genug sein, sonst wirkt es drosselnd, und es tritt im Unterkühler

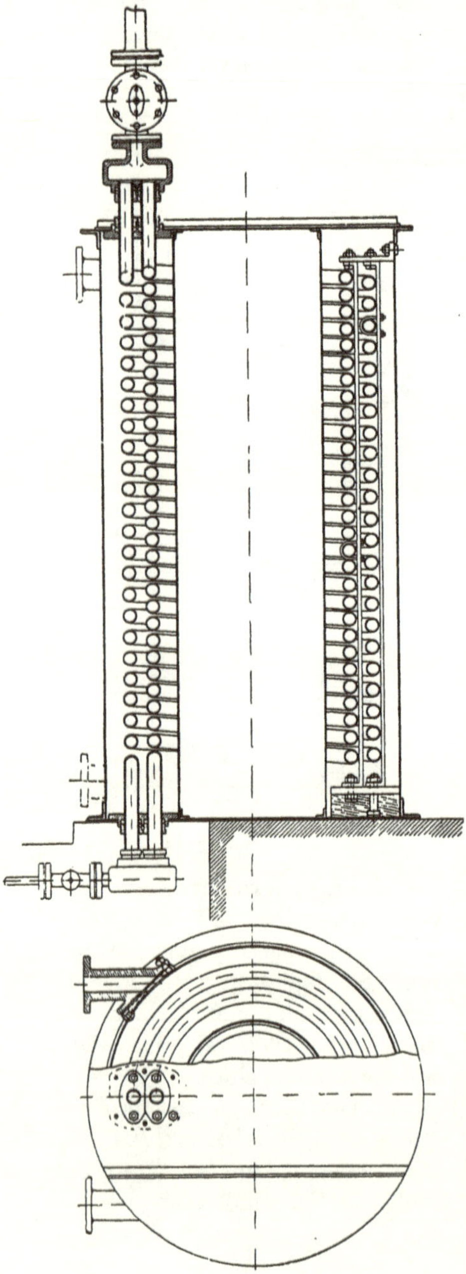

Fig. 123.

eine teilweise Verdampfung ein. Die Wasserführung im Unterkühler wird in der Regel bewirkt durch einen Einsatzzylinder und tangentialen Ein- und Austritt des Wassers (Fig. 123).

28. Bauweise der Doppelröhren-Verflüssiger.

Fig. 128 (Maschinenfabrik Sürth). Das im äußeren Rohre fließende Ammoniak wird von außen durch die Luft, von innen durch das im Innenrohr im Gegenstrom fließende Kühlwasser gekühlt. Die Ammoniakrohre sind durch autogene Schweißung vollständig gegen außen abgeschlossen, die Innenrohre lassen sich nach Abnahme der Doppelkrümmer leicht reinigen. Die großen Fließgeschwindigkeiten ergeben einen guten Wärmeaustausch. Diese Bauart ergibt sehr gute Flüssigkeitsunterkühlung.

Fig 124.

29. Bauweise der Berieselungsverflüssiger.

Das Kältemittel tritt oben ein und läuft unten ab. Da das Rieselwasser von oben nach unten fällt, so haben wir hier das Gleichstromverfahren, also einen Nachteil gegenüber dem Tauchverflüssiger. Da aber die Erwärmung des Wassers selbst beim Gegenstrom nicht groß wäre (infolge der teilweisen Verdunstung), so ist die Durchführung des Gegenstromes hier weniger wichtig. (S. übrigens S. 143.)

Mindestwasserbedarf zur vollständigen Benetzung der Schlangen: Jedes lfd. m des obersten Rohres erfordert ca. 0,15 l pro Sek. bei sehr gleichmäßiger Verteilung und geringem Abspritzen. Reicht das Frischwasser hierzu nicht aus, so muß stets ein Teil des Wassers wieder verwendet und dem Frischwasser zugesetzt werden. Grundlegende Bedingungen: Gute Ausnutzung des Kuhlwassers (bei genügender Menge an Kuhlwasser kann man die Schlangen mit geringerer Hohe und großerer

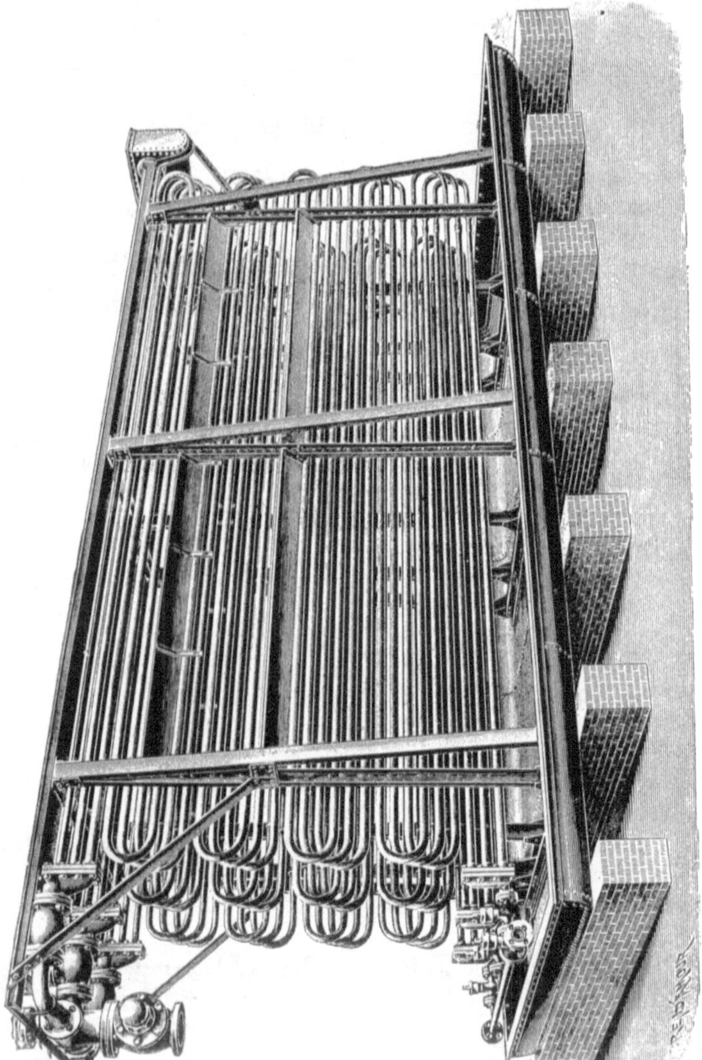

Fig. 125.

Horizontallange bauen; wenn äußerste Wasserersparnis verlangt ist, werden die Schlangen hoch und weniger lang gebaut), möglichst gleichmäßige Berieselung ohne Verspritzen, gleichmäßige Verteilung des Kältemittels auf alle Einzelschlangen, Biegung der Schlangen unter möglichster Schonung der Schweißnaht (nicht zu kleiner Biegungsradius); bequeme Säuberung der Schlangen von Schlamm und Wasserstein.

Fig. 125 (Schüchtermann & Kremer, Dortmund) stellt die meist in Deutschland verwendete Bauart dar. Jede Schlangenreihe besteht aus drei Flachschlangen mit ausgebogenen Krummungen. Je drei Schlangen haben demnach ein Verteil- und ein Sammelstück. Jede Schlangenreihe soll fur sich absperrbar sein, damit sie im Falle des Schadhaftwerdens ohne längere Betriebsunterbrechung der anderen Schlangenreihen ausgewechselt werden kann. Jede Schlangenreihe soll außerdem einen Entlüftungshahn haben. Die Rohre liegen so eng übereinander, als es die Bügelschrauben, welche zur Befestigung der Schlangen an den senkrechten Eisen dienen, irgend zulassen. Dies verhindert zu starkes Verspritzen. In Fig. 125 wird das Kuhlwasser am Ende des uber dem obersten Schlangenrohr liegenden, oben geschlitzten (oder gelochten) Rohres zugefuhrt. Gleichmäßiges Überlaufen aus diesem Schlitzrohr ist nur möglich, wenn die Fließgeschwindigkeit im Rohr nirgends großer als 0,3 m pro Sekunde und das Schlitzrohr genau horizontal ist. Deshalb ist eine Vorrichtung fur horizontale Ausrichtung nötig.

Fig. 126. Rieselverflussiger (Riedinger, Augsburg) mit aufeinander liegenden Rohrschlangen. Bindung nach je zwei Windungen durch Bügelschrauben und beiderseitige Anordnung von Walzeisen. Vorteil: Geringes Verspritzen, Wasserersparnis, gute Berieselung. Notigenfalls ist etwas reichlichere Rohroberfläche zu geben, damit nicht nur der Wärmeübergang vom Kältemittel zum Wasser, sondern anch der Wärmeubergang vom Wasser an die Luft gesichert ist.

Verteilungs- und Sammelstucke der Berieselungsverflussiger.

Fig. 127 ist ein Verteilungsstuck fur eiserne Rohre mit je einem Ovalflansch; es ist fur alle Kältemittel geeignet.

Fig. 128 zeigt ein Verteilungsstuck fur Kupferrohre. Diese sind in einem gemeinschaftlichen langlichen Deckel aus Schmiedeeisen oder Rotguß eingelotet. Die Flanschen haben Flachdichtung. Dieses Stuck ist nur fur schweflige Saure geeignet.

Fig. 129 ist ein weiteres Verteilungsstück für Kupferrohre. Diese sind in einem gemeinschaftlichen runden Deckel eingelötet. Rundgummidichtung o. dgl. ist hier verwendbar. Dieses Stück ist geeignet für Schwefligsäure und Kohlensäure.

Der Berieselungsverflüssiger mit vollkommenem Gleichstrom arbeitet unwirtschaftlich, wenn die Frischwassermenge klein und

Fig. 126.

die Verdichtungsarbeit teuer ist. Verbesserungen müssen die Herstellung teilweisen oder gänzlichen Gleichstromes anstreben oder die Verminderung der Verdichtungsarbeit oder beides zugleich:

1. Das frische Kühlwasser geht erst im Gegenstrom durch einen Flüssigkeitsnachkühler (s. S. 154), mischt sich dann mit dem zur ausreichenden Berieselung wieder verwendeten Kühlwasser und rieselt im Gleichstrom über den Verflussiger.

2. Oder Verwendung des Frischwassers wie bei 1., sodann Berieselung des eigentlichen Verflüssigers ım Gleichstrom, und

darnach des unter dem Verflüssiger angebrachten Rieselkühlers für den überhitzten Dampf. Fig. 130 (C. G. Haubold jun., Chemnitz.)

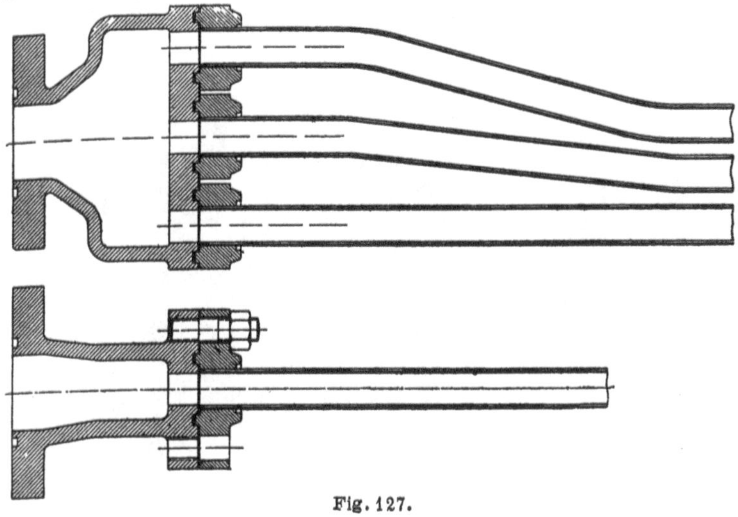

Fig. 127.

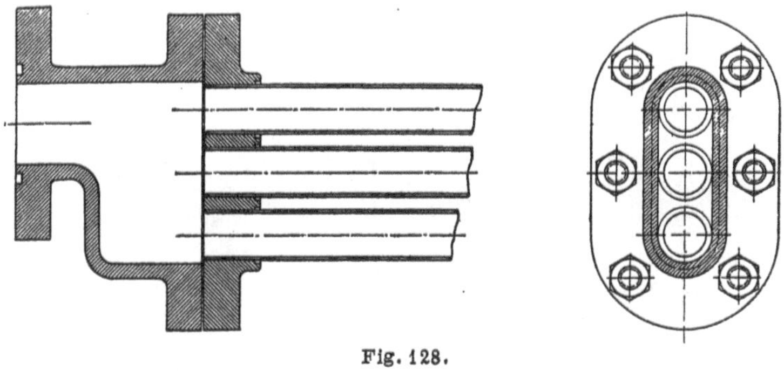

Fig. 128.

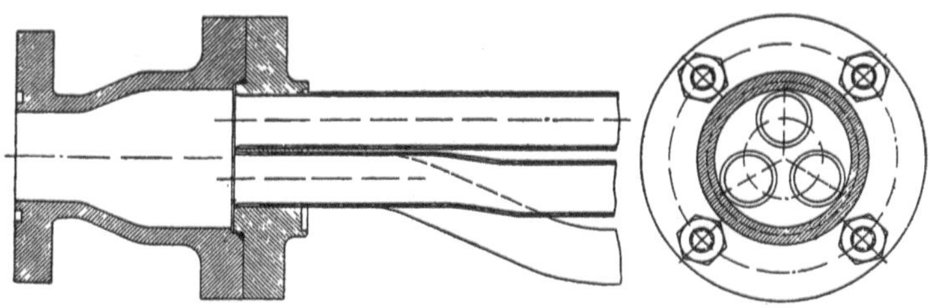

Fig. 129.

3. Zur Verminderung der Verdichtungsarbeit verhilft uns die Beobachtung, daß der Warmeübergang von Flüssigkeit zu

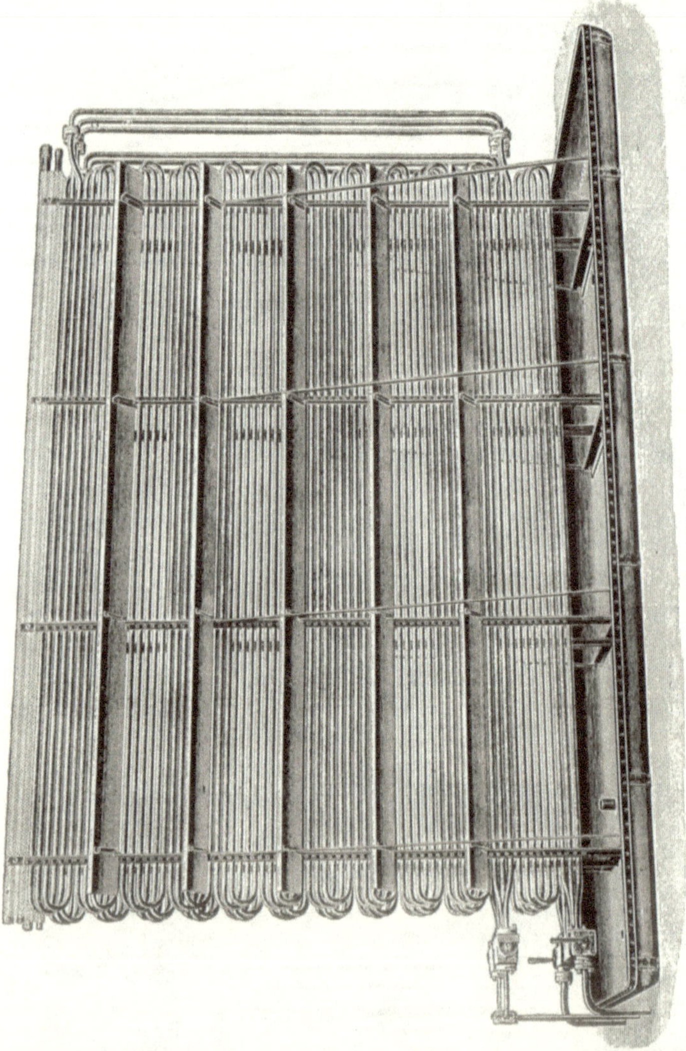

Fig. 130.

Flussigkeit maßig gut, zwischen uberhitztem Dampf und Flussigkeit (Wasser) schlecht, zwischen Dampf von einer bestimmten (mittleren) Nasse und Wasser sehr gut ist.

Je besser der Wärmeübergang, desto kleiner braucht bei gleicher Rohroberfläche der Temperaturunterschied zwischen Kältemittel und Kühlwasser zu sein, desto kleiner der Verflüssigungsdruck und damit die Verdichtungsarbeit. Kommt es auf ein bißchen Verdichtungsarbeit nicht an, so kann man bei verbessertem Wärmeübergang die Rohrflächen kleiner machen.

Die Bestrebungen gehen also dahin, dem vom Verdichter kommenden überhitzten Dampf durch Einspritzen von flüssigem Kaltemittel sofort die Eigenschaften des nassen Dampfes zu geben, anderseits aber zu verhüten, daß das zum Teil verflüssigte Kältemittel den Wärmeübergang von dem noch zu verflüssigenden Dampf an das Rohr behindert.

Beachtenswert, obwohl noch nicht völlig klargelegt, erscheinen zwei Vorschlag des Amerikaners Block[1]). Fig. 131. Am Ende jedes Horizontalrohres befindet sich ein nach oben ausgebogener Sack. Es bleibt also immer etwas Flüssigkeit im Rohr stehen, das sich bei ausreichender Dampfgeschwindigkeit mit dem Dampf zu einer nassen Emulsion mischt. Der Dampf tritt unten ein, die Flüssigkeit muß nach oben gehoben und dort zum Abfluß gebracht werden. Das erfordert Hubarbeit. Der Verflüssiger nach Fig. 131 ist ausgeführt von A. Freundlich, Düsseldorf. Sein zweiter Vorschlag[2]) läßt die Rohrsäcke weg, die Durchflußrichtung des Ammoniaks von unten nach oben ist beibehalten. Der heiße Ammoniakdampf saugt injektorartig einen Teil der oben austretenden Flüssigkeit an und bringt sie wieder unten in den Verflüssiger.

Weiterer Vorschlag: (Fig. 132) Das mit Flüssigkeit gemischte Kältemittel verteilt sich jeweils auf nur ein oder zwei Rohre, hat also große Fließgeschwindigkeit (hier nur ein Rohr). Es fließt beim Pfeil dem linken Gußstück zu, nach Durchströmen von vier Rohren kommt es in die unterste Kammer des linken Gußstuckes, scheidet dort den die Wärmeübertragung störenden verflüssigten Teil ab, der durch ein fünftes Rohr nach dem Gußstück rechts fließt. Anordnung eines Siphons ist im letzteren nötig. Der nicht verflüssigte Teil steigt als nasser Dampf im linken

---

[1]) Z. f g. K. I. 1914, Heft 4.
[2]) Z. f. g. K. I. 1919, Heft 6.

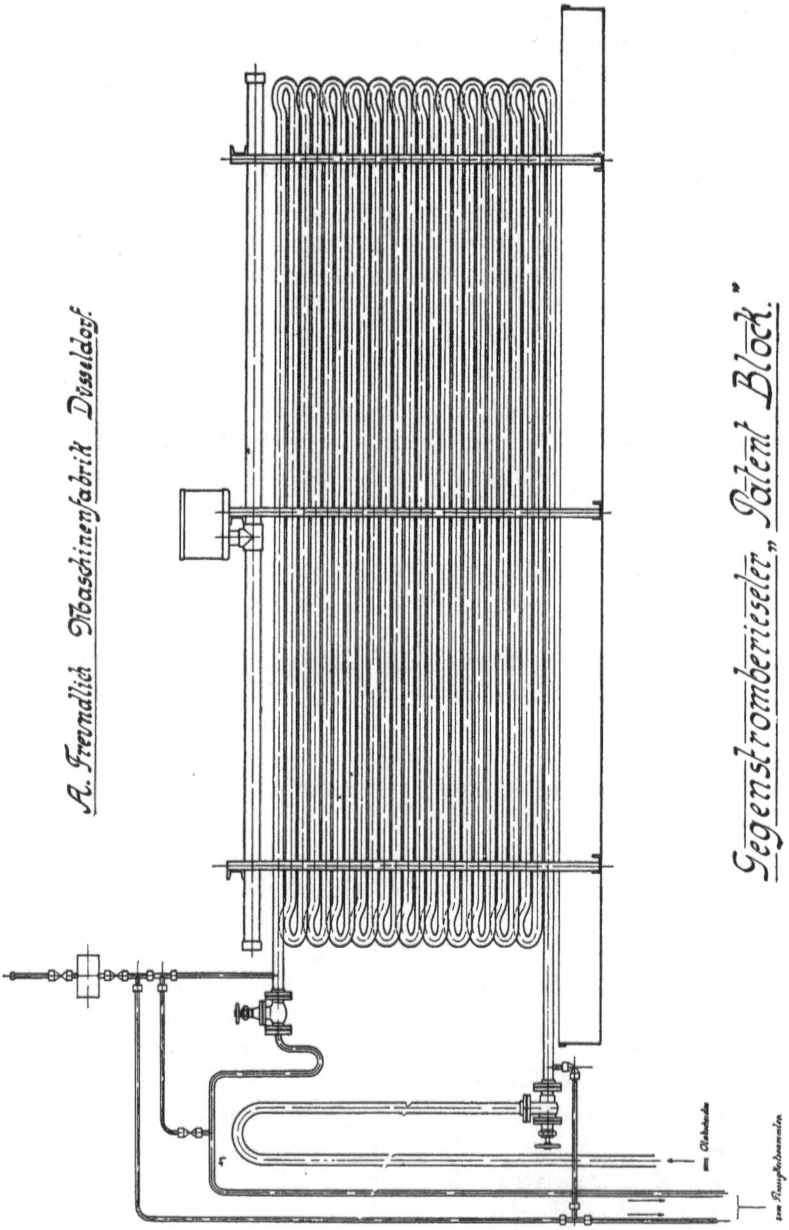
A. Freundlich Maschinenfabrik Düsseldorf.
Gegenstromberieseler „Patent Block."

Fig. 131.

Gußstück hoch zum nächsten Rohrsystem und so weiter. Beide Gußstücke erhalten je einen Entlüftungshahn.

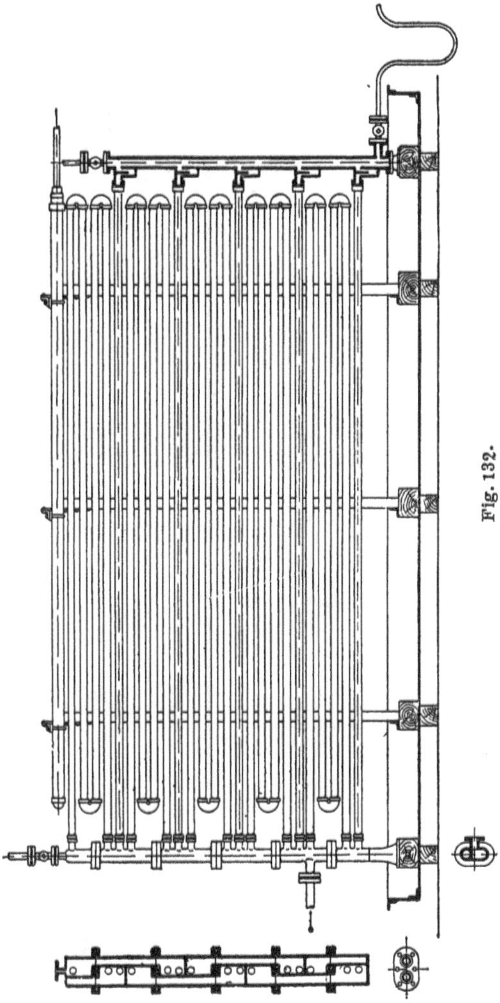

Fig. 132.

Der Einwendung, daß infolge gleichbleibender Verflussigungstemperatur der Gegenstrom gar keinen Sinn habe, ist entgegenzuhalten, daß ın den oberen Rohren infolge der Verminderung der

Dampfmenge geringere Fließgeschwindigkeit, also schlechterer Wärmedurchgang herrscht, der auszugleichen ist durch größeren Temperaturunterschied, also kälteres Wasser.

30. Aufstellung der Berieselungsverflüssiger, Wasserrückkühlung.

Die Aufstellung der Verdunstungsverflüssiger nach den vorstehenden Anordnungen wird durch Fig. 133 und 134

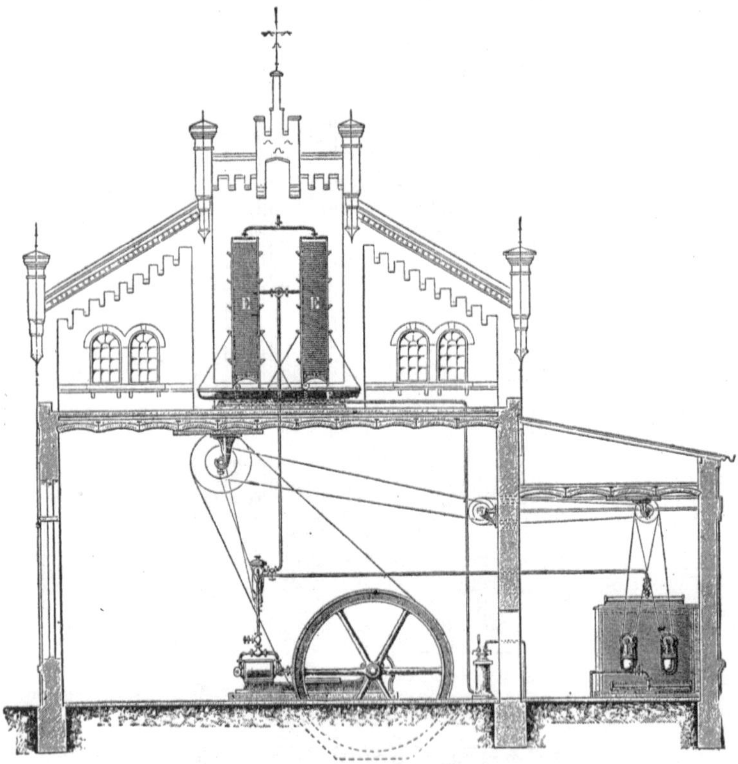

Fig. 133.

verdeutlicht[1]). Die beiden Apparate E befinden sich mit dem

[1]) Ausfuhrung der Maschinenfabrik »Germania« in Chemnitz für die Brauerei F. Smits van Waesberghe in Breda.

Sammelbecken *F* für das Wasser direkt auf dem Dache des Maschinenraumes und sind aus mehreren übereinander gestellten Schlangenrohrsystemen zusammengesetzt. Das Wasser wird durch eine Pumpe *A B* aus dem Kühlwasserbecken *H* abgesaugt und durch die Druckleitung *CC* den Verteilungsrinnen zuge-

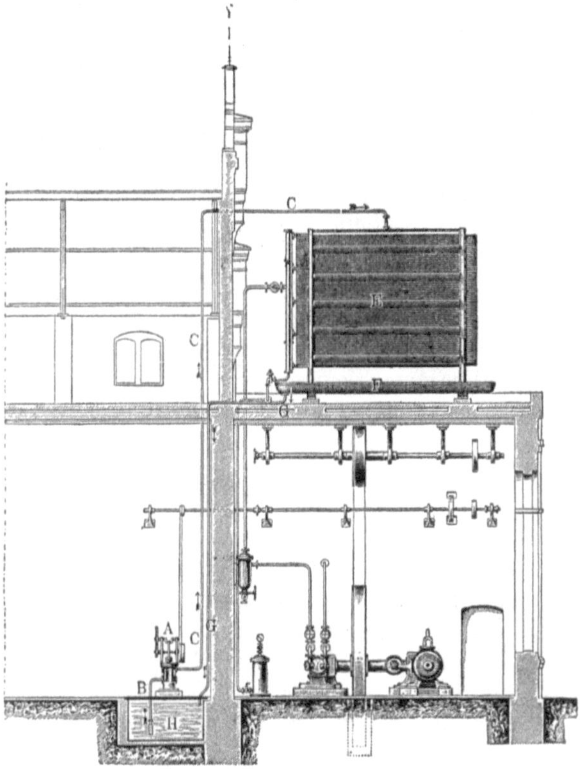

Fig. 134.

führt. Um wenigstens einen Teil des etwa durch zu starken Luftzug beim Herabrieseln verspritzten Wassers nutzbar zu machen, sind noch einige oben offene Rinnen an den Seiten der Verflüssiger angebracht, welche das Spritzwasser aufnehmen und der Rohroberfläche wieder zuführen. Allerdings darf nicht außer acht gelassen werden, daß diese Rinnen unter Umständen der kräftigen Belüftung hinderlich sein können. Das nicht verdunstete Wasser fließt aus dem Becken *F* durch die Leitung *GG* in das Becken *H* wieder zurück.

Während man früher jede Überdachung der Berieselungsverflüssiger als Hindernis für den Luftumlauf verwarf, hat sich dieselbe bei genauer Beobachtung als Schutz gegen die Bestrahlung durch die Sonne nützlich erwiesen. Nur sollte hierbei die Anbringung von Dachreitern mit seitlichen Öffnungen zum Abzuge des Schwadens nicht unterlassen werden. Ebenso zweckmäßig sind Jalousien aus horizontalen Brettern vor allem gegen Süden und Westen, welche so zu stellen sind, daß Luft — wenn auch unter Überwindung von Bewegungswiderständen — durch die Zwischenräume hindurchstreichen kann, die Sonnenstrahlen dagegen vollständig aufgefangen werden. Ist außer der Kühlmaschine auch die Betriebsdampfmaschine mit einem Berieselungsverflüssiger versehen, so dürfen diese beiden Apparate keinesfalls in unmittelbarer Nähe aufgestellt werden, damit nicht der wärmere Schwaden des Dampfverflüssigers an die Oberfläche des Kühlmaschinenverflussigers gelangt und dessen Wirkung beeinträchtigt. Bei Platzmangel hilft man sich am einfachsten durch Hoherstellen des Dampfverflussigers oder Aufstellen einer Zwischenwand.

Die früher manchmal angewendete Rückkuhlung des aus einem Tauchverflüssiger kommenden Kühlwassers auf einem Rückkühlwerk, wie es für das Kühlwasser der Dampfmaschinenkondensatoren verwendet wird, ist verlassen worden. Man verwendet immer bei Wassermangel Berieselungsverflüssiger.

Den Grund hierfur haben Versuche von Dr.-Ing. Geibel aufgedeckt[1], die zeigten, daß Rückkühlwerke nur wirtschaftlich arbeiten, wenn das Wasser mit einer Temperatur von mindestens 20° über dem Taupunkt der Luft auf das Rückkuhlwerk kommt. Das ist aber bei Kuhlmaschinen nicht der Fall, wenigstens nicht in unserem Klima.

31. Bauweise der Verdampfer.

Die Bauweise der Verdampfer ist meist durch die besondere Art der Kälteverwendung bedingt (Eiserzeugung, Raumkuhlung,

[1]) Siehe Forschungsarbeiten, herausgegeben von V d I., Heft 242, besonders Abb. 124.

Luftkühlung, Flüssigkeitskühlung usw.). In vielen Fällen gilt es zunächst einen weiteren Kälteträger (z. B. Salzwasser) abzukühlen. Die Zuhilfenahme dieses Zwischenmittels hat drei Gründe:

1. in manchen Fällen die Schwierigkeit der unmittelbaren Kälteübertragung vom Kältemittel auf das Kühlgut, z. B. bei der Eiserzeugung;

2. Die Kälteverteilung zu den verschiedenen Kälteverwendungsstellen ist leichter gleichmäßig zu erreichen durch Zuhilfenahme einer kalten Flüssigkeit, weil deren Volumen viel größer ist als das des flüssigen Kältemittels;

3. die kalte Flüssigkeit bildet einen kleinen Kältespeicher, der bei schwankendem Kältebedarf die Einwirkung dieser Schwankung auf den Gang der Kälteerzeugungsmaschine abschwächt.

Das Zwischenmittel darf bei der tiefsten, mit der betreffenden Maschine zu erzeugenden Temperatur weder an den Schlangen anfrieren noch feste Salzteile ausscheiden, also nicht zu dünn, aber auch nicht zu nahe am Sättigungspunkt sein. Der Gefrierpunkt ist abhängig von der Lösungsstärke, die Sättigungsmenge ist abhängig von der Temperatur. Gemessen wird der Sättigungsgrad mit Hilfe des Aräometers, der das spez. Gewicht angibt. Das spez. Gewicht wächst mit dem Sättigungsgrad.

In Tafel XV sind die Lösungsmengen und spez. Gewichte angegeben, die einzuhalten sind, wenn die tiefste Verdampfungstemperatur des Kältemittels den in der ersten senkrechten Zahlenreihe angegebenen Wert hat.

Die im Handel erhältlichen Salze sind fast nie wasserfrei, es ist deshalb nötig, die Salzmenge entsprechend größer zu nehmen, und zwar um so mehr, je mehr Wasser das Salz enthält.

Beim Bau der Tauchverdampfer sind anzustreben: äußerste Ausnutzung der Oberfläche durch Erreichung einer hohen Wärmedurchgangszahl, geringer Platzbedarf, billige Herstellung, absolute Dichtheit; die Möglichkeit leichter und rascher Ausbesserung, der inneren und äußeren Reinigung und des Transportes auf der Bahn, geringer Kälteverlust.

Hohe Wärmedurchgangszahl und damit bei nicht zu kleiner Verdampferfläche g ringere Verdichtungsarbeit erreicht man durch *nasses Arbeiten im Verdampfer* (d. h. an keiner Stelle der Verdampferschlange soll sich trocken gesättigter oder gar überhitzter Dampf bilden), durch kräftige Bewegung des Salzwassers,

Tafel XV. Salzlösungen[1]).

von °Bé (Baumé)	Kalziumchloridlösung Ca Cl₂				Magnesiumchloridlösung Mg Cl₂			Chlornatrium- (Kochsalz) lösung Na Cl		
	also von dem spez. Gewicht	hat einen Salzgehalt in % der Losung	enthalt g Salz auf 100 g Wasser	gefriert[2]) bei °C	hat einen Salzgehalt in % der Losung	enthält g Salz auf 100 g Wasser	gefriert[2]) bei °C	hat einen Salzgehalt in % der Lösung	enthalt g Salz auf 100 g Wasser	gefriert[2]) bei °C
0	0,999	0,0	0,0	0,0	0,0	0,0	0,0	0,0	0,0	0,0
5	1,035	4,2	4,4	— 2,1	4,4	4,6	— 2,6	4,9	5,2	— 3,1
10	1,074	8,7	9,5	— 4,6	8,7	9,5	— 6,5	10,2	11,3	— 7,0
15	1,115	13,1	15,1	— 8,6	13,2	15,2	—13,4	15,6	18,5	—12,5
20	1,160	17,8	21,7	—14,4	18,1	22,1	—26,3	21,2	26,9	—19,4
21,1	1,170							**22,4**	**28,9**	**—21,2**
22,5	1,184				**20,6**	**25,9**	**—33,6**			
24,4	1,203							26,3	35,7	0,0
25	1,209	22,7	29,4	—23,6	23,1	30,0	—27,7			
30	1,261	27,6	38,2	—39,0	28,3	39,5	—17,4			
32,2	1,286	**29,9**	**42,7**	**—55,0**						
35	1,319	32,9	49,0	—30,5	33,9	51,3	— 9,6			
35,6	1,327				34,6	52,9	— 0,0			
39,3	1,374	37,5	60,0	0,0						

[1]) Nach Arbeiten von E. Altenkirch. Zeitschr. f. d. ges. Kälteindustrie 1918 und 1919.

[2]) d. h. bei Unterschreiten der in dieser Spalte angegebenen Temperaturen scheiden sich bei schwächeren Lösungen als den fettgedruckten Eiskristalle, bei starkeren Lösungen Salzkristalle aus.

durch genügende Fließgeschwindigkeit des Kältemittels in den Schlangen und nicht zu weite Schlangenrohre u. a. Das Verteilungsstück ist besonders sorgfältig zu bauen, z. B. nach Fig. 121.

Die Länge der Einzelschlangen[1]) ist bedingt durch den zulassigen Druckabfall, d. h. durch die zulässige Strömungsgeschwindigkeit. Große Geschwindigkeit ergibt guten Kälteaustausch, aber größeren Reibungswiderstand. Zu kleine Geschwindigkeit erschwert durch getrenntes Fließen von Dampf und Flüssigkeit das nasse Arbeiten an allen Stellen des Verdampfers. Strömt das Kältemittel in den Schlangen von oben nach unten, so ist kleinere Geschwindigkeit zulässig als umgekehrt.

Fig. 135. Diese Bauart hat viel Ähnlichkeit mit der Bauart des Verflüssigers Fig. 117. Die unteren Schlangenenden werden aber nicht an ein unteres Sammelstück angeschlossen, sondern wieder hochgeführt und an ein über dem Gefäß liegendes Sammelstück angeschlossen. Fig. 135 zeigt den Antrieb des Rührwerkes durch einen Schneckentrieb. Vorteil: Die Riemenscheibe des Rührwerkes kann ziemlich rasch umlaufen, und die Gegenscheibe auf der Transmission kann groß genug sein, ohne daß die Transmission eine geringe Umlaufzahl zu haben braucht. Das Schneckenrad kann durch Formen hergestellt und bearbeitet sein. Das Gefäß ist gegen Kälteverlust geschützt durch eine mindestens 7 cm starke Korkwand, welche außen entweder einen Zementverputz erhält oder eine Holzverkleidung. Auch andere Wärmeschutzmittel werden verwendet, doch hat sich Kork für diesen Fall als das beste erwiesen. Da die äußeren Schlangen mit großer Windungshöhe gewickelt sind, und infolge der zylindrischen Form des Gefäßes ist der Platzbedarf dieser Bauart nicht der geringstmögliche, aber die Herstellung ist billig und gibt zuverlässige Ausführung in bezug auf Dichtheit, Reinigung und Ausbesserung. Die Auswechslung einzelner Schlangen ist allerdings oft sehr schwer, wenn der Apparat groß und der Maschinenraum niedrig und eng ist. (Dies gilt auch für den Verflüssiger Fig. 117.) Der Kälteverlust des zylindrischen Verdampfers (Fig. 135) ist klein, weil die äußere Oberfläche des Gefaßes verhaltnismäßig klein ist (gegenüber anderen Verdampferarten, z. B. einem Eiserzeuger).

---

[1]) Siehe Heinel, »Bau und Betrieb von Kaltemaschinenanlagen«, S. 90.

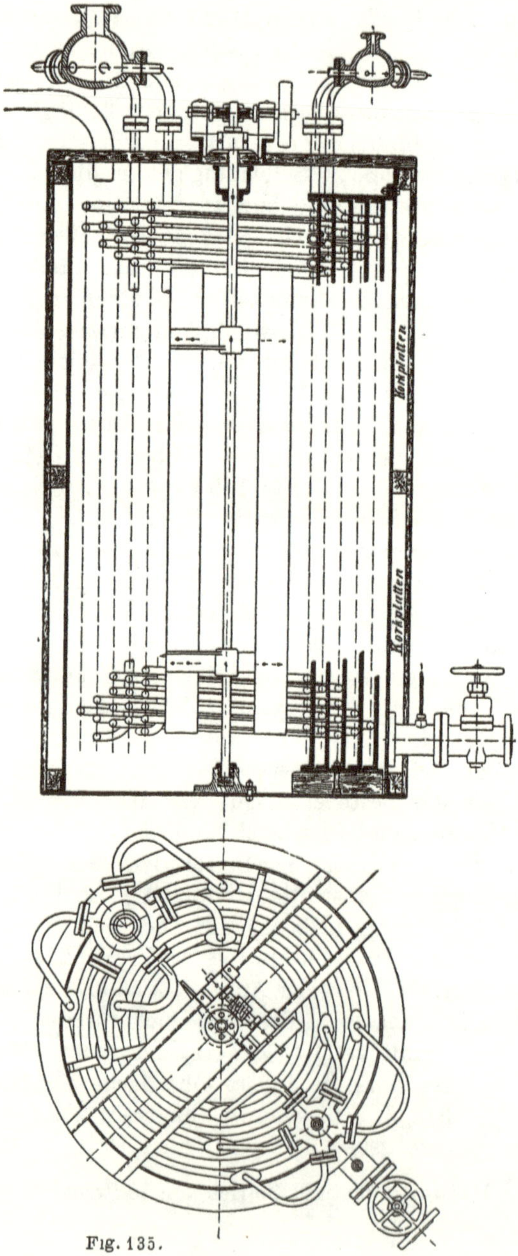

Fig. 135.

Bei den Schwefligsäureverdampfern können Kupferrohre verwendet werden. Bei diesen ergibt sich durch Verlötung eine einfache und leicht herstellbare Verbindung sowohl der zu einer Schlange zu verarbeitenden Rohre als auch der Schlangen mit dem kupfernen Verteilungs- und Sammelstuck.

Das Verlöten zweier Rohre geschieht durch Aufweiten des einen Rohrendes und Eintreiben des andern in diese Ausweitung und Verlötung. Das Überschieben und Anloten von Muffen uber die Lötstelle hat sich nicht bewährt, weil die Arbeiter unter diesen Muffen schlechte Verlotung der Rohre verbargen. Weichlot ist zu vermeiden bei Lotstellen, die im Salzwasser liegen, weil das Lot weggefressen wird. Kupferrohre, Eisengefäß und Salzwasser geben zusammen ein schwaches Element, in welchem das Eisen langsam abgefressen wird (Fig. 136)[1]).

Fig. 136.

Alle Eisenteile sind demnach durch einen Anstrich zu schützen, der ab und zu erneuert werden muß, was bei großen Verdampfern Schwierigkeit bietet, weil meist Aufnahmegefäße fur die Salzsole fehlen und umfangreiche Demontagen vorgenommen werden müssen. Ein weiterer Schutz ist moglich durch Einhängen eines anderen in der elektrolytischen Reihe weiter abgelegenen Metalles.

Verhältnis zwischen dem Volumen des Druckverdichters und dem der Schlangen des Verflussigers (einschließlich des Unterkuhlers) und des Verdampfers[2]). Langsamlaufende Druckverdichter haben ein großes Hubvolumen und rufen im Verflussiger und Verdampfer starke Druckschwankungen hervor. Statt stetigen, regelmaßigen Fließens tritt stoßweise Bewegung ein. Dies gibt Druckverluste und stort den Warmeaustausch in den Apparaten. Vermeiden kann man dies durch großen Rauminhalt der Schlangen des Verflussigers

[1]) Siehe Zeitschr f d ges. Kalte-Industrie 1904, S. 120.

[2]) Siehe Heinel, »Bau und Betrieb von Kaltemaschinenanlagen«, S. 89.

und des Verdampfers. Diese werden aber dadurch teurer und weniger leicht herstellbar. Besser ist es, vor und hinter dem Druckverdichter, aber recht nahe an demselben einen Windkessel einzuschalten. Die hohlen Zylinderdeckel von Verdichtern mit mehr als zwei Saugventilen wirken als Windkessel, wenn auch nicht immer ausreichend. Bei der Ammoniakmaschine wirkt der Ölabscheider als Windkessel der Druckleitung. Die beste Abhilfe

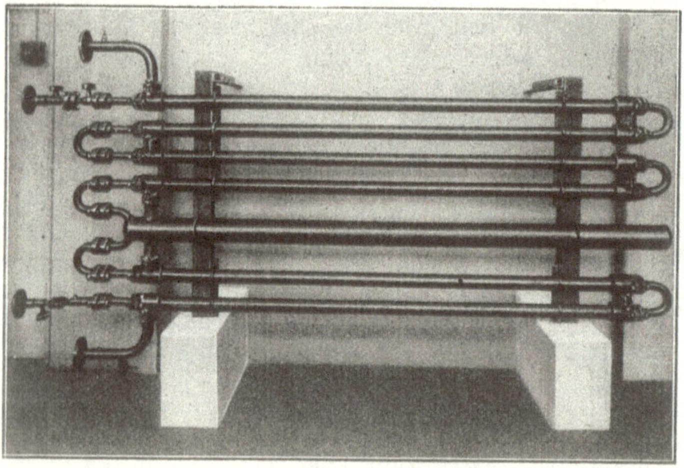

Fig. 137.

wäre die Anwendung eines kleineren, aber rasch laufenden Druckverdichters.

Auch die Verdampfer können in der sehr gedrängten Bauart der Doppelröhren ausgeführt werden. Zum Beispiel Fig. 137 (L. A. Riedinger, Augsburg). Hier führt das Innenrohr das Kältemittel, das Außenrohr die zu kühlende Flüssigkeit. Man kann es auch umgekehrt machen, und tut dies, wenn die Doppelschlange im Salzwasserbad liegt.

Die Richtung des Kältemittels in den Schlangen ist bei Ammoniak und Kohlensäure meist von oben nach unten. Wenn dabei etwas Flüssigkeit mit nach unten und dann in die Saugleitung mitgerissen wird, so ist das nicht schädlich, zumal in der Saugleitung noch etwas Flussigkeit verdampft wird und der Druckverdichter eine Spur von Flüssigkeit mit ansaugen darf oder soll (letzteres bei CO_2 wegen der Ledermanschetten). Bei

Schwefligsäure muß der Druckverdichter trocken ansaugen, daher fließt hier das Kältemittel in den Verdampferschlangen meist von unten nach oben. Richtiger ist es aber, auch in dem Schwefligsäureverdampfer naß zu arbeiten und hinter diesen einen Flüssigkeitsabscheider bzw. Trockner einzuschalten.

32. Arbeiten mit Flüssigkeitsüberschuß im Verdampfer.

Fig. 138 und 139a (A. Borsig, Tegel) stellt einige Formen von Verdampferschlangen dar, die den Zweck haben, im Ver-

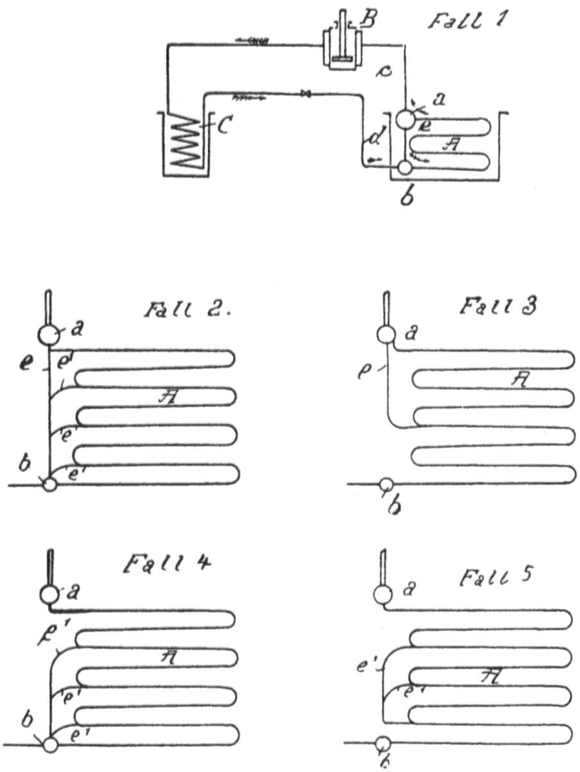

Fig. 138

dampfer mit viel Flüssigkeit arbeiten zu können, ohne daß Flüssigkeit in unzulässiger Menge in die Saugleitung gelangt.

Fig. 140 (Quiri & Co., Maschinenfabrik, Schiltigheim, Straßburg i. E.) zeigt schematisch eine besondere Bauart. Die flüssige SO_2 tritt bei A ein, BB ist die Verdampferschlange, bei D ist das Sammelstück, E ist ein Sieb. Im Sammelstück wird die nicht verdampfte, flüssige SO_2 abgeschieden und durch den Siphon H in die Schlange G geleitet, verdampft dort weiter und gelangt durch einen anderen Anschluß wieder bei D in das

Fig. 139.

Sammelstück. Was in G nicht verdampft ist, geht wieder durch F und H nach G zurück durch sein spez. Gewicht. Der trockene Dampf (in J nachgetrocknet) gelangt zum Druckverdichter.

Fig. 141. (Gesellschaft für Lindes Eismaschinen.) Die Bauweise entspricht dem bei Fig. 140 erörterten Prinzip, nur mit anderer Strömungsrichtung.

Mit dem Überfluten der Verdampferschlangen mit Flüssigkeit geht Hand in Hand die Aufgabe des Ersatzes des vom Verdichter angesaugten Dampfes durch neue Flüssigkeit, d. h. die Regulierung.

Will man die Aufgabe gründlich lösen, so muß man demnach beide Aufgaben miteinander verbinden. Tut man das nicht, so ist es möglich, daß sich der Verflüssiger fast ganz entleert und sich alle Flüssigkeit im Verdampfer sammelt. Dann geht durch das Regelventil nasser Dampf, es wird dem Verdampfer dadurch Wärme zugeführt. Das ist z. B. bei Fig. 141 möglich, wenn die Abgangsgeschwindigkeit des im Flüssigkeitsabscheider getrockneten Dampfes sehr klein ist.

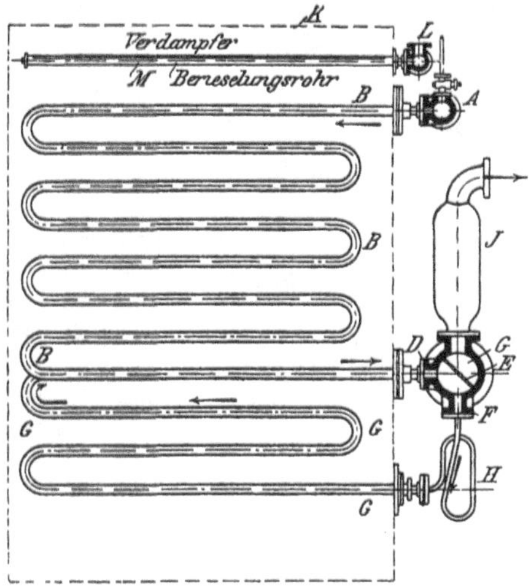

Fig. 140.

Am gründlichsten ist die Aufgabe bisher von der Maschinenbau-Gesellschaft Karlsruhe (Baden) nach den Patenten von Dr.-Ing. Döderlein angefaßt.

Fig. 142. Die in *a* abgeschiedene Flüssigkeit wird durch eine (bei großen oder mehreren Maschinen besondere, bei

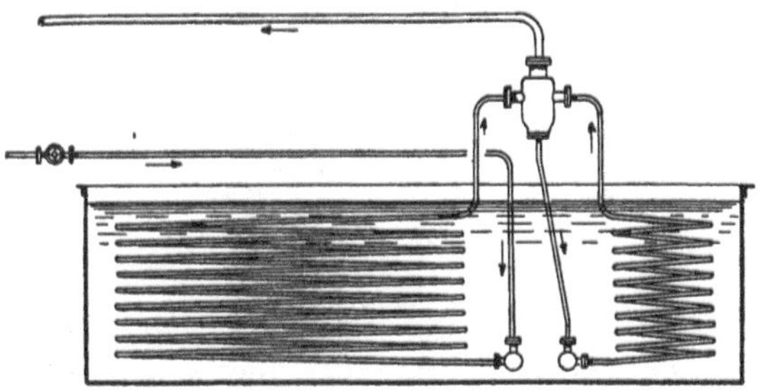

386

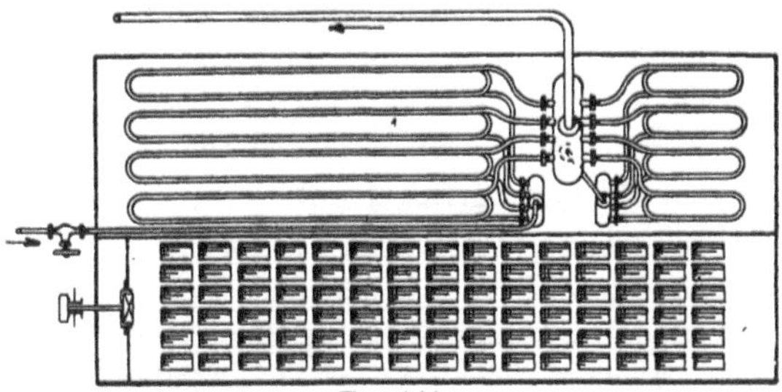

Fig. 141.

kleinen bzw. nur einer Maschine im hinteren Zylinderdeckel[1]) (Fig. 143) untergebrachte) Pumpe nicht zum Verdampfer, sondern in den Verflüssiger geschickt[2]). Dadurch ist eine Überflutung des Verdampfers vermieden.

Führt man die Flüssigkeit dem Verflüssiger beim Eintritt des verdichteten überhitzten Dampfes zu, so erreicht man von Anfang

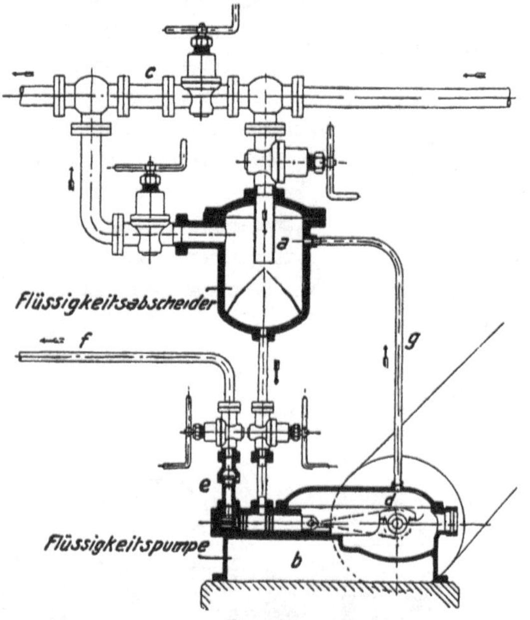

Fig. 142.

an eine gewisse Nässe des Dampfes und besseren Wärmeübergang, d. h. bei ausreichend großer Fläche eine Erniedrigung des Temperaturunterschiedes und des Verflüssigungsdruckes. Man gewinnt also mittelbar die Pumparbeit wieder zurück.

Legt man darauf keinen Wert oder hat die Maschine eine besondere Einrichtung zur Naßkühlung im Verflüssiger, so führt man die abgeschiedene Flüssigkeit zwischen Verflüssiger (bzw. Flussigkeitsnachkühler) und Regelventil ein, um die in der umlaufenden Flüssigkeit steckende Kältemenge wieder zu gewinnen.

[1]) Auch A. Freundlich Dusseldorf baut seine »Ammoniak-Kompressoren« mit Flussigkeitspumpe hinter dem Verdichterkolben.

[2]) Siehe außerdem Fig. 147, S. 182, Kleinkaltemaschine.

Die Pumparbeit wird ubrigens schon durch Verkleinerung des Temperaturunterschiedes im Verdampfer, d. h. durch Erhöhung des Ansaugedruckes wieder gewonnen.

Die Verteilung der verhaltnismäßig auch einschließlich der Rückführung noch gering bleibenden Flüssigkeitsmenge auf viele

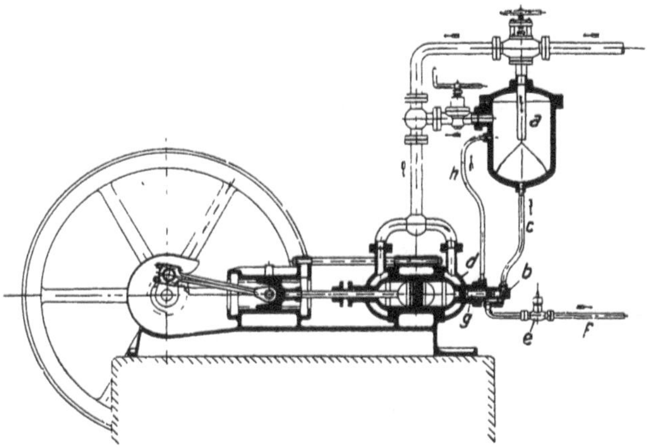

Fig. 143.

Verdampferschlangen ist leichter, wenn ein schaumartiges Gemenge mit genugender Geschwindigkeit verteilt wird, schwieriger bei reiner Flüssigkeit. Da nun hinter dem Regelventil, vor Eintritt in den Verdampfer, sich desto weniger Dampf bildet, je stärker die Flüssigkeit vor dem Regelventil unterkuhlt ist. so ist in diesem Falle ein besonders großer Flüssigkeitsüberschuß zu empfehlen, die Umlaufpumpe also groß genug zu nehmen.

Es ist zweckmäßig, den Flüssigkeitssammler so auszubilden, daß sich in demselben das Öl von der Flüssigkeit trennt und ab und zu abgelassen werden kann, womoglich nach dem Öltopf.

33. Gegenseitige Lage der Apparate zueinander und Art der Rohrführung zwischen denselben.

Man strebe an, soweit es die örtlichen Verhältnisse gestatten: kurze Rohrleitungen wegen der Arbeitsersparnis. der Verringerung des Kalteverlustes und der billigen Herstellung; man stelle den Verflüssiger etwas hoher als den Unterkühler, diesen etwas höher als den Verdampfer. Nichteinhalten dieser Regel bringt oft überraschende und störende Wirkungen mit sich, z. B. Fig. 144. Der Unterkühler steht hier etwas höher wie der Verflüssiger. Der Unterkühler wirkt im oberen Teile unter Umständen als Verdampfer statt als Kühler, weil der Druck dort kleiner ist als im Verflüssiger infolge der Reibung im Rohr und wegen Wegfalles des Flüssigkeitsdruckes. Wenn die Leitung hinter dem Regulierventil weit genug ist, wirkt diese als Flüssigkeitsabscheider, und es geht der gebildete Dampf leichter zum

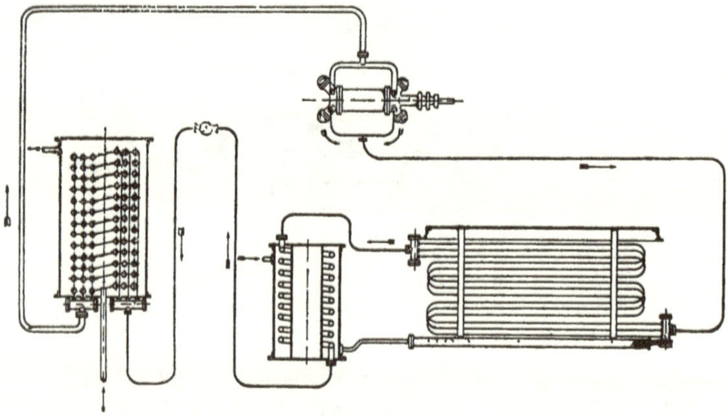

Fig. 144.

Verdampfer hinüber als die Flüssigkeit; das Regulierventil muß weiter als normal geöffnet werden, damit die Flüssigkeitssäule zwischen Regulierventil und Verdampfer hinübergetrieben wird. Die ganze Anordnung insgesamt bedingt eine ungünstigere Wirkung der Anlage und ruft Heißlaufen des Druckverdichters hervor. Man vermeidet alle Störungen, wenn man die Regeln beachtet:

1. Flüssigkeiten von oben nach unten strömen zu lassen bis zum Regelventil.
2. Hinter dem Regelventil enge Leitung bis zum Verdampfer (der Spannungsabfall im Rohr schadet nichts).
3. Nassen Dampf nicht in weitem Rohr von unten nach oben führen, wenn man nicht trockenen Dampf dadurch erzeugen will.

4. Ungewollte Überdestillation von einem Apparat zum anderen (z. B. bei mehreren parallel oder hintereinander geschalteten Verdampfern) vermeiden.

Werden mehrere Verdampfer hintereinander geschaltet, in der Weise, daß das flüssige Kältemittel teilweise im ersten, dann teilweise im zweiten usw. verdampft wird, so muß die Rohrleitung ohne jeden Sack gelegt sein, damit nirgends die Leitung oder die Verdampfer als Flüssigkeitsabscheider wirken, in welchem Falle der letzte Verdampfer unter allen Umständen überhitzten Dampf erzeugt und nur wenig Kälte liefert[1]).

Das Parallelschalten mehrerer Verdampfer in der Weise, daß sich die Flüssigkeit hinter dem Hauptregulierventil in mehrere Stränge teilt, von denen je einer zu einem Verdampfer führt, ist schwierig, da das zu verteilende Volumen der Flüssigkeit sehr klein ist und der eine Verdampfer leicht den unmittelbar hinter dem Regulierventil gebildeten Dampf, der andere den flüssig gebliebenen Teil erhält. Erleichtert wird die Aufgabe dann, wenn man dafür sorgt, daß alle Verdampfer stets sehr naß arbeiten und der Dampf hinter den Verdampfern getrocknet wird. Besser ist es, die Verdampfer womöglich hintereinander in die Leitung einzuschalten.

Kapitel VI.

Kleinkühlmaschinen.

34. Durch Motoren angetriebene Kleinkühlmaschinen.

Im Kleingewerbe, auf Schiffen. in Eisenbahnkühlzügen und ahnlichen Betrieben ist in der Regel Baubedingung für die Kühlmaschinen: möglichst geringer Raumbedarf. Diesen Zwecken dienen dann Maschinen der nachstehenden oder ähnlicher Bauarten:

Daneben sind zwei Anforderungen von besonderer Wichtigkeit: Betriebssicherheit auch bei mangelhafter Bedienung und

[1]) Siehe Zeitschr. f. d. ges. Kalte-Industrie 1906, S. 221 und 1907, S. 224.

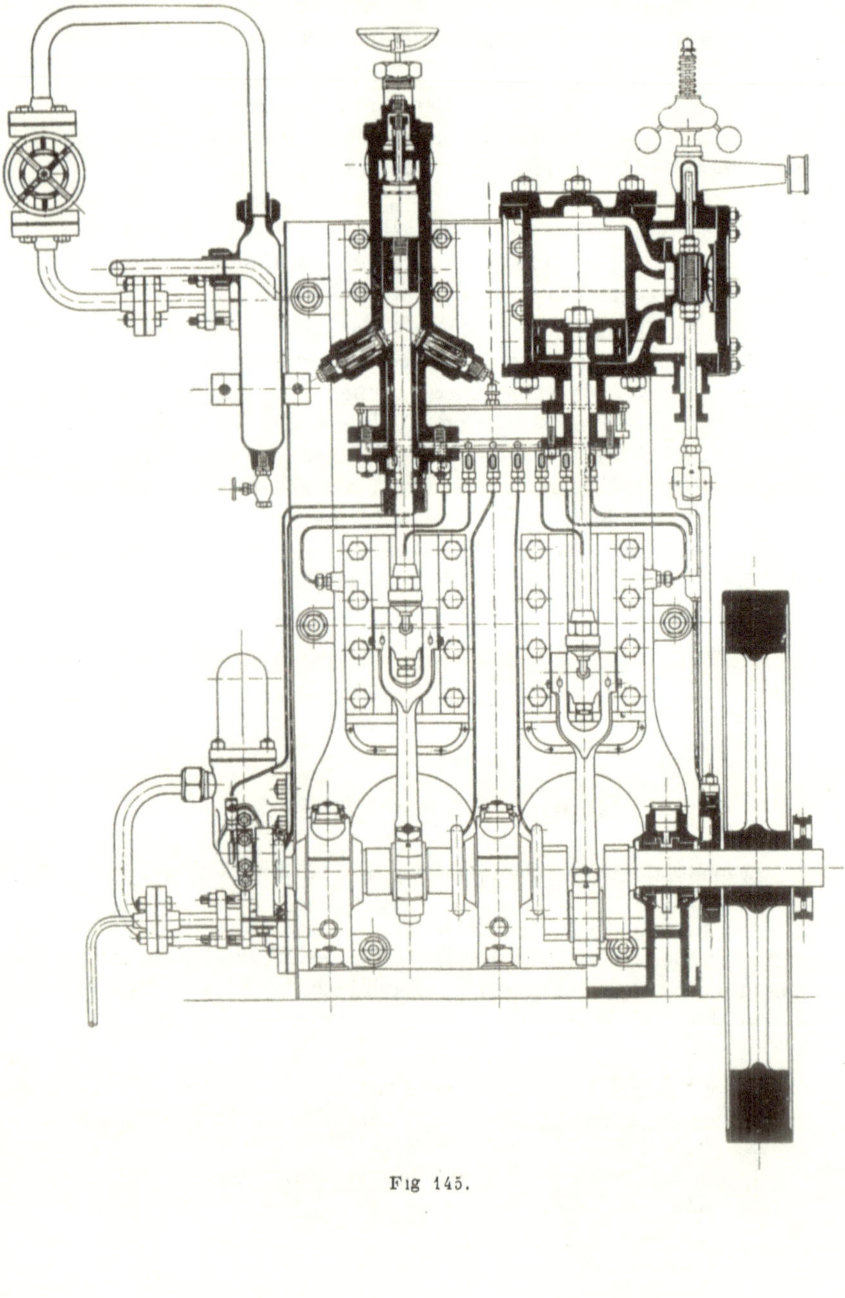

Fig 145.

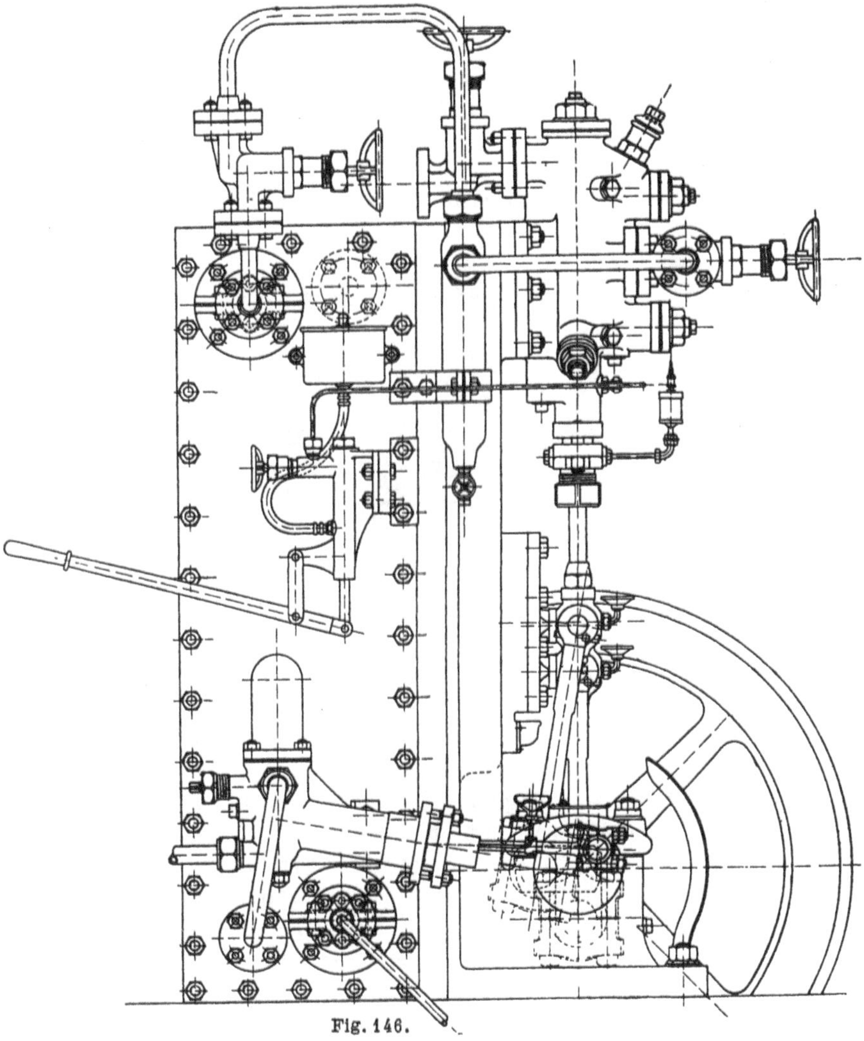

Fig. 146.

Ersatz der Handregulierung durch selbsttätige Einstellung des Saug- und Verflüssigungsdruckes.

In dieser Hinsicht scheiden sich die Kleinkuhlmaschinen noch in Kühlmaschinen für mittlere Gewerbe und solche für Haushaltungen und Kleingewerbe.

Fig. 145 u. 146: Kohlensäuremaschine (A. Borsig, Tegel). Dampfmaschine und Druckverdichter in stehender Bauart auf der gleichen Grundplatte, die an einem stehenden Gefäß für den Verflüssiger angebaut ist. Ferner ist gleich mitangebaut eine Pumpe für das Kühlwasser. Der Zylinder ist doppeltwirkend, ähnlich gebaut wie nach Fig. 37. Die verdichtete Kohlensäure gelangt hinter dem Druckverdichter zuerst in eine Flasche zum

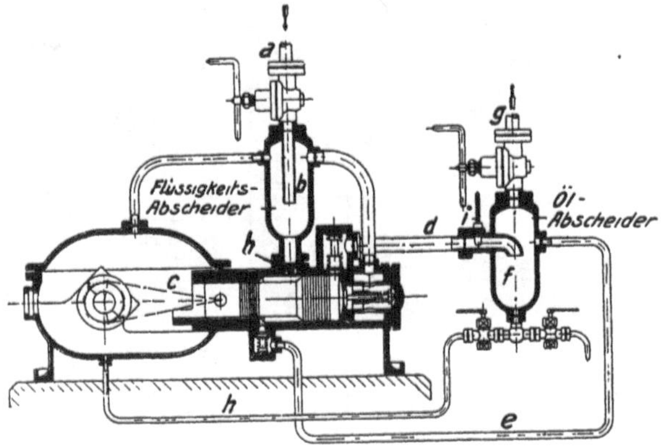

Fig. 147.

Abscheiden des Glyzerins, von da zum Verflüssiger. Eine Handpumpe steht durch absperrbare Leitungen in Verbindung einesteils mit dem Glyzeringefäß, andernteils mit dem Laternenraum der Stopfbüchse. Dieser letzteren wird von Hand nach Bedarf Glyzerin zugepumpt. Regulierung der Drucke und sonstige Bedienung wie bei größeren Maschinen.

Fig. 147: (Maschinenbaugesellschaft Karlsruhe). Der hintere Teil des Stufenkolbens saugt die im Flüssigkeitsabscheider *b* getrockneten Dämpfe an, der vordere die abgeschiedene Flüssigkeit vermischt mit etwas Dampf. Der Verdampfer arbeitet also mit Flüssigkeitsüberschuß, der wieder zum Verflüssiger zurückgebracht wird.

Fig. 148 (Tafel) und Fig. 149. Ammoniakmaschine. Die Zeichnungen zeigen eine gute Losung der bei den Ammoniakmaschinen wegen der Ölabscheidung etwas schwierigen Aufgabe, eine gedrängte, aber doch in allen Teilen leicht zugängliche und montierbare Anordnung der Rohre zu finden. Diese wird durch Anwendung von Eckventilen erleichtert. Auf dem vorderen

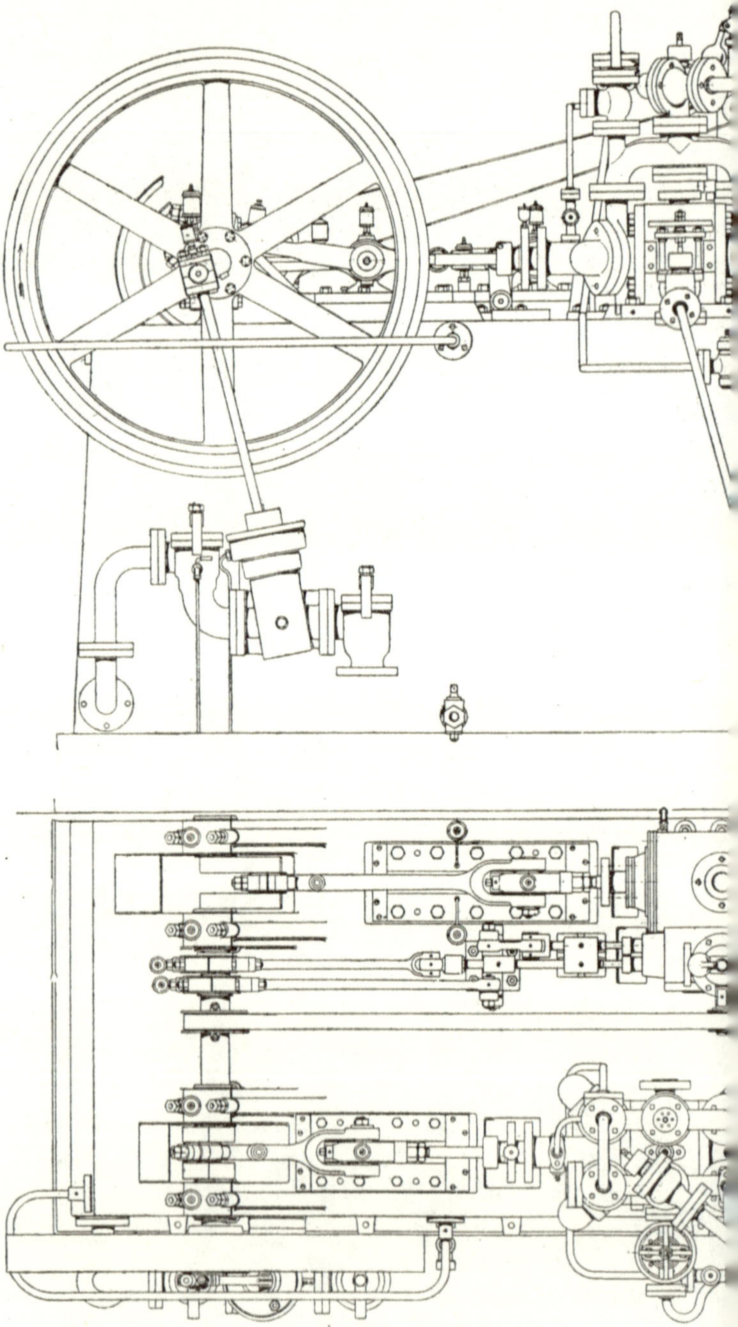

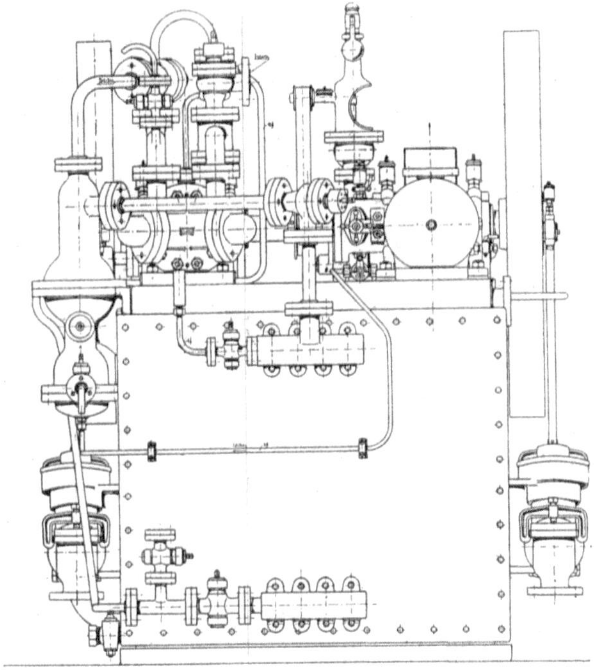

Fig. 148.

Bügelrohr der Druckseite sitzt ein Sicherheitsventil mit Verbindung nach dem Bügelrohr der Saugseite. In der Mitte des Bügelrohres der Druckseite sitzt ein Eckventil, von dem aus die

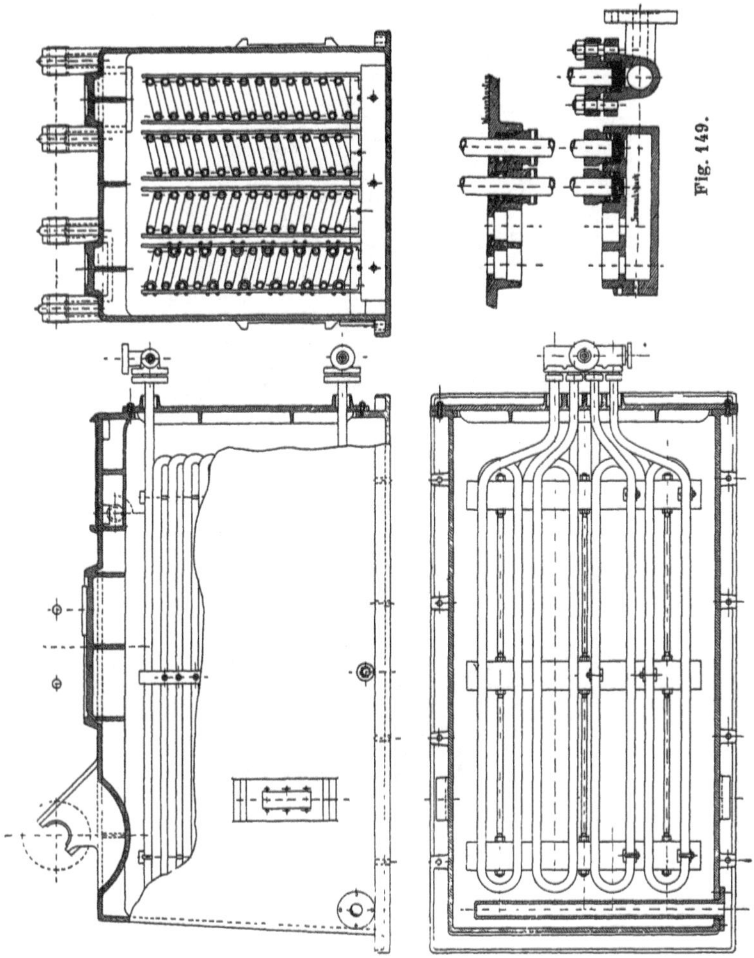

Fig. 149.

Leitung zum Ölabscheider führt. Dieser sitzt neben dem Grundgestell am linken hinteren Ende. Mit dem Ölabscheider ist auch der Öltopf unmittelbar verbunden. Vom Ölabscheider gelangt der Ammoniakdampf nach Durchfließen eines Eckventils in das

Verteilungsstück. Die Hinterwand des Gestelles ist abnehmbar. Die Ammoniakschlangenenden treten durch diese hindurch, die Abdichtung des Wassers geschieht durch kleine Stopfbüchsen.

Fig. 150.

Die Verbindung der Schlangenenden mit dem Sammel- bzw. Verteilungsstuck (Fig. 149) ist durch lose Ringe und Stopfbüchsen nach fruherer Fig. 116 bewerkstelligt. Am Verteilungsstück sitzt links ein Druckmesser. Am Sammelstuck ist ein Hahn angeschraubt, an diesem ein T-Stuck mit Hahn zum Einfüllen des Ammoniaks, vom T-Stuck fuhrt die Flussigkeitsleitung nach dem Regulierhahn, der neben dem Ölabscheider am Gestell angeschraubt ist. Die beiden Schwungräder tragen je einen Zapfen zum Antrieb der Kühlwasserpumpe und der Salzwasserpumpe.

Fig. 150: Kohlensäuremaschine mit Dampfantrieb (Maschinenfabrik Augsburg und Nurnberg). Diese im

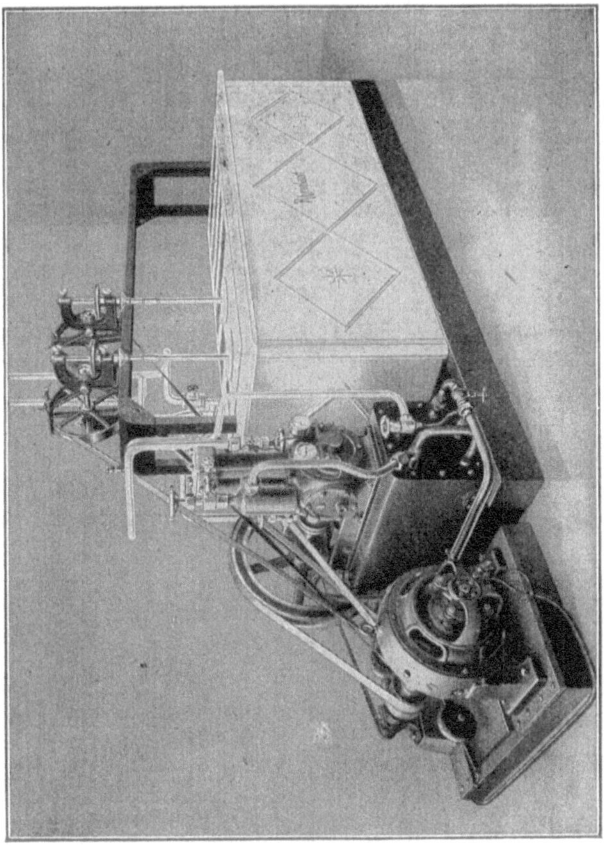

Fig 151.

ubrigen nach Fig. 148 gebaute Maschine ist fur großere Umlaufzahl gebaut. Der Kohlensaurezylinder ist aus einem vollen Schmiedeblock herausgearbeitet. Der Dampfzylinder hangt an einem Rundflansch der Geradfuhrung so frei, daß die Warmeubertragung von ihm in den das Grundgestell bildenden Verflüssigerkasten sehr gering bleibt. Die Ausbildung fast aller Absperrventile in den Leitungen als Eckventile gestatten übersichtliche und doch gedrungene Bauart, und leichte Richtarbeit. Die sorgfältige Ausbildung der Schmiervorrichtungen mit je einem Hauptölhalter für den Verdichter und die Dampfmaschine vereinfacht die Bedienung.

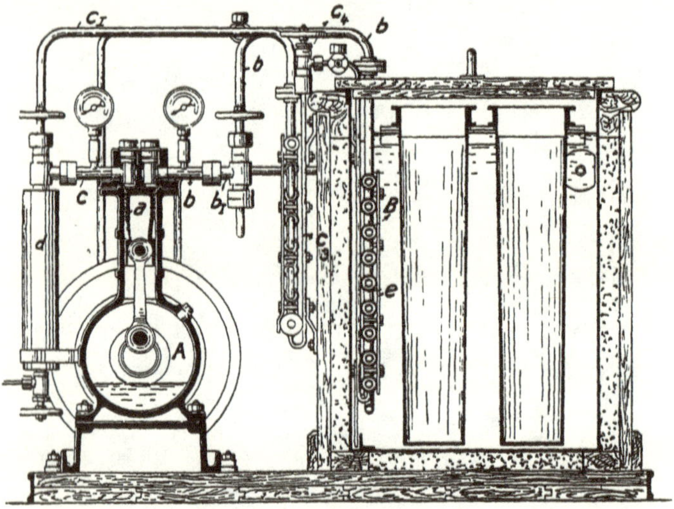

Fig. 152.

Fig. 151 bis 153. Ammoniakmaschine der Maschinenfabrik Sürth. Antrieb durch Elektromotor und Riementrieb mit Spannrolle. Kurbeltriebe gekapselt und in Öl laufend, wie es bei kleinen Maschinen meist ublich. Kurbelraum unter Verdampferdruck, Drehstopfbüchse. Verflüssiger ein Doppelröhren apparat, Ammoniak im Außenrohr, Kühlwasser im Innenrohr, wie in Fig. 124. Verdampfer desgleichen, das Ammoniak im Außenrohr durch die Sole im Behalter und die Sole im Innenrohr beheizt, beide Apparate mit Gegenstrom. Keine Ammoniakflanschen im Wasser, sondern frei. Bedienung und Regulierung wie bei anderen Maschinen.

Fig. 154 bis 156. Haushaltungs- und Kleingewerbemaschine Audiffren-Singrun, Brown, Boveri & Co.,

Mannheim[1]). Maschine vollständig geschlossen, kein Verlust an schwefliger Säure, ohne Regulierung, Einstellung nur durch

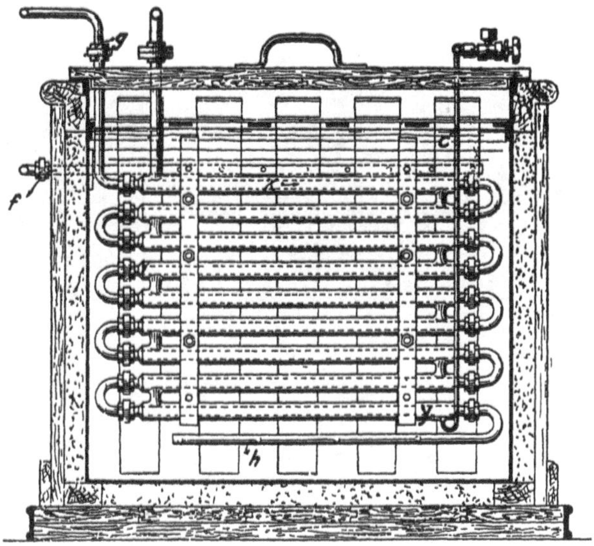

Fig. 153.

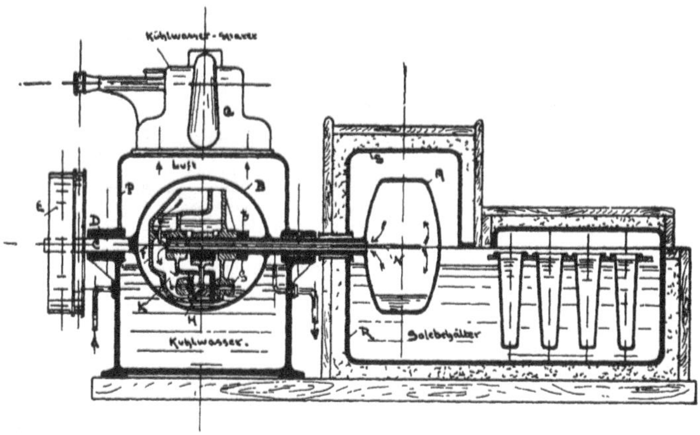

Fig 154.

Abstimmung der Umlaufzahl und Wasserzufuhr. Verflüssiger-

[1]) Siehe Zeitschr. f. d. ges. Kalte-Industrie, Sept 1914, Heft 5.

und Verdampfergefäß laufen um und bewirken dadurch lebhaften Wärmeaustausch. Aus dem Verdampfer fließen die Dämpfe durch die Hohlwelle zu dem Verdichter, bestehend aus einem durch

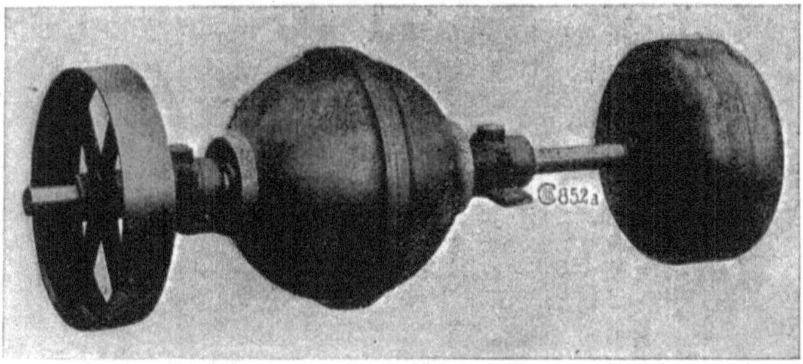

Fig. 155.

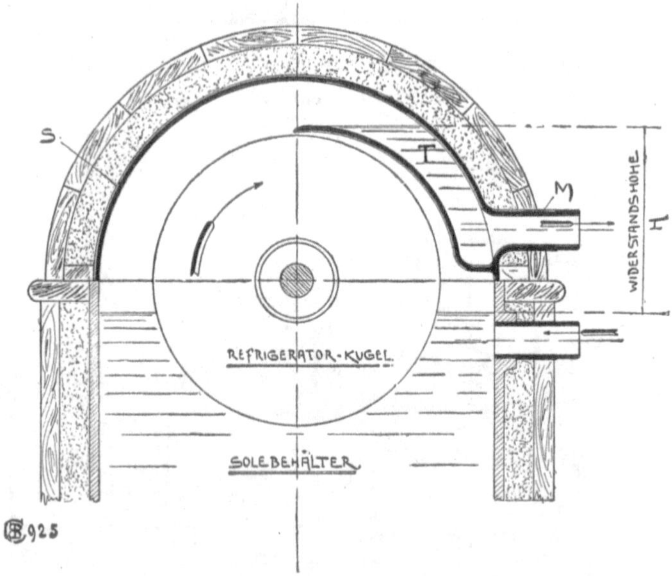

Fig. 156.

sein Gewicht in hängender Lage bleibenden Zylinder und einem durch die umlaufende Welle betätigten Kolben. Übertritt der SO_2 aus dem Verdichterraum in die Verflüssigerkugel, Abstreifen des verflüssigten Kältemittels und Überführung durch ein in der Hohlwelle liegendes Rohr in den Verdampfer, unter Überwindung der Zentrifugalkraft des Kältemittels durch den Überdruck zwischen Verflüssiger und Verdampfer. Fig. 156. Die durch die Verdampferkugel nach oben geschleuderte Sole sammelt sich in *T* und fließt infolge eigenen Gefälles durch die Kühlschlangen des Schrankes zurück in den Solebehälter. Antrieb der Maschine entweder durch Elektromotor (unmittelbar gekuppelt) oder sonst durch Riemen.

Fig. 157.

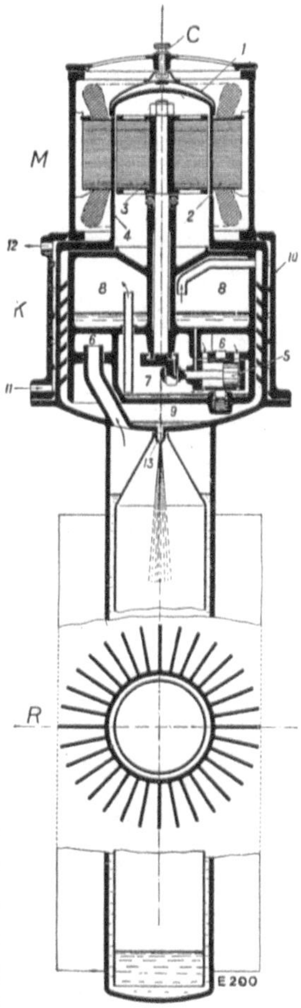

Fig. 157. Chlormethyl-Maschine für Haushaltungen und Kleingewerbe von Escher, Wyß & Co., Ravensburg[1]).

Maschine vollständig geschlossen, Antrieb durch Drehstrommotor 3 mit senkrechter Welle. Im Verdampfersack (mit Radialrippen) entwickelter Dampf geht durch Saugraum 6 zum Verdichter, von diesem zum Druckraum 7, durch Steigrohr nach 8, hier Abscheidung des Öls, das zum Verdichter zurückfließt, Abfluß des Kältemittels in den mit Fangrippen versehenen Verflüssigermantel, der durch Außenmantel mit Wasser gekühlt wird. Bei 9 Sammlung des verflüssigten Kältemittels und Überfuhrung durch Drosseldüsen in den Verdampfersack.

---

[1]) Siehe Zeitschr. f. d. ges. Kalte-Indutrie 1916, Heft 1

Bei diesen kleinen Maschinen ist die Abdrosselung in den Regulierdüsen besonders schwierig, weil die in einer Stunde umlaufende Flüssigkeitsmenge sehr klein ist.

35. Antrieb der Kleinkühlmaschinen.

a) Antrieb durch Dampf ist nur da zweckmäßig, wo Dampf schon für andere Zwecke gebraucht wird, oder da, wo eine

Fig. 158.

langsamer laufende Kaltemaschine vorgezogen werden darf und Platz sowie Bedienung genug vorhanden ist für einen Dampfkessel.

Beispiele: Fig. 145, 148, 150, 158.

Bevorzugt ist der unmittelbare Antrieb, weil die günstigsten Umlaufzahlen der Dampfmaschine und des Verdichters bei den kleinen Maschinen nicht weit auseinander liegen.

b) Antrieb durch Elektromotor erfordert einen verhältnismäßig langsam laufenden Motor und sehr rasch laufenden Verdichter bei unmittelbarer Kupplung. Keiner von beiden arbeitet unter günstigen Verhältnissen. Jedoch ist dies in vielen Fällen unbedenklich. Diese Betriebsweise ermöglicht den kleinsten Raumbedarf.

Beispiel Fig. 151 u. 157.

Antrieb mit Übersetzung durch Riemen gestattet, die beiden Maschinenarten unter günstigeren Verhältnissen, durch Einschaltung eines weiteren Vorgeleges sogar unter den günstigsten Verhältnissen laufen zu lassen. Jedoch ist der Arbeitsgewinn durch das Vorgelege nicht groß, weil dieses ebenfalls Reibungsarbeit verbraucht. Aber die Anlage ist dann sehr betriebssicher. Die kleinen Maschinen sind meist einfach wirkend. Das bedingt ziemlich schwere Schwungräder. Beim Anlassen ist die Masse derselben zu beschleunigen. Verwendet man sehr knapp bemessene Motoren, so ist eine weiche Gleitkupplung nötig, durch welche die Beschleunigung ganz allmählich geschieht[1]).

Antrieb mit Übersetzung durch Zahnräder. Übersetzung höchstens 1: 4, danach konnen die Umlaufzahlen immer noch nicht in die günstigsten Bereiche verlegt werden. Der stoßweise Betrieb des Verdichters ist für den Zahntrieb sehr ungünstig. Man muß deshalb ein Schwungrad mit großem Gleichförmigkeitsgrad[2]) anwenden. Bei Verwendung von zwei Zylindern und zwei unter 90° versetzten Kurbeln wird die Sache günstiger.

Antrieb mit Übersetzung durch Schneckengetriebe ermöglicht sehr geringen Raumbedarf, Wahl der Umlaufzahlen in gunstigen Bereichen. Hochgängige Schnecke von kleinem Durchmesser, große Zähnezahl des Schneckenrades d. h. Übersetzung

bei	eingängiger	Schnecke	1:40,
»	zwei- »	»	1:30,
»	drei- »	»	1:25,
»	vier- »	»	1:20

[1]) Siehe Zeitschr. f. d. ges Kalte-Industrie 1900, S. 166.

[2]) Siehe Heinel, »Bau und Betrieb von Kaltemaschinenanlagen« und Zeitschr. f. d. ges. Kalte-Industrie 1907, S. 121 (Tabellen).

sichert guten Wirkungsgrad. Betreffs des Gleichförmigkeitsgrades gilt das beim Zahnradantrieb Gesagte noch mehr, da der Verdichter hier meist langsamer läuft.

Man beachte, ob der in Frage kommende Elektromotor unter Vollast bzw. mit wesentlicher Überlastung anlaufen kann und darf. Nötigenfalls ist für Entlastung beim Anlauf zu sorgen. (Z. B. Saugventil anheben oder Gleitkupplung.)

Grundsatz für jeden Zahnantrieb ist die Anbringung von Schwungmassen zwischen dem Zahntrieb und dem Kurbeltrieb, andernfalls wäre die Lebensdauer des Zahntriebes sehr kurz und das Geräusch desselben sehr stark.

c) Antrieb durch Verbrennungsmaschine. In Frage kommt meistens ein Ölmotor, in den Städten auch ein Gasmotor. Voraussetzung ist die Möglichkeit unbelasteten Anlaufens, bei unmittelbarer Kupplung durch Anheben der Saugventile oder durch Lösen einer Reibungskupplung zwischen dem Schwungrad und dem Verdichter, bei Zahnradantrieb durch Anheben der Saugventile oder Lösen einer Kupplung, bei Riemenantrieb durch Voll- und Leerscheibe oder eine Kupplung. Bezüglich der günstigsten Umlaufzahl hält der Verbrennungsmotor die Mitte zwischen der Dampfmaschine und dem Elektromotor, sie liegt aber noch wesentlich über der günstigsten Umlaufzahl der Verdichter. Unter Umständen, z. B. in sehr kleinen Räumen und wenn das Gewicht möglichst zu vermindern ist (Fahrzeuge), wird man eine Verbrennungsmaschine mit sehr hoher Umlaufzahl und eine der bei dem Elektromotor bezeichneten Kupplungsarten wählen müssen.

36. Handkühlmaschinen.

Betriebsbedingung ist: sehr kurze Arbeitszeit; diese erreicht man durch möglichste Verminderung der abzukühlenden Massen, insbesondere durch Weglassen des Salzwasserbades, d. h. durch Abkühlen des Gefrierwassers durch verdampfendes Kältemittel, durch Erzeugung mehrerer dünner Stangen statt einer dicken Stange. Das durch diese Handmaschine erzeugte Eis wird gewöhnlich sofort und zerstückelt verwendet. Sehr einfache Bedienung. Es eignen sich zu diesem Zwecke die Maschinen ohne Ölabscheider besser; aber man kann die Ölabscheidung auch so ausbilden, daß sie nur ab und zu bedient zu werden braucht. Kleine Drucke erleichtern die Bauweise des Eistopfes. Aus diesem Grunde durfte sich Schwefligsäure recht

Fig. 159.

gut eignen, zumal man dann auch Kupfergefaße verwenden kann mit dunnen Wanden, also kleiner abzukuhlender Masse.

Fig. 159 u. 160: Handeismaschine, nach Bauunterlagen von R. Stetefeld, ausgefuhrt von G. A. Schutz, Wurzen i. S. Zum Betriebe sind vier Mann notig; es konnen mit der Maschine in drei Stunden etwas mehr als 5 kg Eis erzeugt werden. Der Eisblock braucht 40 bis 50 Minuten zum Gefrieren. Die Maschine wiegt ca. 350 kg. Der Eiserzeuger ist ein doppelwandiges Gefäß, in der Hohlwand verdampft Schwefligsäure.

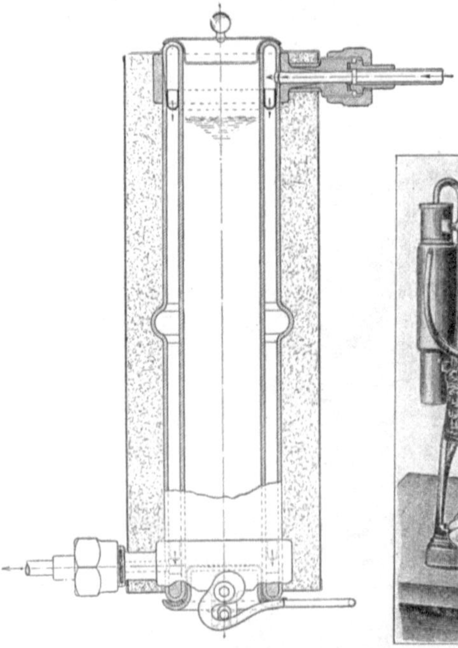

Fig. 160.

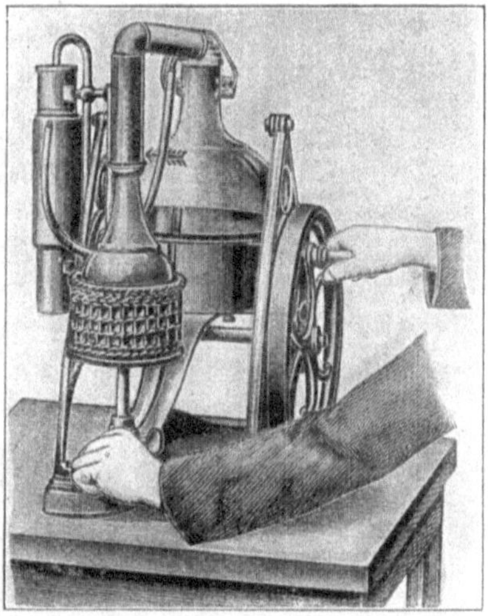

Fig. 161.

Nach dem Ausgefrieren wird der Eisblock losgetaut durch die vom Druckverdichter kommende, durch die Verdichtung überhitzte Schwefligsaure. Der Eisblock wird nach dem Öffnen der Klappe nach unten ausgestoßen.

Fig. 161 u. 162: Handkühlmaschine fur ganz kleine, aber in sehr kurzer Zeit zu erzeugende Kältemengen. Über dem abzukuhlenden Wasser in der kleinen Kanne wird Luftleere durch eine Saugpumpe erzeugt, deren schadlicher Raum durch Öl ausgefullt ist. Der aus dem Wasser entstehende Dampf wird durch starke, in der großen Glaskanne befindliche Schwefelsaure absorbiert, so daß die Luftpumpe nur noch etwas Luft abzusaugen hat. Dadurch kann sie so klein gehalten werden, daß man die Maschine mit einer Hand drehen kann. Die Schwefelsäure muß, nachdem sie sich durch Wasserdampfaufnahme verdünnt hat, von Zeit zu Zeit durch frische Schwefelsäure ersetzt werden. Hierin liegt die Schwierigkeit der Anwendung der im

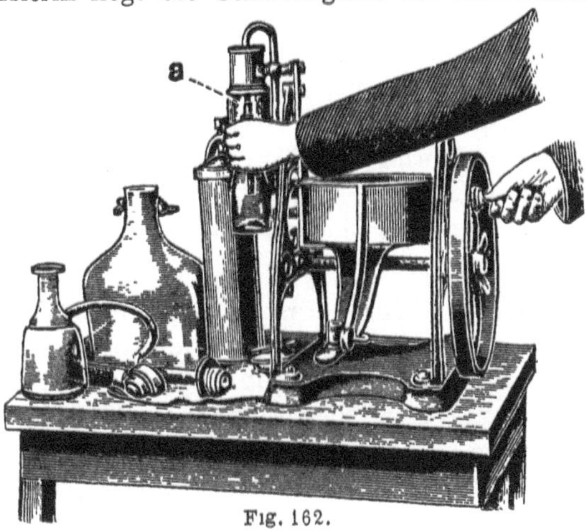

Fig. 162.

ubrigen sehr einfachen und zweckmäßigen Maschine. Statt der Wasserkanne kann ein kleiner Eiserzeuger angeschlossen werden oder ein Gefaß zur Aufnahme von Weinflaschen u. dgl. In das Gefäß wird etwas Wasser gegeben, welches unter der hohen Luftleere verdampft bei einer Verdampfungstemperatur unter 0 Grad. Hierdurch wird das Wasser und die in ihm liegende Flasche abgekühlt.

Kapitel VII.

Bau und Betrieb der Ammoniak-Absorptionsmaschine.

37. Bauart der Apparate.

Die Bauart der einzelnen Apparate kann aus den Bedingungen fur moglichst wirtschaftliches Arbeiten abgeleitet werden, die Abmessungen dagegen sind vorlaufig noch mehr Sache der Erfahrung als der Berechnung. Auf die Wiedergabe werkstattenmaßiger Entwurfe der einzelnen Apparate wurde verzichtet, erstens, weil die wenigen Firmen, welche sich zurzeit mit dem Bau von Absorptionsmaschinen befassen, Werkzeichnungen nicht zur Verfügung stellen konnten, zweitens, weil die der Zeitschrift für die gesamte Kälte-Industrie 1905, S. 211, entnommene Fig. 163 (Tafel) die Bauweise des Ammoniakaufsaugers (Absorbers) und des Ammoniakaustreibers (Kochers, Ammoniakkessels) ungefähr so darstellt, wie sie von der Halleschen Maschinenfabrik gebaut werden. Die Bauweise der Apparate der Maschinenfabrik C. Senßenbrenner, Düsseldorf-Oberkassel, weicht in vieler Hinsicht ab. Der Verdampfer und der Verflüssiger können die sonst gebräuchlichen, schon beschriebenen Formen haben.

Fig. 163. Umlauf des Ammoniaks: Vom Verdampfer fließt das gasförmige Ammoniak zum Aufsauger (Absorber). In diesem wird es von armer Ammoniaklösung aufgesaugt, während gleichzeitig durch Kühlwasser die freiwerdende Wärme abgeführt wird. Die reiche Lösung fällt zur Pumpe, die tiefer stehen soll als der Aufsauger, damit nicht in der Pumpe wieder gasförmiges Ammoniak ausgeschieden wird, weil sonst die Pumpe zu wenig Lösung fördern würde. Die Pumpe preßt die reiche Lösung zum Temperaturwechsler, in welchem die aus dem Kocher kommende heiße arme Ammoniaklösung ihre Wärme an die reiche Lösung abgibt. Die reiche Lösung geht zum Kocher, in welchem durch Zufuhr von Wärme der größte Teil des Ammoniaks gasförmig ausgetrieben wird. Dieses ausgetriebene Ammoniak wird im Dom des Kochers getrocknet und dann zum Verflüssiger geschickt.

Verwendung des Kühlwassers: Das Kühlwasser wird zunächst zum Teil zur Unterkühlung des verflüssigten Ammoniaks, zum Teil zur Kühlung des Ammoniaksaufsaugers verwendet. Das im Aufsauger mäßig erwärmte Kühlwasser fließt dem Verflüssiger zu und bewirkt im Verein mit dem vom Flüssigkeitsunterkühler kommenden Kühlwasser die Verflüssigung des Ammoniaks.

Der Aufsauger (Absorber).

Das vom Verdampfer kommende gasförmige Ammoniak wird (Fig. 163 u. 164) durch drei Anschlußleitungen verteilt in

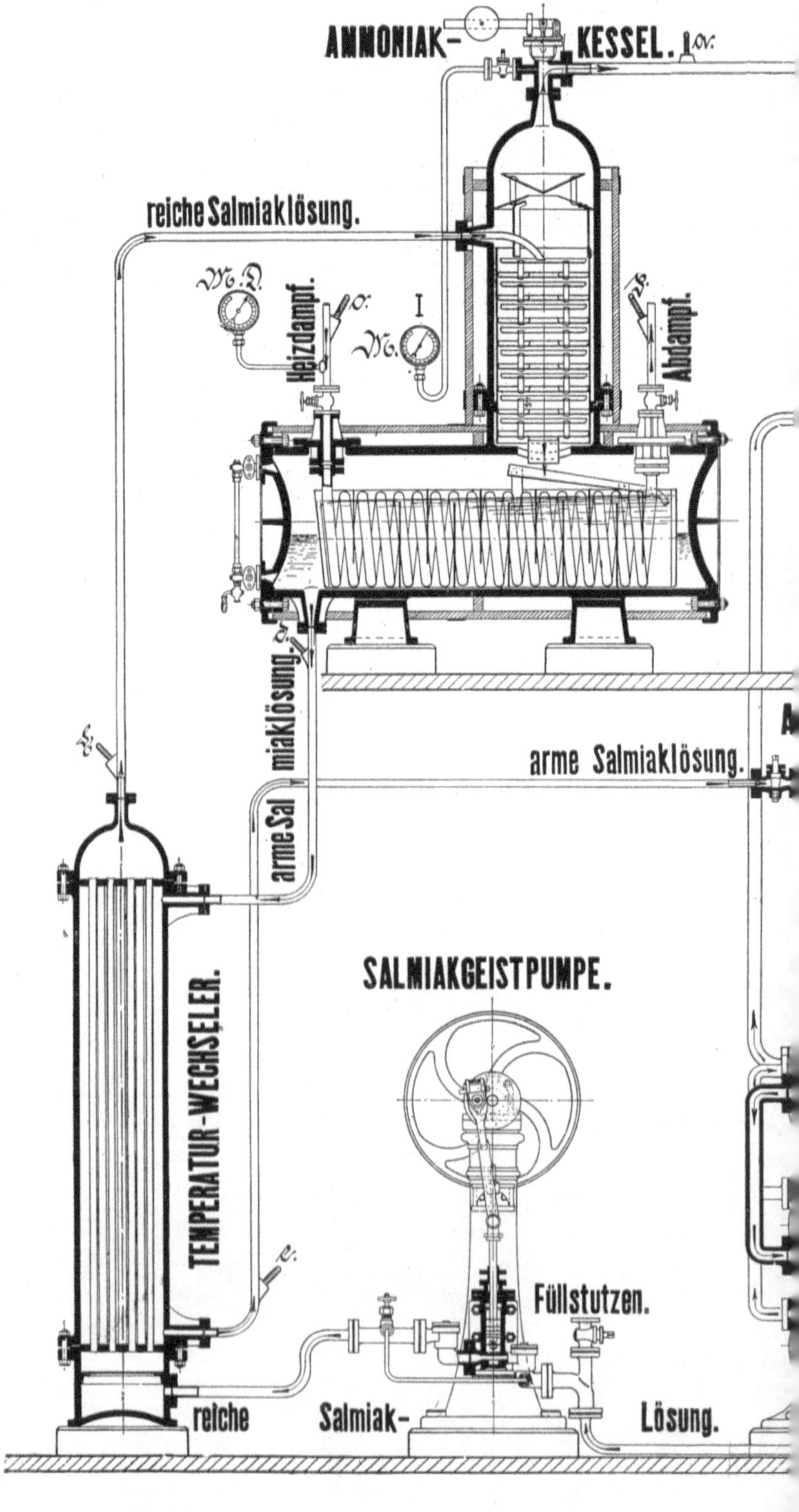
AMMONIAK-KESSEL.
reiche Salmiaklösung.
Heizdampf.
Abdampf.
arme Salmiaklösung.
arme Salmiaklösung.
SALMIAKGEISTPUMPE.
TEMPERATUR-WECHSELER.
Füllstutzen.
reiche Salmiak-Lösung.

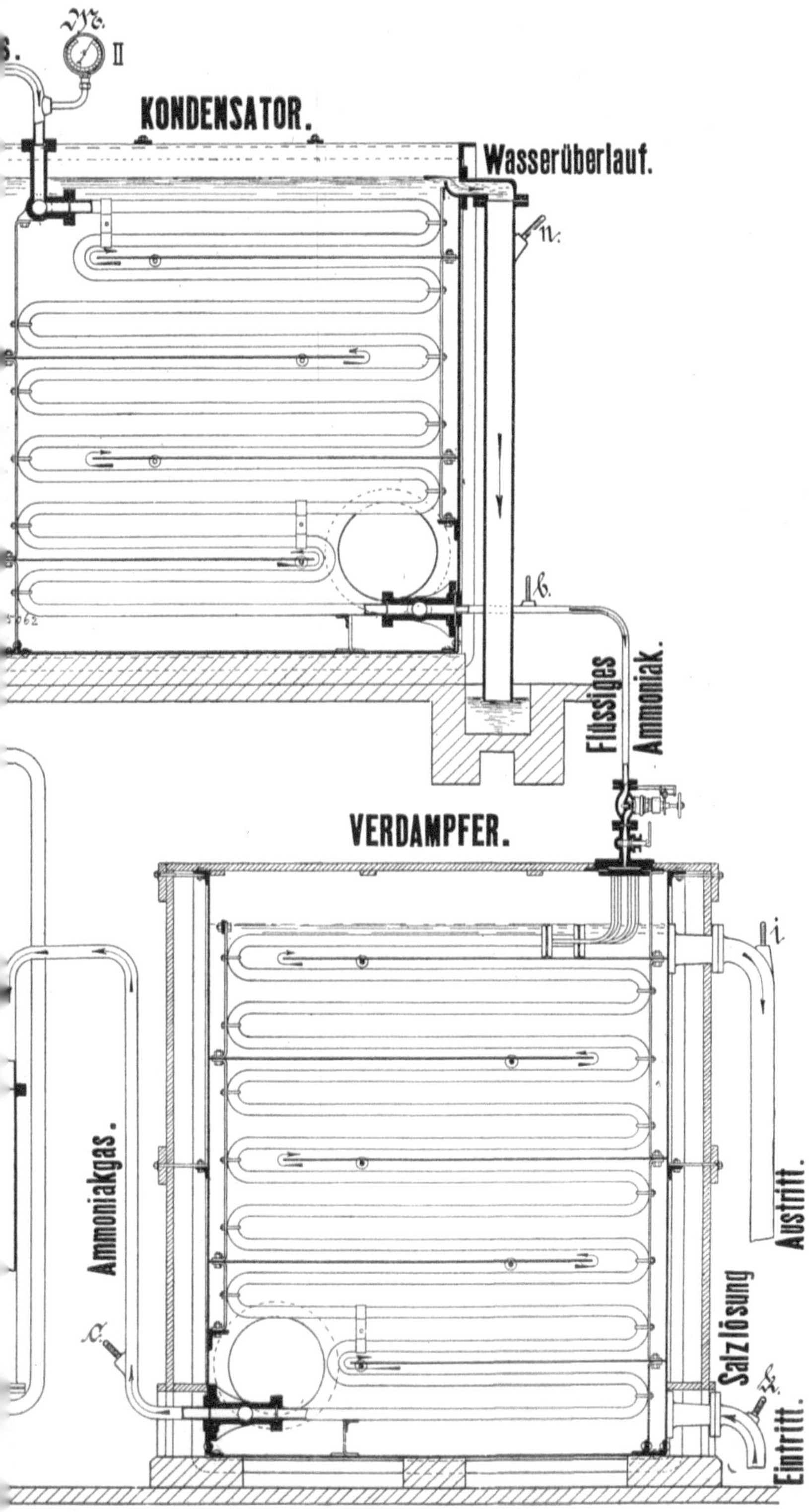
KONDENSATOR.
Wasserüberlauf.
Flüssiges Ammoniak.
VERDAMPFER.
Ammoniakgas.
Salzlösung
Austritt.
Eintritt.

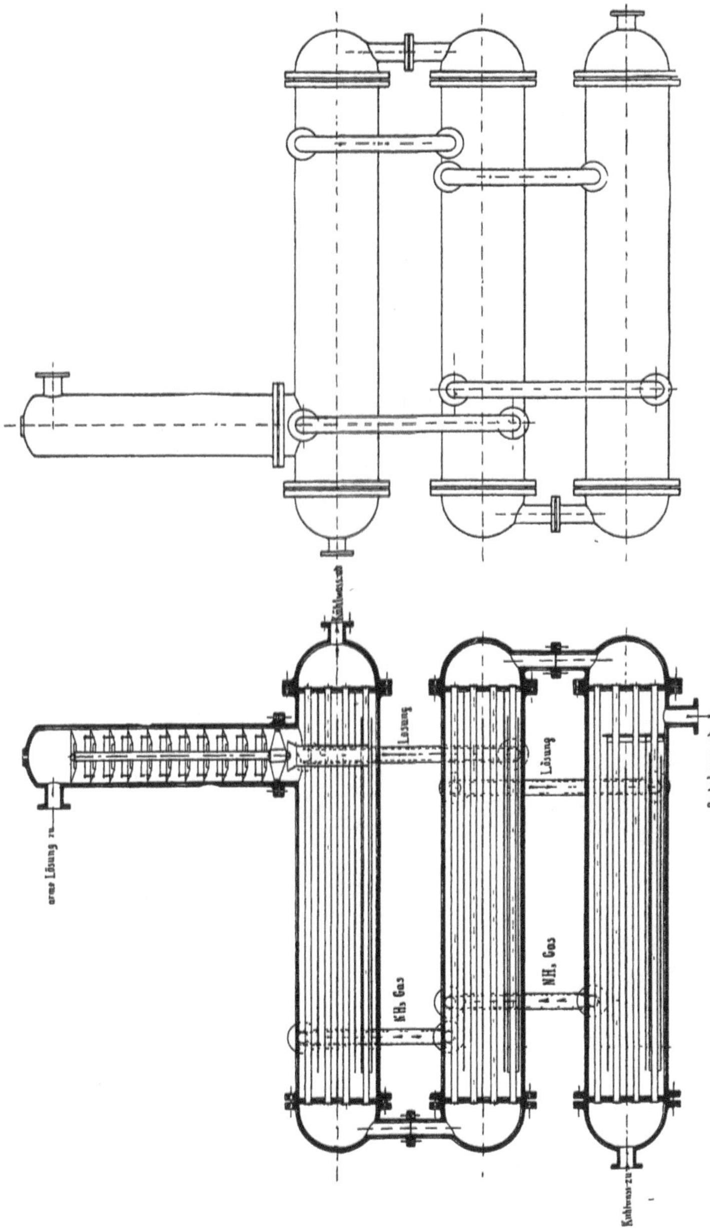
arme Lösung zu
Kühlwasser ab
Lösung
Lösung
NH₃ Gas
NH₃ Gas
Reiche Lösung ab
Kühlwasser zu

Fig. 164.

drei mit Lösung gefüllte liegende Kessel und tritt dort durch je ein gelochtes Rohr in die Lösung ein. Damit kein Ammoniakwasser in den Verdampfer zurücktreten kann, sind in den An-

Fig. 165.

schlußleitungen absperrbare Rückschlagventile eingebaut. Das im untersten Kessel nicht gelöste Ammoniak geht durch ein Rohr (Fig. 164 u. 165) nach dem mittleren Kessel, das hier nicht gelöste Ammoniak durch ein Rohr nach dem obersten Kessel, das hier nicht geloste Ammoniak in den Rieselturm. Die arme Ammoniaklösung fließt im Gegenstrom sowohl zum Ammoniakgas wie zum Kühlwasser zuerst durch den Rieselturm nach dem obersten Kessel, durch ein Überlaufrohr in den mittleren Kessel, von da durch ein weiteres Überlaufrohr in den unteren Kessel. Das **Kühlwasser** kühlt, indem es Röhren durchfließt, welche in der Ammoniaklösung liegen, zuerst den unteren Kessel. den mittleren und oberen Kessel.

In jedem der drei Kessel wird durch Zwischenbleche die Lösung im Zickzackwege von unten nach oben geleitet, um eine innige Mischung des Ammoniaks mit der Lösung zu erreichen.

Die geschilderte Bauweise erfüllt die **Bedingungen**:

Gegenstrom zwischen Ammoniak und Lösung,
» » Kühlwasser und Lösung,
große Berührungsflächen zwischen Ammoniak und Lösung,
aufsteigende Bewegung der durch Aufnahme von Ammoniak leichter werdenden Lösung

im allgemeinen recht gut. Die Bauweise ist gedrängt und erfordert verhältnismäßig wenig Raum. Besondere Sorgfalt ist dem Eindichten der Kühlwasserrohre zuzuwenden, weil sonst leicht Verluste an Ammoniak entstehen, die den Rückgang der Leistung zur Folge haben.

Neben dieser Bauweise wäre brauchbar ein reiner **Berieselungsapparat**, dessen Berieselungsflächen teilweise durch die Kuhlwasserrohre, teilweise durch Blechstreifen gebildet sind, die zwischen den einzelnen Rohren aufgehangen sind. Als Gefäß ist nur ein zylindrischer Kessel von mäßigem Durchmesser mit versteiften Deckeln brauchbar. (Druck bis 6 Atm.)

Bei größeren Anlagen wäre zu ermitteln, ob es wirtschaftlichen Nutzen bringt, wenn man das vom Verdampfer kommende kalte Ammoniakgas erst durch einen Austauscher fuhrt, in dem es eine durch die spez. Gaswärme beschränkte Kaltemenge an das vom Verflüssiger kommende, durch Kuhlwasser schon mäßig unterkühlte flüssige Ammoniak abgibt. Die auf diese Weise dem Aufsauger vorenthaltene Kälte wird ersetzt durch ein kleines Mehr an Kühlwasser.

Armatur des Aufsaugers: Ein Manometer, je ein Thermometer in der Zuleitung der armen Lösung, im Ablauf der reichen Losung, im Zulauf des Kuhlwassers, im Ablauf des Kuhlwassers; ein Entluftungsventil auf dem Turme, Entleerungsventil. Absperrventile in allen Zu- und Ableitungen, je ein Regulierventil für das Kühlwasser und für die arme Lösung.

Die Ammoniaklösungspumpe.

Sie ist meist stehend und einfach wirkend, die obere Kolbenseite wird dann zweckmäßigerweise unter Saugdruck gehalten durch ein Verbindungsrohr mit der Saugleitung. Die Maschinen-

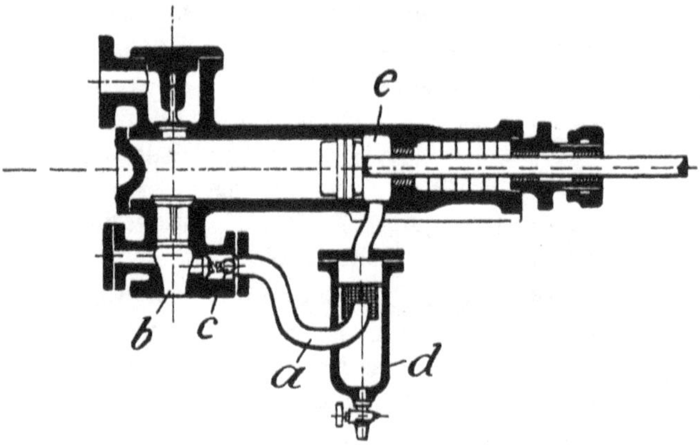

Fig. 166.

fabrik Senßenbrenner führt diese Verbindung nach Fig. 166 aus. Bei *b* ist die Saugleitung angeschlossen, *c* ist ein Rückschlagventil, das dem auf der vorderen Kolbenseite verdichteten NH_3-Gas bzw. der durch die Undichtheit des Kolbens nach *e* übergetretenen Lösung den Durchtritt zur Saugleitung gestattet. *d* ist ein Siebtopf, in welchen die Flüssigkeit fällt, während in *e* nur Gas verdünnt und verdichtet wird bei jedem Kolbenhub. Auf diese Weise wird das Schmieröl nicht von der Kolbenstange abgespült. Abtropfendes Öl sammelt sich in *d* und wird ab und zu abgelassen. Die Stopfbüchse kann durch Baumwolle abgedichtet werden. Lederstulpen eignen sich nur zum Abdichten höherer Drücke, weil schon ein größerer Druck nötig ist zur Überwindung der Steifigkeit des Leders. Die Leistung der Pumpe muß regelbar sein. Hierzu dient entweder ein Umlaufrohr mit Ventil oder eine Vorrichtung, welche den Hub oder die Umlaufzahl der Pumpe während des Betriebes verstellen läßt. Auf der Pumpe muß ein gewisser Flüssigkeitsdruck lasten, der größer ist als der Widerstand des Saugventils und der Leitung, sonst würde beim Ansaugen ein Teil des aufgesaugten Ammoniaks frei werden und den Pumpenraum ausfüllen. Armatur: Umlaufleitung mit Ventil, Entlüftungsventilchen, Entleerungsventil.

Der Temperaturwechsler.

Die in Fig. 163 dargestellte Bauweise ist zweckmäßig, weil sie folgende Vorteile aufweist:

Gegenstrom, geringen Raumbedarf, billige Bauweise, Möglichkeit bequemer Reinigung.

Dieser Temperaturwechsler muß hoch und mit geringem Zylinderdurchmesser gebaut werden, damit der Gegenstrom gut ausgenutzt wird und genügend große Fließgeschwindigkeiten erreicht werden. Die Abdichtung der Rohre ist hier leicht in hinreichender Weise zu erreichen, weil die Drücke wenig verschieden sind und kleine Undichtheiten keinen Schaden bringen.

Zur Prüfung seiner Leistung sind Thermometer in beiden Zu- und Ableitungen nötig.

Da die reiche Lösung ein größeres Gesamtgewicht hat als die arme Lösung, so wird der Temperaturwechsel nicht vollkommen sein. Den Überschuß an Kälte der reichen Lösung hat man auszunutzen versucht, indem man das aus dem Kocher kommende Ammoniakgas ebenfalls durch die reiche Lösung abkühlen ließ. Man baute zu diesem Zwecke entweder eine Ammoniakgasschlange in den Temperaturwechsler ein, in dem sich die reiche und die arme Lösung begegnen, oder man baute einen besonderen zweiten Wechsler, in welchem die von der Pumpe kommende reiche Lösung einen Teil ihrer Kälte an das aus dem Kocher kommende Gas abgab, bevor sie zu dem anderen Temperaturwechsler ging.

Diese Maßnahme bringt wirtschaftlich wenig Nutzen, weil die Temperaturunterschiede und auszutauschenden Wärmemengen zu klein sind. Der Vorteil, daß durch gute Vorkühlung das Gas vor dem Eintritt in den Verflüssiger noch weiter von Wasserdampf befreit werden kann, wird energischer erreicht durch Vorkühlung des Gases mit Kühlwasser. Das aus dem Ammoniakgas ausgeschiedene Wasser enthält viel Ammoniak und ist deshalb dem Kocher wieder zuzuführen. Der Wechsler erhalt ebenfalls Entleerungsventile.

Senßenbrenner baut die Temperaturwechsler als Doppelröhrenapparat (ähnlich wie Fig. 137), aber so, daß sowohl das Innenrohr wie das Außenrohr je einen Doppelkrümmer bildet. Der Doppelkrümmer des Außenrohres ist durch zwei aus Blech gedrückten Schalen gebildet, die untereinander und mit den zu verbindenden Außenrohren autogen verschweißt werden und den Doppelkrümmer des Innenrohres umschließen.

Der Austreiber.

In der Fig. 163 ist die Bauweise der Halleschen Maschinenfabrik in ausreichender Weise dargestellt. Im Berieselungsturm begegnen sich die ankommende reiche Lösung und das im Kocher ausgetriebene heiße Ammoniakgas. Letzteres wird von der reichen Lösung gekühlt und von Wasserdampf befreit. Ganz oben im Turm befindet sich noch eine Wasserabscheidevorrichtung. Die reiche Salmiaklösung gibt schon im Turm einen Teil ihres Ammoniakgehalts ab. Über weitere Abkühlung und Trocknung des Ammoniakdampfes siehe oben bei »Temperaturwechsler«. Das zum Verflüssiger kommende Ammoniakgas darf nur noch so viel Wasser absorbiert enthalten, als das Gas unter dem Verdampferdruck und bei der Verdampfertemperatur absorbiert halten kann. Andernfalls würde sich im Verdampfer Wasser absetzen, dort gefrieren und die Verdampferschlangen allmählich verstopfen. Die zulässige Wassermenge ist sehr gering, daher muß das Ammoniakgas sorgfältigst getrocknet werden.

Aus dem Berieselungsturm fällt die reiche Lösung in den Kocher. Aus Fig. 163 ist zu erkennen, daß die Lösung durch ein schrägliegendes Blech dem einen Ende des Kochers zugeführt und durch senkrechte Bleche im Zickzack nach oben und unten und allmählich nach dem anderen Ende zu fließen gezwungen wird. Dort fällt sie durch einen Überlauf in die Ableitung zum Temperaturwechsler. Diese Bauweise erfüllt alle Anforderungen, nämlich:

Gegenstrom zwischen Lösung und Ammoniakdampf und zwischen Dampf und Lösung, geringer Raumbedarf, bequeme Bauweise, leichte Reinigung.

Armatur: Flüssigkeitstandzeiger, ein Regulierventil in der Dampfzuleitung, Sicherheitsventil mit ins Freie führender Ableitung auf dem Turm, je ein Thermometer: in der Ammoniakgasableitung, in der Dampfzuleitung, in der Dampfwasserableitung, je ein Manometer am Berieselungsturm und in der Dampfzuleitung, das erstere mit Alarmvorrichtung , Entleerungsventile.

Die Maschinenfabrik Senßenbrenner baut die Kocher als stehende Kessel. Bei stehender Bauart erreicht man die beste Austreibung bei geringster Heiztemperatur durch reine Berieselung von Heizröhren; weniger gut wäre, die stehende Schlange vollständig in Lösung einzutauchen und die reiche Lösung oben zu-, unten abzuführen, wie es der Veränderung des spez. Gewichtes der Lösung entspricht. Die auf der untenliegenden armen Lösung liegende Flüssigkeitssäule würde eine geringere Austreibung bewirken.

38. Aufstellung, Inbetriebsetzung, Betrieb.

Mit Ausnahme der Pumpe können alle Apparate in gleicher Höhe liegen. Alle Flanschen der Lösungs- und Ammoniakleitungen werden nach den in Kapitel III und IV angegebenen Grundsätzen ausgebildet und abgedichtet. Bei den heißen Leitungen darf die Dichtung nicht durch die hohe Temperatur leiden und undicht werden. Die Prüfung der Apparate auf Dichthalten muß in der Fabrik geschehen. Das Prüfen der Dichtheit der Leitungen nach der Montage ist weniger einfach als bei der Verdichtungskältemaschine. Man könnte sich mit einer Wasserdruckprobe helfen. Nachteile dieser Prüfungsart sind: die Austrocknung des Verflüssigers und Verdampfers und der Ammoniakleitungen ist hier sehr umständlich, die Wasserdruckprobe kann gut ausfallen und trotzdem können dann Stellen vorhanden sein, welche das Ammoniakgas nicht dicht abschließen. Bei den größeren Anlagen empfiehlt es sich, die Druckprobe durch einen kleinen fahrbaren Luftverdichter vorzunehmen. Mit Hilfe desselben kann auch der Verflüssiger und der Verdampfer ausgetrocknet werden. Außerdem kann durch den Verdichter die Luft aus der geprüften und zu füllenden Anlage abgesaugt werden[1]). Die Entlüftung der Anlage ist ohne diesen Verdichter etwas zeitraubend und kostet viel Ammoniak. In diesem Falle verfahrt

[1]) Siehe Heinel, »Bau und Betrieb von Kaltemaschinen«, S. 126, Tafel XV.

man folgendermaßen: Man schließt die Ventile, welche sich in der Leitung für die reiche Lösung hinter dem Aufsauger und vor dem Temperaturwechsler und in der Ammoniakgasleitung hinter dem Austreiber befinden, sowie das zwischen dem Verflüssiger und dem Verdampfer befindliche Regulierventil. Eine Flasche mit flüssigem Ammoniak wird am Füllstutzen der Pumpe angeschlossen. Von der Pumpe wird eine kleine Leitung zum Verflüssiger angelegt. Die Pumpe saugt das flüssige Ammoniak aus der Flasche und preßt es in den Verflüssiger, der mit Kühlwasser gekühlt wird. Der Verflüssiger erhält etwas mehr flüssiges Ammoniak als der Verdampfer und der Verflüssiger zusammen im normalen Betriebe enthalten. Sodann läßt man etwas Ammoniak in den Verdampfer übertreten und die Entlüftungsventile am Verflüssiger und am Verdampfer so lange abblasen, bis die Luftblasen an den in Wasser untergetauchten, an den Entlüftungsventilen angeschlossenen Schläuchen verschwinden. Dann sind zunächst der Verdampfer nnd Verflüssiger normal gefüllt und entlüftet. Nun werden die Ventile am Verdampfer und Verflüssiger geschlossen, die Hilfsleitung von der Pumpe zum Verflüssiger abgesperrt, die Ventile in der Leitung der reichen und armen Lösung geöffnet, bis auf das Ventil in der Leitung der reichen Lösung am Aufsauger.

Von der Pumpe läßt man nun die richtige Menge starken Salmiakgeistes (Ammoniaklösung) ansaugen und in die drei Apparate: Aufsauger, Temperaturwechsler und Austreiber pressen, bis zur Erreichung der Marken für den Flüssigkeitsstand. Die Entlüftungsventile der drei Apparate werden dabei wieder so bedient, daß sie so lange ausblasen, bis die Luftblasen an den im Wasser steckenden Schlauchenden verschwinden. Die Entlüftung muß nach der Inbetriebnahme einige Zeit täglich wiederholt werden.

Bei der nun folgenden Inbetriebsetzung arbeitet man nun zunächst ohne Verdampfer (bei geschlossenem Ammoniak-Regulierventil) und läßt den Kreislauf der Lösung in Tätigkeit treten unter ganz langsamem Anwärmen des Austreibers bei geoffneter Leitung zum Verflüssiger. Würde man zu rasch anwärmen, so würde der Apparat in Gefahr kommen durch die Materialspannungen, und es wurde sofort die Flussigkeit im Kocher aufschäumen und in den Verflüssiger übertreten. Die Leitungen für das Kühlwasser sind sämtlich in Tatıgkeit. Ist der Kocher warm, so beginnt man langsam mit der Abkühlung des Verdampfers durch Öffnen des Ventiles in der Ammoniakgasleitung zwischen Verdampfer und Aufsauger und mäßiges Öffnen des Regulierventils in der Leitung des flüssigen Ammoniaks.

Im Betrieb ist in erster Linie darauf zu achten, daß die Temperatur im Kocher ein gewisses Maß nicht überschreitet, und daß besonders das Thermometer in der Ammoniakgasleitung zwischen dem Austreiber und dem Verflüssiger eine Temperatur zeigt, die moglichst nahe an derjenigen liegt, welche das Thermometer in der Leitung für reiche Lösung zwischen Temperaturwechsler und Austreiber zeigt. Diese Thermometeranzeigen schwanken etwas mit der Temperatur bzw. dem Druck im Verflüssiger.

Beispiel für Betriebstemperatur, Dampf- und Wasserverbrauch[1]).

Arme Lösung hinter dem Kocher	90° C
Ammoniakgas hinter dem Trockner	70°
Reiche Lösung vor dem Austreiber bzw. hinter dem Temperaturwechsler	67°
Arme Losung vor dem Temperaturwechsler	27°
Reiche Lösung vor dem Temperaturwechsler bzw. hinter dem Aufsauger	22°
Arme Lösung vor dem Aufsauger bzw. hinter dem Temperaturwechsler	17°
Verflüssigungstemperatur im Verflüssiger	20°
Flüssiges Ammoniak vor dem Regulierventil	16°
Kaltes Ammoniak hinter dem Verdampfer (überhitzt)	— 5°
Verdampfungstemperatur	— 17°
Kuhlwasser vor dem Verflüssiger	11°
» hinter dem Verflussiger	20°
» hinter dem Aufsauger	16°
Kalteleistung der Maschine	100000 WE
Dampfverbrauch	309 kg
Dampftemperatur beim Eintritt bzw. 1,25 Atm. Überdruck	143°

[1]) Siehe Zeitschr. f. d. ges. Kalte-Industrie 1905, S 121

Dampfkondenswasser beim Austritt	79⁰
Kuhlwassermenge für den Aufsauger	27 cbm
» » » Verflüssiger	5 cbm

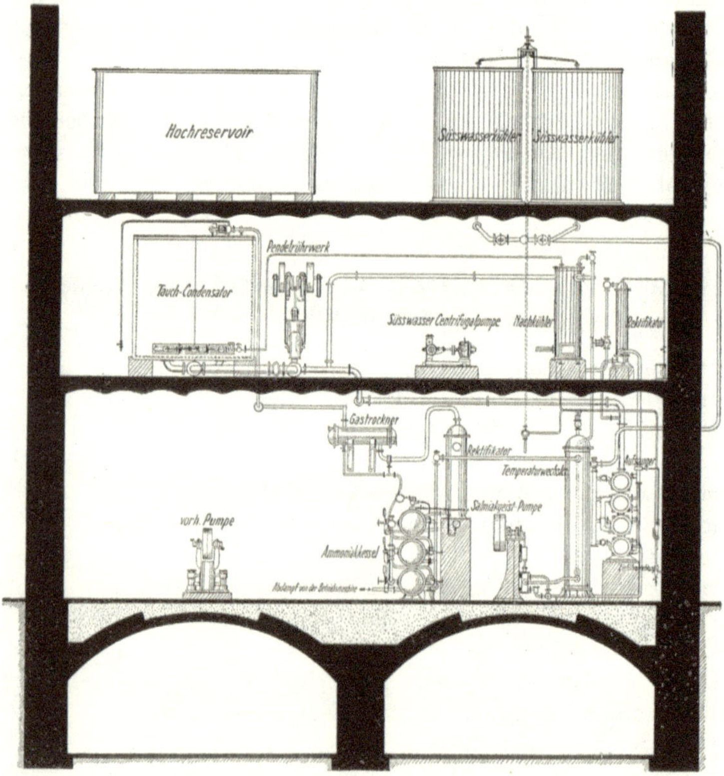

Fig. 167.

Den Lageplan einer Ammoniak-Absorptionsanlage gibt die Fig. 167 (Thomasbrau, Munchen, geliefert von der Halleschen Maschinenfabrik) wieder.

Eine andere Anordnung und die außere Bauart der »Abdamos«-Maschinenanlagen (Osenbruck-Senßenbrenner) zeigt Fig. 168.

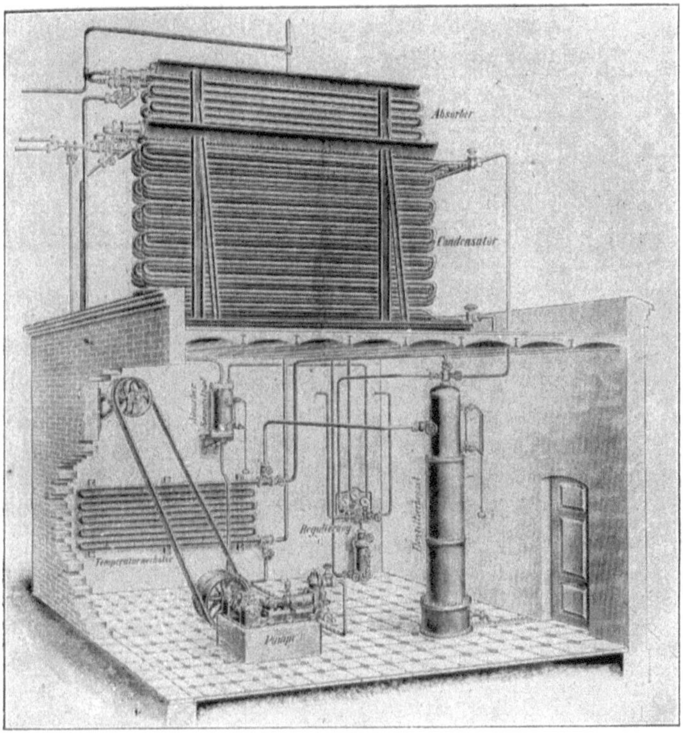

Fig. 168.

39. Kleine vereinfachte Absorptionsmaschine.

Maschinenfabrik Hirzel.

In Fig. 169 ist der Aufsauger und Austreiber in einem Apparat vereinigt, und zwar so, daß der gleiche Apparat abwechselnd einmal als Aufsauger und einmal als Austreiber arbeitet. Es ist *A* dieser Apparat, *B* der Verflüssiger, *C* der Verdampfer.

1. Austreiben und Verflussigen: In *A* wird langsam Feuer angemacht, *B* wirkt als Verflussiger, das Regulierventil ist zu, ebenso das Ventil in der Leitung vom Verdampfer zum Apparat *A*. Das Manometer am Kocher ist zu beobachten.
2. Kuhlen und Aufsaugen. Das Feuer wird entfernt,

das Ventil zwischen *A* und Verflüssiger wird geschlossen, die Ventile am Verdampfer werden geöffnet, *A* wird durch Kühlwasser gekühlt, der Verflüssiger wird nicht weiter gekühlt.

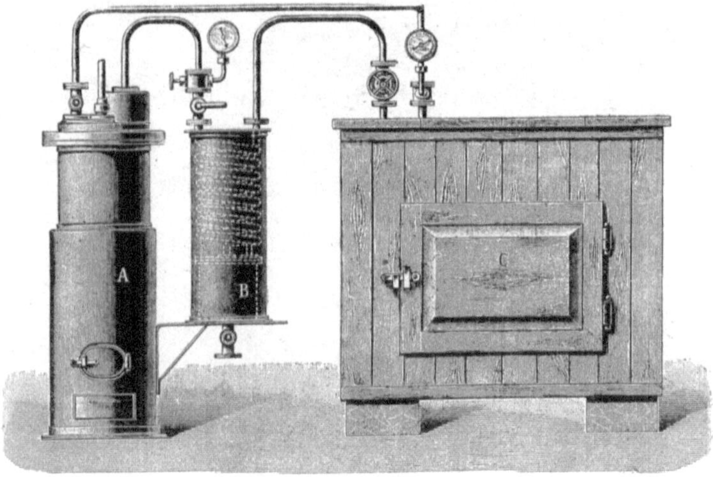

Fig. 169.

40. Verwendungsgebiet der Absorptionsmaschine.

1. Für Klareis-Erzeugung. Das Niederschlagwasser des Austreibers ist vollkommen ölfrei, es eignet sich daher sehr gut zur Klareiserzeugung, es braucht weder gefiltert noch auch nochmals aufgekocht zu werden, da es schon keimfrei ist.

2. Neben anderen Betrieben, die viel Abdampf abgeben können. Dies ist oft der Fall bei Vergrößerung von Kälteanlagen, die dann mit Dampfmaschinen ohne Kondensation mit hoher Austrittsspannung betrieben werden. Der Gewinn an nutzbarer Wärme ist größer als bei der Maschine mit Kondensation, wenn der Abdampf in der Absorptionsmaschine verwendet wird, weil er aus dieser als Wasser mit etwa 70 bis 80° herauskommt, aus der Dampfmaschine aber als Dampf von 40 bis 50° C, also mit viel größerem Wärmeinhalt.

Im Anschlusse an Elektrizitätswerke können Absorptionsmaschinen oft recht wirtschaftlich betrieben werden, erstens weil die Elektrizitätswerke viel Abdampf billig liefern können, zweitens weil die Kältemaschinen gerade dann am meisten Dampf brauchen, wenn die Ausnutzung der Elektrizitätswerke schlecht ist, nämlich im Sommer[1]). Dieser Umstand sollte bei Neuanlagen von Elektrizitätswerken in der Weise berücksichtigt werden, daß man sie neben Schlachthof- oder ähnliche Kühlanlagen legt. Auch mit größeren privaten Eisfabriken können geeignetenfalls günstige Verträge geschlossen werden. Die städtischen Behörden stehen in dieser Hinsicht oft auf einem sehr unwirtschaftlichen Standpunkt.

3. Vorbedingung ist das Vorhandensein genügender und billiger Kühlwassermengen. Die Absorptionsmaschine braucht etwa 2½ bis 3 mal soviel Kühlwasser als die Verdichtungsmaschine mit Tauchverflüssiger. Diese Kühlwassermengen können von Elektrizitätswerken an die Kälteanlage abgetreten werden, wenn sie den Abdampf ebenfalls an diese verkaufen können.

Kapitel VIII.

Die Eiserzeugung.

41. Verwendung des Eises.

Zum Kühlen von Räumen wird Eis heute in geringerem Umfange verwendet wie früher, weil man große Räume (z. B. die Keller der Brauereien) billiger auf die in Kap. IX beschriebene Weise kühlt. Kleinere Schlächtereien, Konditoreien, kleinere Krankenhäuser und Hotels sowie Gasthäuser, Weinhändler u. a. begnügen sich zur Aufbewahrung von Nahrungsmitteln oft zweckmäßigerweise mit Räumen, welche durch Eis kühl gehalten werden. Die im Eis gekühlte und dadurch schwer gewordene Luft tritt am unteren Ende des eine Seite des Raumes einnehmenden Eisbehälters aus, durchstreicht, allmählich wärmer und leichter werdend und dabei Feuchtigkeit aufnehmend, den Kühlraum schräg von unten nach oben, wird dann durch einen Kanal, der durch eine an der Decke befestigte Zwischendecke gebildet wird, wieder zum Eis-

[1]) Siehe Zeitschr. f. d. ges. Kalte-Industrie 1908, S. 182.

behälter geführt, dort wieder gekühlt und von einem Teile der Feuchtigkeit (s. S. 247) befreit.

Von der Größe der der durchstreichenden Luft dargebotenen Oberfläche des Eises im Vergleich zu der dem Raume zugeführten Wärme- und Feuchtigkeitsmenge hängt es ab, welche Temperatur und welchen relativen Feuchtigkeitsgrad die Luft bekommt. Der Luftumlauf darf nicht behindert sein und muß nötigenfalls durch einen Luftumtreiber unterstützt werden in der Weise, daß die vom Luftumtreiber aus dem Raum angesaugte Luft in gleichmäßiger Verteilung über das Eis geblasen wird.

Je nach dem aufzubewahrenden Kühlgut wird man Temperatur und Feuchtigkeitsgrad wählen und danach den Eiskasten bauen. Es lassen sich bei zweckmäßiger Bauweise folgende Verhältnisse erreichen:

	Temperatur	Feuchtigkeitsgrad	passend fur
entweder	3 bis 4°	85 bis 90%	Bierkeller,
oder	4 bis 6°	ca. 85%	Aufbewahrung von Fleisch bis zu 6 Tagen,
oder	6 bis 8°	ca. 80%	Haushaltungskühlräume.

Der Luftumtreiber sollte etwas (nicht zuviel) Frischluft ansaugen und über das Eis blasen können.

Milchig aussehendes Eis (Trübeis) gibt bei gleicher Größe der Oberfläche und gleicher Lufttemperatur seine Kälte etwas rascher ab als klar durchsichtiges Eis, schmilzt also etwas rascher weg. Beim Bau des Eisbehälters müßte also streng genommen Rücksicht darauf genommen werden, ob Trübeis oder Klareis verwendet werden soll.

Im Haushalt und im Kleinhandel, besonders mit Lebensmitteln, wird Eis zum Kühlen von Schränken verwendet. Auch hier muß der Luftumlauf unbehindert stattfinden können; die in den Schrank durch eine kleine Öffnung einfallende Frischluft muß zuerst in den Eisbehälter geleitet werden.

Die Temperatur beträgt in diesen Kühlschränken meist nicht unter 10°, der Feuchtigkeitsgehalt ist dann bei richtiger Bauweise und Bedienung des Schrankes 75 bis 80%.

In Eisschränken empfiehlt sich die Verwendung von Kunsteis, weil dieses schlammfrei und reiner ist

Die chemischen Industrien und deren Laboratorien verwenden Eis zum Kühlen von Flüssigkeiten, Laugen usw., häufig mit Zusatz von Salz zur Erzielung von Kältegraden bis zu 25° C.

Sogenanntes Genußeis wird im Haushalt, in Gasthäusern (besonders in Amerika) zum Kühlen von Getränken und Speisen an der Tafel selbst in der Weise verwendet, daß das Eis unmittelbar in die Getränke oder auf die Speisen gelegt wird. Dieses Genußeis muß aus gereinigtem, unter Umständen außerdem keimarmen Wasser hergestellt werden. (Siehe S. 231.)

Die Hochseefischerei verwendet heute große Massen sterilisierten Eises, um die eingefangenen und getöteten Fische im Fahrzeug über die Dauer des Fischfangs (8 bis 14 Tage) genießbar zu erhalten. Das durch eine Eisbrechmaschine in kleine Stücke gebrochene Eis wird in Schichten zwischen die Fische gelegt. Das Eis soll vor dem Brechen 0° C haben; ist es kälter, so gefrieren die Stücke wieder aneinander an.

Zum Transport von Lebensmitteln, auch Blumen, auf dem Schienenwege über längere Strecken werden Eisenbahnwagen mit isolierten Wänden und Eisbehältern verwendet. Kleinere Mengen, welche einen Eisenbahnwagen nicht füllen, werden in Tonnen versandt, welche außer dem Gute noch eine gewisse Menge Eis aufnehmen können.

Über Kühlzüge mit Kälteerzeugungsmaschine s. Kap. XII: (Die hauptsächlichsten Verwendungsgebiete der Kältemaschine).

Die Verwendung künstlich erzeugten Eises zu obigen Zwecken anstatt des früher ausschließlich zur Verfügung stehenden Natureises empfiehlt sich da, wo

1. das Eis schlammfrei sein soll, und wo
2. das Natureis zu gleichem Preise verkauft wird wie das künstlich erzeugte Eis.

Die Verwendung von Natureis ist nach unseren heutigen hygienischen Begriffen unzulässig, wenn das Eis mit den Lebensmitteln direkt in Berührung kommt, oder wenn das Eis in Getränken mitgenossen werden soll. In beiden Fällen ist keimarmes Eis nötig.

42. Die Eiserzeuger (deutscher Bauart).

Hauptbestandteile (Fig. 170).

Das Hauptgefäß zur Aufnahme einer Salzwasserlösung, in welche die Eiszellen eingehängt werden mit dem zu gefrierenden Wasser,

die Füllvorrichtung für die Eiszellen,

das Auftaugefäß, in welchem die Eisblöcke von den Wänden losgelöst werden,

die Kippvorrichtung, welche die Zellen auf die Eisrutsche entleert,

der Eiskran, der die Zellenrahmen aushebt und einsetzt.

Außerdem meist noch die Verdampferschlangen, wenn der Eiserzeuger zugleich Verdampfer ist,

der Gefrierwasserbereiter für die Erzeugung von Klareis und keimarmen Eis.

Betriebsweise.

1. Füllen der in Rahmen gefaßten und am Krane hängenden Zellen durch die Füllvorrichtung, welche sich am einen Ende des Eiserzeugers befindet,
2. Einsenken des Rahmens in den Eiserzeuger am einen Ende desselben,
3. Fahren des Kranes an das andere Ende des Eiserzeugers,
4. Einhacken und Ausheben des letzten an diesem Ende befindlichen Rahmens,
5. Einsenken desselben in das mit Warmwasser gefüllte Auftaugefäß,
6. nach dem Aufsteigen der Eisblöcke (die leichter als Wasser sind) Ausheben des Rahmens aus dem Auftaugefäß und Einsetzen desselben in die Kippvorrichtung,
7. Kippen des Rahmens um die Horizontalachse der Kippvorrichtung durch den Kran bis zum Aufliegen des Rahmens auf der Eisrutsche,
8. Wiederaufkippen des Rahmens durch den Kran,
9. Fahren des Kranes mit den leeren Zellen unter die Füllvorrichtung,
10. Während des Fullens der Zellen Vorschieben der im Eiserzeuger befindlichen Zellenrahmen um eine Zellenbreite durch die Vorschubvorrichtung.

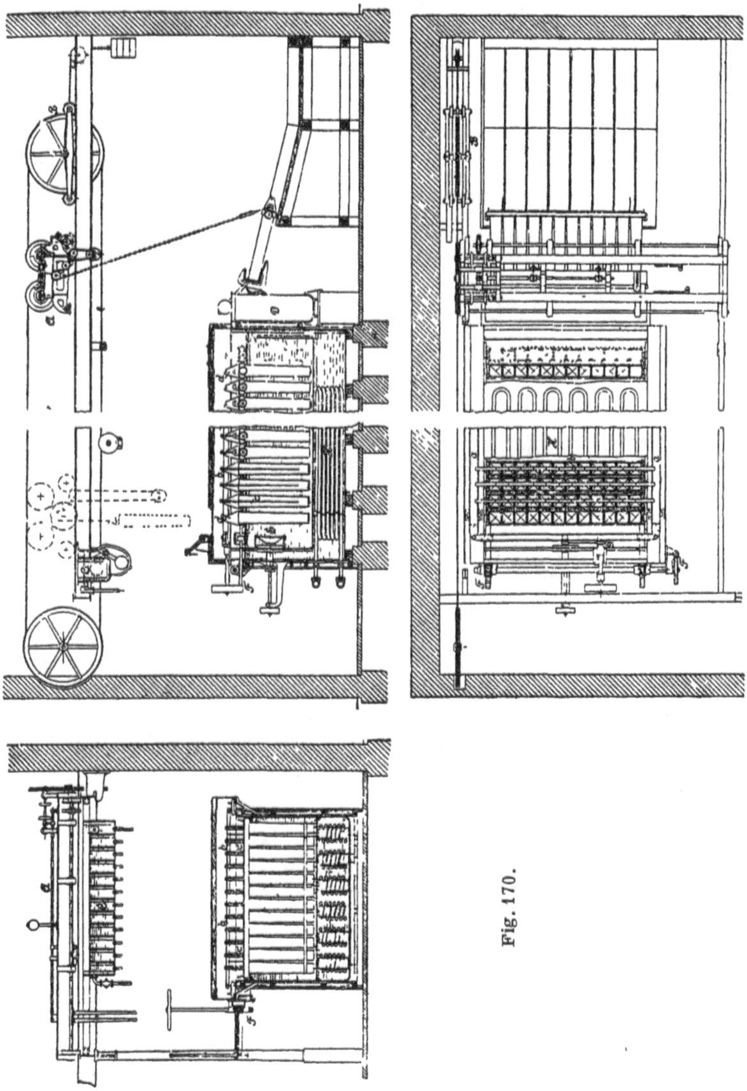

Fig. 170.

Bauweise der Einzelteile.

a) Hauptgefäß.

Bestimmend sind:

1. Ob der Eiserzeuger zugleich Verdampfer sein soll; in diesem Falle liegen in dem Gefäß auch die Verdampferschlangen.

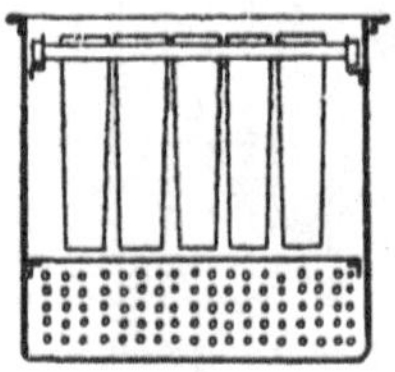

Fig. 171.

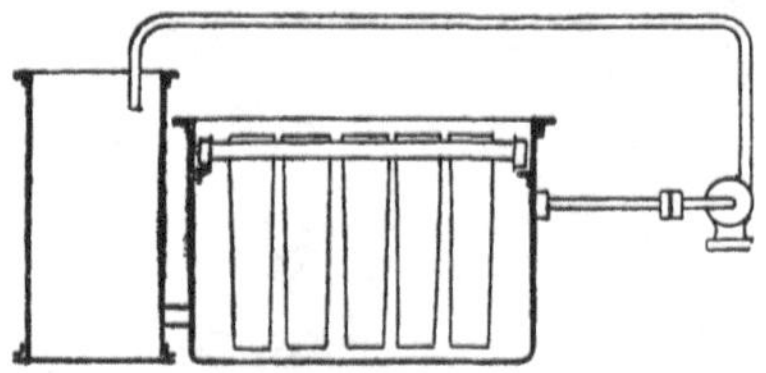

Fig. 174.

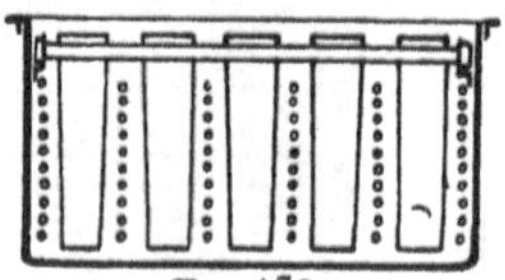

Fig. 172.

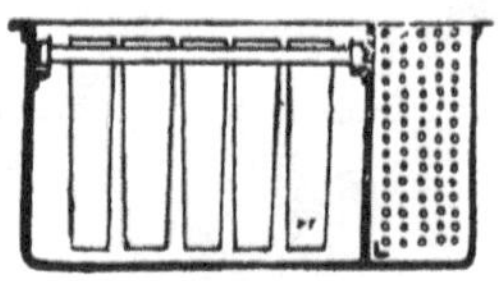

Fig. 173.

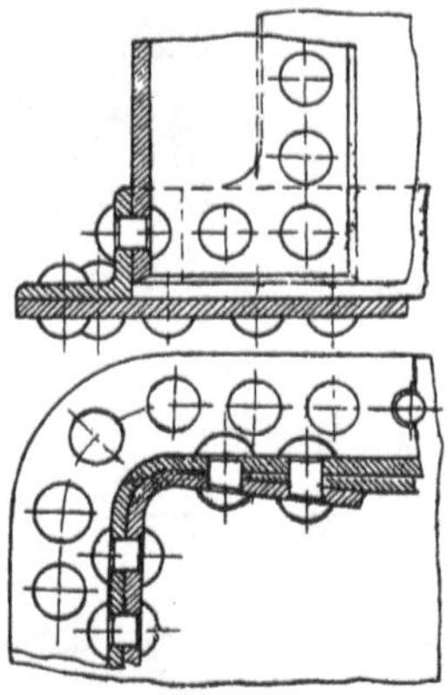

Fig. 175.

2. Ob die in den Verdampferschlangen erzeugte Kälte ausschließlich zur Eisbereitung oder noch für andere Zwecke verwendet werden soll.

   Welche der in Fig. 171 bis 174 skizzierten Bauarten vorzuziehen ist, hängt von den Kälteverlusten ab, die um so geringer sind, je kleiner die Gesamtoberfläche der Gefäße ist.

3. Einfache Herstellung: Eckenbildungen nach Fig. 175 sind veraltet, weil sie schlecht verstemmbar sind. Eckenbildung nach Fig. 176 (A. Freundlich) ist leicht und gut herstellbar.

Fig. 176.

Fig. 177.

4. Gute Versteifungen der Wände gegen Ausbauchen sind nötig.
5. Form und Abmessungen des Raumes, in welchem der Eiserzeuger aufzustellen ist.
6. Die Leistungsfähigkeit des Kranes. Bei zu großem Verhältnis zwischen Länge und Breite des Eiserzeugers werden mit einem zu langsam oder unsicher oder ungenau arbeitenden Kran nicht genügend viele Zellenrahmen in der Stunde ausgehoben.

Erklärung zu Fig. 177: Eiserzeuger der Maschinenfabrik Sürth; Der Solekühler ist als Doppelröhrenkühler nach Fig. 124, S. 155, gebaut. Die Sole wird durch eine Pumpe zwischen diesem und dem Eiserzeuger in Umlauf gehalten. Der gute Kälteaustausch ergibt eine kleine Verdampferschlange, daher gedrängte Bauart und geringen Kälteverlust.

Wichtiges Zubehör zum Gefäß.

Rührwerke zur Erzielung eines kräftigen und auf die ganze Breite des Gefäßes gleichverteilten Salzwasserumlaufes an den Verdampferschlangen entlang zunächst zu den fast schon ausgefrorenen Zellen, dann möglichst gleichmäßig durch alle Zwischenräume zwischen den Zellen (die Zwischenräume sollten alle gleich groß sein) und zurück zu den Schlangen.

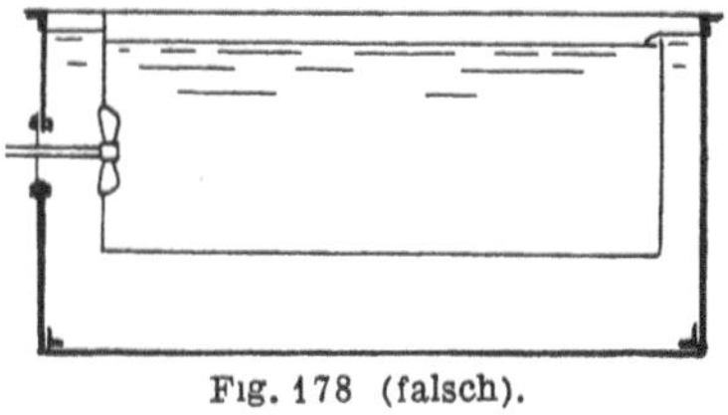

Fig. 178 (falsch).

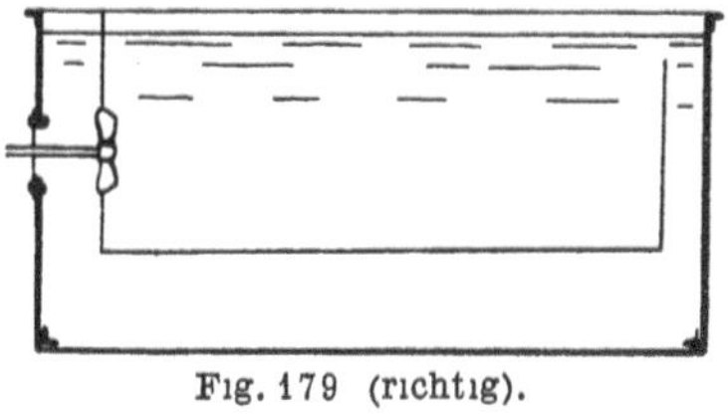

Fig. 179 (richtig).

Zwischenwände zur Unterstützung des richtigen Salzwasserumlaufes. Je nach der Bauart sind horizontale und vertikale Zwischenwände nötig. Das Rührwerk darf durch die Zwischenwände nicht in seiner Leistung beeinträchtigt werden durch die Bildung einer Wasserspiegelüberhöhung. (Zu hohe Vertikalzwischenwand am Ende des Eiserzeugers oder zu niedriger Salzwasserstand.) Fig. 178 und 179.

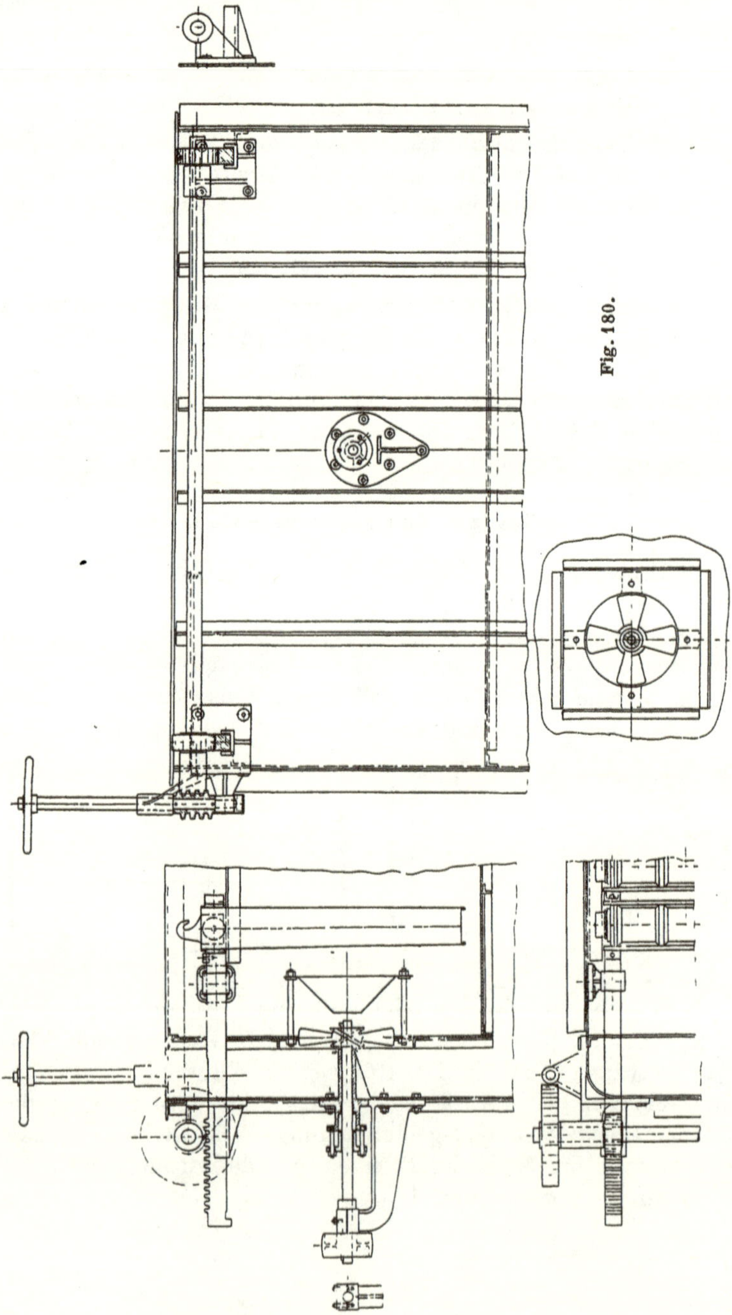

Fig. 180.

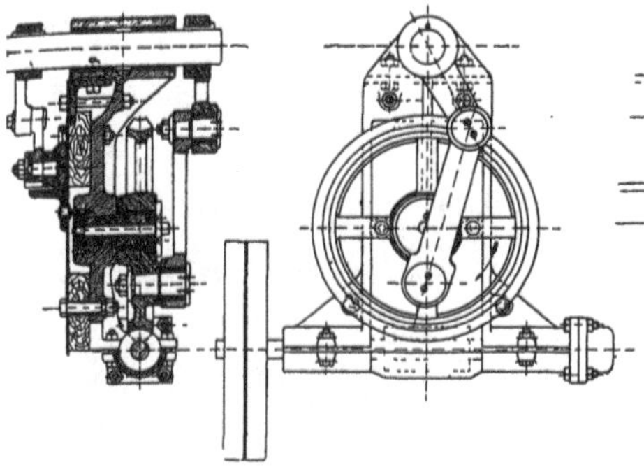

Als Beispiel horizontalen Umlaufs dient Fig. 173 (Sürth).

Grundsätzlich zu verwerfen ist horizontaler Umlauf in der Weise, daß der Eiserzeuger der Länge nach in zwei Teile geteilt ist durch eine senkrechte Wand, so daß das Salzwasser nacheinander den einen Teil von vorn nach hinten und den anderen von hinten nach vorn durchströmt. Dies ergibt große Unterschiede in der Salzwasserhöhe und ungleichmäßiges Ausfrieren. Dieser Nachteil ist nur durch sehr große Umlaufmenge und sehr große Verbindungslöcher in den Zwischenwänden zu vermeiden.

Die Zellenvorschubvorrichtung (Zwecke siehe Betriebsweise Nr. 10) kleinerer Eiserzeuger wird von Hand betrieben (Fig 180), bei großen durch Transmission (Fig. 181). Die Kraftübertragung geschieht vom Handrad durch Schnecke und Schnekkenrad auf eine Welle mit Zahnrad, aus diesem durch eine Zahnstange auf die Zellenrahmen, die auf Rollen laufen. Hubbegrenzungen sind nötig.

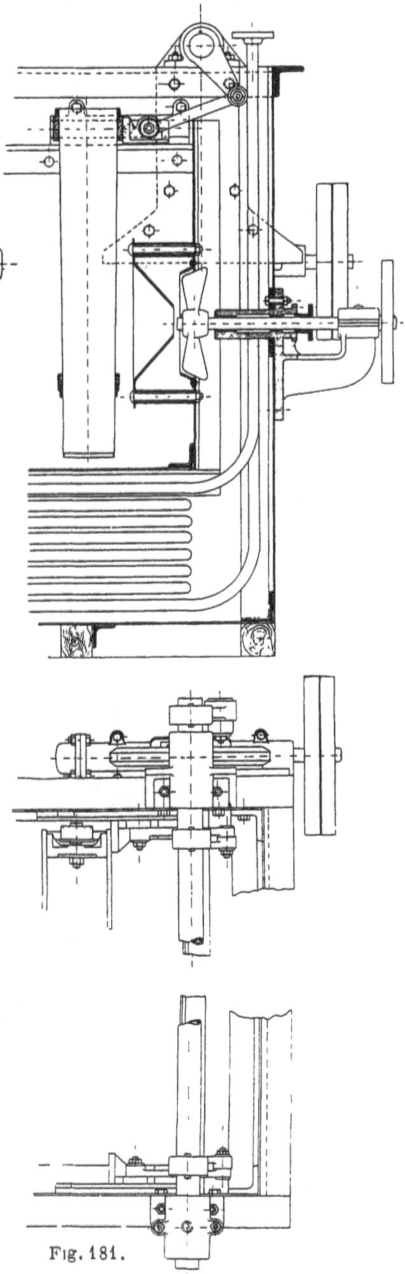

Fig. 181.

Fig. 181 zeigt die Kraftübertragung von einer Welle mit Fest- und Losscheibe durch eine Schnecke auf ein Schneckenrad,

Fig. 182.

von dessen Welle durch eine Kurbel auf eine schwingende Welle mit 3 Hebeln, von denen 2 durch Druckstangen die Zellen vorschieben mit Hilfe zweier geradlinig geführten Druckschuhe. Die Hubbegrenzung ist durch die Vorrichtung schon gegeben.

Die Enden der Verdampferschlangen werden entweder in den Zwischenraum zwischen dem die Rührwerkflügel enthaltenden Zwischenblech und der Gefäßwand hochgeführt und dort an die Verteilungs- und Sammelstücke angeschlossen oder (Fig. 176) durch die Gefäßwand hindurchgeführt unter Zuhilfenahme einer Salzwasserabdichtung (z. B. Fig. 115 oder 149). Jedenfalls müssen alle Flanschen außerhalb des Salzwassers liegen.

Die Laufschienen für die Rädchen der Zellenrahmen sind am Gefäß angenietet und dienen gleichzeitig auch als Versteifung der Blechwand, werden deshalb kräftig gemacht. (Fig. 182).

b) Die Eiszellen.

Größe und Form der Zellen[1]). Je größer das Verhältnis der vom Salzwasser berührten Oberfläche zum Inhalt der Zellen, desto rascher ist der Zelleninhalt ausgefroren, desto größer aber ist auch der Eisverlust beim Abtauen des Eises von der Zellenwand. Bei geringer Gefrierdauer ist aber die Anzahl der nötigen Eiszellen im Eiserzeuger klein, daher die Oberfläche des Hauptgefäßes klein und damit dessen Kälteverlust. Das meist übliche Verhältnis von 29 bis 35 hat sich als zweckentsprechend erwiesen[2]). Die Zellen müssen sich nach unten verjüngen, damit sie mit möglichst wenig Schmelzverlust entleert werden können. Verbeulte Zellen sind sogleich auszubessern, weil sonst der Schmelzverlust beim Abtauen sehr groß sein muß, um die Eisblöcke zum Herausrutschen zu bringen. Die Zellen werden aus Eisenblech von etwa 1 mm Stärke hergestellt, blankgebeizt und im Bleibad sorgfältig verbleit. Die Nähte sind heute alle doppelt gefalzt und gelötet oder autogen geschweißt. Alljährlicher Anstrich mit salzwasserfester Farbe (Nautonfarbe) erzielt längere Gebrauchsfähigkeit der Zellen, vermindert aber etwas die Kältedurchlässigkeit. Eisen, Zellenüberzug und Salzwasser bilden ein elektrolytisch arbeitendes Element, das die Zellen oft rasch zerstört. Die Zellen werden bei sehr kleinen Eiserzeugern mit

---

[1]) Siehe Heinel, »Bau und Betrieb von Kältemaschinenanlagen«, S. 176.

[2]) Siehe Fischer, »Studien uber die industrielle Verwertung von Kalte«. Zivil-Ingenieur 38, Heft 4.

Handgriffen versehen und dann einzeln von Hand ausgehoben, bei größeren Eiserzeugern reihenweise in Rahmen gefaßt.

c) Zellenrahmen. (Fig. 183.)

Die Zellen werden am oberen Ende zwischen zwei starke Tragbandeisen geklemmt, gegen Durchrutschen durch angenietete

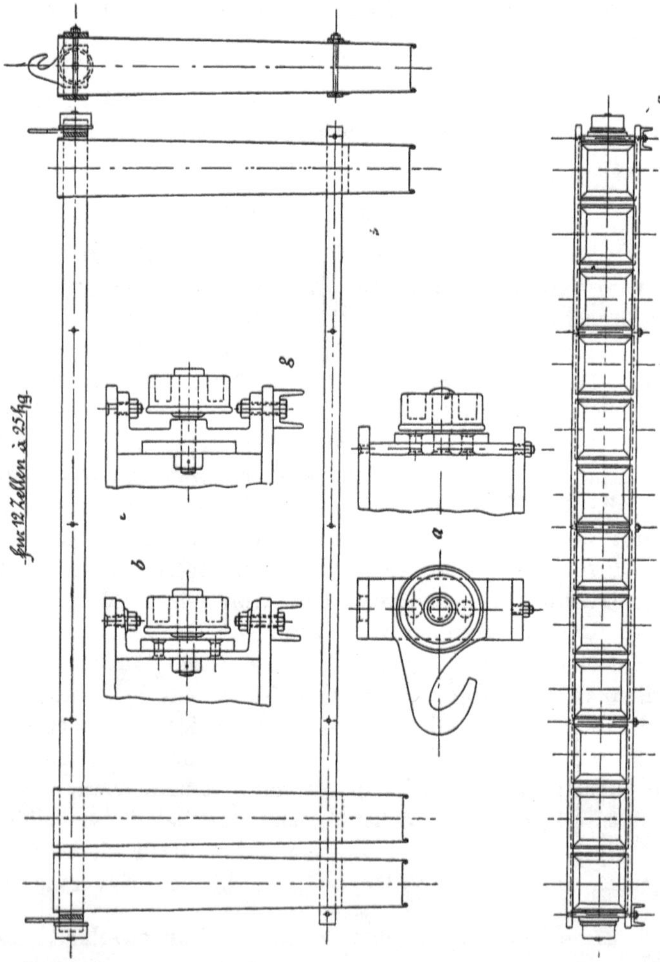

Fig. 183.

und verlötete Bänder gesichert. Etwa 10—20 cm vom unteren Rande her werden abermals 2 Richtbandeisen aufgeklemmt und gegen Abrutschen durch Bänder, die unterhalb der Richtbandeisen an den Zellen angenietet und verlötet sind, gesichert.

Der obere Rand der Zellen ist grundsätzlich ringsum mit Bandeisen zu versteifen, wobei das vordere und hintere Bandstück zugleich zum Tragen im Zellenrahmen dient, während die seitlichen Bandstücke den wegen ausreichenden Salzwasserumlaufs, d. h. kurzer Gefrierdauer und gleichmäßigen

Fig 184.

Ausfrierens aller Zellen nötigen Abstand der oberen Zellenwände ermöglichen.

Die Tragbandeisen sind an beiden Enden durch je ein Zwischenstück verbunden, das zugleich die Rolle trägt und die Hacken zum Einhacken der Krantraverse. Form a ist für schmale Rahmen mit wenig Zellen, Form b und c für breitere Rahmen geeignet. Die Druckstücke g sollen vermeiden, daß beim Zellenvorschieben die Rahmen durch Übereinandersteigen der Schraubenköpfe und Muttern in Unordnung geraten und nicht parallel laufen.

d) Einfüllvorrichtung.

Fig. 184 (Maschinenbauanstalt Humboldt-Kalk): Ein am Laufkrangerüst hängendes Verteilungsgefäß von der

Breite des Eiserzeugers hat durch senkrecht eingenietete Zwischenwände ebensoviel Abteile, als Zellen im Rahmen sind. Jedes Abteil faßt die Füllung einer Zelle. Am Seitenblech des Gefäßes ist ein Überlauf in solcher Höhe angebracht, daß ein Überfüllen der Abteile und dann der Zellen unmöglich ist. Jedes Abteil hat unten seinen eigenen Ablaufstutzen, von dem ein biegsamer, aber nicht einknickender Gummischlauch zu einem der Rohre führt, durch welche jeder Zelle das Wasser zugeführt wird. Diese Rohre sind gemeinsam auf einer Welle befestigt, die um etwa 90° gedreht werden kann. Beim Aufklappen liegen die unteren Rohrenden über dem Wasserspiegel des Verteilungsgefäßes, beim Abwärtsklappen unter den Auslaufstutzen der Abteile.

Fig.185.

Da das Zellenfüllwasser häufig besonders gereinigt und zubereitet wird, also besondere Kosten verursacht, ist eine Vorrichtung zu empfehlen, die den Zuflußhahn zum Verteilungsgefäß abschließt, sobald alle Abteile voll sind.

Fig. 185 (Otto Wehrle, Emmendingen): Von einem der Ablaufstutzen führt ein biegsamer Schlauch in einen Hohlkegel, der in einem ausbalancierten Hebel hängt. Wenn das Wasser im Abteil und im Hohlkegel steigt, sinkt der letztere und bringt das Zulaufventil zum Schluß. Hat sich das Abteil und der Hohlkegel entleert, so öffnet das Gegengewicht das Ventil wieder, jedoch erst dann, wenn der Kran nicht mehr neben der Füllvorrichtung steht, also erst dann, wenn der gefüllte Rahmen im Eiserzeuger eingesetzt ist. Vorher hindert ein Anschlag am Kran das Gegengewicht am Sinken. Die neueren

Füllapparate vermeiden die häufige Ausbesserungen erfordernden Schläuche. Diesen Zweck sowie den weiteren, das entlüftete Wasser unter möglichst geringer Berührung mit der Luft in die Füllabteile und von da zu den Zellen zu bringen, erfüllt die Bauweise Fig. 186. Das Füllgefäß ist zylindrisch und um seine eigene Achse drehbar, dabei kommen die Oberkanten der halb-

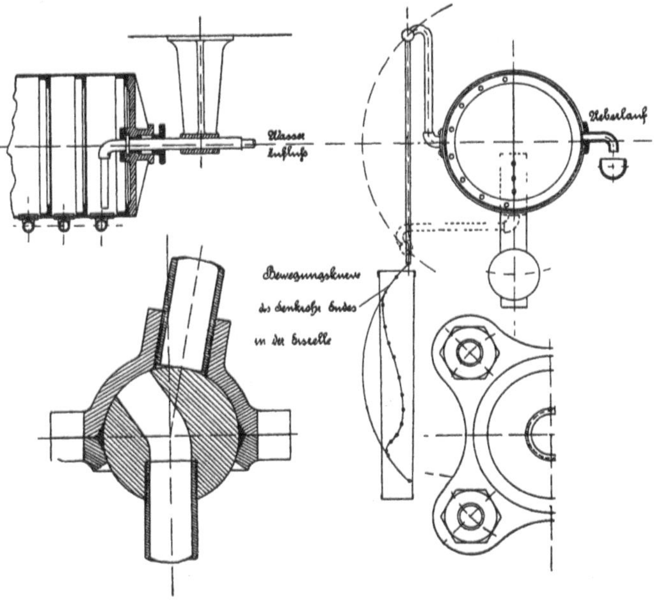

Fig. 186.

kreisförmigen Zwischenwände einmal senkrecht und einmal wagrecht zu liegen. Im ersteren Falle (beim Füllen) sind alle Abteile miteinander verbunden, im letzteren (beim Entleeren in die Zellen) sind sie getrennt. Die Kugelgelenkrohre finden Verwendung bei Klareiserzeugung; bei Trübeiserzeugung fehlen sie

e) Das Auftaugefäß.

Es ist so tief, daß die Zellen vollständig im Wasser untertauchen können. Das Wasser soll nicht über 25—30° haben. Bei höherer Temperatur wird der Schmelzverlust zu groß, weil das Abtauen dann unten schon längst stattgefunden hat, wenn das obere Ende des Eisblockes erst zum Abtauen kommt. Deshalb ist zu empfehlen, die Anwärmevorrichtung für das Wasser nicht zu wirksam zu machen. Zu empfehlen ist: Benutzung des Kühlwassers einer Dampfmaschinen-Oberflächenkondensation, nicht zu empfehlen eine zu große Dampfheizschlange.

Die Drehachse der Kippvorrichtung soll zur Ersparnis an Raum und zum leichteren Arbeiten durch den Gesamtschwerpunkt des mit dem vollen Zellenrahmen belasteten Systems gehen. Die Eisrutsche darf nur eine mäßige Neigung haben, weil sonst die Eisblöcke beim Anstoßen an die untere mit Gummiringen zu polsternde Querleiste zerspringen.

f) Der Eiskran.

Auf die Bauweise und Wirkung des Eiskranes wird vielfach noch zu wenig Sorgfalt verwendet. Gute, rasch und genau arbeitende Krane ersparen Arbeitslohn und gestatten die Anwendung langer Eiserzeuger, die zwar etwas größeren Kälteverlust haben, aber mit gleichmäßigerer Salzwassertemperatur arbeiten und in der Regel eine bessere Ausnutzung des Baugrundes gestatten als breite und ku ze Eiserzeuger.

Von Hand bediente Krane werden nur bei kleinen Eiserzeugern verwendet. Die maschinell betriebenen Krane sind nur noch selten Seillaufkrane. (Fig. 187.) Auf einer Transmission sitzt eine Seilscheibe, von der ein Seil neben der Längsseite des Eiserzeugers zu einer an der gegenüberliegenden Wand liegenden Scheibe mit Spannvorrichtung läuft. Das Seil läuft über drei Rollen, die sich am Kran befinden. Eine derselben ist Führungsrolle, die zweite treibt mit Hilfe eines Wendegetriebes das Hubwerk, die dritte mit Hilfe eines Wendegetriebes das Fahrwerk. Nachteile dieser Krane sind:

Hub- und Fahrgeschwindigkeit lassen sich nicht bequem genug regeln (meist gar nicht) und erfordern deshalb einen gewandten Führer, oder sie müssen sehr klein gewählt werden. Die Wendegetriebe sind meist Reibungskegelräder, die unsicher wirken; Reibungskupplungen können besser angepaßt werden, sind aber teurer und werden deshalb leider seltener verwendet. Die Seile leiden durch den meist großen Feuchtigkeitsgehalt der Luft in Eiserzeugerräumen stark. Vielfach sind auch die Seilrollen zu klein wegen Raummangels. Ein guter

Seilkran müßte aufweisen: große Seilrollen, gute Spannvorrichtung, statt der Reibkegelräder Reibkupplungen in den Wendegetrieben, wenn möglich Vorrichtung zur Verminderung der

Fig. 187.

Fahr- und Hubgeschwindigkeit auf die Hälfte der normalen Geschwindigkeit, letztere müßte genügend groß sein, die Kupplungen müssen dann sanft einrücken und auswechselbare Reibflächen haben.

Die Anwendung von Elektromotoren auf dem Kran erleichtert die Aufgabe wesentlich, ist allerdings mit etwas größeren Anschaffungskosten verbunden.

Fig. 188 (Zobel, Neubert & Co., Schmalkalden): Ein einziger Motor treibt durch ein Wendegetriebe das Hubwerk, durch ein zweites das Fahrwerk. Da die Übersetzung ins Langsame durch zwei Schneckentriebe erst hinter den Wendegetriebekupplungen stattfindet, haben diese nur kleine Drehmomente zu überwinden. Durch Veränderung der Spannung des Motors hat man die Veranderung von Hub- und Fahrgeschwindigkeit in der Hand. Da der Motor insgesamt nur wenige Stunden am Tage arbeitet und an und für sich wenig Strom braucht, so

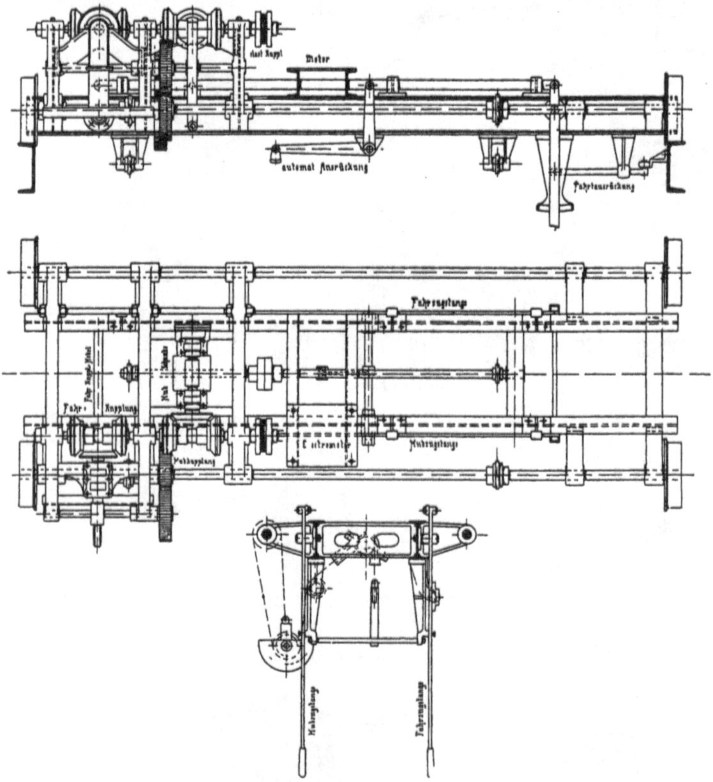

Fig. 188.

darf hier die Verminderung der Spannung durch Widerstände bewirkt werden, was den Vorteil beliebiger Regulierung hat. Hat man ein Netz mit zweierlei Spannung, so wird man dies hier ausnutzen.

Fig. 189.

Man erreicht dann große Geschwindigkeit für Fahren, Heben und Senken, kleine Geschwindigkeit fur das Einrichten der Rahmen.

Ein weiteres Beispiel eines Einmotorkranes mit 2 Wendegetrieben für Heben und Senken sowie Fahren zeigt Fig. 189 (A. Freundlich, Dusseldorf).

Fig. 190 bis 192 (Zobel, Neubert & Co., Schmalkalden): Hub- und Fahrwerk haben je einen besonderen Motor. Die stets mit einer gewissen Unsicherheit verbundenen Wendegetriebe fallen weg, was von großem Vorteil ist für die Betriebsbereitschaft. Die

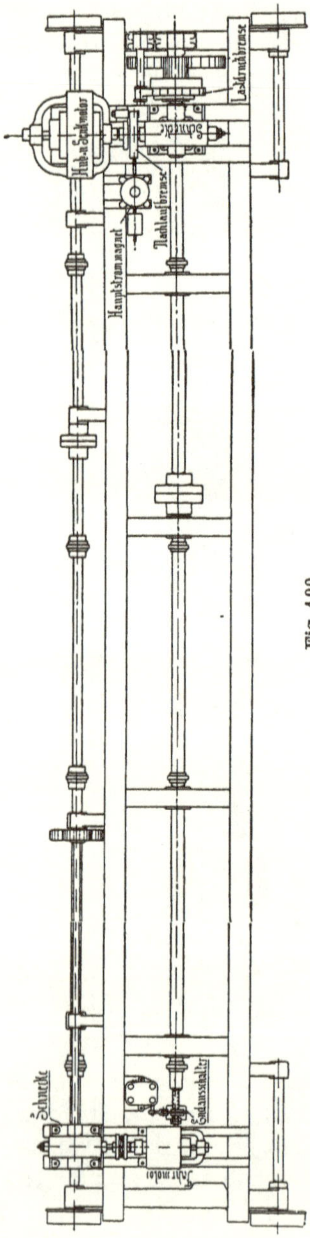

Fig. 190.

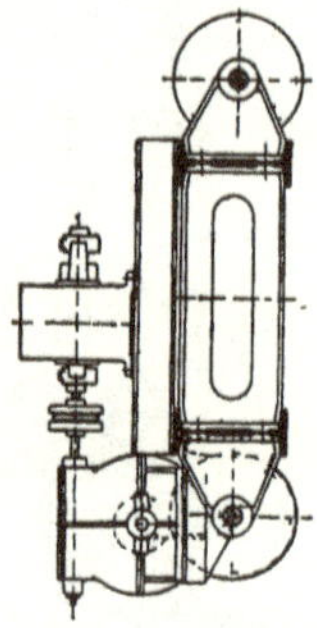

Fig. 192.

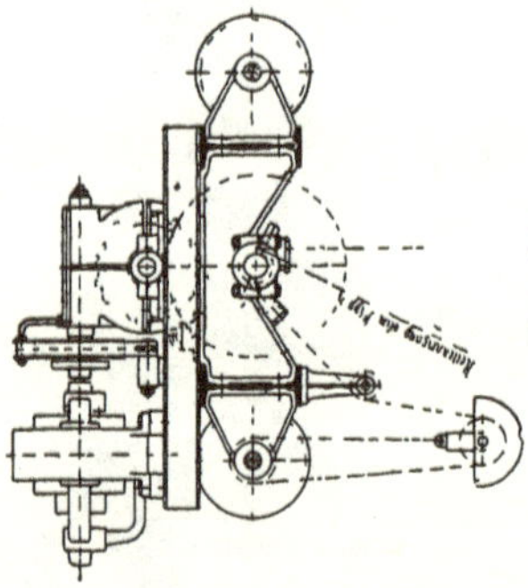

Fig. 191.

Motoren sind in moderner Weise mit durch den Hauptstrom gelüfteter Bremse, mit Wendeschaltung und Schneckentriebübersetzung ausgerüstet. Bezüglich der Verminderung der Spannung gilt das gleiche wie vorstehend. Dieser Kran eignet sich besonders gut für sehr große Eiserzeuger.

43. Die Erzeugung von Edeleis.

Das aus Brunnenwasser ohne weiteres hergestellte Eis ist infolge Ausscheidens von Luftbläschen trüb und milchig und begegnet bei den Abnehmern einigem Mißtrauen bezüglich der Reinheit uud Verwendbarkeit für bestimmte Zwecke. Das Eis kann aber veredelt werden.

Man unterscheidet:

Klareis, hergestellt durch Entfernung der Luft und des größeren Teiles von Schlamm beim Gefrieren.

Eis aus sterilisiertem und gefiltertem Wasser. (Dieses Eis bleibt in der Regel etwas trüb.)

Klareis aus durch Destillation entluftetem Wasser.

Klareis aus sterilisiertem und entlüftetem Wasser (meist aus destilliertem Wasser). (Kristalleis.)

Das Wasser ist bei niedriger Temperatur sehr luftaufnahmefahig und scheidet die Luft auch bei hoher Temperatur nicht vollständig aus. Dagegen verliert es die absorbierte Luft leicht beim Gefrieren und beim Destillieren.

1. Entlüften beim Gefrieren. Man erreicht dies durch Rühren des Wassers während des Gefrierens.

Fig. 193 und 194. Eine durch Riemenscheibe bewegte Welle bringt durch den Exzenter eine U-Schiene in horirontal schwingende Bewegung. An den beiden Enden der Schiene befinden sich zwei an den Längsseiten des Eiserzeugers langlaufende und gelenkig aufgehängte U-Schienen, die etwa bei $^3/_4$ der Länge des Eiserzeugers endigen und dort um einen am Eiserzeugergefaß befestigten Bolzen horizontal schwingen. In die inneren Gurte dieser U-Schienen werden mit Hilfe von Einschnitten Winkeleisen so eingehangt, daß sie längs der U-Schienen mit den Zellenrahmen durch an diesen befestigte Laschen verschoben werden können. An den Winkeleisen hangt für je eine Zelle ein eiserner Rührstock etwa in der Mitte der Zelle. Die Stocke halten das nicht gefrorene Wasser in Bewegung, wobei sich die Luftblaschen nach der Wasseroberflache drangen. Wenn die Zelle etwa zu $^4/_5$ ausgefroren ist, wird das Winkeleisen mit den Rührstocken ausgehoben. Der Rest des Wassers bildet dann beim Gefrieren einen truben Kern.

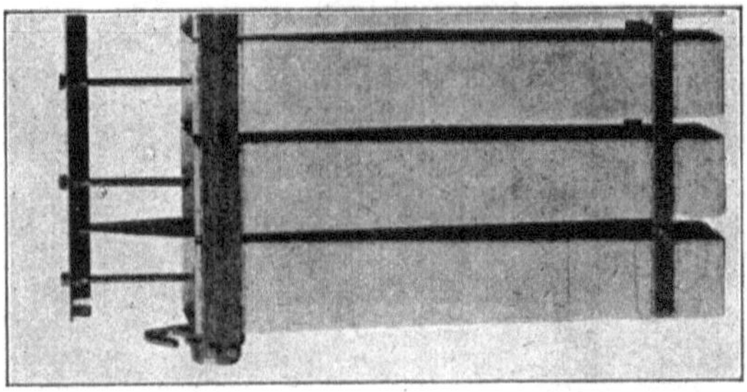

Fig. 194.

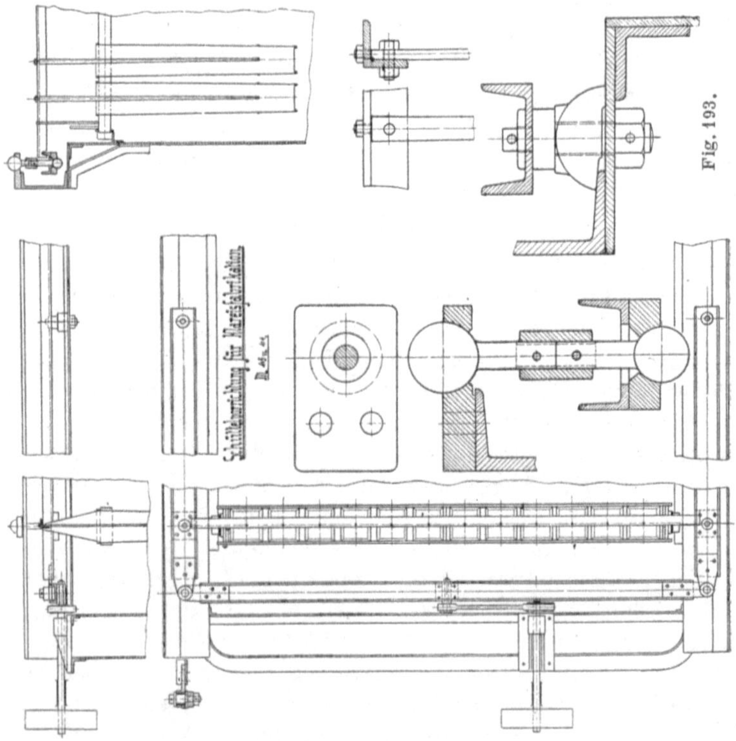

Fig. 193.

2. Sterilisieren kann man Wasser nur durch Aufkochen unter Druck auf etwa 120° C. Das Aufkochen auf 100° wirkt nicht ausreichend. Da sich beim Aufkochen auf 120° gewisse Bestandteile des Brunnenwassers ausscheiden, so muß das Wasser nach dem Aufkochen gefiltert werden. Das mit 120° aus dem Aufkocher abfließende Wasser tauscht in einem Gegenstromapparat die Wärme aus mit dem frisch zum Aufkocher fließenden Wasser. Der Aufkocher wird zweckmäßig durch eine Dampfschlange mit genau regulierbarem Ventil geheizt. Die Apparate und Rohrleitungen müssen sämtlich leicht gereinigt werden können.

3. Destillieren kann man Wasser bei geringer Temperatur unter Vakuum. Dabei wird das Wasser zwar entlüftet, aber nicht sterilisiert.

4. Das nach Nr. 3 destillierte Wasser wird in der Regel noch nach Nr. 2 sterilisiert. So hat die Gesellschaft für Lindes Eismaschinen mehrfach Apparate mit folgendem Verfahren eingerichtet:

a) Kondensation des Dampfes aus der Dampfmaschine bei mäßigem Vakuum, also verhältnismäßig hoher Temperatur (40—50°). Das Kondensat wird nicht zur Eisbereitung verwendet.
b) Abgabe der Dampfwärme an Wasser, das unter hohem Vakuum gehalten wird, wobei dieses Wasser verdampft.
c) Kondensation dieses Sekundärdampfes in einem zweiten Kondensator bei etwa 25—30° C unter Absaugen der Luft durch eine Trockenluftpumpe.
d) Absaugen des Sekundärdestillates durch eine Kondensatpumpe.
e) Aufkochen und Sterilisieren dieses Sekundardestillates bei etwa 120° nach Vorwärmung in einem Gegenstromwärmeaustauscher.
f) Abkühlen des sterilisierten Wassers in dem eben genannten Gegenstromwarmeaustauscher. (Filtern ist nicht mehr nötig, weil die Reinigung beim Destillieren geschieht.)

Dieses Verfahren eignet sich fur sehr große Klareisfabriken, etwas einfacher ist das Verfahren nach Fig. 195 (Humboldt-Kalk).

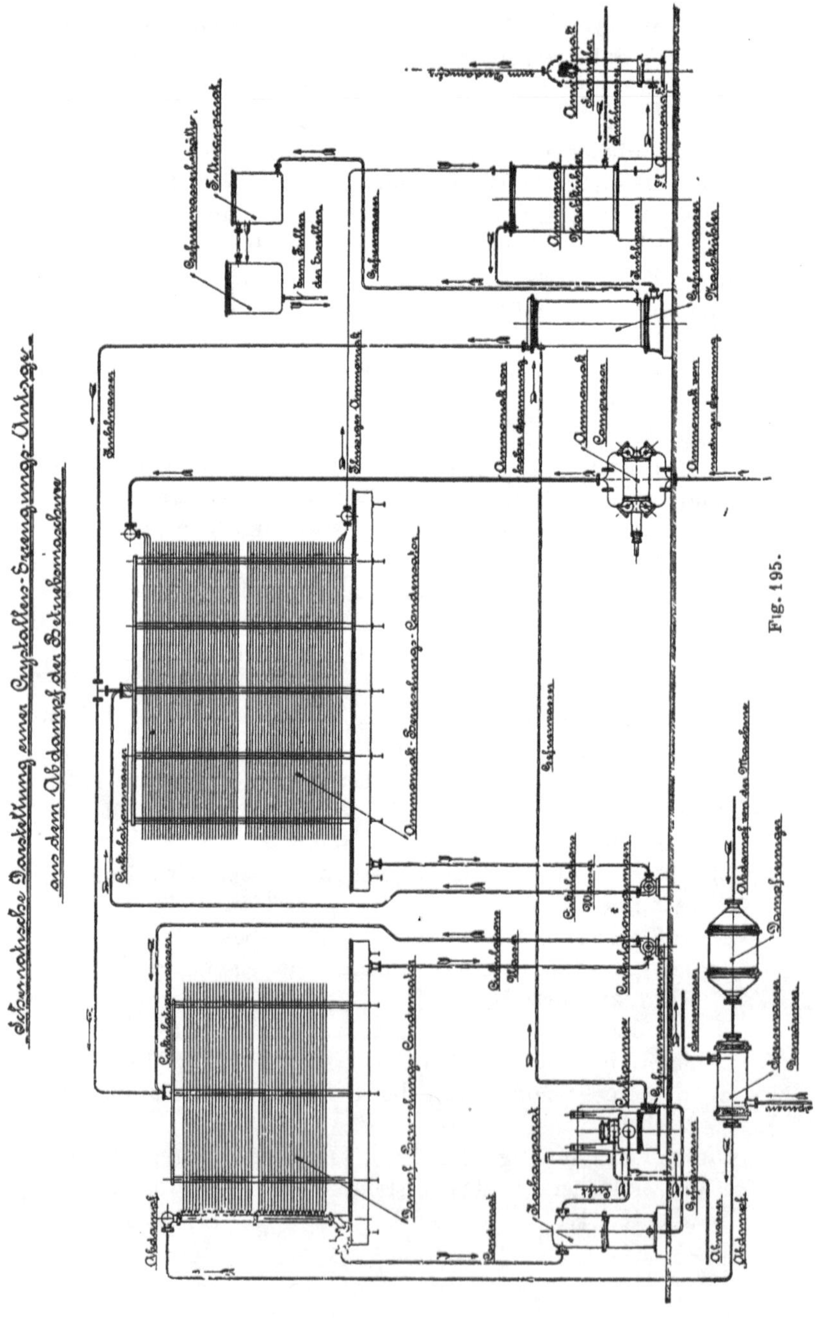

Fig. 195.

Hier wird der Maschinen-Abdampf unter Vakuum entölt und verflüssigt, das Wasser durch Aufkochen entlüftet, vorgekühlt, gefiltert und nochmals entölt.

Wenn die Dampfmaschine bedeutend weniger Dampf abgibt, als zur Deckung der Gefrierwassermenge nötig ist, so kann dies dazu führen, die nötige Niederschlagswassermenge so zu gewinnen, daß zwischen den Kessel und die Dampfniederschlagsanlage Sekundär- und Tertiär-Verdampfer eingeschaltet werden.

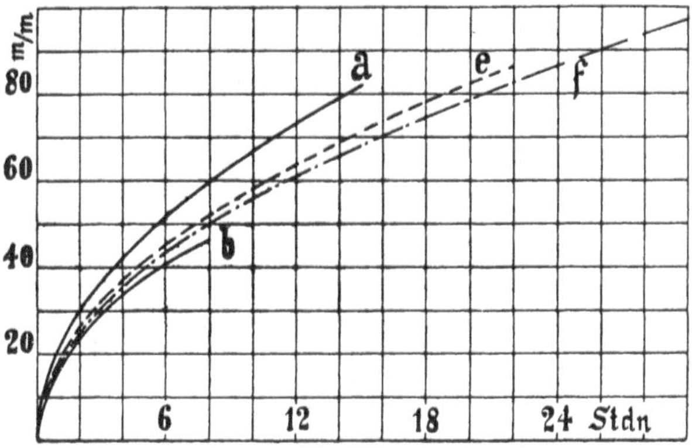

Fig. 196.

a = 25 kg Zelleneis — 8° c = 25 kg Zelleneis — 6°
b = 13 » » — 6° f = Platteneis — 12

Für jede dieser Stufen ist ein Temperaturgefälle von 12 bis 15° unbedingt nötig, häufig aber wegen der unvermeidlichen Verunreinigungen der Austauschoberflächen Gefälle von je 20 bis 30°[1]).

Beim Gefrieren werden übrigens eine große Zahl von Verunreinigungen, besonders auch Bakterien, ausgeschieden, die dann in dem zuletzt gefrorenen Kern in größerer Anhäufung zu finden sind. Sorgt man dafür, daß der mit solchen Anhäufungen behaftete Teil nicht in den Handel kommt, z. B. bei der Platteneiserzeugung, so ist eine vorherige Reinigung des Wassers unter Umständen unnötig[2]). In Amerika, neuerdings

[1]) Siehe Bericht über den II. internationalen Kältekongreß, Wien, Bd. II, S. 114: R. C. A. Baufield, »Über die Herstellung von Kristalleis aus Abdampf und die damit erreichten praktischen Ergebnisse.

[2]) Siehe Zeitschr. f. d ges Kälte-Industrie, Juli 1912, S 125: Stetefeld, »Eiserzeugung«; 1915, S. 46 J. Stetefeld, »Klareiserzeugung aus Rohwasser«.

auch in Deutschland, wird die Ausscheidung wärend des Gefrierens durch Ein- oder Über-Blasen von Luft bewirkt, der schlamm, luft- und bakterienreiche Restteil des Gefrierwassers wird entfernt.

Über die Gefrierdauer der verschiedenen Eisarten machte Stetefeld[1]) umstehende Angaben. (Fig. 196.)

44. Die zur Eisbereitung nötige Kältemenge

setzt sich zusammen aus:

1. Abkühlen des Wassers von der Zulauftemperatur auf 0° (für 1° C und 1kg: 1 Cal).
2. Gefrieren des Wassers (80 Cal für 1kg).
3. Abkühlen des Eises auf eine gewisse Temperatur unter 0° C.
4. Aus den Kälteverlusten.

Zu 1. Je kühler das Wasser vor dem Einfullen in die Zellen ist, desto sparsamer und gleichmäßiger arbeitet die Eiserzeugung. Ist das Wasser durch Aufkochen oder Destillieren erwärmt worden (zum Zweck der Entlüftung und Sterilisierung), so wird es mit Brunnenwasser in einem Gegenstromkühler so tief als möglich vorgekühlt; die Vorkühlung durch die Kältemaschine wäre kostspieliger und sollte erst einsetzen nach der Vorkühlung durch Brunnenwasser. Sie ist dann zu empfehlen, wenn ein besonderer Verdampfer mit hoher Verdampfungstemperatur hierfür vorgesehen werden kann, z. B. bei großen Brauereien durch Entnahme des Gefrierwassers aus dem zum Kühlen der Würze und der Gärbottiche auf 0° gebrachten Wasser.

Zu 3. Der Eisblock hat nach dem Ausgefrieren an der Außenwand nahezu die Temperatur des Salzwassers (— 6 bis — 8° C), im oberen Teil des Kernes etwa 0° C bis — 1° C. Die mittlere Temperatur kann je nach der Form und Größe des Blockes zu etwa — 3 bis — 5° C angenommen werden. Da die spezifische Wärme des Eises etwa $^1/_2$ Cal ist, so ist die Abkühlungswärme von 1 kg Eis 0,5 · 3 Cal bis 0,5 · 5 Cal. Da das Eis etwas unter 0° C kalt ist nach dem Entleeren der Zelle, so gefrieren aufeinandergestapelte Eisblöcke zusammen. Man muß also die Blöcke durch Holzlatten trennen.

Zu 4. Die Kälteverluste bestehen aus

a) Abkühlung des Zellenmaterials und der Rahmen etwa von der Temperatur des Einfüllwassers auf die Salzwassertemperatur:

E kg · spezifische Wärme · Abkühlung.

Die spezifische Wärme ist im Mittel 0,12 Cal.

b) Ausstrahlungsverluste des Eiserzeugers. Diese sind im Vergleich zum Verlust eines normalen Verdampfers ziemlich groß wegen der größeren Oberfläche und wegen des zeitweisen Lüftens des Deckels beim Einsetzen und Ausziehen der Zellenrahmen. Man rechnet mindestens auf 5% Strahlungsverlust der Gesamtkälteleistung bei Zellen von 25 kg Inhalt und hoher Form. Je tiefer die Salzwassertemperatur ist, desto rascher werden die Zellen ausgefroren, desto kleiner wird die notige Zellenzahl und der Eiserzeuger und damit der Strahlungsverlust. Anderseits steigt aber dieser mit sinkender Salzwassertemperatur. Die Gefrierdauer hängt aber auch noch ab von der Geschwindigkeit der Salzwasserbewegung, die man so hoch als möglich macht. Die Zellen müssen alle genügend Zwischenraum zwischeneinander haben, also gut ausgerichtet im Rahmen stecken, damit sie gleichmaßig bespült werden können; breite Eiserzeuger erhalten zwei oder mehr Ruhrwerke (Fig. 182). Der Arbeitsbedarf der Rührwerke wird, wenn diese richtig gebaut sind und gut arbeiten, und wenn unnötige Hindernisse für den Salzwasserumlauf vermieden werden, reichlich gedeckt durch die großere Eisleistung. Da infolge der kräftigeren Wärmeabgabe der Zellen die mittlere Salzwassertemperatur etwas höher liegt (etwa 6 statt 8^0 unter Null), so wird auch mit etwas höherer Verdampfungstemperatur gearbeitet, d. h. mit großerer und relativ billigerer Kälteerzeugung.

c) Schmelzverlust beim Lostauen der Blöcke aus den Zellen. Je größer das Verhältnis zwischen Oberfläche und Inhalt des Blockes, desto größer ist der Schmelzverlust. Große Blöcke gefrieren aber langsamer aus, weil Eis kein guter Wärmeleiter ist. Es stehen also kleinen Schmelzverlusten große Strahlungsverluste gegenüber und umgekehrt. Die Verwendung heißen Wassers zum Lostauen muß man vermeiden. Man rechnet bei 25 kg-Blöcken mit mindestens 3 bis 5% Schmelzverlust, bei 12 kg-Blocken mit 5 bis 7%.

Die Platteneiserzeugung, welche in Europa nur ausnahmsweise vorkommt, erfordert den Einbau von Gefrierelementen von derselben Seitenfläche wie die verlangten Eisplatten. Die Elemente selbst sind entweder dünnwandige, flache Kästen, welche von der Salzlösung umgebene, horizontal hin- und hergeführte Verdampferrohre (System Smith) besitzen, oder auch einfach die Verdampferrohre selbst (System Pusey). In beiden Fällen geschieht das Ablösen der Platten entweder durch Sägen, welche von Hand oder durch Elementarkraft betrieben werden, oder auch durch Abtauen dadurch, daß die Gefrierelemente zeitweilig mit dem Verflussiger der Kühlmaschine in Verbindung treten[1]).

Tafel XVI.

Form der Eiskorper.	Blockeis		Platteneis
Gewicht der Eiskorper . . . . kg	12,5	25	2000 — 2500
» » Zellen u. Rahmen pro 1000 kg Eia ca. . . . kg	920	720	—
Kalteleistung zur Abkuhlung und Eisbildung . . . . Cal	98 000	98 000	98 000
Kalteleistung zur Ausgleichung des Schmelzverlustes . . . Cal	11 760	7 840	2 000
Kälteleistung zur Abkuhlung der Zellen und Rahmen . . .	2 650	2 070	—
Kalteleistung zur Aufhebung der Warmezufuhr von außen[2]) 5, 7,5 und 10% . . . . . Cal	4 900	7 350	15 000
Gesamt-Kaltebedarf fur 1000 kg Eis netto . . . . Cal	117 910	115 260	115 000

[1]) Naheres uber Platteneiserzeugung enthalt die Arbeit von Gutermuth: »Amerikanische Eiswerke«, Zeitschr. d. V. d. Ingenieure 1894.

[2]) Über diesen Betrag liegen die wenigsten Erfahrungsresultate vor, auch schwankt derselbe mitunter bei ein und derselben Anlage nicht unbetrachtlich, siehe hieruber: Gutermuth und Salomon, »Versuche an einer Pictetschen Eismaschinenanlage«, Zeitschr. d V. d. Ingenieure 1889.

Der obige Wert von 10% fur Platteneis ist nur als Schatzung aufzufassen und durfte angesichts der großen Maße der Erzeuger oft uberschritten werden.

Die Herstellung solchen Platteneises von 12 bis 15 cm Dicke erfordert eine lange Gefrierdauer, weil die kälteabgebende Fläche im Vergleich zum Blockgewicht sehr klein ist, zur Abkürzung der Gefrierdauer außerdem eine sehr tiefe Salzwassertemperatur (etwa —15 bis —20°), daher einen relativ großen Arbeitsaufwand. Der Eiserzeuger fällt sehr groß aus und hat sehr große Kälteverluste, dagegen ist der Verlust an Eis beim Ablosen und Ausbringen kleiner. Somit ergeben sich für die Erzeugung von netto 1000 kg Eis von — 6° pro Stunde aus Wasser von + 15° etwa folgende Werte: Tafel XVI.

Der Kälteaufwand schwankt hiernach mit der Form der Eiskorper nur unerheblich, so daß wir für großere Anlagen denselben fur 1 kg Eis auf rund 120 Cal, bei kleineren infolge der relativ hoheren Verluste auf 130 Cal anschlagen dürfen. Rechnet man im Durchschnitt 3500 Cal auf 1 ind. Verdichterpferd und einschließlich der Ruhrwerks- und Pumpenarbeiten 2200 Cal auf eine effektive Pferdestärke, so ergibt sich fur erstere die Moglichkeit einer stundlichen Eiserzeugung von 27 bis 29, fur die effektive Pferdestärke dagegen von 17 bis 18,5 kg Eis unter normalen Betriebsverhaltnissen, fur die Platteneiserzeugung etwas weniger.

Der Arbeitsaufwand zum Ausbringen des Eises ergibt sich aus der Überlegung, daß die Zellen samt Rahmen durchschnittlich 1,2 m hoch einmal aus dem Eiserzeuger und dann aus dem Auftaugefäß zu heben sind. Rechnet man auf 1000 kg Eis ein Zellen- und Rahmengewicht von rund 900 kg, so ergibt dies eine effektive Leistung von 2 · 1,5 · 1900 = 5700 mkg, die sich bei der Verwendung von Flaschenzügen auf mindestens das Doppelte, also auf 11 400 mk, erhoht. Hierzu tritt noch die Arbeit zum Hin- und Herschieben der Zellenrahmen und der Laufkatze, zum Aufdecken der Bohlendeckel des Eiserzeugers, Einrücken der Füll- und Kippvorrichtung mit rund 1000 mkg, so daß im ganzen 12 400 mkg durch Handarbeit noch zu bewältigen sind. Dies entspricht ungefähr der stündlichen Durchschnittsleistung eines kräftigen Arbeiters, der mithin durch die Bedienung eines Eiserzeugers von 1000 kg stündlicher Leistung allein vollstandig belastet wäre. Soll demnach der Maschinist der Kuhlmaschine den Eiserzeuger mitbedienen, so ist dies, ohne die erstere zu vernachlässigen, nur mit von der Transmission angetriebenen Laufkatzen und Aufzugsvorrichtungen moglich.

45. Klein-Eiserzeuger.

Auf Schiffen müssen die Eiserzeuger so angeordnet sein, daß einerseits kein Verspritzen der Salzsole durch die manch-

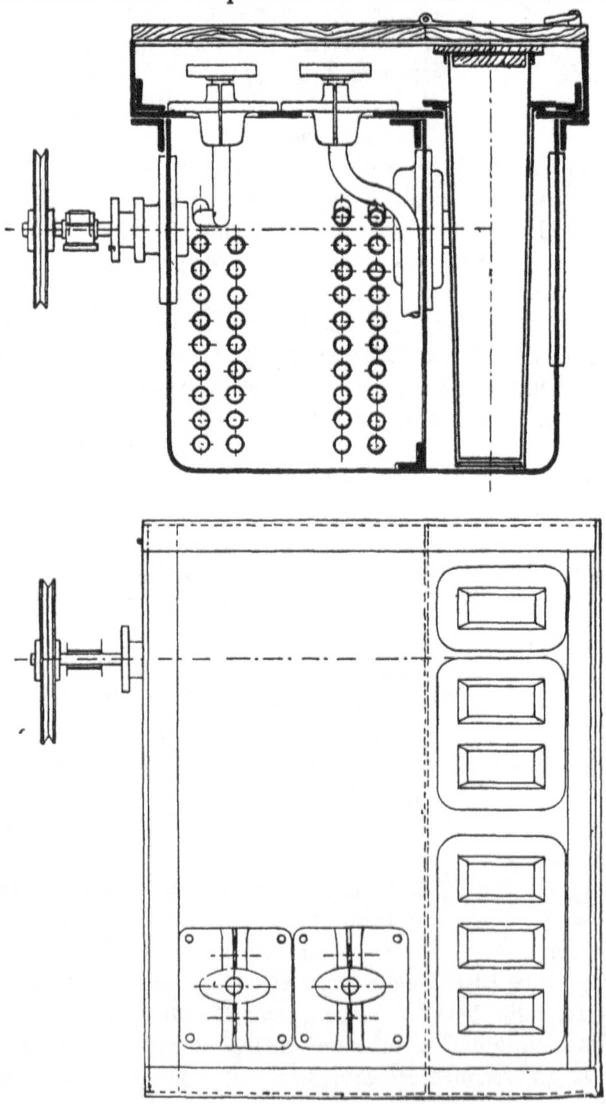

Fig. 197.

mal heftigen Bewegungen des Schiffskörpers, anderseits auch kein Austreten des Gefrierwassers aus den Zellen oder gar eine Vermischung beider Flüssigkeiten eintreten kann. Die Gesellschaft für Lindes Eismaschinen hat ihren Eiserzeugern die in Fig. 197 dargestellte Form gegeben. Für die Eiszellen ist in denselben ein besonderer Raum vorgesehen, in welchem diese nicht unmittelbar, sondern durch fest darin angebrachte, mit der Zelle möglichst gleichgeformte Taschen eingesetzt werden. Diese Taschen werden von der im Nebenraum durch Ammoniakrohre gekühlten und durch ein Rührwerk in Umlauf erhaltenen Salzlösung umspült. Beide Räume sind nach außen hin dicht abgeschlossen. Die Zellen selbst werden nach dem Einsetzen durch lose aufgelegte Holzdeckel geschlossen, welche ihrerseits durch die äußeren Verschlußklappen fest aufgepreßt werden.

Fig. 159, S. 193. Die von R. Stetefeld entworfene Maschine vermeidet das vor Eintritt des Gefriervorganges notwendige Vorkühlen des Salzwassers. Die Eiszelle wird von einem Mantel umgeben, der als direkter Verdampfer wirkt. Nach dem Ausgefrieren wird durch den Mantel flussiges, unter Verflüssigungsdruck stehendes Kältemittel geleitet. Dieses wird durch das Eis unterkuhlt, gibt von seiner Flussigkeitswarme ab, wodurch das Eis von der Wand losschmilzt. Das Eis wird durch eine unterhalb befindliche Klappe entfernt. In drei Stunden konnten mit dieser Maschine bei je 40 Minuten Gefrierdauer 5 bis 8 kg Eis erzeugt werden.

46. Weitere Ausbildungen für verschiedene Zwecke.

Die künstliche Kälte hat auch in der chemischen Industrie zur Ausscheidung von kristallinischen Bestandteilen aus Mutterlaugen bzw. Losungen Eingang gefunden, nachdem sie gegenuber den älteren meist den sog. Hand- und Kucheneismaschinen nachgebildeten rotierenden Apparaten[1]) sich als einfacher, sowie infolge geringerer Kalteverluste auch als wirtschaftlicher erwiesen hat. So hat sich in der Braunkohlenindustrie der Provinz Sachsen der gewohnliche Eiserzeuger mit Zellen (von

[1]) Siehe Scheithauer, »Die Fabrikation der Mineralole usw.«. Braunschweig 1895. S 176ff.

kreisrundem Querschnitte) zur Ausscheidung des Paraffins aus den sog. Schmierölen bei rd. — 10⁰ Soletemperatur recht

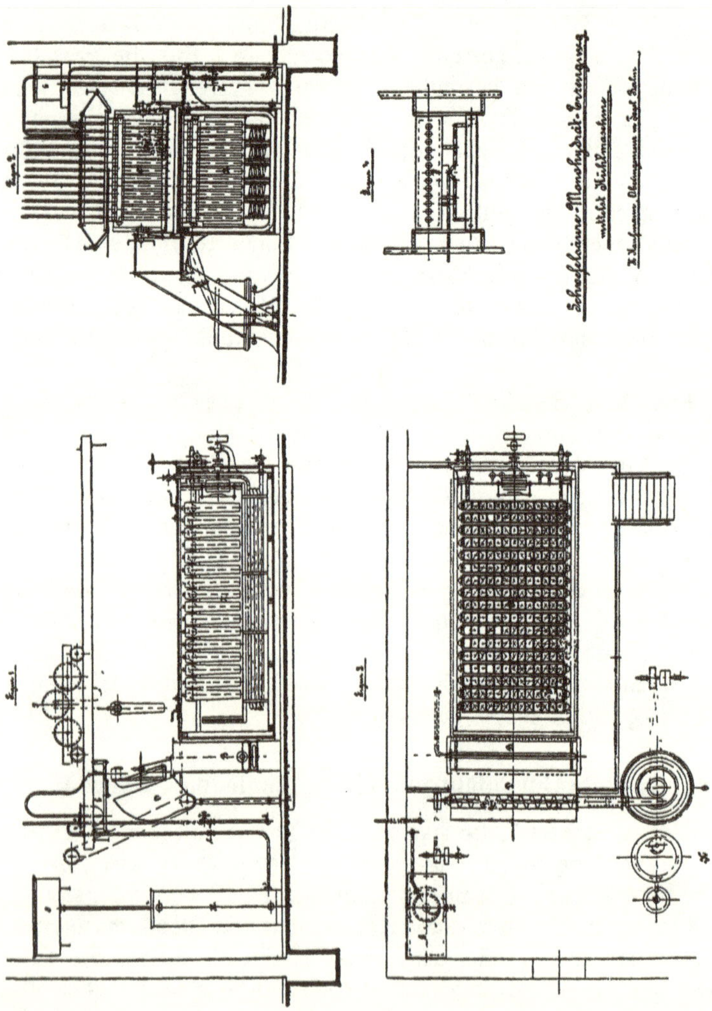

Fig. 198.

gut bewahrt; die erstarrte Masse wird nach dem Ausbringen nochmals ausgepreßt.

Professor Lunge in Zürich hat sich ein ganz ähnliches Verfahren der Ausscheidung von Schwefelsäure-Monohydratkristallen[1]) aus konzentrierter Schwefelsäure durch Abkühlung auf etwa — 20° in den Gefrierzellen patentieren lassen. Die vollständige Trennung der Kristalle von der anhaftenden Mutterlauge geschieht darnach durch Zentrifugieren.

Fig. 198 zeigt einen Schwefelsäure-Monohydrat-Erzeuger. Er ist fast ganz wie ein gewöhnlicher Eiserzeuger ausgebildet. Nur die Kippvorrichtung hat besondere Formen, insofern sie in ein Becken mit Transportschnecke entleert, durch welche die Kristalle aus dem Becken geschafft werden, während der flüssige Teil zur Weiterverwendung besonders abgeleitet wird.

Hierher gehört auch das von der Gesellschaft für Lindes Eismaschinen mit Erfolg in die Schaumweinerzeugung eingeführte Walfardsche Degorgierverfahren zur Entfernung des bei der Flaschengärung entstandenen Trubes ohne große Verluste an Flascheninhalt. Die durchgeschüttelten Flaschen werden mit dem Pfropfen nach unten, auf dem sich der Trub angesammelt hat, in ein Kältebad (Alkohol oder Glyzerin) von etwa — 20° C einige Zentimeter weit eingetaucht, wodurch sich durch Frieren des Weines ein kleiner Eispfropfen bildet, der den Trub abschließt. Nach dem Herausnehmen und Aufrechtstellen der Flasche werden der Kork, der Trub- und der Eispfropfen zusammen durch die Kohlensäure im Flascheninnern herausgeschleudert.

Kapitel IX.

Die Luftkühlung.

47. Gesetze der Luftkühlung.

Die hauptsächlichste Wirkung der künstlichen Kühlung beruht in der Verhinderung bzw. Verlangsamung von Zersetzungsprozessen, denen unter normalen Temperaturen die Nahrungs- und Genußmittel gewöhnlich rasch verfallen. Zur Einleitung solcher Prozesse ist neben der Möglichkeit des Luftzutrittes inner-

[1]) Die vollstandige Beschreibung einer solchen Anlage mit Abbildungen gibt der Konstrukteur derselben, W. Kaufmann in der Zeitschr. f. d. ges. Kalte-Industrie 1901, S. 2.

halb gegebener Temperaturgrenzen auch die Gegenwart von Wasser notwendig, wodurch dann die Lebensbedingungen der die Zersetzungsvorgänge hervorrufenden Mikroorganismen gegeben sind[1]).

Durch Erniedrigung der Temperatur, welche sich bei Festkörpern zunächst auf die dieselben umgebende Luft erstreckt, bei Flüssigkeiten dagegen unmittelbar erzielt werden kann, werden die genannten Mikroorganismen zwar nicht zerstört, jedoch in ihrer Tätigkeit und vor allem in ihrer Vermehrung wirksam gehindert, insbesondere wenn mit der Abkühlung zugleich eine mehr oder weniger vollständige Wasserentziehung verbunden ist. Es herrscht darum in der modernen Kälteindustrie das Bestreben vor, bei Luftkühlungsanlagen, wie sie mit offentlichen Schlachthöfen und Markthallen häufig verbunden sind, den relativen Feuchtigkeitsgehalt der Luft mit der Temperatur zu erniedrigen, während der absolute Dampfgehalt ja hierbei ohnehin sinken muß. Dies ist aber nur dadurch erreichbar, daß die abzukühlende und zu trocknende Luft mit Oberflächen in Berührung gebracht wird, an denen eine niedrigere Dampfspannung herrscht als der Sättigungsdruck des Dampfgehaltes der Luft bei der entsprechenden Temperatur.

Solche Oberflächen bieten sich in doppelter Weise dar, nämlich einerseits in Gestalt trockenen Eises und anderseits durch Anwendung von schwer gefrierbaren Salzlösungen. Die treibende Kraft ist in beidemal der Unterschied im Druck des Dampfes in der zu trocknenden Luft und an der Oberfläche dieser Körper. Diese Unterschiede sind bei niederen Temperaturen nur sehr klein, immerhin aber ausreichend, um bei großer Oberfläche und reger Luftbewegung die beabsichtigte Wirkung zu erzielen. So fand J. Juhlin (Schwed. Akad. d. Wissenschaften 1892, Anhang) folgende Drucke in Millimetern Quecksilbersäule bei den entsprechenden Temperaturen:

	Über Wasser:	Über Eis:	Differenz:
— 13°	1,744 mm	1,532 mm	0,212 mm
— 10°	2,197 »	1,999 »	0,198 »

[1]) Daß auch schadliche Parasiten, z. B. Rinderfinnen, durch langeres Lagern in Kuhl- und Gefrierräumen zum Absterben gebracht werden konnen, haben Prof. Ostertag und Direktor Reißmann durch umfassende Versuche erwiesen Siehe Zeitschrift fur Fleisch- und Milchhygiene 1897 April

	Über Wasser:	Über Eis:	Differenz:
— 5⁰	3,203 mm	3,068 mm	0,135 mm
— 0⁰	4,618 »	4,602 »	0,016 »

Für Salzlösungen lassen sich diese Druckunterschiede aus dem Molekulargewicht berechnen: man findet unter Benutzung der Tabellen von Landolt und Börnstein die folgenden Werte der Unterschiede zwischen Wasser und gesättigter Lösung bei Temperaturen von:

	Für Chlorkalzium:	Für Kochsalz:	Für Chlormagnesium:
—10⁰	0,142 mm	0,206 mm	0,209 mm
— 5⁰	0,334 »	0,457 »	0,447 »

Man erkennt, daß für diese in der Praxis gebrauchlichsten Lösungen, auch wenn sie in der Regel nicht gesättigt verwendet werden, der Druckunterschied im Durchschnitt höher ausfällt als für trockene Eisflächen bei derselben Temperatur, daß mithin ihre trocknende Wirkung stärker sein wird. Da durch Aufnahme des Wasserniederschlages aus der Luft die Salzlösungen sich verdünnen, so sinkt diese Wirkung naturgemäß mit der Zeit, so daß die Lösung durch teilweises Ablassen und Zugabe frischen Salzes bzw. Eindampfen von Zeit zu Zeit verstärkt werden muß. Im letzteren Falle empfiehlt sich die Einschaltung eines Gegenstromapparates zwischen das Eindampfgefäß und den Luftkühler, wodurch die nicht zu vermeidenden Kälteverluste möglichst klein werden. Die Sole selbst wird im Betriebe durch den Verdampfer einer Kuhlmaschine entweder dauernd auf tieferer Temperatur erhalten oder immer wieder auf eine solche gebracht

Bei der Kühlung und Trocknung der Luft an der Oberflache trockenen Eises, welches sich auf den entweder direkt vom Kältemittel der Kühlmaschine oder indirekt von einer erst durch dieses gekühlten Salzlösung durchströmten Rohren der Luftkühlvorrichtung ansetzt, schlägt sich auch die Feuchtigkeit in Form von Eis nieder, wobei die mit dem Wasser der Luft wandernden Mikroorganismen zum großen Teile eingeschlossen und dadurch unschädlich gemacht werden. Im Gegensatze hierzu haben wir bei der Kuhlung und Trocknung durch die freie Oberfläche von Salzlösungen nur eine Verflüssigung des Dampfgehaltes der Luft, mithin ist auch nur eine (um die Schmelzwärme) geringere Wärmemenge bei gleicher Trocknung in diesem Falle zu binden und abzuführen. Da außerdem sich bei Verwendung von Salzlösungen eine innigere Berührung infolge nahezu beliebiger Vergrößerung der Oberfläche derselben erreichen läßt, so erscheint dieses System zu dem gedachten Zwecke dann wirtschaftlicher, wenn es nicht gelingt, die Schmelzwärme des auf den Röhren gebildeten Eises zurückzugewinnen.

Jedenfalls kann von einer kräftigen Trocknung der Luft bei Berührung mit nassem Eis (Natureis), wie es noch vielfach angewendet wird und vor der Ausbildung der neueren Kältemaschinen ausschließlich im Gebrauche war, nur dann die Rede sein, wenn die herzustellende Raumtemperatur bedeutend über 0° liegt. Hierbei wird nämlich sowohl die Kühlung wie auch ein möglicher Niederschlag von Wasser aus der Luft nur durch Schmelzen einer entsprechenden Eismenge erzielt, so daß die Oberfläche immer feucht bleibt und infolgedessen ein Spannungsgefalle gegenüber dem Dampf der Luft nur bei großem Temperaturunterschied aufrecht zu erhalten ist.

Die zur gleichzeitigen Abkuhlung und Trocknung der Luft benötigte Warmeentziehung läßt sich nun leicht ermitteln, wenn man die anfängliche und endliche Temperatur sowie die entsprechenden Feuchtigkeitsgehalte der Luft kennt. Die Abkühlungswärme in Cal berechnet sich für jedes Kilogramm atmosphärischer Luft aus dem Temperaturgefälle, multipliziert mit der spezifischen Wärme bei konstantem Druck 0,2377. Ist die Luftmenge dagegen, wie in den meisten Fällen, dem Volumen nach, also in Kubikmetern gegeben, so hat man, da 1 cbm bei 0° und atmosphärischem Drucke rund 1,293 kg wiegt, das Temperaturgefälle mit $1{,}293 \cdot 0{,}2377 = \text{rd. } 0{,}31$ zu multiplizieren.

Hiernach wurde man, um beispielsweise stündlich 1000 cbm Luft von $+2^0$ auf -3^0 abzukühlen, ohne Rucksicht auf deren Feuchtigkeitsgehalt, eine Wärmemenge von $1000 \cdot 5 \cdot 0{,}31 = 1550$ Wärmeeinheiten stündlich zu entziehen haben.

Zur Ermittelung der Wärmeentziehung fur die hiermit verbundene Lufttrocknung bedient man sich alsdann der nachstehenden kleinen Sattigungstafel, in welcher für jede Temperatur der Dampfgehalt in Gramm von 1 cbm Luft in gesättigtem Zustande enthalten ist.

Die durch Niederschlag von 1 g Wasser aus der Luft frei werdende Wärme kann man im ganzen Bereich dieser Tafel genügend genau gleich 0,61 Cal annehmen und verfährt dann zur Berechnung der ganzen Niederschlagswärme derart, daß man für jedes Kubikmeter den Dampfgehalt im Sättigungszustande mit der relativen Feuchtigkeit erst für die Anfangstemperatur und dann ebenso für die Endtemperatur multipliziert, beide Werte voneinander abzieht und schließlich das Ganze mit 0,61 sowie der Zahl der Kubikmeter Luft multipliziert[1]).

Tafel XVII.

Temperatur °C	Dampfgehalt g pro 1 cbm	Temperatur °C	Dampfgehalt g pro 1 cbm	Temperatur °C	Dampfgehalt g pro 1 cbm
—20	1,13	—4	3,70	+ 3	5,95
—15	1,66	—3	3,96	+ 4	6,36
—10	2,40	—2	4,25	+ 5	6,79
— 9	2,59	—1	4,52	+ 6	7,25
— 8	2,78	0	4,87	+ 7	7,73
— 7	2,99	+1	5,21	+ 8	8,24
— 6	3,21	+2	5,57	+ 9	8,73
— 5	3,45			+10	9,36

Hat man also, wie oben, 1000 cbm Luft, welche bei $+2^0$ etwa 90% ihrer Sattigungsmenge enthalten, während der Abkühlung bis zur Sättigung bei -3^0 zu trocknen, so ist, da die Sättigungsmenge nach obiger Tafel für $+2^0$ in 1 cbm 5,57, für -3^0 in 1 cbm 3,96 g beträgt, zu dem letzten Vorgang allein eine Wärmeentziehung von

$$1000 \cdot 0{,}61\ (5{,}57 \cdot 0{,}9 - 3{,}96) = 640 \text{ Cal}$$

nötig, während die Temperaturerniedrigung der Luft für sich 1550 Cal erforderte. Aus diesem Beispiel erkennt man die große Bedeutung der Trocknung der Luft, deren Warme-

[1]) Das oben angegebene Verfahren ist, wie noch hervorgehoben werden soll, eine Annaherungsmethode, welche indessen in den fur Kuhlanlagen in Frage stehenden Temperaturgrenzen praktisch hinreichend genaue Zahlen gibt und sich jedenfalls durch große Einfachheit vor der genauen Bestimmung der Warmemengen (s. Kap. Feststellung der Leistung) auszeichnet.

betrag bei der Berechnung der Kühlanlagen unbedingt berücksichtigt werden muß.

Zur Ermittelung des Feuchtigkeitsgehaltes der Luft bedient man sich am sichersten des Psychrometers, welches aus zwei in Zehntelgrade geteilten Thermometern besteht, von denen die Kugel des einen durch ein feuchtes Läppchen stets naß gehalten wird. Durch die an dieser Kugel stattfindende Verdunstung, welche um so stärker sein wird, je trockener die Luft ist, wird Wärme gebunden und daher das feuchte Thermometer eine tiefere Temperatur anzeigen als die vom trockenen angegebene Lufttemperatur. Der Unterschied beider Temperaturen (sog. psychrometrische Differenz) ergibt alsdann ein sicheres Maß für die relative Feuchtigkeit, worüber ausführliche Tafeln[1])

Tafel XVIII.

Temperatur ° Celsius	Psychrometrische Differenz ° Celsius			
	1	2	3	4
— 10	0,67	—	—	—
— 9	0,69	—	—	—
— 8	0,71	0,42	—	—
— 7	0,73	0,46	—	—
— 6	0,74	0,49	—	—
— 5	0,76	0,52	—	—
— 4	0,77	0,55	—	—
— 3	0,78	0,57	0,36	—
— 2	0,80	0,60	0,40	—
— 1	0,80	0,61	0,43	—
0	0,81	0,63	0,45	0,28
+ 1	0,81	0,65	0,48	0,32
+ 2	0,82	0,65	0,50	0,35
+ 3	0,83	0,66	0,51	0,37
+ 4	9,84	0,67	0,52	0,39
+ 5	0,84	0,69	0,54	0,40
+ 6	0,85	0,70	0,56	0,42
+ 7	0,85	0,71	0,57	0,44
+ 8	0,86	0,72	0,59	0,46
+ 9	0,87	0,73	0,61	0,48
+ 10	0,87	0,74	0,62	0,50

[1]) Jelineks Psychrometer-Tafeln 1903.

vorliegen. Die vorstehende Tafel umfaßt das für uns in Betracht kommende Gebiet, und zwar bei einem Barometerstande von 755 mm Quecksilber.

Zeigt z. B. das trockene Thermometer $+3^0$, das feuchte dagegen $+1^0$ C an, so beträgt die psychrometrische Differenz 2^0, und die Tafel ergibt für diese Werte einen Feuchtigkeitsgehalt von 0,66. Da nun 1 cbm Luft von $+3^0$ nach der vorigen Tabelle im gesättigten Zustande 5,95 g Wasser enthält, so besitzt er mit einer Feuchtigkeit von 0,66 nur

$$0{,}66 \cdot 5{,}95 = 3{,}93 \text{ g},$$

kann also noch $5{,}95 - 3{,}93 = 2{,}02$ g aufnehmen.

Es sei noch bemerkt, daß die vielfach verbreiteten Haarhygrometer sehr wenig zuverlassig sind und vor ihrem Gebrauche stets justiert werden müssen. Jedenfalls verdient das Psychrometer vor allen anderen Apparaten unbedingt den Vorzug, wenn die am Psychrometer herrschende Luftgeschwindigkeit bekannt ist.

48. Kennzeichnung der verschiedenen Bauarten der Luftkühlvorrichtungen.

Luftkühler mit natürlichem Luftumlauf nennt man solche Kühler, bei welchen die Luftbewegung nur dadurch unterhalten wird, daß die an dem Kühler kälter und deshalb schwerer gewordene Luft nach abwarts fallt und nach der Abgabe der Kalte an die zu kuhlenden Güter wieder nach oben steigt, um von neuem gekühlt den Kreislauf wieder anzutreten. Um diese Luftbewegung zu erzeugen, muß die Kühlvorrichtung höher liegen als die Kühlgüter.

Luftkühler mit künstlichem Luftumlauf sind mit einem Ventilator ausgerüstet, der die Luft aus dem kalt zu haltenden Raume ansaugt, durch den Luftkühler schickt und dem Kuhlraume wieder zubläst. Der Standort des Luftkühlers ist bis zu einem gewissen Grade freigegeben.

Die beiden genannten Luftkuhler konnen gebaut werden nach einer der nachgenannten Arten:

Kaltdampfluftkuhler, Luftkühler mit direkter Verdampfung nennt man solche Kuhler, bei welchen die Luft die Verdampferrohre unmittelbar bespült.

Salzwasser-Luftkühler, Luftkühler mit indirekter Verdampfung erhalten ihre Kälte zugeschickt durch kaltes Salzwasser, welches in einem besonderen Verdampfer gekühlt wurde.

Diese Salzwasser-Luftkühler teilen sich wieder in trockene Luftkühler, bei welchen das Salzwasser durch Rohre fließt, die von der Luft bespült werden, und in nasse Luftkuhler, bei welchen Salzwasser und Luft sich unmittelbar berühren.

49. Luftkühler mit natürlichem Luftumlauf.

Zu diesen gehören fast alle die Kühlanlagen, welche durch einen angebauten Eiskeller oder durch Eisbehälter gekühlt werden. Der Eiskeller überragt deshalb grundsätzlich den Kühlraum an Höhe, die Eisbehälter hängen dicht unter der Decke des Kuhlraumes.

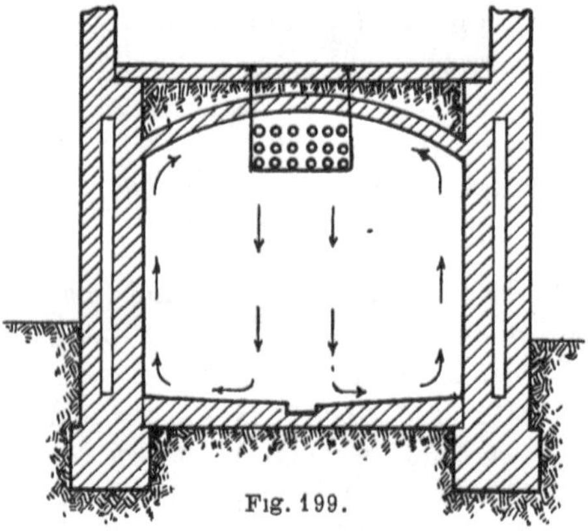

Fig. 199.

Bei Anwendung kunstlich erzeugter Kälte hängen die Kühlrohre zweckmäßigerweise an der Decke nach Fig. 199; die Bauart nach Fig. 200 ist weniger zweckmäßig und wird nur im Notfalle angewendet, nämlich dann, wenn die Kuhlgüter ziemlich dicht an die Außenwand gelegt werden müssen. Die Berührung zwischen den Kühlgütern und der Außenwand ist unzulassig, denn erste Bedingung fur gute Kühlung ist, daß die Güter dem Luftumlauf frei ausgesetzt werden.

Die Anordnung nach Fig. 201 wird nur dann am Platze sein, wenn die Kühlrohre im Kühlraume nicht mehr untergebracht werden können ohne unzulässige Einschränkung des Fassungsvermögens des Kühlraumes. Die Anlage nach Fig. 200 arbeitet mit großerem Kälteverbrauch als die Anlage nach Fig. 199, weil ein großerer Teil der Kalte sofort durch die Seitenmauern und den Boden nach außen fließt. Der Luftumlauf ist bei Fig. 199 kräftiger.

Bei Fig. 200 darf die Raumhöhe nicht völlig für die Lagerung der Güter ausgenutzt werden, weil der Luftumlauf an der Decke schlecht ist, dagegen sind die neben den Wänden und nahe am Boden liegenden Güter bei Fig. 200 besser gekühlt als bei Fig. 199.

Bauart der Kühlrohre[1]).

Bei kleinen Anlagen entweder gebogene Schlangenrohre oder Rohrbündel aus geraden, durch Doppelkrümmer verbundenen Einzelröhren, bei großen Anlagen in der Regel Rohrbündel aus Einzelröhren. Fur Salzwasserrohre verwendet man meist glatte, nahtlose Bördelflanschrohre mit umgebördelten Enden

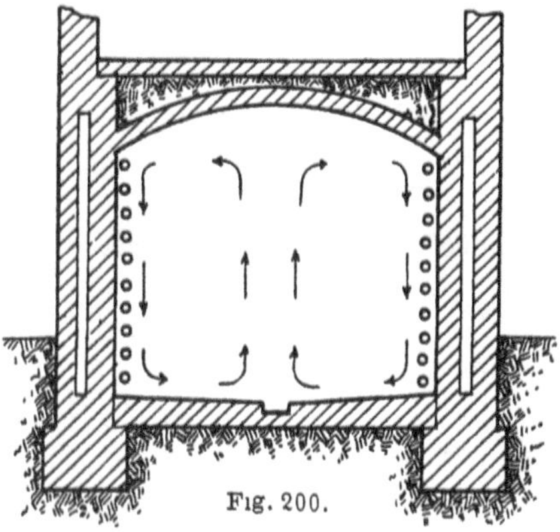

Fig. 200.

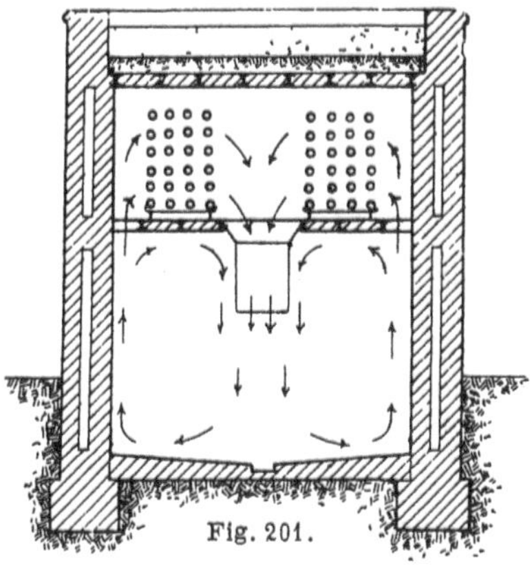

Fig. 201.

und lose dahinter sitzenden Flanschen, 2″ = 50 mm l. W., ca. 3 mm Wandstärke, in Baulängen von 5, 4 (ausnahmsweise auch 2) m, Abstand der Einzelrohre 130 bis 150 mm, oder Rippenrohre von 75 mm l. W. mit ca. 38 Rippen in 1 lfd. m, Durchmesser der Rippen ca. 190 mm, Baulangen 2, 1,5 und 1 m, Kühlfläche rund 1,5 qm in 1 lfd. m, Abstand der Rohre 240 oder 270 oder 300 mm. Rippenrohre aus Stahl mit aufgegossenen gußeisernen Rippen werden bis 4 m Länge geliefert.

Als Verdampfer-Luftkuhlrohre verwendet man gerne möglichst lange Rohrschlangen aus einem Stuck, damit nur wenige Flanschen abzudichten sind, l. W. und Wandstarke wie bei den Verdampfern (s. S. 147 u. 148), Flanschen und Dichtungen wie bei den normalen Kaltdampfleitungen, oder Rippenrohre

[1]) S. Zeitschr. f. d. ges Kalte-Ind. 1907, S 1, und 1908, S 81.

von 40 mm l. W. in Baulängen von 4, 3 und 2 m, Kühlfläche 1,7 qm für 1 lfd. m, Abstand der Rohre 250 oder 300 mm.

Da die Temperatur der Rippen nach außen hin zunimmt, so ergibt sich im allgemeinen, daß 2 qm des Rippenrohres in der Wirkung gleichkommen 1 qm des glatten Rohre. Dies gilt jedoch zunächst nur für einen Unterschied der Temperatur des Kälteträgers und der Luft von rd. 7° C. Also würde 1 m Rippenrohr von 75 mm l. W. und 190 mm Rippendurchmesser entsprechen rd. 5 m glatten Rohres von 50 mm l. W. Glatte Rohre beanspruchen etwa die 2,5fache Fläche an der Decke und haben etwa den 2,2fachen Salzwasserinhalt wie die Rippenrohre bei gleicher Leistung.

Letzteres ist dann wichtig, wenn man Wert legt auf den im Salzwasser liegenden Kältevorrat, der freilich auch bei großen Anlagen meist nicht weiter reicht als für den Kältebedarf von 1—2 Stunden.

Größer ist der Vorrat an Kälte, wenn Verdampferrohre von einem etwas weiteren Gefäße umgeben sind, in denen Wasser zum Gefrieren gebracht wird. Um das Platzen der Gefäße zu vermeiden, müssen sie bestimmte Formen haben.

Nach dem Patent 297098 (G. Doderlein, Karlsruhe) wird als Kältespeicher eine Gefrierflüssigkeit benutzt in einem Innenrohr, das umgeben ist von einem Verdampferrohr, das zugleich Raumkuhlrohr ist. Nach dem Abstellen der Maschine geht die Verdampfung weiter dadurch, daß der Dampf sich am Kältespeicherrohr immer wieder verflussigt. Man erreicht dadurch besseren Wärmeaustausch mit der Luft als bei einem Rohr, das innen Eis enthält und außen von der Raumluft umspult ist.

Da Eis nur 0° hat, während zur Erzeugung genugender Lufttrockenheit meist eine Temperatur der Kuhlflachen unter 0 nötig ist (siehe nachste Unterabteilung), hat man versucht, eine Salzlosung zum Gefrieren zu bringen. Dies ist aber, wie Stetefeld nachgewiesen hat, nur moglich, wenn das Salzwasser so rasch zum Gefrieren kommt, daß sich das Salz nicht ausscheidet. Es kommt sonst nur zu teilweisem Gefrieren und zu einer geringeren Kalteaufspeicherung. Auch ist dann die Temperatur beim Auftauen nicht gleichbleibend.

50. Leistung der Luftkühler mit natürlichem Luftumlauf.[1])

Glatte Rohre geben nach Betriebsversuchen ab bei einem Unterschied der Temperatur des Salzwassers und der Luft von:

	3	5	7	9	10° C
rund	15	30	56	117	160 Cal/qm.

Rippenrohre leisten etwa die Hälfte davon.

Bei Verdampfungs-Luftkühlern, in denen so naß gearbeitet wird, daß aus dem Verdampfer noch Flüssigkeit herauskommt, ist die Leistung um etwa 30—100% höher, dagegen um 30 bis 50% niedriger, wenn überhitzter Dampf den Verdampfer verlaßt.

Mit glatten Rohren kann in nicht zu feuchten Kühlraumen bei nahezu ununterbrochenem Betriebe die folgende Luftfeuchtigkeit eingehalten werden bei einem Temperaturunterschied von:

	3	5	7	9° C
etwa	90	85	80	75%.

Bei Rippenrohren muß man im Kuhlmittel 1—2° tiefere Temperatur annehmen.

Da jedes Kuhlgut zu moglichst zweckentsprechender Aufbewahrung die Einhaltung einer bestimmten Raumtemperatur und einer bestimmten Luftfeuchtigkeit erfordert, so ist durch die Art des Kühlgutes und die Wahl des Luftkuhlersystems die Temperatur des Kuhlmittels gegeben und aus dieser und dem Kältebedarf die nötige Rohroberflache zu rechnen.

Tropfrinnen.

Die von der Luft an die Kühlrohre abgegebene Feuchtigkeit schlagt sich entweder als Wasser oder bei tieferer Kühlrohrtemperatur als Schnee am Rohr nieder. Bei Unterbrechung des Kühlbetriebs schmilzt der Schnee, sobald die Rohrtemperatur annähernd wieder auf 0° kommt. Das von den Röhren abtropfende Wasser muß unter allen Umständen aufgefangen werden. Hierzu dienen Tropfrinnen aus Blech, deren Unterseite durch Holz o.dgl. gegen Schwitzen isoliert ist. Die Tropfrinnen müssen breit genug sein, um das Tropfwasser sicher aufzufangen, sollen aber anderenteils den freien Luftumlauf am Rohr nicht hindern. Holzrinnen ohne Blechauskleidung werden ohne jede Ausnahme mit der Zeit wasserundicht, verfehlen dann ihren Zweck, bilden Anlaß zu Schimmelerzeugung zunächst an der Unterseite der Rinnen

[1]) S Zeitschr f. d ges. Kalte-Ind 1907, S 1, und 1908, S. 81.

und häufig des weiteren zur Verbreitung des Schimmels und weiterer Fäulniserzeuger im ganzen Raum.

Breite der Rinnen:

bei glatten Rohren gleich dem 1,2fachen Rohrdurchmesser,

bei Rippenrohren gleich dem 0,7 fachen Rippendurchmesser.

Die Rinnen müssen genügendes Gefälle haben. Hierauf ist bei Bemessung der lichten Hohe des Raumes Rücksicht zu nehmen.

51. Abtauen der Kühlrohre.

Durch den Schneeansatz wird die Kältewirkung der Rohre allmählich abgeschwächt, deshalb muß der Schnee von Zeit zu Zeit entfernt werden. In Kühlräumen mit Temperatur über 0° geschieht dies durch zeitweise Unterbrechung der Kühlung. In Gefrierräumen mit Temperaturen unter 0° darf die Temperatur nie über 0° kommen, daher ist das Abtauen durch die Kühlraumluft nicht möglich. Man muß entweder den Schnee abkratzen, was oft umständlich ist, besonders wenn die Kuhlrohre durch geschlossene Aufbewahrungszellen laufen, oder man muß nacheinander durch einen kleinen Teil der Rohre warmes Salzwasser schicken, während der andere Teil weiterkuhlt. Dabei wird die Schneekruste von innnen heraus abgelöst, fällt zum Teil auf die Tropfrinnen, zum Teil auf den Boden oder die Kuhlguter, wenn sie nicht durch besondere (provisorische) Hilfsmittel aufgefangen wird. Die sind um so mehr notig, als sorgfältig vermieden werden muß, daß auch Wasser von den Röhren auf die Kühlgüter tropft. Diese Abtauvorrichtungen fehlen in Gefrierräumen auch heute noch oft, sehr zum Nachteil, denn die Verschlechterung des Kältedurchganges durch den Eisansatz bedingt, daß mit sehr viel tieferer Verdampfungstemperatur gearbeitet werden muß. Die Ausgaben für richtige Abtauvorrichtungen würden sich also rasch bezahlt machen, zumal ein Teil der Kosten bestritten werden könnte aus der Ersparnis, welche sich daraus ergibt, daß man weniger Kühlrohre brauchen würde, wenn sie immer eisfrei wären.

52. Kälteverteilung.

Innerhalb eines Kuhlraumes soll der Unterschied der Temperaturen an einzelnen Punkten nicht mehr als ½ bis 1° sein. Man erreicht dies durch gleichmaßige Verteilung der Kühlrohre, durch eine den natürlichen Luftumlauf fördernde Anordnung derselben, sowie endlich dadurch, daß man nötigenfalls die Kühlrohre in zwei oder mehr Stränge teilt, die parallel geschaltet sind und gleiche Länge haben. Jedoch empfiehlt sich diese Anordnung nur bei Salzwasserröhren. Bei Verdampferröhren ist zu beachten, daß die gleichmäßige Verteilung der kleinen Flüssigkeitsmenge auf viele Stränge große Schwierigkeiten bietet.

Glatte Salzwasser-Rohrstränge sollen nicht länger als etwa 200 m sein, Rippenrohrstränge für Salzwasserumlauf nicht länger als 40 m. Die Parallelteilung bietet den Vorteil, daß zu Zeiten geringeren Kältebedarfes einzelne Stränge ausgeschaltet werden können. Zu diesem Zwecke sind Absperrventile einzubauen. Tut man dies nicht, so kann es vorkommen, daß infolge zu reichlicher Rohroberfläche der Feuchtigkeitsgrad zu hoch bleibt, während die Raumtemperatur unzulässig tief wird[1]), da man den richtigen Temperaturunterschied (s. S. 253) nicht einhalten kann.

Zur richtigen Verteilung der Kälte auf mehrere Räume ist nötig:

genaue Berechnung des Kältebedarfes jedes einzelnen Raumes, richtige Bemessung der Kühlrohrflächen,
richtige Wahl der Länge der Einzelstränge,
Einbau von Absperrventilen an richtiger Stelle,
genaue Überlegung, welche Stränge hintereinander oder nebeneinander zu schalten sind,
Vermeidung von Luftsäcken (Anbringung von Entlüftungshähnen oder selbsttätiger Entlüftungen an richtiger Stelle),
rechtzeitiges Entfernen des Eisniederschlages.

Die Verteilung durch Abdrosseln der Ventile einzelner Stränge zu bewirken ist im allgemeinen zu vermeiden, da hiermit stets eine Erhöhung der Arbeit der Salzwasserpumpen verbunden ist. Nur zur feineren Regulierung darf dieses Hilfsmittel in engen Grenzen verwendet werden und nur mit möglichst weit geöffneten Ventilen.

53. Luftkühler mit künstlichem Luftumlauf.

Der eigentliche Luftkühler ist mit isolierten Wänden umgeben und in der Regel in einem besonderen Nebenraum aufgestellt. Die Bedingung gleichmäßiger Temperatur im Kühlraum

[1]) S. Zeitschr f d ges. Kälte-Ind 1908, S. 81.

wird erfüllt durch gleichmäßiges Absaugen und Wiederzublasen der Luft mit Hilfe von Luftschläuchen (Fig. 202 bis 203). Diese werden aus weichem, mit Eisenvitriol gut getränktem (nicht nur oberflächlich angestrichenem) Holz hergestellt. Blechschläuche sind nicht verwendbar, weil sie außen schwitzen und dann Wasser von denselben abtropft. In jedem Hauptkanal wird eine Drosselklappe aus Holz eingebaut zur groben Regelung der Luftverteilung. Die Einzelschläuche erhalten Schlitze, die nach Bedarf durch Holzschieber zugedeckt werden zur feineren Regelung der Luftverteilung.

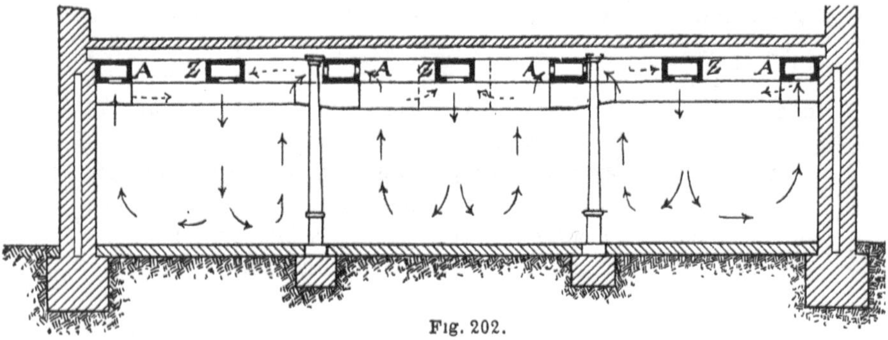

Fig. 202.

Bei der ersten Inbetriebsetzung sind die Klappen und Schieber so einzustellen, daß an allen Stellen der Luftschlauchschlitze annahernd gleiche Luftgeschwindigkeiten mit dem Anemometer gemessen werden. Klappen und Schieber sind dann in der richtig befundenen Stellung festzuschrauben.

In Fig. 204 ist die Anordnung solcher Luftschläuche in einem Fleischvorkuhlraum, in Fig. 205 das gleiche in einem Fleischkühlraum gezeigt. Die dort gezeigten Luftschläuche bestehen aus Holz, neuerdings werden sie auch aus Eisenbeton gleich mit dem Bau des Gebäudes zusammen hergestellt.

Luftgeschwindigkeit: In den Saugkanalen nicht uber 4 m/Sek., in den Druckkanalen nicht uber 5 m/Sek., beim Austritt aus den Schlitzen etwa ½ m/Sek., ebenso beim Eintrittin die Schlitze. Scharfe Eckenbildungen sind zu vermeiden; je geradliniger die Luftleitungen sind, desto geringeren Widerstand bieten sie (siehe w. u.). Der Widerstand der Luftleitungen betragt etwa 5 mm Wassersäule bei kleinen Anlagen, bis 20 mm bei großen Anlagen.

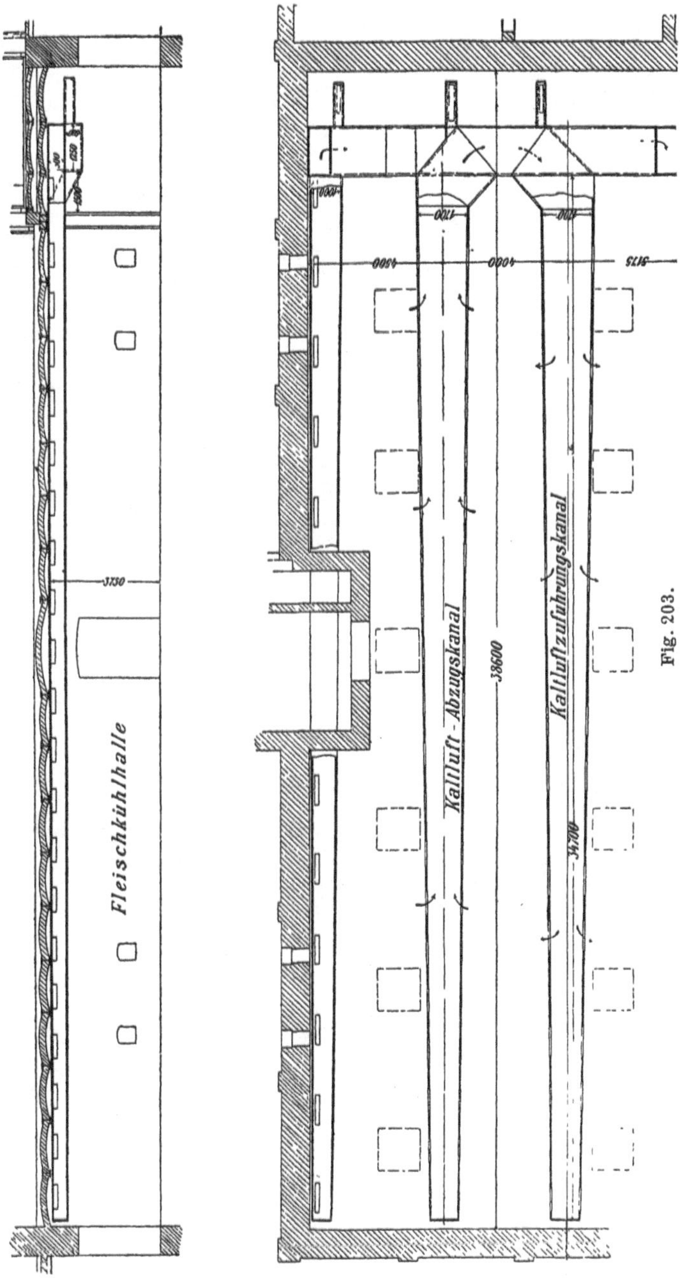
Fleischkühlhalle
3730
Kaltluft-Abzugskanal
38600
Kaltluftzuführungskanal
34700

Fig. 203.

Fig. 204.

Fig 205.

Ventilatoren. Die hier in Frage kommenden Bauarten sind bedingt durch den Widerstand der Luftleitungen. Gewöhnliche Schraubenventilatoren (Fig. 206) überwinden einen Widerstand bis zu 3 mm Wassersäule, der Wirkungsgrad ist

Fig. 206.

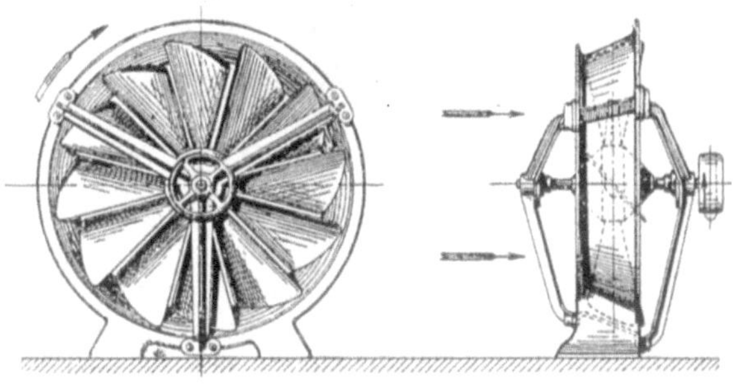

Fig 207.

verhaltnismaßig klein. Besser wirken bei Pressungen bis 15 mm Wassersaule schon die Schraubenventilatoren mit konisch erweitertem Gehäuse Fig. 207 (G. Schiele & Co., Bockenheim).

Große Widerstande konnen durch Zentrifugalventilatoren (Fig. 208, G. Schiele & Co., Bockenheim) uberwunden werden. Der hohen Pressung entspricht eine entsprechend hohe Erwärmung der Luft, indem sich die Arbeit des Ventilators der Luft als gleichwertige Warmemenge mitteilt. Die großen Metalloberflächen erfordern eine gute Isolierung. Der Einbau dieser Ventilatoren in die Luftleitungen ist ab und zu schwierig. Mittlere Widerstände bis 20 mm Wassersaule werden am besten durch Ventilatoren mit Schraubenschaufeln auf der Saugseite und

Fig. 208.

Zentrifugalschaufeln auf der Druckseite (Fig. 209 und 210) Pelzer, Dortmund) uberwunden. Diese Ventilatoren besitzen innerhalb der hier in Betracht kommenden Druckverhaltnisse die besten Wirkungsgrade[1]).

Ebenfalls fur hohen Widerstand geeignet sind die neuen Schragschaufelgeblase von G. Schiele & Co., Bockenheim Fig. 211 und 212.

[1]) S Zeitschr f d ges Kalte-Ind 1909, S 14

Fig. 209.

Fig. 210.

Antrieb der Ventilatoren. Selten nur wird die Transmission so günstig liegen, daß sich der Ventilator von ihr aus antreiben läßt. In der Regel wird ein kleiner Elektromotor bessere Dienste leisten. Dieser und seine Leitungen sind sorgfältig vor Schwitzwasser zu schützen. Häufig wählt man die Umlaufzahl des Motors und des Ventilators so, daß man sie unmittelbar kuppeln kann durch gemeinsame Welle. Dies ist aber

Fig. 211.

nur zulässig, wenn die Umlaufzahlen, bei welchen sowohl der Ventilator innerhalb des gegebenen Druckunterschiedes wie auch der Motor die besten Wirkungsgrade geben, nicht zu weit auseinander liegen. Andernfalls muß durch Riementrieb die Übersetzung so geschaffen werden, daß jeder Teil mit der günstigsten Umlaufzahl arbeitet. Die Riemenscheiben werden in der Regel zu klein gewählt, die Riemen häufig zu schmal und zu dick, die Achsenabstände zu klein, so daß der Riementrieb mit 5 und mehr Prozent Verlust arbeitet, gleitet und abfällt.

Fig. 212.

54. Bauweise der Luftkühler mit künstlichem Luftumlauf.

Nasse Luftkühler, Regen- und Berieselungskühler. (Salzwasser-Luftkühler.) Fig. 213 u. 214: Regenluftkühler (A. Borsig, Tegel). Die kaskadenförmig angeordneten Horizontalbleche sind an allen vier Seiten aufgebogen und bilden daher ein Becken. Die Bleche sind gelocht; dem obersten Becken wird so viel Salzwasser zugeschickt, daß alle Becken an einer Breitseite überlaufen. Damit dies auf die ganze Breite gleichmäßig geschieht, müssen die Becken bei der Montage genau horizontal gelegt und nachstellbar unterstützt werden. Man muß also auch in den Kühler zwischen je zwei Kaskadenreihen einsteigen können. Die Sieblöcher sind ab und zu von Schlamm zu befreien. Durch den freien Fall des Salzwassers von Becken zu Becken entsteht etwas Wasserstaub, der hinter dem Kühler sorgfältig zu entfernen

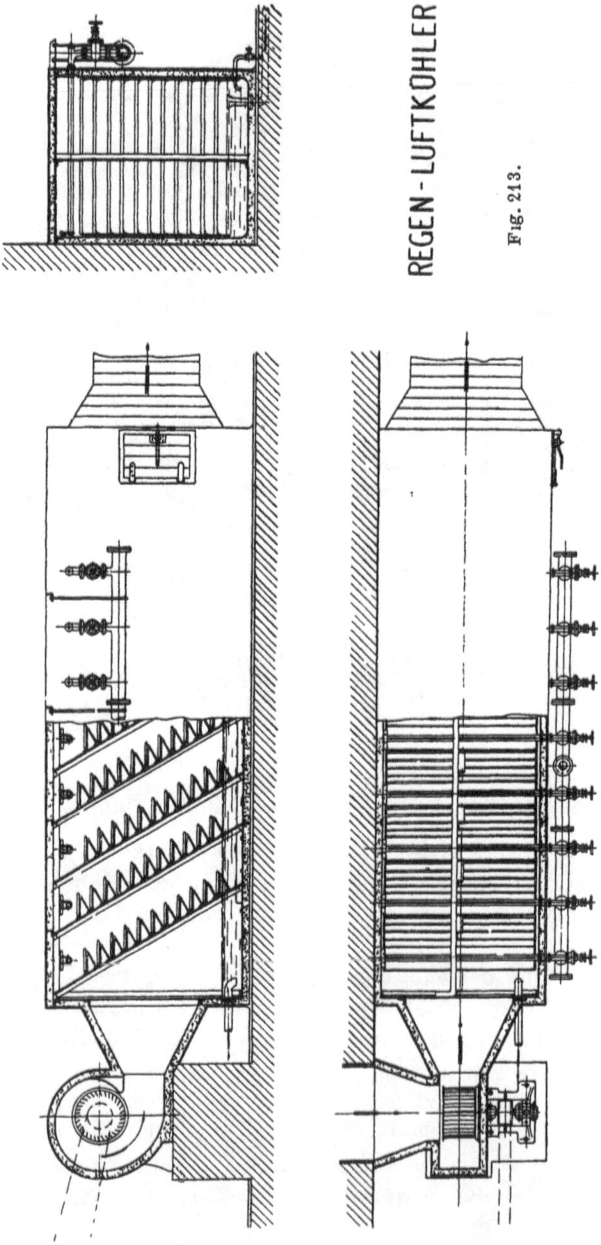

Fig. 213.

ist durch Verminderung der Luftgeschwindigkeit auf 0,6 m/Sek. oder ahnliche Vorrichtungen, wie sie für die Entstaubung der Luft heute gebaut werden. Die Luftgeschwindigkeit im Kühler soll 1,5 m/Sek. nicht übersteigen.

Fig. 215 und 216: Berieselungsluftkuhler (Escher, Wyß & Co., Zürich). Senkrecht nebeneinander hängende Bleche werden mit Hilfe von genau horizontal gelegten Becken mit

Fig. 214.

siebartig gelochtem Boden berieselt. Die Bleche sind oben durch ein Langseisen versteift. Letzteres uberragt die Bleche und setzt sich auf den Flanschen von Quer-T-Eisen auf. Das Parallelhangen der Bleche wird dadurch erreicht, daß die am unteren Ende angebrachten Versteifungseisen durch Schrauben gefaßt werden, die durch querliegende Winkel gehen. Hinter den drei nebeneinander liegenden Luftkuhlern, von denen jeder einen eigenen Ventilator hat, sind große Trockenkammern (Luftgeschwindigkeit unter 1 m/Sek.) mit senkrecht stehenden Sieben angeordnet zur Abscheidung des Spritzwassers.

Fig. 217: Berieselungskuhler Patent Zirngibl (Hallesche Maschinenfabrik). Dieser Luftkuhler vereinigt fast alle guten Eigenschaften, welche von einem Berieselungskuhler verlangt

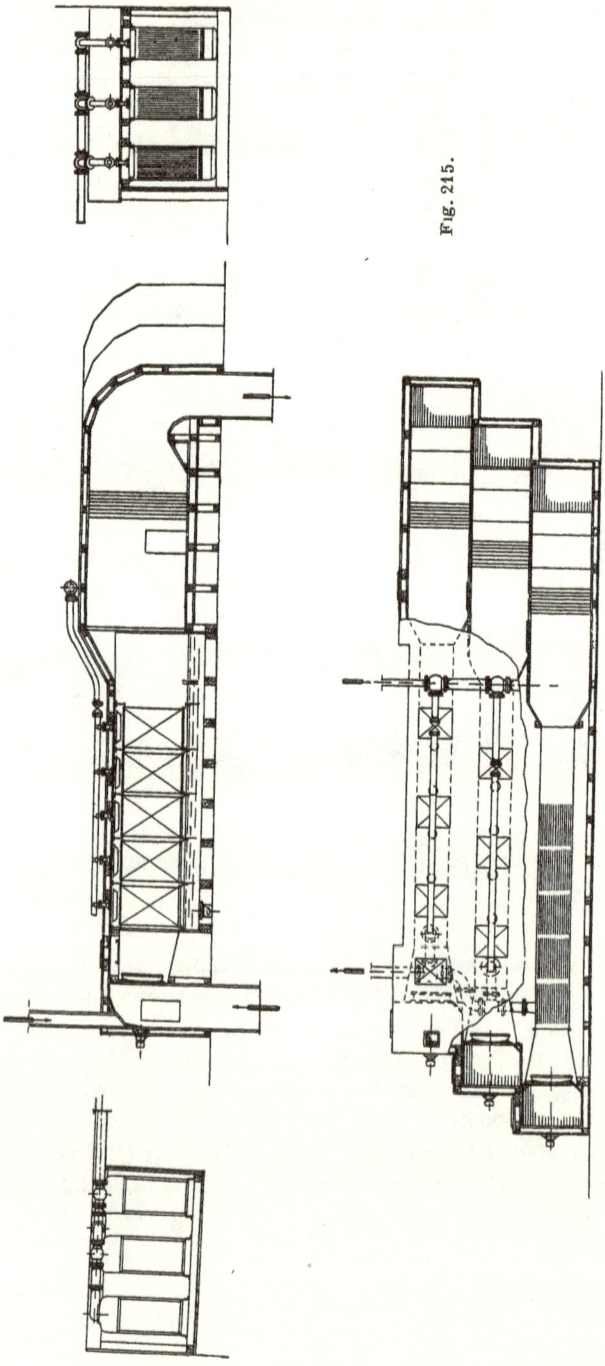

Fig. 215.

werden. Große Einfachheit, vorzügliche Berieselung, leichte Montage und Auswechselung, leichtes Reinigen, billige Herstellung aus lauter Normalteilen. Senkrecht nebeneinander hängende Wellbleche sind befestigt an Schlitzröhren oder oben gelochten Röhren, und zwar so, daß sich der an beiden Seiten des Rohres niederrieselnde Salzwasserstrom unter dem Rohr nicht mehr vereinigen kann, sondern getrennt bleibend an beiden Seiten des Wellbleches herablaufen muß. Die Rohre sind an beiden Enden in ein Verteilungs gefäß eingesteckt. Diese Bauweise ist billig, leicht montierbar und von zuverlässiger Wirkung. Die Geschwindigkeit des Salzwassers beim Eintritt in das Schlitzrohr darf höchstens 0,3 m/Sek. sein.

Fig. 218: Kaskaden-Gegenstromkühler Bauart Stetefeld. Dieser strebt an: Einhaltung des Gegenstromes und größere Erwärmung des Salzwassers bzw. kleinere Salzwasserpumpen arbeit, kleine Baugrundflache.

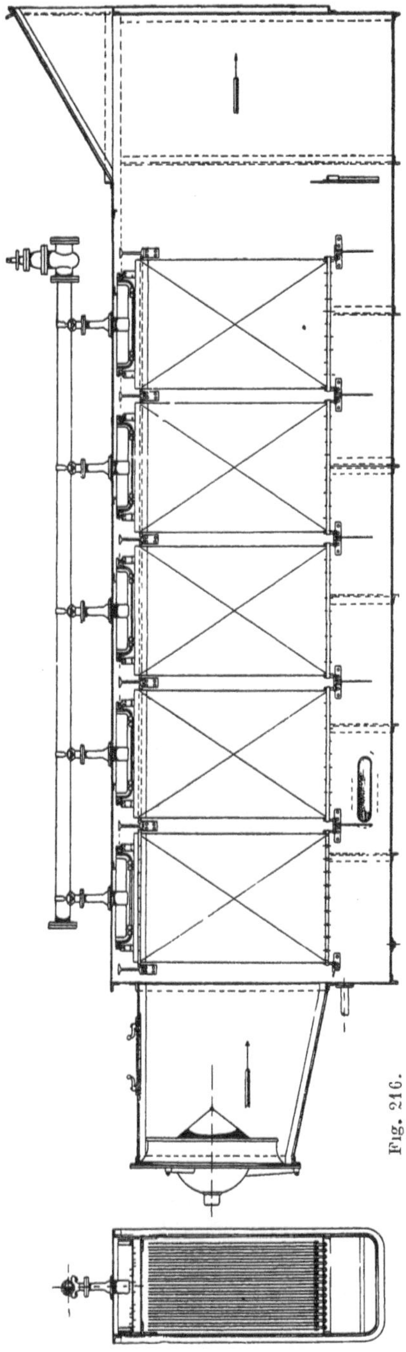

Fig. 216.

Trockene Luftkühler.

Fig. 219 und 220: Luftkühler mit Verdampferröhren (Humboldt-Kalk).

Dieser Kühler besteht aus zwei getrennten Verdampfern in je einer Kammer, deren Wirkungsweise in drei Perioden wechselt wie folgt:

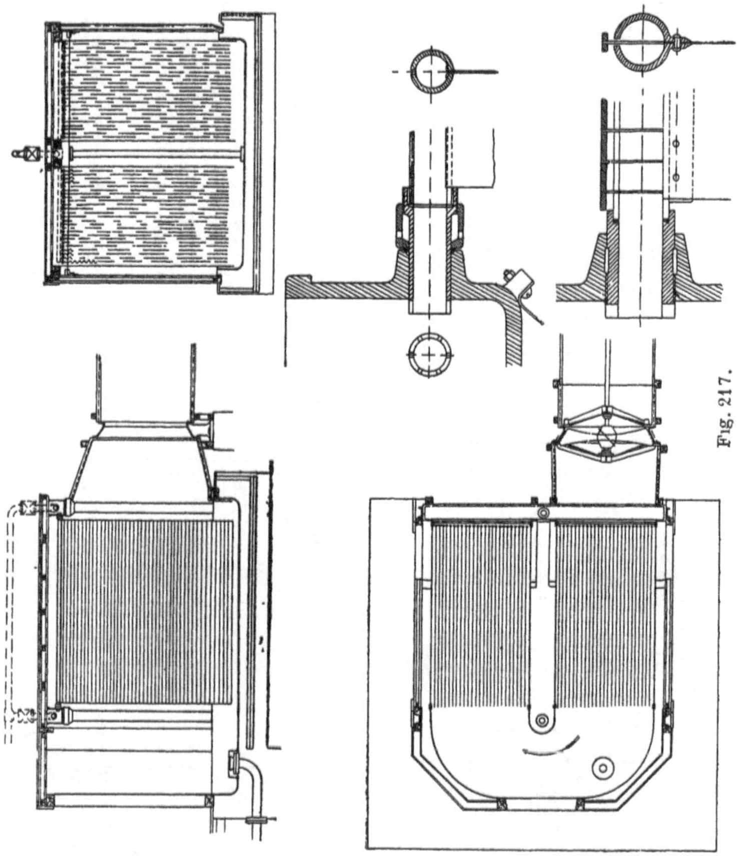

Fig. 217.

Erste Periode: Die Luft gelangt zunächst in Kammer 1, deren Verdampfer 1 abgestellt ist durch Schließen der Ammoniakventile; die warme Luft wird vorgekühlt durch das an den Schlangen von der vorangegangenen Periode her hängende Eis, taut dieses ab und geht dann durch einen Zwischenkanal zur Kammer 2, deren Verdampfer in Tätigkeit ist und die Luft weiterkühlt und trocknet. Dauer der ersten Periode etwa 4½ Stunden.

Zweite Periode: Luftführung wie bei der ersten Periode, beide Verdampfer arbeiten, Dauer der zweiten Periode etwa 1½ Stunden.

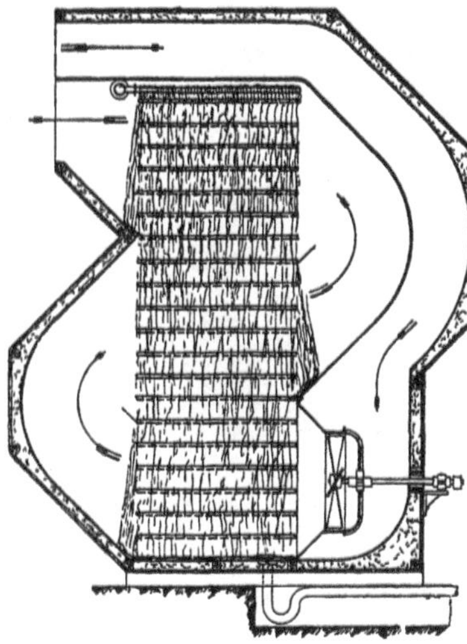

Fig. 218.

Dritte Periode: Die Klappen vor und hinter dem Luftkuhler werden umgelegt, so daß die Luft zuerst durch die Kammer 2 geht und dann erst zur Kammer 1; der Verdampfer 2 wird abgestellt, Verdampfer 1 bleibt in Tätigkeit; Dauer der dritten Periode etwa 4½ Stunden. Die Dauer der Perioden richtet sich im ubrigen nach der Geschwindigkeit, mit der sich die Rohren mit Eis beschlagen. Je mehr Eisbildung, desto kurzer die Perioden. Die Bedienung dieses Luftkuhlers erfordert etwas Gewandtheit und Aufmerksamkeit, der Eisniederschlag und das richtige Arbeiten der Verdampfer wird durch Schaufenster beobachtet. Wegen des periodischen Arbeitens der Verdampfer ist auch der Bedienung des Hauptregulierventils und dem Arbeiten des Druckverdichters Aufmerksamkeit zu schenken.

Fig. 221 und 222: Luftkühler mit Kohlensäure-Verdampfer (L. A. Riedinger, Augsburg).

Auch dieser Kuhler arbeitet mit 3 Perioden.

Erste Periode (Hauptperiode): Die Klappe am Eingang steht so, daß der Luftstrom zur Halfte durch den einen, zur anderen Halfte durch den zweiten Verdampfer stromt. Beide Schlangen arbeiten als Verdampfer. Die beiden Klappen am Ende sind offen.

Zweite Periode: Die Klappe am Eingang verschließt den Luftkuhler 1, der außerdem auch durch die Klappe am Ende

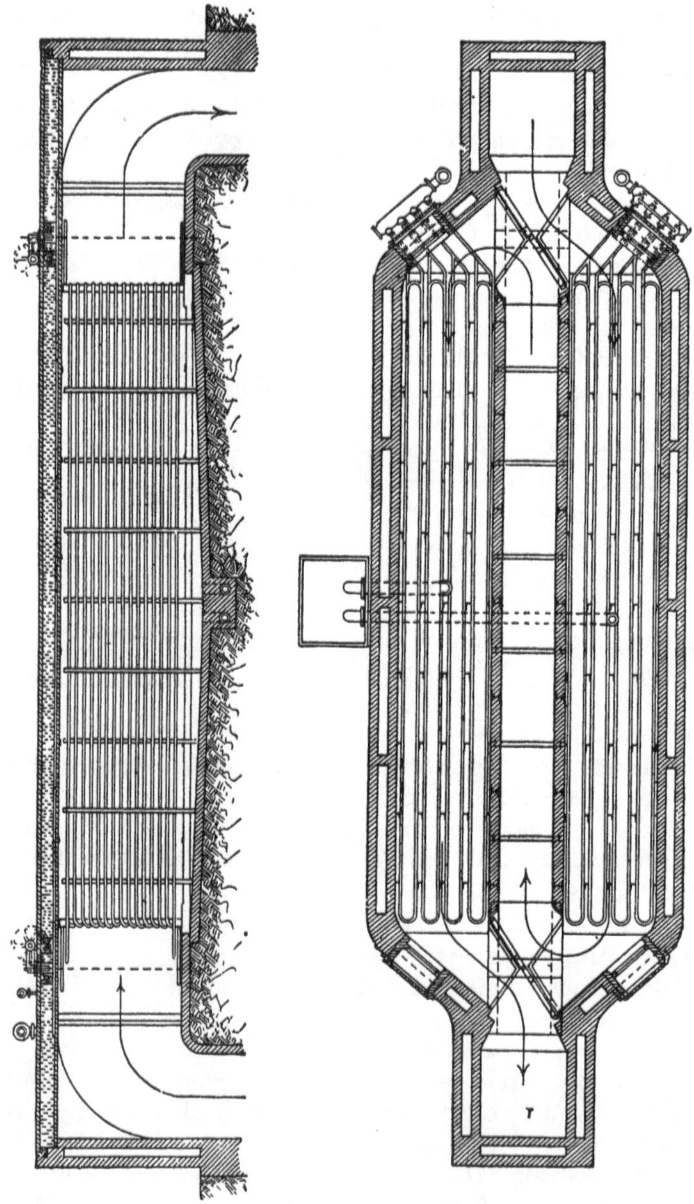

Fig. 219.

geschlossen wird. Die Schlange 1 arbeitet als Flüssigkeitsunterkuhler. Die Flüssigkeitswärme der flüssigen Kohlensäure bewirkt das Abtauen des Eises von der Schlange 1.

Dritte Periode: Schlange 2 arbeitet als Flüssigkeitsunterkühler, Schlange 1 als Verdampfer, die Klappen verschließen den Luftkühler 2. Weiter ist zu beachten an diesem Luftkühler, daß die Rippenrohre quadratische Rippen haben; dies ermöglicht die beste Ausnutzung des Luftkühlraumes und vermeidet den Übelstand, daß bei runden Rippen die Luft wegen des geringeren Reibungswiderstandes vorzugsweise an den äußeren Flachen der Rippen vorbeistreicht.

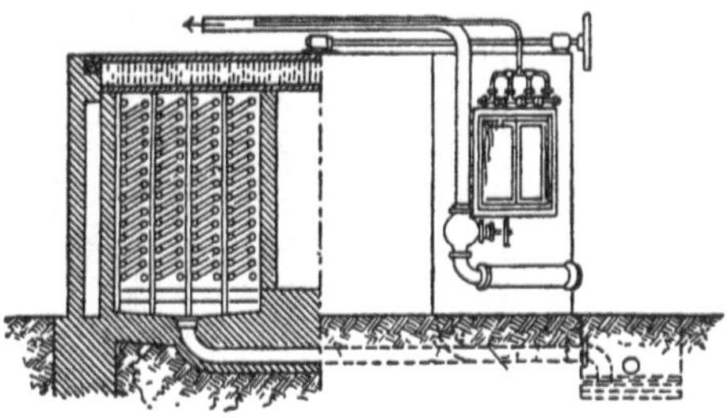

Fig. 220.

Die Fig. 221 und 222 bieten außerdem ein gutes Beispiel für den Einbau und die Isolierung des Luftkuhlers. Außer dem Hauptventilator ist ein kleiner Luftabsauger aufgestellt, der mit Hilfe eines Abluftrohres ständig etwas verbrauchte Luft vor dem Luftkuhler absaugt und ins Freie schafft. Unmittelbar vor dem Luftkuhler mündet ein Rohr aus dem Freien ein, durch welches Luft vom Hauptventilator eingesaugt wird.

Fig. 223. (Germania, Chemnitz.) (Tafel.) Trockener Luftkühler mit Verdampfer.

Das Abtauen geschieht bei geschlossenen Klappen, die gut dicht schließen mussen, durch einen warmen Luftstrom, der von einer unten liegenden Dampfschlange aufsteigt.

Luftkühler mit Verdampfer und Hilfsberieselung.

Fig. 224. Über den Verdampferschlangen sind Schlitzrohre so aufgehangen, daß sie genau horizontal ausgerichtet werden konnen. Die Eintrittsgeschwindigkeit des Salzwassers in die Schlitzrohre darf 0,3 m/Sek. nicht uberschreiten. Ungleichmaßige Berieselung wurde stellenweise Eisansatz ermoglichen und eine Verengung des Luftquerschnittes verursachen. Das gleiche

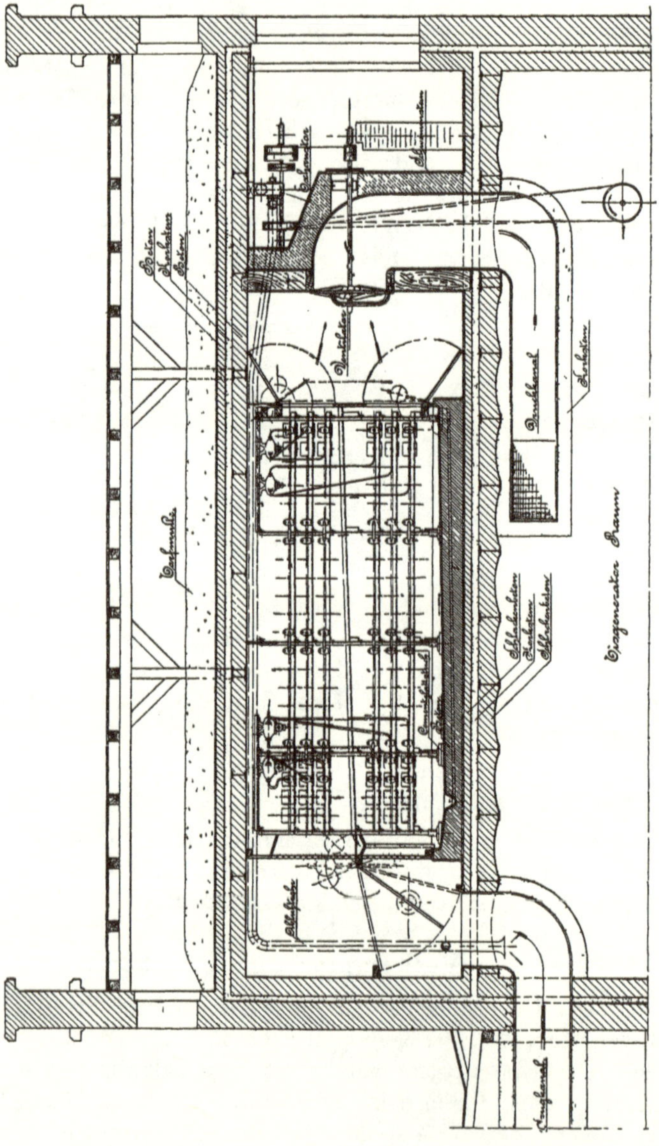

Fig. 221.

tritt ein bei zu dunner Salzsole. Die Luftgeschwindigkeit sollte 1,2 m/Sek. nicht überschreiten.

Fig. 225 (A. Borsig, Tegel). Die Schwefligsäure-Verdampferrohre sind geneigt angeordnet, um das Abwärtsfließen der flüssigen schwefligen Säure zu ermoglichen. Der freie Luftraum wird durch

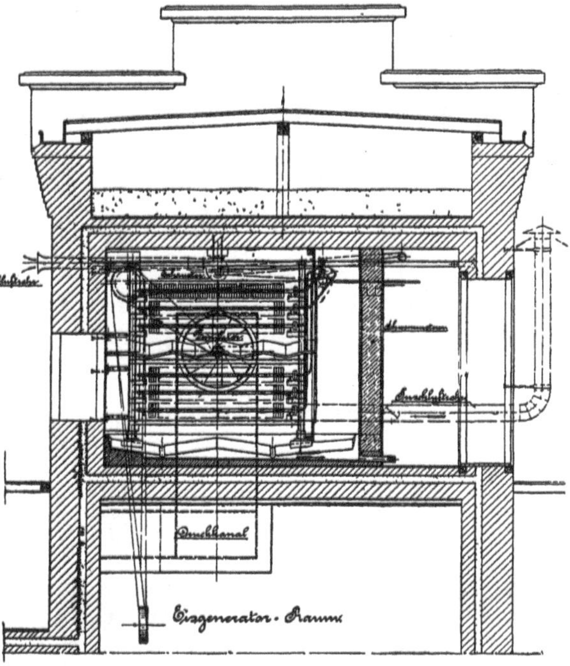

Fig. 222.

Salzwasserregen berieselt. Seitlich und in der Mitte angebrachte, um senkrechte Zapfen drehbare Klappen zwingen die Luft, an die Rohre heranzutreten; das Spritzwasser scheidet sich zum großen Teil an diesen Klappen ab.

Fig. 226 (Escher, Wyß & Co., Zürich). (Tafel.) Berieselungskuhler mit Salzwasserrohren und Berieselungsblechen. Die senkrechten Zwischenraume zwischen den Salzwasserrohren sind durch ein Holz ausgefullt zur Vermeidung des Verspritzens und zur Vergroßerung der Oberflache.

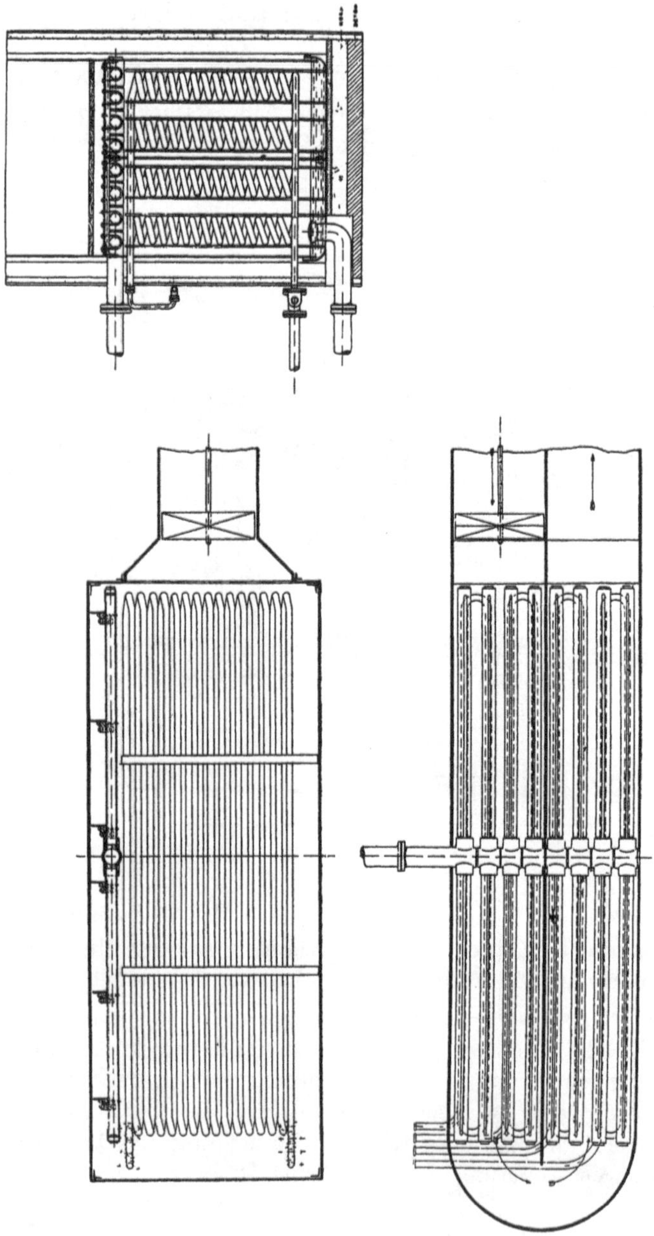

Fig. 224.

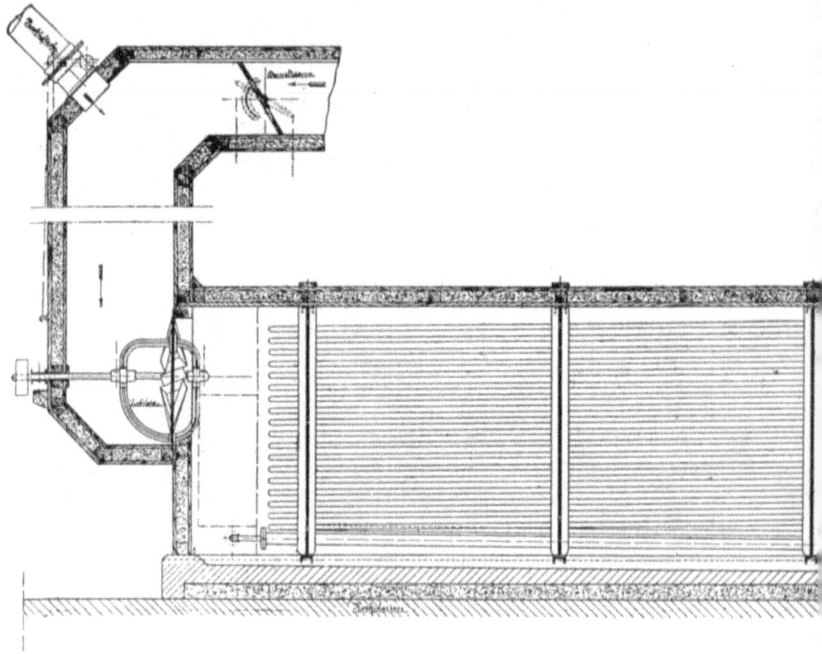

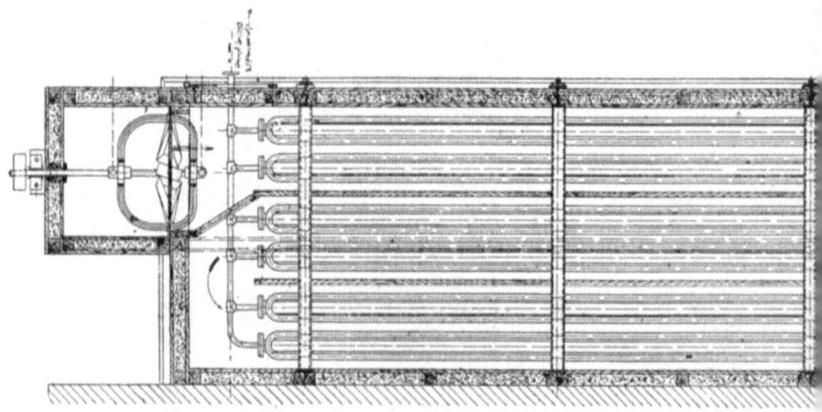

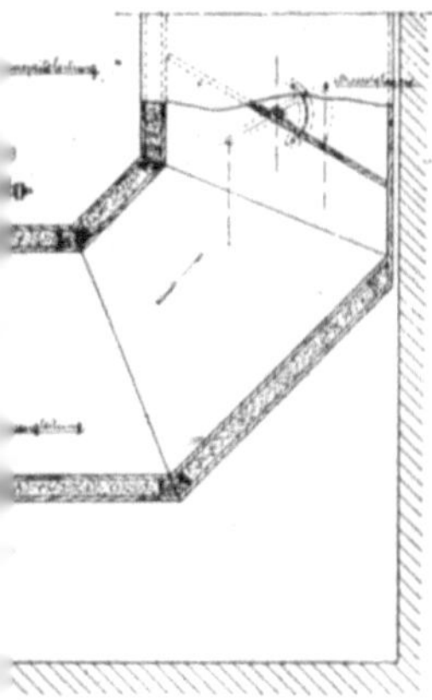

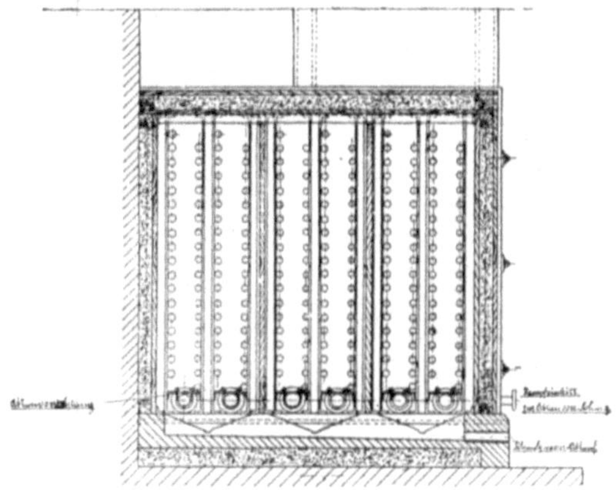

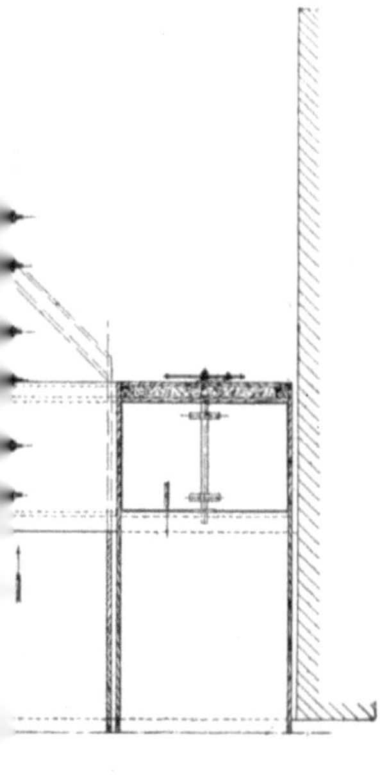

Luftkühler

für direkte Verdampfung.

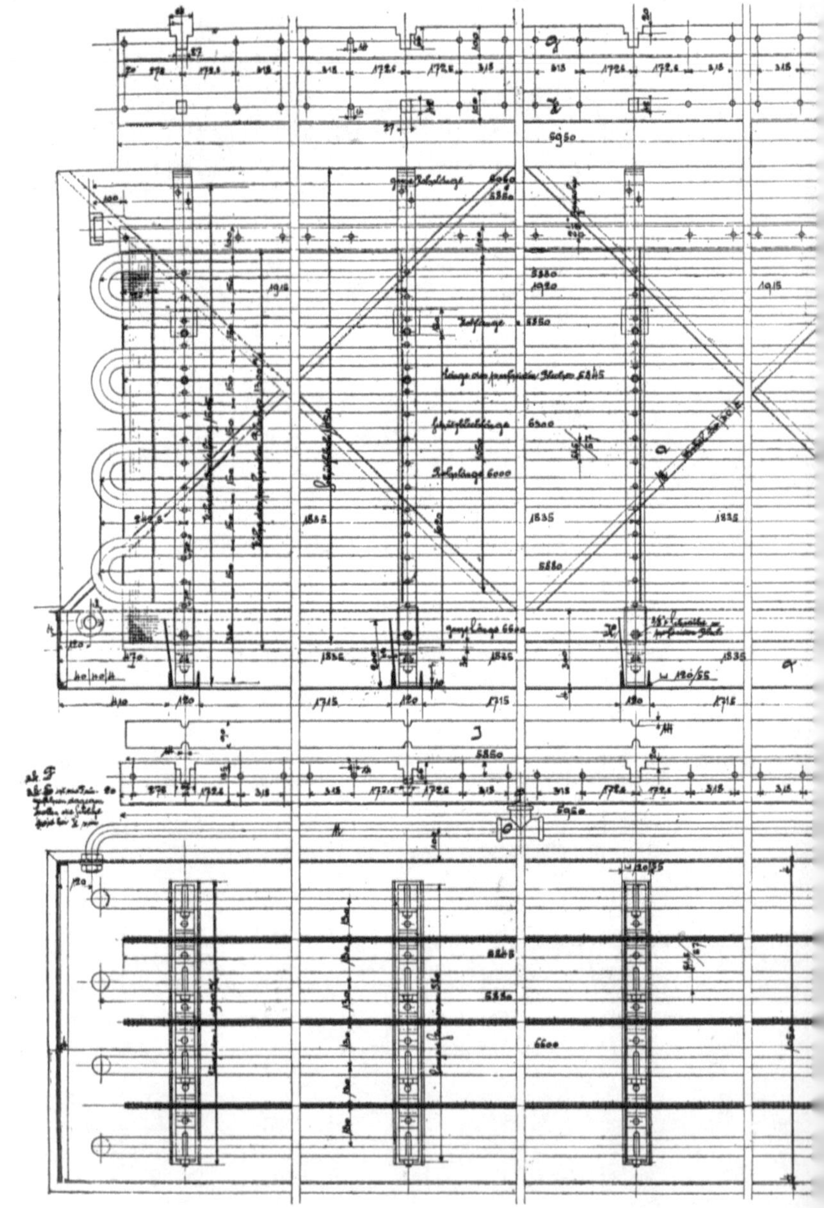

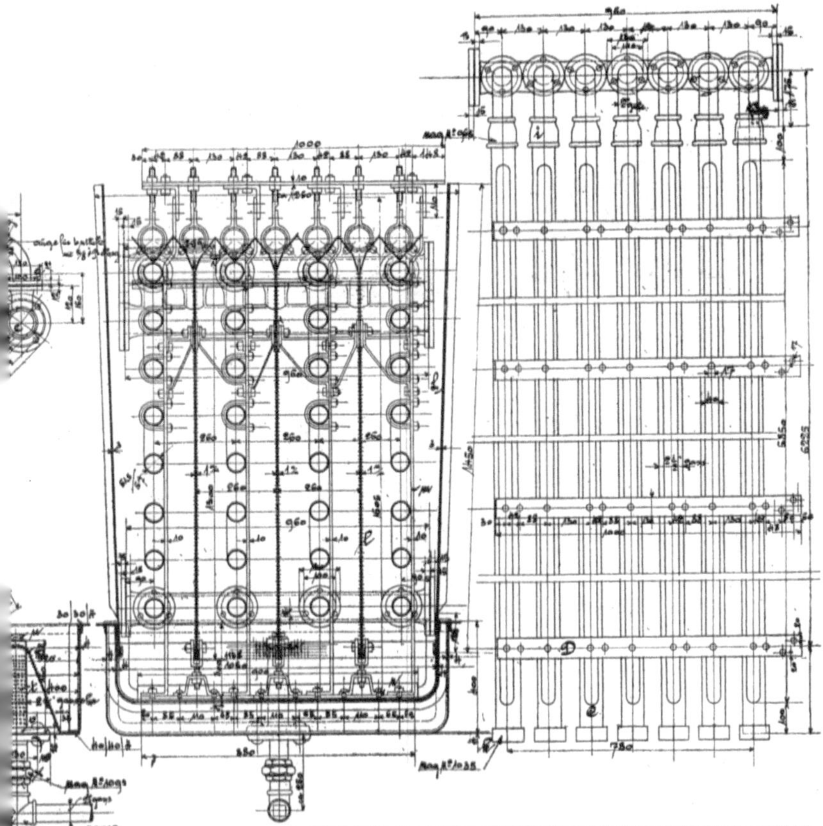

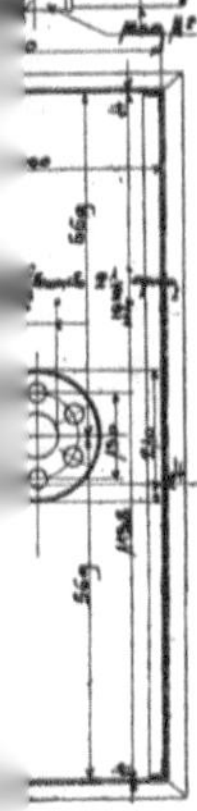

Pos.	Stck.	Gegenstand	Material.
P	1	Abflußleitung	Schm.-Eisen
O	1	T-Fitting	″ ″
N	1	Ueberlaufleitung	″ ″
M		Versteifungswinkel	″ ″
L	2	Schutzbleche	″ ″
K	4	Blechschikanen	″ ″
J	28	Holzschikanen	Holz
H	4	Verteilbleche	Schm.-Eisen
G	4	″ ″ ″	″ ″
F	3	″ ″ ″	″ ″
E	3	″ ″ ″	″ ″
D	4	Flacheisen	″ ″
C	7	Berieselungsröhren	″ ″
B	4	Muttern z. Ueberlauf	″ ″
A	2	Gasrohrabfälle	″ ″
z	1	Verschlußzapfen	″ ″
y	1	T-Fitting	″ ″
x	1	Holländer	″ ″
w	1	Flansch m. Gasgewinde	″ ″
v	1	″ ″ ″ ″	″ ″
u	1	Verschlußzapfen	″ ″
t	1	perforiertes Gasrohr	″ ″
s	1	perfor. Haube	″ ″
r	1	Scheidewand	″ ″

Pos.	Stck.	Gegenstand	Material.
q	1	Blechkasten	Schm.-Eisen.
p	4	⊔-Eisen Norm.-Profil	″ ″
o	4	Flach- ″ ″ ″	″ ″
n	16	Schrauben	″ ″
m	16	Flacheisenständer	″ ″
l	3	Berieselungsbleche	″ ″
k	7	Verschlußmuttern	″ ″
i	7	Reduktionsmuffen	″ ″
h	7	Bogenstücke	″ ″
g	45	Schrauben	″ ″
f	7	Flanschen z. d. Bogenst.	″ ″
e	24	Schrauben	″ ″
d	6	Blindflanschen	″ ″
c	3	Sammelstücke	Guss- ″
b	8	Flanschen dazu	Schm.- ″
a	4	Rohrsysteme	″ ″

Zürich, 9. Juni 10.

Luftkühler mit 4 Systemen Siederöhren und Berieselungsblechen.

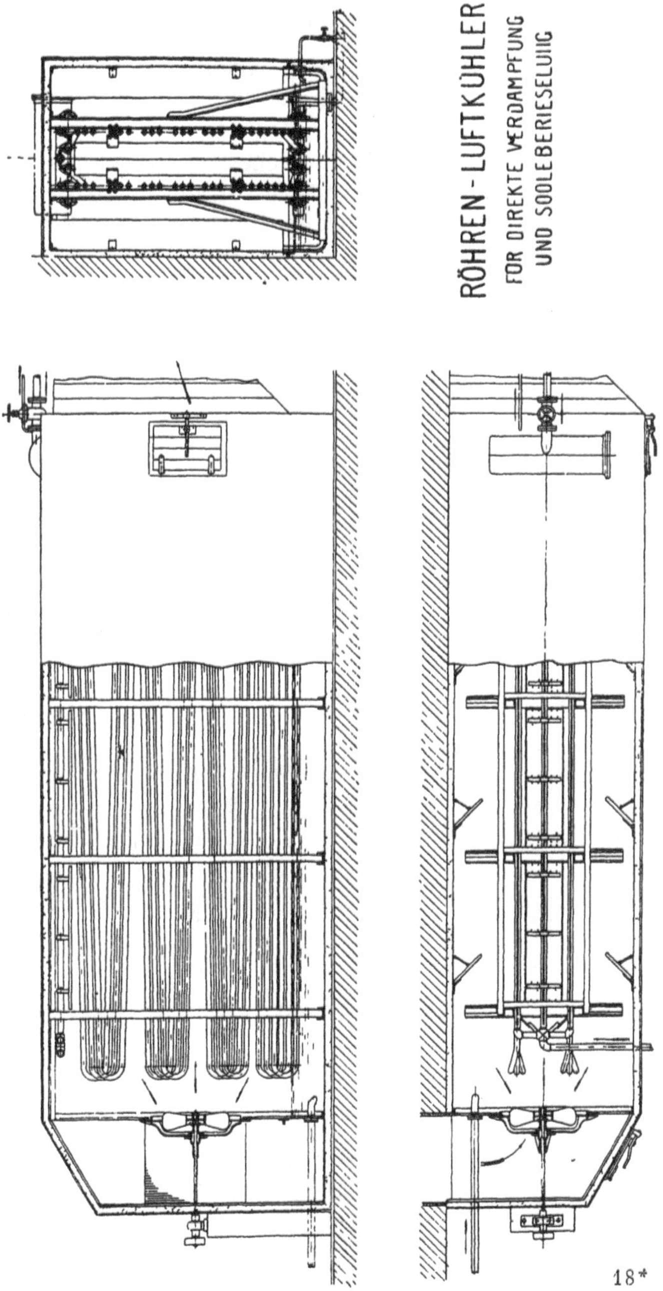
RÖHREN-LUFTKÜHLER
FÜR DIREKTE VERDAMPFUNG
UND SOOLEBERIESELUNG

Fig. 225.

55. Leistung der Luftkühler mit künstlichem Luftumlauf.

Die nassen Kühler arbeiten im allgemeinen gleichmäßiger als die trockenen, da man bei ihnen nicht mit dem die Kälteübertragung verschlechternden Eisansatz rechnen muß. Die größere Luftgeschwindigkeit v ermoglicht gegenuber den unter 50. S. 253 gegebenen Werten fur den Kältedurchgang höhere Werte. Der Temperaturunterschied ist bei $v > 1$ m/Sek. ohne Einfluß auf den Warmeaustauschkoeffizienten. Infolgedessen kann man mit folgenden Zahlen rechnen:

Es überträgt 1 qm fur je 1^0 C mittleren Temperaturunterschied[1])

	bei $v = 1$ m/Sek.	bei $v > 1$ m/Sek.
beim glatten Salzwasserrohr ohne Berieselung .	$k_1 = 12$ bis 16 WE	$k' = k_1 \cdot \frac{2 + 10\sqrt{v}}{12}$
beim glatten Verdampferrohr mit etwas Flüssigkeitsüberschuß ohne Berieselung	$16 \div 20$ »	
beim Rippen-Salzwasserrohr ohne Berieselung	$6 \div 8$ »	
beim Rippen-Verdampferrohr ohne Berieselung	$8 \div 10$ »	$k' = k_1 \cdot \frac{2 + 18\sqrt{v}}{20}$
beim glatten Verdampferrohr mit Berieselung (Temperaturen gemessen in der Luft und im verdampfenden Kältemittel).	20 »	
bei Blechen mit Berieselung auf jeder Seite des Bleches je . . .	20 »	

Hierbei ist k_1 die Wärmeubertragung bei $v = 1$ m/Sek., k' die Übertragung bei $v > 1$ m/Sek.

Was unter 50., S. 253, uber den Temperaturunterschied gesagt ist, der zur Erzielung eines bestimmten Feuchtigkeitsgehaltes

---

[1]) S. Heinel, »Bau und Betrieb von Kaltemasch.-Anlagen«, S 76, bzw. E. Hausbrand, »Verdampfen, Kondensieren und Kuhlen«. S. 2

der Kühlhausluft notig ist, gilt auch hier. Man kann annehmen, daß die Luft mit rd. 95 bis 98% Feuchtigkeit aus dem Kühler herauskommt. Jedoch ist zu beachten, daß der Feuchtigkeitsgehalt im Kühlhaus verändert wird mit

der umlaufenden Luftmenge,
dem Temperaturunterschied zwischen Luft und Kühlmittel,
den Betriebsverhaltnissen im Kuhlhaus,
der Größe der arbeitenden Kuhlflächen,
dem Kaltebedarf des Kuhlhauses (Außentemperatur),
der Betriebsdauer der Maschinen.

Man tut also gut daran, auch hier die Kuhlflachen teilweise ausschaltbar zu machen in genugender Abstufung. Ferner empfiehlt es sich, womoglich auch die Umlaufzahl des Ventilators in gewissen Grenzen zu regeln.

Bei größeren Anlagen werden zweckmaßigerweise vor und hinter dem Luftkuhler Thermometer und Feuchtigkeitsmesser eingebaut. Außerdem mussen in jedem Kuhlraum Temperatur- und Feuchtigkeitsmesser vorhanden sein.

In Fleischkuhlkellern kann man (mangels genauerer Versuche) annehmen, daß die Luft in der Stunde umlaufen muß bei einem Unterschied der Temperaturen der Luft im Kuhlhaus und hinter dem Kuhler von:

	4	6	8	10° C
mindestens	7	5	4	3mal,

und zwar sowohl wegen der Luftkuhlung als auch wegen der Lufttrocknung.

Bei unterbrochenem Betriebe muß mit tieferer Verdampfertemperatur gearbeitet werden als bei ununterbrochenem Betriebe, da die Luft zu Ende des Betriebes besonders trocken sein muß. So ist z. B. in einer Fleischkuhlanlage mit Verdampferluftkuhler und 12stundigem Betriebe eine Verdampfertemperatur von — 13° als notig ermittelt worden.

Verminderung der schadlichen Keimzahl in der Kuhlhausluft.

Die Frage, welche der genannten Bauarten der Luftkuhler am besten wirkt in bezug auf die Keimzahl, ist durch Versuche dahin entschieden, daß jede der Bauarten gleich geeignet ist,

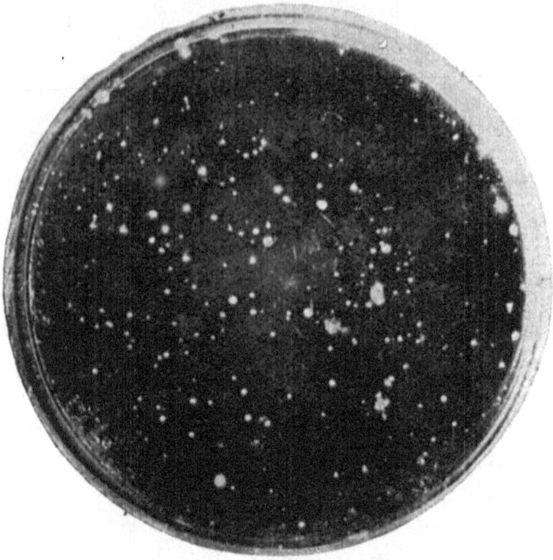

Fig. 227.

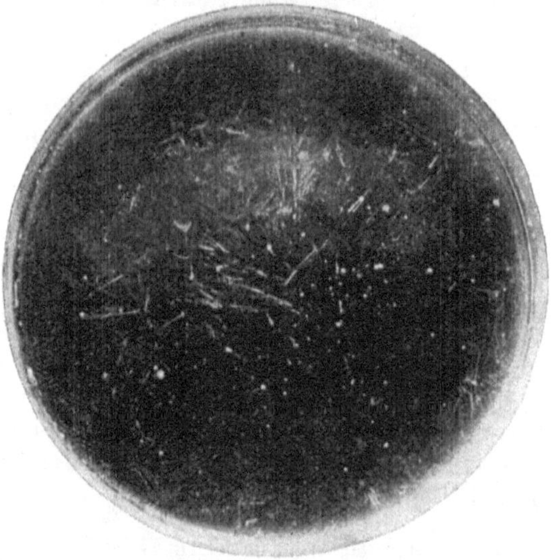

Fig 228

wenn nur die notige Sorgfalt angewendet wird auf die Entfernung oder Unschadlichmachung der im Kuhler mit der Luftfeuchtigkeit aus der Luft ausgeschiedenen Keime.

Fig. 227 bis 230 stellen Versuchsergebnisse dar, die an einer Luftkühlanlage nach Fig. 219/220 (trockener Kühler) gewonnen sind.

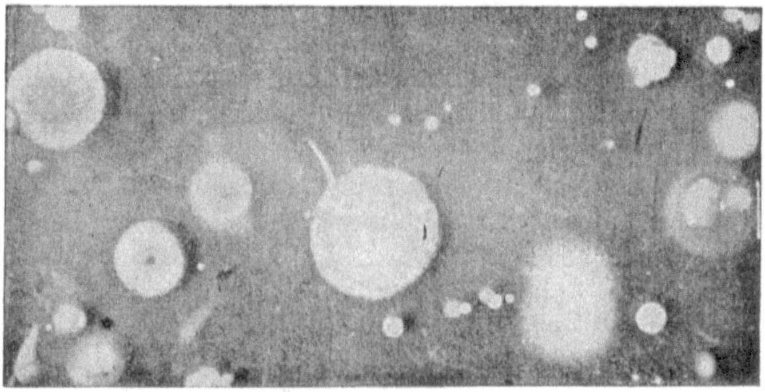

Fig. 229.

Fig. 230.

Fig. 227 Gelatinekulturplatte, die 30 Minutem dem Luftstrom vor dem Luftkuhler ausgesetzt war. Fig. 228 Platte, die 30 Minuten hinter dem Luftkuhler lag (die Gelatinerisse sind keine Kulturen). Fig. 239 Platte, die 30 Minuten in dem fur den Verkehr geoffneten Kuhlhaus lag. Fig. 228 Platte, die 30 Minuten im geschlossenen und seit 3 Std. gekuhlten Kuhlhaus ausgesetzt war[1]).

[1]) S Zeitschr. f d ges Kalte-Ind. 1902, Bericht uber die Kuhlanlage fur den Schlachthof in Brussel-Anderlecht von J Musmacher, Koln

56. Erneuerung der Salzsole.

Bei den nassen Kühlern verdünnt und vermehrt sich die Salzsole infolge der Aufnahme eines Teiles der Luftfeuchtigkeit ständig. Hierdurch kommt die Sole unter die auf S. 168 als nötig angegebene Lösungsmenge, es bildet sich Eis am Verdampfer, Verengung der Luftquerschnitte in Luftkühlern mit Verdampferschlangen, Rückgang der Kälteleistung des Verdampfers, Verschlechterung der Luftkühlung und Lufttrocknung. Die Sole kann wieder auf den hohen Lösungsgrad gebracht werden

1. durch Eindampfen,
2. durch Ablaufenlassen des überschüssigen Salzwassers und Zusatz frischen Salzes,
3. durch beide Mittel.

Das Eindampfen in flachen Schalen, in welchen eine Heizschlange liegt, ist nur bei kleineren Anlagen möglich, bei großen würde die Schale zu groß werden. Auch ist das Abkratzen des Salzes von den Heizschlangen schwierig. Bei großen Anlagen baut man Berieselungs-Eindampfer, bei denen die Sole an einer senkrecht stehenden Heizschlange herabrieselt, wobei die Sole nicht auf den Siedepunkt gebracht zu werden braucht, sondern nur auf etwa 40°, da die Verdampfung durch den Luftstrom unterstützt wird. Die Heizschlange wird zweckmäßigerweise nicht mit Frischdampf, sondern mit Warmwasser oder mit Abdampf der mit Kondensation arbeitenden Dampfmaschine geheizt. Man vermeidet hierdurch den raschen Ansatz von Salz an den Heizschlangen und hat es in der Hand, die Lösung bei der hohen Temperatur ungesättigt zu lassen.

Die vom Luftkühler kommende kalte und die vom Eindampfer kommende, zum Luftkühler zurückfließende warme Salzlösung tauschen ihre Temperaturen in einem Wärmeaustauscher im Gegenstrom aus. Zweifellos hat das Eindampfen den Nachteil, daß der Gehalt an Keimen in der Sole allmählich größer wird. Diesem Übelstand steht nun allerdings die Wirkung des Salzes entgegen, jedoch nur solange, als die Sole stark genug ist.

Aus diesem Grunde ziehen viele vor, ständig durch einen Überlauf die überschüssige Sole ablaufen zu lassen und von Zeit zu Zeit wieder Salz zuzusetzen. Bei großen Anlagen ist die Ausgabe für Salz ziemlich groß.

Das richtigste scheint bei großen Anlagen zu sein, mit einem Eindampfer zu arbeiten, daneben aber auch ständig einen Teil der Sole weglaufen zu lassen und von Zeit zu Zeit Salz zuzusetzen.

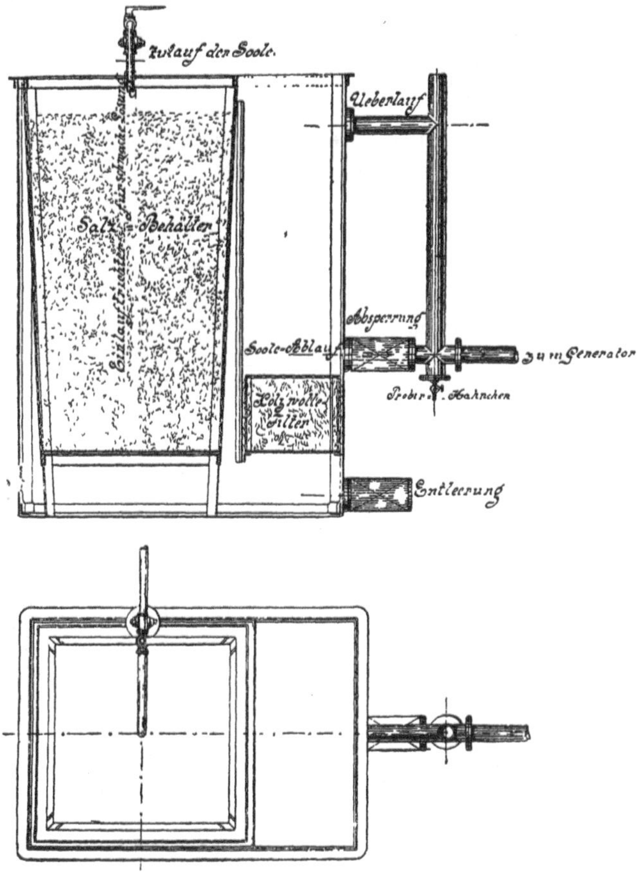

Fig. 231

Das Salz darf nicht mit riechenden oder oligen Bestandteilen vermengt sein, und die frische Losung muß sorgfaltig gefiltert werden. Es empfiehlt sich die Aufstellung eines Soleerzeugers (Satisfakteur), Fig. 231, (B. Weißer, Basel).

57. Frischluftbeschaffung.

In allen Fällen, in denen die Kühlluft mit den aufzubewahrenden Kühlgütern in Berührung kommt, oder die Kühlgüter Geruche abgeben, ist eine zeitweise oder ständige Zufuhr von Frischluft und die Entfernung der verbrauchten Luft nötig.

Falsche Bauart: Einfaches Verbindungsrohr zwischen dem Kühlraum und dem Freien, oder Absaugen von Luft aus dem Kühlraume ohne Vorkehrung, daß die Ersatzluft aus dem Freien an geeigneter reiner Stelle entnommen und vor dem Eintritt in den Kühlraum gekuhlt und getrocknet wird.

Richtige Bauarten: Die Frischluft wird von einem besonderen oder vom Hauptventilator aus dem Freien angesaugt und durch den Luftkuhler geblasen, die verbrauchte Luft geht durch ein Abluftrohr direkt aus dem Kuhlraum ins Freie infolge des kleinen, vom Hauptventilator im Kühlraum erzeugten Überdruckes. Bei größeren Anlagen wird außerdem ständig ein kleiner Teil der verbrauchten Luft von einem besonderen Ventilator abgesaugt und ins Freie geschafft (siehe Fig. 221). Ist in der Umgebung des Kuhlhauses die Luft nicht rein genug, so muß ein Luft-Watte- oder olbenetztes Lattenfilter in das Einsaugrohr eingebaut und oft genug erneuert werden.

Bei großen Anlagen ist durch die Frischluftbeschaffung und durch das standige Ausstoßen eines Teils der kalten Luft aus dem Kuhlraum ein erheblicher Kalteaufwand bedingt. Man kann denselben vermindern, aber nicht vollständig ausgleichen, dadurch, daß die ankommende und austretende Luft durch einen Gegenstrom-Wärmeaustauscher geschickt wird.

Bei Anlagen mit unmittelbarer Raumkuhlung (Luftkühlung mit naturlichem Luftumlauf) muß die Frischluft durch eine besondere kleine Vorrichtung gekühlt werden, bevor sie in den Kuhlraum tritt.

58. Luftkühlung durch gemischtes System.

In vielen Fallen, namentlich bei großen Anlagen, zieht man mit Rucksicht auf den Arbeitsaufwand der Ventilatoren, die Schwierigkeit der Unterbringung genugend großer Holz-Luftschläuche, den mit dem Betrieb der Ventilatoren verbundenen Kalteverlust und die Anlagekosten vor, die Kälte zum großten

Teile durch Luftkühler mit natürlichem Luftumlaufe übertragen zu lassen, daneben jedoch einen kleineren Luftkuhler mit künstlichem Luftumlauf wirken zu lassen, um die Trocknung der Luft wirksamer zu machen und die Kühlhausluft in kräftigerer Bewegung zu halten. Bei ungeschickter Anordnung kann aber gerade hierdurch der naturliche Luftumlauf gestort und die Wirkung der an der Decke hangenden Kühlrohre vermindert werden. Der Luftkühler mit Ventilator hat außerdem hier hauptsachlich die Aufgabe der Kühlung und Trocknung der Frischluft. Die Teilung ist meist so, daß der Luftkühler mit Ventilator $\frac{1}{4}$ bis $\frac{2}{3}$ der Gesamtkälteleistung ubernimmt. Man beobachtet nun häufig, daß bei dieser Anordnung die Betriebsfuhrer der Ersparnis wegen den Ventilator nur selten arbeiten lassen. Das fuhrt, besonders im Sommer, zu ungenugender Kuhlung und Trocknung des Kühlraumes und zu ungenugender Frischluftzufuhr.

Dieses System eignet sich besonders fur große Kuhlhauser, weil es gestattet, den Verwendungszweck der einzelnen Raume (bei entsprechender Größenbemessung der Kuhlvorrichtungen und richtiger Anordnung von Reguliervorrichtungen) beliebig zu wechseln.

59. Berechnung der Luftkühlerleistung.

Für die Bemessung eines Luftkuhlers und der zugehorigen Maschine sind der Kaltebedarf der ganzen Kühlanlage und die Temperaturgrenzen, zwischen denen die Maschine arbeitet, maßgebend. Zum Kältebedarf sind auch noch die Einstrahlungsverluste des Luftkühlers selbst hinzuzurechnen, die sich aus seiner Innen- und Außentemperatur mit Rucksicht auf die Beschaffenheit der Trennungswände ebenso berechnen lassen wie die Kälteverluste in den Kühlraumen selbst.

Hat z. B. der Kühlraum eine innere Länge von 30 m, eine Breite von 16 m und eine lichte Hohe von 3,5 m, und sind seine Wande, Decken und Fußboden gut isoliert, während er durch 14 qm seitliche Fenster erleuchtet wird und eine doppelwandige Zugangstur von 8 qm besitzt, so kann man hinreichend genau die folgende Überschlagsrechnung anstellen: Bei 24° Außentemperatur, einer Bodentemperatur von 12° mit einer Hallentemperatur von 4° ist der stundliche Wärmedurchgang

durch	480	qm	Fußboden	$480 \cdot 8 \cdot 0{,}7$	= 2688 Cal
»	480	»	Decke	$480 \cdot 20 \cdot 0{,}3$	= 2880 »
»	300	»	Wandfläche	$300 \cdot 20 \cdot 0{,}6$	= 3600 »
»	14	»	Fenster	$14 \cdot 20 \cdot 3$	= 840 »
»	8	»	Türen	$8 \cdot 20 \cdot 2$	= 320 »

insgesamt also 10328 Cal. Für Beschädigung der Isolation und unverhoffte Steigerung der Außentemperatur wird man diesen Betrag um etwa 50% erhöhen, also rd. 16000 Cal ansetzen.

Soll ferner die Halle täglich mit 50000 kg Fleisch beschickt werden, das mit einer Temperatur von 28° eingebracht wird, so muß es in 24 Stunden auf 4° herabgekühlt werden, wozu bei einer spezifischen Warme von 0,8 eine Gesamtwärme von $24 \cdot 50000 \cdot 0{,}8$, stündlich also etwa $50000 \cdot 0{,}8 = 40000$ Cal abzufuhren sind.

Fur die Lufterneuerung setzen wir voraus, daß die mit 4° entweichende Luft 70% Feuchtigkeit, die mit 24° eintretende dagegen eine solche von 80% enthält. Das entspricht einem Wassergehalt von $6{,}36 \cdot 0{,}7 = 4{,}45$ g der Abluft und von $21{,}57 \cdot \cdot 0{,}8 = 17{,}27$ g der Frischluft, also einem Unterschied von 12,82 g, mit einer Verdampfungswarme von $12{,}82 \cdot 0{,}61 = 7{,}82$ Cal fur jeden cbm. Dazu kommt die Temperaturerniedrigung der Luft um 20°, also bei einer spez. Warme derselben von 0,31 Cal fur 1 cbm 6,2 Cal, mithin zusammen $7{,}82 + 6{,}2 = 14{,}02$ Cal. Da der Kühlraum $480 \cdot 3{,}5 = 1680$ cbm faßt, so sind bei einem täglich sechsmaligen Luftwechsel stündlich $1680 \cdot 6 : 24 = 420$ cbm zu erneuern mit einem Kalteaufwand von $420 \cdot 14{,}02 = 5885$ Cal bis 6000 Cal, der durch eine Warmeaustauschvorrichtung etwa auf die Halfte herabgezogen werden kann, was indessen nicht in Rechnung gestellt werden soll.

Dazu kommen noch Verluste durch Öffnen der Türen, die durch Anordnung einer Vorhalle tunlichst zu vermindern sind, durch Warmeentwicklung von Beleuchtungskörpern und durch im Raum arbeitende Menschen. Für eine Gluhbirne rechnet man etwa 30 bis 40 Cal stundlich, fur einen Menschen 130 Cal; im ganzen wird man sich allerdings mit einer Schätzung dieser Verluste begnugen.

Wir erhalten also insgesamt:

Wandungswarme	16000 Cal
Abkuhlungswarme des Fleisches. . .	40000 »

	Übertrag:	56000 Cal
Lufterneuerungswärme		6000 »
Verluste (abgeschätzt)		3000 »
Zusammen also stündlich		65000 Cal

Wird die Luft vom Kuhler mit $+4^0$ und 70% Feuchtigkeit abgesaugt, und mit -4^0 und dem gleichen Feuchtigkeitsgehalt wieder zugeführt, so entspricht dies einer Wasserentziehung von (6,36 — 3,7) 0,7 = 1,86 g für den cbm mit einer Warmeentziehung von 1,135 Cal. Dazu kommen noch fur die Temperaturerniedrigung 8 · 0,31 = 2,48 Cal, zusammen also rd. 3,6 Cal. Infolgedessen muß der Luftkuhler stündlich 65000 : 3,6 = 18000 cbm fördern, was einem etwa 11 fachen Umlauf des Kuhlrauminhaltes entspricht.

Soll die Luftgeschwindigkeit in den Kanalen 5 m/Sek. betragen, so muß der Hauptluftschlauch einen. Querschnitt von 18000 : 5 · 3600 = 1 qm besitzen, wahrend das Geblase für etwa 1000 cbm 0,25 PS, insgesamt also 4,5 PS erfordert. Diese Arbeit wird in Warme verwandelt und vermindert die Kalteleistung um 4,5 · 640 = 2880 Cal. Rechnet man dazu noch etwa 2120 Cal Einstrahlungsverluste im Luftkuhler, so ergibt sich mit dem obigen Wert eine stundlich notwendige Gesamtkälteleistung der Maschine von 70000 Cal.

Kapitel X.

Die Abkühlung und Kühlhaltung von Flüssigkeiten.

60. Die Vorrichtungen zum Kühlhalten von Flüssigkeiten.

Hierbei handelt es sich darum, eine bestimmte Flussigkeitsmenge, in welcher durch Garung oder andere chemische Veranderungen Warme frei wird (z. B. Bierwurze), oder der durch die Gefaßwand hindurch Warme zugefuhrt wird, auf einer bestimmten, für den gewunschten chemischen Vorgang oder die Erhaltung gunstigen Temperatur zu erhalten. In der Regel sind die abzufuhrenden Warmemengen so gering, daß man eines der folgenden Mittel anwenden kann:

1. Einlegen von Eis unmittelbar in die Flussigkeit. Dieses Verfahren wird nur angewendet, wenn eine gewisse Verdunnung der Flussigkeit durch das Schmelzwasser zulässig ist.
2. Einhängen von Gefäßen, in welche Eis gelegt wird. Der Ersatz des Eises fuhrt oft zur Unreinlichkeit. Deshalb ist dieses Verfahren nur noch da angewendet, wo es sich um ganz geringe Warmemengen handelt, oder wo kunstliche Kalte nicht zur Verfügung steht.
3. Einhangen von Rohrenkörpern, durch welche eine kunstlich gekuhlte Flüssigkeit oder verdampfendes Kältemittel fließt. Verdampfendes Kältemittel wird hier nur dann angewendet, wenn es sich um großere Kältemengen handelt, und wenn nicht häufige Entfernung des Rohrenkorpers aus der zu kuhlenden Flüssigkeit notig ist.

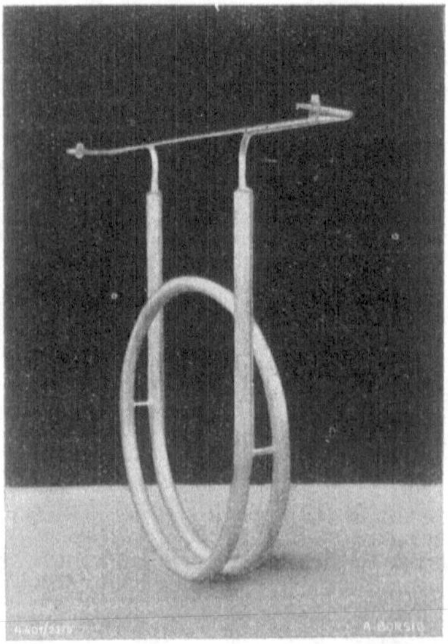

Fig 232

Stets muß die Temperatur der Flussigkeit dauernd kontrolliert und geregelt werden. Das Verfahren nach 1 gestattet leichte Regelung, erfordert aber viel Aufmerksamkeit, desgleichen das Verfahren nach 2. Am sichersten und muhelosesten laßt sich die Regelung bei dem Verfahren nach 3 durchfuhren. So findet man z. B. in der Großbierbrauerei nur noch letzteres angewendet.

Fig. 232. Trompetenkuhler aus Kupfer oder Stahl.

Fig. 233. Taschenschwimmer. Dieser besteht aus zwei Blechwanden, zwischen denen horizontal Blechstreifen so eingelegt sind, daß die Kuhlflussigkeit hin und her gefuhrt wird. Auch werden haufig die Zickzackwege gleich wellenformig in die beiden Blechwände eingepreßt. Bedingungen für diese Apparate ist kleines Gewicht bei großer Oberfläche, leichte und gründliche Reinigung.

Beide Apparate erhalten in der Ableitung einen Absperrhahn, in der Zuleitung einen Regulierhahn; mit diesen Hähnen werden die Kühler durch Gummischläuche verbunden. (Fig. 234

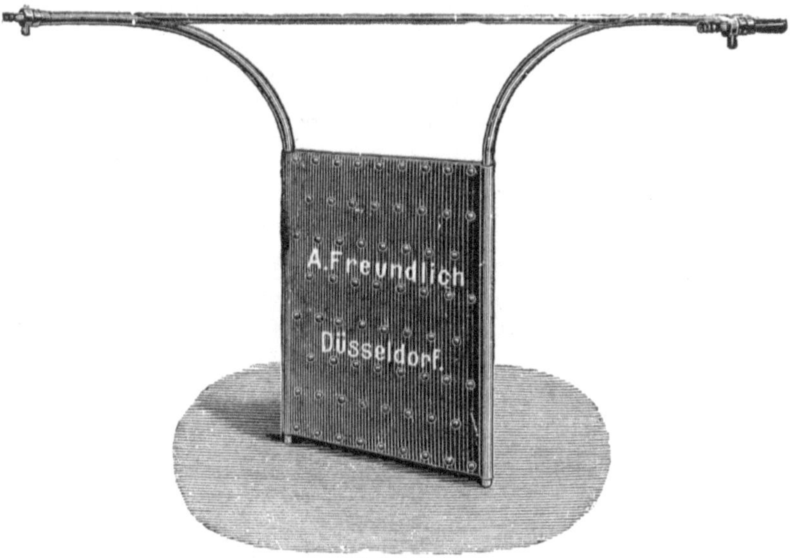

Fig 233

und 235). Um in Gefaßen mit großerem Inhalte (z. B. Würzegarbottichen) die Temperatur an allen Stellen gleichzuhalten, ohne die zu kuhlende Flussigkeit in Bewegung zu halten, was z. B. bei Bierwürze unzulässig ist, ist es nötig, den Raum, in welchem die Gefäße aufgestellt sind, auf einer Temperatur zu halten, die etwas unter der Temperatur liegt, welche die Flussigkeit haben soll. In Fig. 234 (Garkeller einer Bierbrauerei) sieht man an der Decke daher uber den Zu- und Ableitungen fur die Kuhlflussigkeit noch Rippenröhren zur Kuhlhaltung des ganzen Raumes.

Die starke Entwicklung von Garungskohlensaure veranlaßte die Brauer, fur die Garkeller neuerdings Luftkuhlung mit kunstlichem Luftumlauf zu verlangen, wobei der Luftersatz zweckmaßiger gestaltet werden kann. Fig. 236 (A. Freundlich, Dusseldorf). Die neuerdings verwendeten großen gemauerten oder Metallbottiche erfordern sehr große und schwere Kuhler von ausreichender Grundrißausdehnung. Diese werden nicht mehr

Fig. 234.

durch Gummischlauche, sondern mehr maschinelle Mittel an die Zu- und Abflußleitung angeschlossen.

Lorenz-Heinel, Kuhlmaschinen. 6. Auflage.

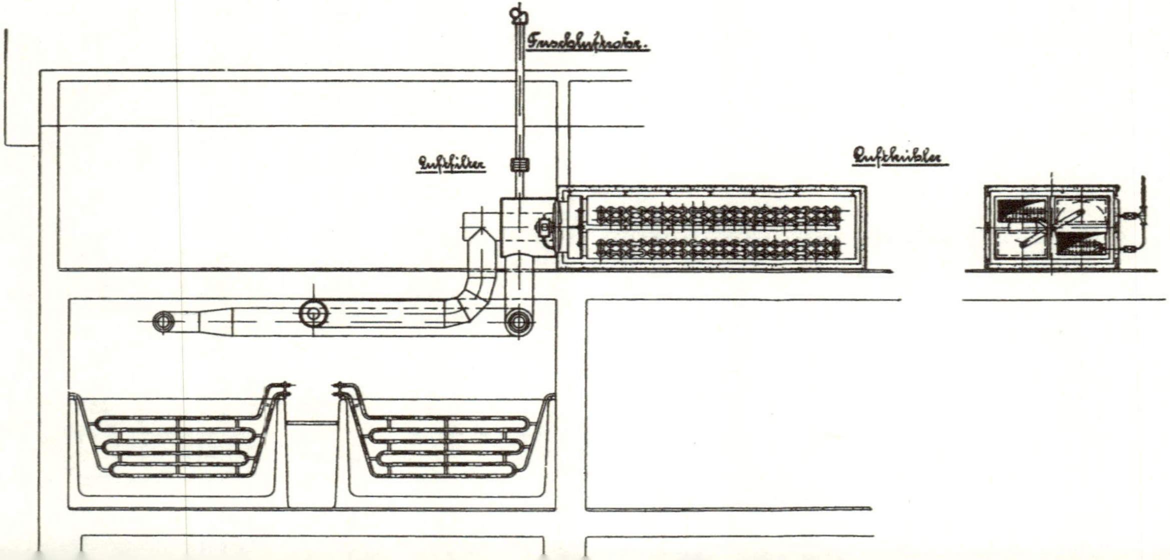

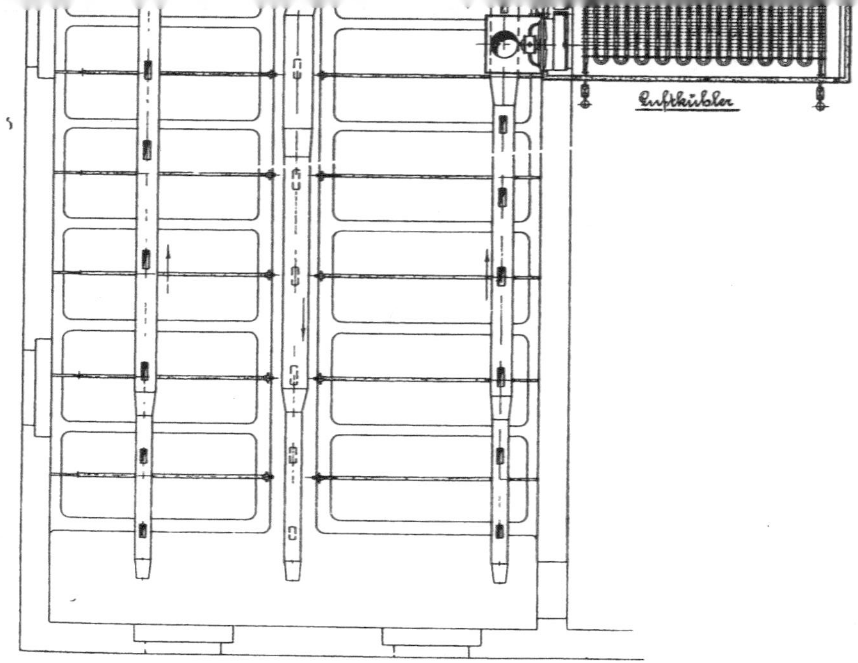

Fig. 236

Handelt es sich nur darum, Flüssigkeiten, welche irgendwie auf eine bestimmte Temperatur gebracht sind, auf dieser zu erhalten, ohne daß durch chemische Vorgänge innere Wärme ent-

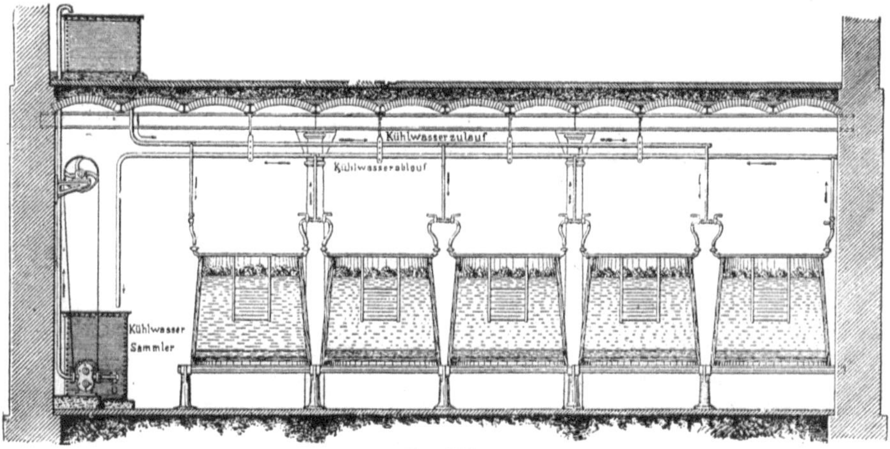

Fig. 235.

wickelt wird, so erhalten die Gefaße (z. B. die Lagerfässer der Bierbrauerei) keine Kuhlvorrichtung, sondern es wird nur der ganze Raum (z. B. Lagerkeller Fig. 237) auf der geeigneten Temperatur erhalten. (Siehe Kap. IX. Luftkuhlung.)

Fig 237

61. Die Vorrichtungen zum Abkühlen von Flüssigkeiten.

Diese dienen dazu, entweder in ununterbrocheuem Betriebe oder zeitweise größere Mengen von Flussigkeit von hoher auf niedere Temperatur zu bringen.

a) Ununterbrochener Betrieb. Hierbei handelt es sich in der Regel um Abkuhlung unedler Flussigkeiten, z. B.

Wasser, das wieder zur Abkühlung eines Produktes dient. Dann wird der Flüssigkeitskühler als normaler Verdampfer nach Kapitel V gebaut oder als Berieselungsverdampfer, z. B. Fig. 225, bei welcher man nur die Luftumlaufvorrichtung wegzudenken hatte. Der Tauchverdampfer hatte hier vor dem Berieselungsverdampfer den Vorzug großeren Kältevorrates, daher gleichmäßigerer Temperatur, der Berieselungsverdampfer dagegen den Vorzug etwas besserer Oberflachenausnutzung und kleineren Platzbedarfes.

b) Zeitweiser Betrieb. In Betracht kommen hier solche Flussigkeiten, die nicht in ununterbrochenem Betriebe erzeugt werden (z. B. Bierwürze), oder solche, welche nur zu bestimmten Tagesstunden in das Werk gelangen (z. B. Milch) und zu bestimmten Tagesstunden das Werk verlassen. Die Abkuhlung der Flussigkeit ist in einer bestimmten beschrankten Zeit zu beenden. Wurde man die Kälteerzeugungsmaschine nur wahrend dieses Zeitraumes arbeiten lassen, so mußte sie sehr groß und teuer werden. Dies wird umgangen, indem die Maschine den großeren Teil des Tages durcharbeitet und in einem Speicher Kalte ansammelt. Hat die Maschine außerdem noch Kälte fur andere Zwecke zu liefern, gestattet es jedoch der Betrieb, daß die Kältelieferung für diese Zwecke zeitweise unterbrochen werden kann, so kann die ganze Kälteleistung auf einige Zeit der Flüssigkeitskühlung zur Verfugung gestellt und die Anlage eines großen Kaltespeichers ganz oder teilweise vermieden werden. Der Flussigkeitskuhler selbst wird dann als Verdampfer gebaut. Diese Arbeitsweise erfordert einen gewandten Maschinisten.

Man kann folgendes Schema als allgemeinen Anhaltspunkt, aber nicht als immer gültige Regel aufstellen:

1. Die Maschine dient nur zur zeitweiligen Flussigkeitskühlung: Verdampfer mit Kaltevorrat durch Vorkühlung einer Kuhlflussigkeit[1]).

[1]) S. Heinel, »Bau und Betrieb von Kaltemaschinenanlagen«, Sußwasserkuhlung fur Brauereien, S. 182 u. ff.

2. Die Maschine erzeugt außerdem Kalte für andere Zwecke, ohne daß zeitweilige Unterbrechung dieser Kältelieferung zulässig ist: Verfahren wie bei 1.
3. Die unter 2. genannte Kaltelieferung für andere Zwecke kann zeitweilig unterbrochen werden, die stündliche Leistung der Maschine reicht aus fur die gesamte Kälte, welche in einer Stunde zur Flussigkeitskühlung nötig ist: Der Flüssigkeitskuhler wird als Verdampfer gebaut, ohne Hilfsflüssigkeit, ohne Kaltespeicher.
4. Voraussetzungen wie bei 3., aber die stundliche Leistung der Maschine reicht nicht aus, um ohne Kaltespeicher arbeiten zu konnen: Ein Teil der Maschine arbeitet standig oder längere Zeit auf einen Kaltespeicher wie bei 1., oder ein Teil der Maschine arbeitet auf einen Kaltespeicher und die ganze Maschine außerdem (wie bei 3.) zeitweilig auf die Flüssigkeitskuhlung. Dann wird in der Regel die Flussigkeitskuhlung in mehreren Stufen vorgenommen, namlich erstens soweit als moglich mit Brunnenwasser, zweitens mit Hilfe der im Kaltespeicher befindlichen Hilfsflüssigkeit, endlich durch einen als Verdampfer ausgeführten Flussigkeitskuhler.

   Haufig arbeitet aber auch in diesem Falle nur ein Teil der Maschine auf den als Verdampfer ausgebildeten Teil des Flüssigkeitskuhlers, um die Bedienung zu erleichtern, und weil der Flussigkeitskuhler häufig kleiner ist als der fur die ganze Maschine notige Verdampfer.

Weitere Verfahren und Ausführungsarten sind möglich und richten sich jeweils nach der Art des Betriebes, den fur die einzelnen Zwecke notigen Kaltemengen und der Zeit, in welcher sie verbraucht werden sollen.

Stets sind hierbei folgende Regeln zu beachten:

> Einfache Bedienung, moglichst gute Ausnutzung der Kalteerzeugungsmaschine bei geringstmoglichem Arbeitsbedarf, kleine Kalteverluste, billige Bauweise, geringer Platzbedarf, Berucksichtigung der Art der abzukühlenden Flussigkeit und deren Verhalten beim Abkuhlen.

Alle diese Bedingungen zu gleicher Zeit zu erfullen, ist nicht moglich, die Verhaltnisse entscheiden daruber, welche der Punkte in den Hintergrund treten mussen zugunsten der anderen.

Zu 1. Die Bedienung ist einfach, die Maschine arbeitet wegen der Zwischenflüssigkeit mit etwas tieferer Verdampfertemperatur, also nicht mit der großten Leistung bei kleinstem Arbeitsverbrauch. Die Kälteverluste sind groß, weil der Kältespeicher große Oberflächen bietet. Der Platzbedarf ist groß.

Zu 2. wie bei 1.

Zu 3. Die Bedienung ist weniger einfach, die Maschine wird voll ausgenutzt, die Kälteverluste sind sehr klein, die Bauweise ist einfach, der Platzbedarf der kleinstmogliche.

Zu 4. Die Bedienung ist schwierig, die Maschine wird gut, aber nicht ganz voll ausgenutzt, die Kälteverluste sind groß, die Bauweise ist nicht einfach, der Platzbedarf mittelgroß.

Nur ein sehr gewandter Ingenieur wird hier in schwierigen Fällen das Beste treffen.

Welche Temperatur die Kuhlmittel (Hilfsflussigkeit oder Verdampfungsmittel) haben durfen, hangt ab vom Verhalten der abzukuhlenden Flussigkeit beim Abkuhlen und von der bestmoglichen Ausnutzung der Kaltemaschine.

Z. B. alle eiweißhaltigen Flussigkeiten (Bier, Milch) haben eine untere Temperatur, bei welcher Eiweißausscheidungen entstehen, die nicht gewunscht werden.

Es haben Versuche an einem Rahmkühler[1]) ergeben, daß die zweckmäßigste Zulauftemperatur des Salzwassers bzw. die Verdampfungstemperatur nicht unter — 2° sein soll, weil sonst keine ausreichende Bewegung des zu dick werdenden Rahmes an den Kuhlflächen mehr bleibt. Da die Kuhlanlage meist mehr Kälte liefert als die Rahmkuhlung benotigt, so muß das Absinken der Zulauftemperatur des Kühlmittels verhindert werden, am zweckmäßigsten durch gleichzeitiges regulierbares Kuhlen des Kuhlraumes[1]).

Bauweise der Flussigkeitskühler.

Am einfachsten wäre die Ausfuhrung nach Art der Eiserzeuger ohne oder mit Verdampferschlangen nach Seite 214. Die mit der zu kuhlenden Flussigkeit gefullten Behalter werden einfach in die durch einen Verdampfer gekuhlte und durch eine Pumpe oder

[1]) S Bericht uber die Hauptprufung von Tiefkuhlern (Arbeiten der Deutschen Landwirtschafts-Gesellschaft, Heft 210, Maschinenprufungen VII. 1912)

Ruhrwerk in Bewegung gehaltene Hilfsflüssigkeit eingehängt. Die Abkühlung geht aber dabei langsam und nicht gleichmäßig vor sich.

Unedle Flüssigkeiten, bei denen es nicht auf oftmalige Reinigung des Kuhlers ankommt, können einfach mit Hilfe eines Temperaturwechslers (z. B. in Fig. 163) gekühlt werden.

Fig. 238.

Handelt es sich dagegen um Nahrungsmittel (Bier, Milch), so ist die leichte Reinigung der Apparate erste Bedingung. Es sind hierfür die Berieselungskuhler besonders geeignet.

Fig. 238. Milch-Berieselungskuhler mit Verdampfer. (Schluter und Gsell, Dusseldorf.)

Fig. 239. Milch- und Rahmkuhler (A. Freundlich, Düsseldorf). Oberteil fur Vorkuhlen mit Brunnenwasser, unterer Teil als Verdampfer ausgebildet.

Fig. 240. (A. Klotz.) Bierwürzekühler fur zweistufige Kuhlung, im oberen Teil durch Brunnenwasser, im unteren Teil durch kunstlich gekuhltes Wasser.

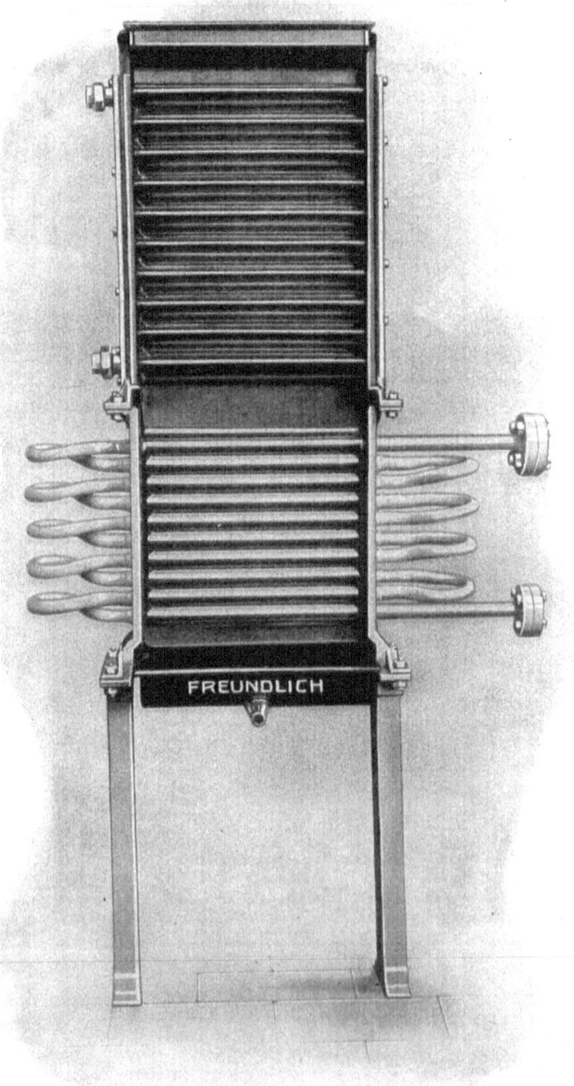

Fig. 239.

Fig. 241. (A. Freundlich.) Bierwürzekühler für zweistufige Kühlung, oben durch Brunnenwasser, unten durch Verdampfung.

Fig. 242. (Tafel.) Bierwürzekühler fur dreistufige Kühlung, oben durch Brunnenwasser, in der Mitte durch künstlich ge-

Fig. 240

kuhltes Wasser aus dem Kältespeicher, unten (durch Verdampfung oder) durch Wasser aus einem Kältespeicher mit noch tieferer Temperatur.

Fig. 243. (A. Freundlich, Dusseldorf.) Andere Bauweise eines zweistufigen Kühlers mit Verdampfung im unteren Teil mit geschweißten Übergangstaschen.

Soll die zu kuhlende Flussigkeit nicht mit der Luft in Beruhrung kommen oder z. B. aus einem Gefaß, in welchem sie unter Druck steht, bei gleichbleibendem Druck in ein anderes Gefaß

Fig. 241.

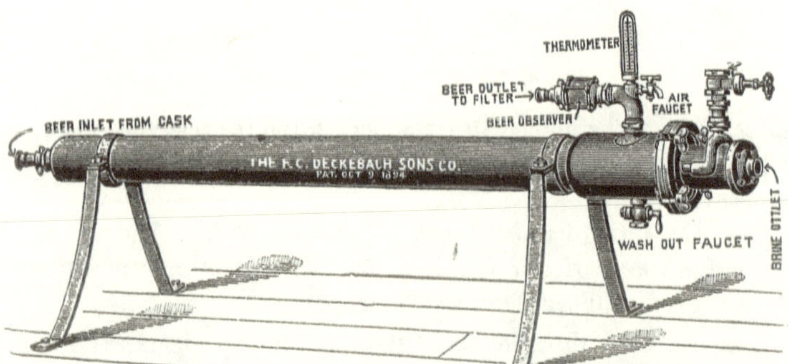

Fig. 244.

Fig. 243.

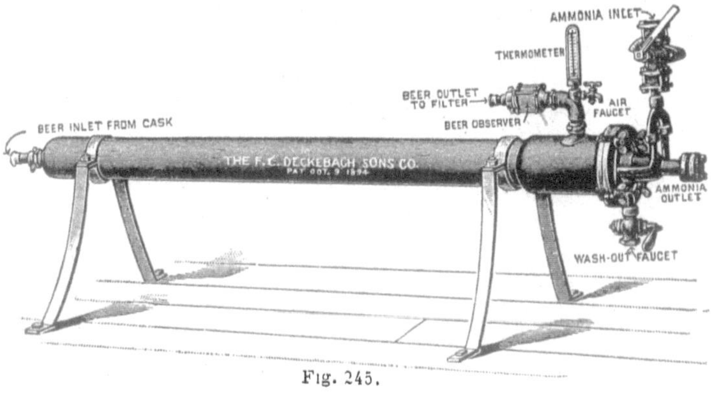

Fig. 245.

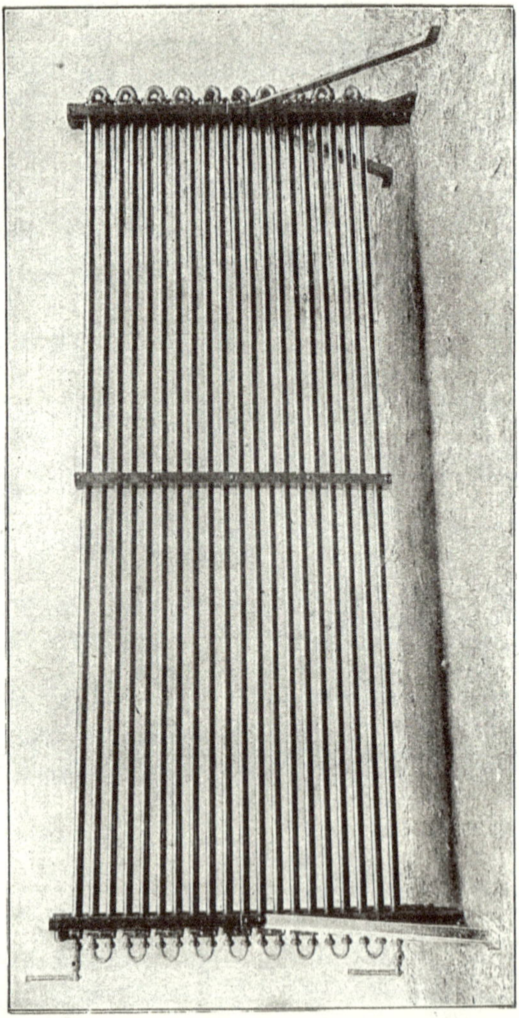

Fig 246.

umgefüllt werden (Bier), so müssen geschlossene Apparate verwendet werden. Fig. 244. Amerikanische Bauart eines Bierkuhlers mit Kühlung durch Salzsole; Fig. 245 das gleiche mit Kuhlung durch Ammoniakverdampfung.

Fig. 246. (A. Freundlich.) Bierkühler. Das Bier lauft durch die Schlangen, die außen durch kaltes Wasser berieselt werden. Die Reinigung geschieht durch Durchleiten von klarem Wasser nach dem Gebrauch.

Kapitel XI.

Wahl und Verwendung der Kälteschutzmittel.

62. Verwendbare Stoffe und deren Eigenschaften.

Die Anforderungen, welche an die Schutzmittel fur Rohrleitungen, Gefaße und Kuhlräume gegen Kalteverluste gestellt werden, sind folgende:

Kleiner Wärmedurchlaß bei geringer Dicke,
Bequeme Anbringung,
Widerstandsfahigkeit gegen Stoß, Druck, Biegung, gegen Spannungen infolge Ausdehnung durch Temperaturschwankung und gegen Eindringen von Feuchtigkeit,
Vollkommener Mangel an Neigung zu innerer Zersetzung.
Leichte Entfernbarkeit und Erneuerung,
Billiger Preis und leichter Transport.

Ungeeignet sind die naß aufgetragenen Schutzmittel da, wo ihr Austrocknen nicht durch Hitze erfolgen kann. Bei Leitungen oder Räumen unter 0 Grad wurde die Feuchtigkeit gefrieren und nie mehr herauszubringen sein.

Zur Klärung der Frage des Wärmedurchlasses sind bis in die neuere Zeit mehrere Arbeiten erschienen[1]). Die Ergebnisse

[1]) De la Conductibilité des materiaux isolants A. Desvignes L'industrie frigorifique 1908 Déc.

Nusselt, »Die Warmeleitfahigkeit von Warmeisoliermitteln« (Mitteilungen uber Forschungsarbeiten V d I Heft 63 und 64, auch Zeitschr. f d. ges Kalte-Ind. 1908).

sind ungefähr folgende: Der Warmedurchlaßwiderstand zerfällt in mehrere Teile: Widerstand der Warmeaufnahmeflächen und Wärmeabgabeflächen, Widerstand der Stoffe (Rohrmaterial und Kälteschutzmittel) gegen Wärmeleitung. Er hängt außerdem sehr ab von Art, Bewegung und Zustand der durch die Wand hindurch Wärme austauschenden Flussigkeiten, Dämpfe und Gase.

Über die Wärmeleitung der in Betracht kommenden Stoffe geben die in der Anmerkung genannten Arbeiten ausreichende Auskunft. Die Wärmeleitfahigkeit wachst mit der Temperatur im Rohr und mit dem Druck, unter dem die in den Poren eingeschlossene Luft steht.

Die Warmeleitfahigkeit selbst zerfällt nämlich wieder in die Überwindung des Widerstandes gegen die Warmewellenubertragung vom Molekül auf das zwischen den Molekulen eingelagerte Gas und von diesem wieder auf das andere Molekül, und in den Widerstand des Molekules selbst. Der letztere verschwindet gegenüber dem ersteren. Folglich isolieren die porösesten Stoffe am besten, und unter diesen wieder diejenigen Stoffe, deren Poren allseitig geschlossen und groß genug sind bei feinster Verteilung. Der Einfluß der Temperatur schwindet in dem Maße, als die Luftporen allseitig geschlossen sind (z. B. Expansitkorkstein mit Pech als Bindemittel).

Dies ist zurzeit am weitestgehenden erreicht mit dem Expansit-kork (Grunzweig & Hartmann, Ludwigshafen).

Fig. 247 bis 250 zeigt die Veränderung, welche der Kork durch das hierzu nötige Vorbehandeln in hoher Temperatur erleidet. Durch dieses wird der Kork leichter, poröser, wasserärmer und fast ganz unfähig zur Wasseraufnahme und verliert dadurch fast jede Neigung zur Faulnis. Daß er auf diese Weise ein ideales Isoliermittel wird, ist einleuchtend.

Der Warmeübergang von Molekul zu Molekül durch das eingeschlossene Gas wird noch mehr erschwert, wenn der Unter-

---

Versuche uber den Warme- und Spannungsverlust bei der Fortleitung des gesattigten und uberhitzten Wasserdampfes, von Chr. Eberle. Zeitschr. d. Bayer. Revisions-Vereines 1908.

Dr. Osc. Knoblauch, E. Raisch, H. Reiher: Die Warmeleitzahl von Bau- und Isolierstoffen und die Warmedurchlassigkeitszahl neuer Bauweisen. Gesundheitsingenieur 1920, S 607, und Zeitschr f. d. ges. Kalte-Ind. 1921, S. 63. (Dieser Bericht enthalt auch sehr gute Hinweise auf andere Berichte in verschiedenen Literaturquellen)

Tafel XIX.

Stoff	Raumgewicht kg/m³	Warmeleitzahl $\lambda = \frac{\text{k cal}}{m \cdot h \ ^\circ C}$	Feuchtigkeit in Vol. %	Gew. %
Baustoffe.				
Ziegel	1620	0,41	0,00	0,00
		0,60	ca. 0,90	0,56
		0,82	1,81	1,12
Schlackenbeton	800	0,24	» 10,3	12,9
Beton	1600	0,72	—	—
»	2300	1,04	» 10,2	4,5
Kalksandstein	1650	0,80	15,3	4,85
Lehmstein m. Stroh gemischt	1505	0,35	trocken	
Lehmwand gestampft	1900	0,52	5,7	3,0
Lehmstein ungebrannt	1775	0,60	7,4	4,17
» »	1775	0,80	10,0	5,64
Hohlziegel		0,17		
» (Zellenwand)	—	0,35		
Ziegelleichtsteine	812	0,16		
Natursandstein	2259	1,22		
Rhein. Schwemmsteine	630	0,11		
Hochofen »	785	0,14		
Baugips unter Zusatz v. Kork oder Faserteilchen	670	0,12—0,24		
Kiefernholz, senkrecht zur Faser	546	0,12		
Eichenholz senkrecht z. Faser	825	0,17		
Sperrholzplatte	588	0,094		
Asbestschiefer	1790	0,13		
Zementholzplatte trocken	715	0,11	0,4	0,56
» feucht	824	0,14	12,4	15,05
Flußsand	1520	0,27	0	0
»	1640	0,96	11,3	6,9
Kies	1850	0,29		
Gewachsener Erdboden (lehm. Feinsand)	2020	2,0	28,3	14,0
Warmeschutzstoffe.				
Korkschrot (gew.)	85	0,038		
» (kunstl. aufgeblaht)	46			
Korngroße 3—5 mm		0,031		
» 1—2 mm		0,027		
Korkmentlinoleum	535	0,069		
Linoleum	1183	0,15		
Baumrinde	342	0,057		
Torfplatten	192	0,048		
	728	0,095		
	830	0,142		

Tafel XIX. Fortsetzung

Stoff	Raumgewicht kg/m³	Wärmeleitzahl $\lambda = \frac{k\,cal}{m \cdot h\ ^{\circ}C}$	Feuchtigkeit in Vol. %	Feuchtigkeit in Gew. %
Strohfasern gepreßt	139	0,039	—	—
Roßhaar gepreßt	172	0,042	—	—
Hochofenschaumschlacke	360	0,095	—	—
Rheinischer Bimskies	301	0,075	—	—
Hochofenschwemmsteine	298	0,072	—	—
Kohlenschlacke	697	0,12	—	—
Sägemehl	215	0,060	—	—
Schilfrohr	75	ca. 0,04	—	—
Torfmulle	190	0,041	kunstl. getrocknet	
		0,060	normal feucht	

$\lambda = \frac{k\ \ cal}{m \cdot h \cdot {}^{\circ}C}$ bei °C.

Stoff	Raumgewicht kg/m³			
		100—200°		
Asbest	540	0,13		
		100°	200°	
Gebrannte Kieselgursteine	300	0,074	0,087	
	400	0,082	0,094	
	500	0,090	0,110	
		100°	200°	
Asbest-Kieselgur-Mischung (Dampfrohrschutzmasse)	300	0,072	0,077	
	400	0,076	0,082	
	550	0,082	0,087	
	700	0,088	0,093	
Asbest-Magnesia-Mischung (Dampfrohrschutzmasse)	240	0,049	0,060	
	390	0,060	0,067	
Feuerfeste Steine.		200°	600°	1000°
Silica	—	0,56	0,88	1,19
Dinas	—	0,74	0,93	1,13
Schamotte	—	0,51	0,66	0,82
Magnesit	—	—	1,29	1,43

Metalle.	λ		λ
Eisen	51 bis 75	ruhendes Wasser	0,43 bis 0,57
Kupfer	330	leichter flockiger Schnee	0,02
Bronze	55	fester Schnee	2,0
Zink	100	Schnee auf Rohren als Niederschlag	0,5
Blei	28	Eis	1,8 bis 2,1
Quecksilber	5,3 bis 7,3		

schied zwischen den spez. Gewichten der Moleküle und des Gases sehr groß gemacht wird durch Erzeugung eines Vakuums[1]).

In der Tafel XIX bedeuten die Zahlen diejenige Wärmemenge, welche bei 1° C Temperaturunterschied der beiden Enden eines 1 qm starken und 1 m langen Stabes stündlich durch

Fig. 247. Schnitt durch die Zellen quer zum Stamm.

diesen geleitet werden kann, und zwar gelten diese Zahlen für etwa 50° C Temperaturunterschied, was ungefähr der höchst vorkommende Unterschied ist bei normalen Kälteerzeugungsmaschinen.

[1]) Bericht über den II. Internat. Kälte-Kongreß Wien, S. 166 (Prof. Maryen von Smoluchowski).

Tafel XX.

Bezeichnung	spez. Gew. s	Wärmeleitungskoeffizient λ $\frac{\text{k cal}}{\text{st} \cdot \text{m}\ ^\circ\text{C}}$
Expansitschrot Nr. 1 Korngroße 1 mm	0,048	0° 20° 60° 120° 0,0243 0,0294 0,0334 0,0377
Expansitschrot Nr. 3 Korngroße 2—5 mm	0,045	0° 25° 50° 75° 100° 0,033 0,036 0,039 0,042 0,046
Expansitstein aus reinem Expansitschrot ohne Bindemittel	0,08	20° 60° 100° 120° 0,0352 0,0385 0,0420 0,0437
Origin.-Korkstein Marke E aus Expansitschrot mit Pechtonemulsion als Bindemittel	0,22	20° 50° 90° 0,058 0,064 0,068
Imprägnierter Korkstein aus Expansitschrot mit Pech als Bindemittel	0,169	15° 25° 60° 0,039 0,041 0,043 also fast unabhangig v. d. Temp.
Desgl.	0,199	10° 25° 50° 0,043 0,044 0,045

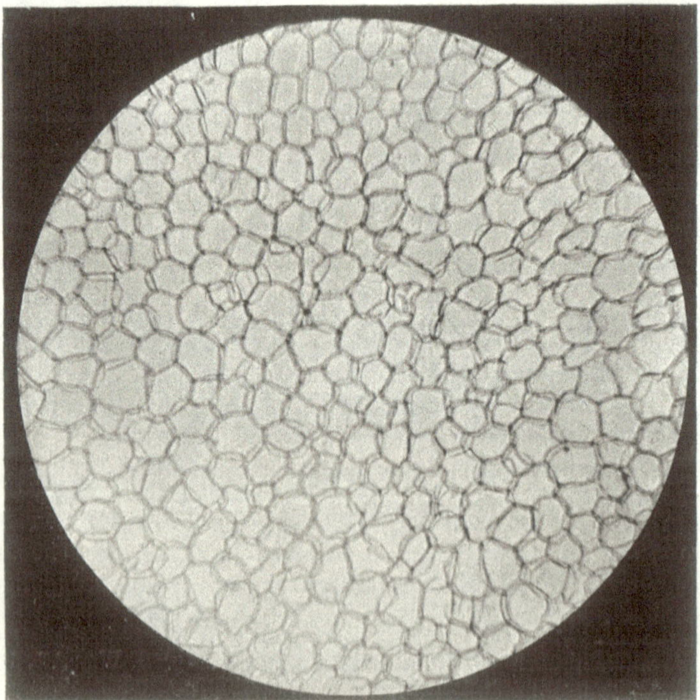

Fig. 248 Schnitt parallel zum Stamm

Die Tafel XX gibt ein Bild der Veränderlichkeit der Wärmeleitnug mit der Temperatur bei einigen Erzeugnissen der Firma Grünzweig & Hartmann, nach Beobachtungen von Nusselt. Grober, Poensgen und Noell[1]). Tafel XXI ist ein Auszug aus einer Tafel in der auf S. 300 zuletzt genannten Arbeit.

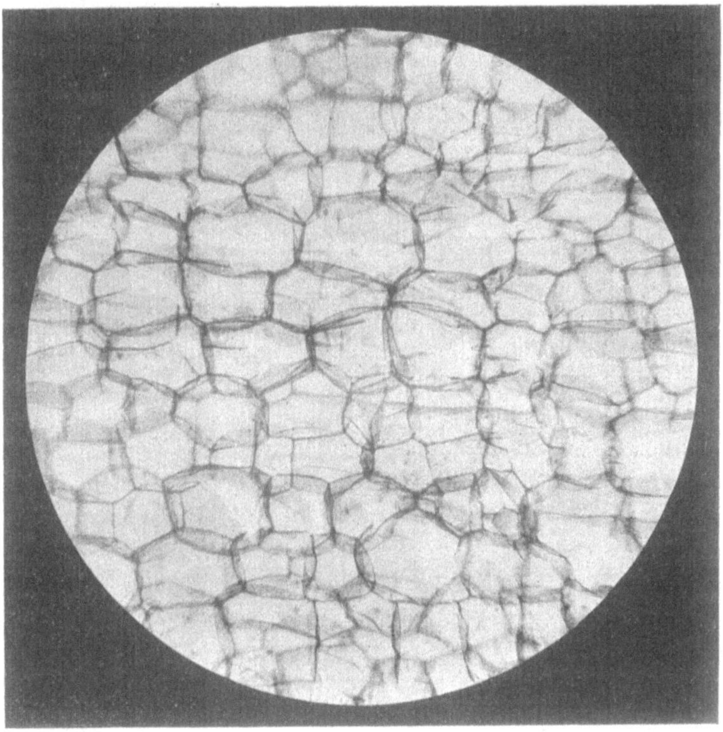

Fig. 249. Schnitt durch die Zellen quer zum Stamm.

Über den Widerstand der Oberflächen ist noch wenig bekannt. Dagegen liegen eine Reihe zuverlässiger Versuchsergebnisse über den Gesamtwärmedurchgang durch Wände hindurch vor. Tafel XXII ist ebenfalls ein Auszug aus der auf S. 300 zuletzt genannten Arbeit.

[1]) Bericht über den Internationalen Kältekongreß in Wien

Tafel XXI.

Name des Stoffes	Raumgewicht $\frac{kg}{m^3}$	Versuchstemperatur 0^0 C	Wärmeleitzahl λ $\frac{kcal}{m \cdot h \cdot {}^0C}$
1. Haarwolle	90	1	0,032
		23	0,036
		45	0,040
		61	0.043
2. Strohfasern gepreßt .	132	30	0,05
		60	0,06
		90	0,07
		105	0,075
3. Baumrinde . . .	337	0	0,062
		13	0,063
		27	0,064
		40	0,065
4. Mischung von Kieselgur und Kork (in geformtem Zustande)	323	10	0,065
		30	0,069
		60	0,073
		95	0,075
5. Mischung von Kork mit Baumrinde und Tannennadeln	434	0	0,063
		25	0,069
		50	0,075
6. Asbest	540	50	0,125
		175	0,130
		250	0,133
7. Sperrholzplatte . . .	588	0	0,094
		12	0,096
		29	0,099
8. Zementholzplatte . . .	697	5	0,15
		30	0,16
9. Platte aus Gips m. kleinen Faserteilchen . .	660	0	0,117
		7	0,118
		21	0,120
		49	0,124
10. Torfleichtplatten . .	192	0	0,048
		27	0,049
		54	0,050

Tafel XXI (Fortzetzung).

Name des Stoffes	Raumgewicht $\frac{kg}{m^3}$	Versuchstemperatur 0^0 C	Warmeleitzahl λ $\frac{kcal}{m \cdot h \cdot {}^0C}$
11. Torfleichtplatten	371	0 16 32 48	0,062 0,073 0,084 0,095
12. Torfsteine	830	0 25 50	0,142 0,144 0,146
13. Gebr. Kieselgursteine. .	295	10 70 120 200 250	0,065 0,075 0,083 0,096 0,104
14. » »	748	10 60 80 135	0,12 0,14 0,15 0,18
15. Hochofenschwemmsteine	298	0—30	0,072
16. Hochporose Ziegelsteine	812	20 40 80	0,167 0,170 0,175
17. Hohlsteine aus gebr. Ton	—	10 20 30 40	0,18 0,19 0,20 0,21
18. Schlackenbeton. .	871	20 40 60	0,245 0,250 0,255
19. Lehmsteine (mit Stroh gemischt) . . .	1505	8 18 27 37	0,36 0,38 0,40 0,42
20. Lehmsteine (gestampfte Lehmwande) .	1900	5 15 25 35 45	0,54 0,57 0,60 0,63 0,66

Aus diesen Tafeln dürfen nun die Stoffe ohne weiteres miteinander verglichen werden, von denen man annehmen kann, daß ihre Oberflachen ungefähr gleichen Widerstand gegen Wärmeaufnahme bzw. -abgabe besitzen. Dies ist z. B. der Fall, wenn alle festen Kälteschutzmittel außen mit einem hellen

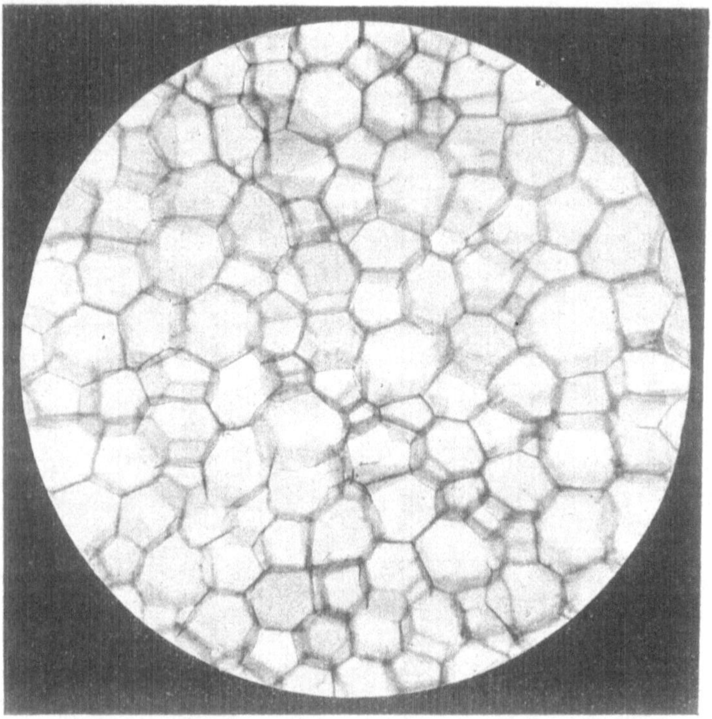

Fig. 250 Schnitt parallel zum Stamm.

Anstrich gleicher Art versehen sind, was meist der Fall ist. Hieraus erklart sich die besondere Vorliebe der Kalteindustrie fur asphaltierte Korksteine, die leicht anzubringen sind, sich nicht verandern, die Warme schlecht leiten, die Feuchtigkeit nicht leicht annehmen und gute Widerstandsfahigkeit gegen Stoß und gegen Langenanderungen bei Temperaturschwankungen haben. Wichtig ist, daß die Bau- und Warmeschutzmittel nicht etwa ihre Leitzahl andern infolge chemischer Zersetzung, insbesondere durch Feuchtigkeitswechsel.

Tafel XXII.

Wärmedurchlässigkeitszahl $\frac{\text{kcal}}{m^2 \cdot h \cdot {}^0\text{C}} = C$		Wandstärke cm
1. $1^1/_2$ Stein stärke, beiderseits mit Kalkmörtel verputzte Ziegelmauer, normal trocken	1,5	40
2 Beiderseits mit Zementverputz versehene Betonmauer, 25 cm Kiesbeton, 10 cm Leichtbeton (aus Bimskies)	1,64	37
3. 1 Stein stärke, einerseits mit Kalkzementmörtel, anderseits mit Kalkmörtel verputzte Kalksandsteinmauer	2,85	28
4. 1 Stein stärke, beiderseits verputzte Lehmsteinmauer	2,15	28
5. Betonhohlsteinwand I D.-Z. I, $t_m = 24^0$ . .	2,07	21,5
D.-Z. II, $t_m = 30^0$ . . .	2,17	
6 Betonhohlsteinwand II	1,71	32
„ II mit Kohlenschlacke gefüllt .	0,88	
7. Dachkonstruktion I, D. Z. I-II, $t_m = 27^0$ . .	0,75	24,3
(mit Gipsdiele) D. Z. III, $t_m = 35^0$ . .	0,81	
8. Dachkonstruktion II, D. Z I, $t_m = 32^0$	1,07	
(ohne Gipsdiele) D. Z. II, $t_m = 41^0$	1,24	
9. Barackenwand, D. Z. I	1,09	21,4
„ mit Sägemehl gefüllt	0,37	
10. Holzhohlwand D. Z. I	0,89	15,3
D Z. II-III	0,87	

b) Wärmeleitzahl:	λ $\frac{\text{kcal}}{m \cdot h \cdot {}^0\text{C}}$	R.G. kg/m³	Feuchtigkeit in Vol.%	Feuchtigkeit in Gew.%
1. Ziegel, normal trocken .	0,60	1620	0,90	0,56
Ziegel naß . . .	0,82		1,81	1,12
2. Kiesbeton .	1,10	2270	10,2	4,5
3. Leichtbeton (aus Bimskies)	0,29	850	10,3	12,1
4. Kalksandstein . .	0,80	1650	15,3	9,3
5. Lehmstein	0,60	1775	7,4	4,2

63. Kälteschutz für Rohrleitungen.

Der bei unisolierten Kälterohren sich bildende Schnee ist nur solange ein guter Schutz, als er sehr leicht ist. Bei längerem Betrieb wird er dichter, bei gelegentlichem Abtauen eisig. Die glatte Eisfläche wirkt allerdings der Kälteabgabe mehr entgegen als die rauhe Schneefläche. Jedenfalls muß z. B. folgender Fall sorgfältigst vermieden werden: Ein Rohr geht ohne Isolierung durch eine Mauer, der Zwischenraum zwischen Rohr und Mauer ist durch Beton oder Gips ausgefüllt; das Mauerwerk am Rohr wird bald naß werden und gefrieren und Anlaß zu großem Kälteverlust geben. Man muß zwischen Mauer und Rohr unbedingt ein (am besten durch ein Außenblechrohr) gegen Feuchtigkeitsaufnahme gesichertes Kälteschutzmittel von genugender Dicke einschieben.

Im allgemeinen empfiehlt es sich, von den kalten Rohrleitungen möglichst alles einschließlich der Flanschen[1]), durch Korkschalen oder Seidenzöpfe oder eine kombinierte Art (Baumwollzöpfe mit äußerem Schutz gegen Wasser durch Bander und Anstrich oder dgl.) zu schützen.

Legt man z. B. die Werte fur den Wärmedurchgang durch ungeschützte und geschutzte Rohre zugrunde, die Chr. Eberle in Z. des Bayer. Rev.-Vereins 1908, 31. Aug., S. 169 u. ff., angibt, so kann man herausrechnen, daß bei einer kleinen Anlage von 5000 Cal die Rohrleitungen zwischen dem Verdichter und den Apparaten ungeschutzt etwa 3000 Cal, geschützt immer noch 500 Cal Verlust an Kalte ergeben konnen.

Man rechnet nämlich fur 1 qm Außenflache und 1° C Temperaturunterschied in unserem Falle etwa

12,0 Cal	stdl. Verlust	bei ungeschutzter Leitung,
2,8 »	» »	bei geschutzter Leitung mit nackten Flanschen,
2,0 »	» »	bei geschutzter Leitung mit geschutzten Flanschen.

Bei besonders gut geschutzten Leitungen (doppelte Lage von besten Korkschalen) kann man die Halfte der letzten Werte rechnen. Der Wert von ca. 1,7 ist erreichbar durch sorgfältiges Anbringen von Expansitzopfen, das sind mit Expansitkorkschrot gefullte Juteschlauche.

Sorgfältig muß vermieden werden, daß die Kälteschutzmittel naß werden, denn dann bekommen sie die Warmeleitfähigkeit des Eises, die 40mal größer ist. Daher ist es unzulassig, die Rohrleitung der Bequemlichkeit und Billigkeit halber an solchen Stellen ungeschutzt zu lassen, von denen aus das Schwitzwasser an und in die Schutzmittel der nachsten Teile der Leitung gelangen

[1]) Siehe den obengenannten Aufsatz von Chr. Eberle.

kann, z. B. bei Krümmungen von senkrechter in wagrechte Lage. Schon aus diesem Grunde sollten auch die Flanschen geschutzt sein.

Bei der Anbringung der Kalteschutzmittel muß erste Regel sein, den Luftumlauf zwischen Rohr und Außenfläche des Schutzmittels unmoglich zu machen. Daher muß das Schutzmittel gut schließen, ohne zusammengedruckt zu werden, und es muß die Außenflache glatt umwickelt sein ohne Lucke.

64. Kälteschutz für Kältegefäße.

Hierher gehoren: Die Verdampfer, Flussigkeitskühler, Luftkühler, Kaltespeicher u. a. Man verwendet als Kälteschutzmittel die in Fig. 251 schematisch angegebenen Formen.

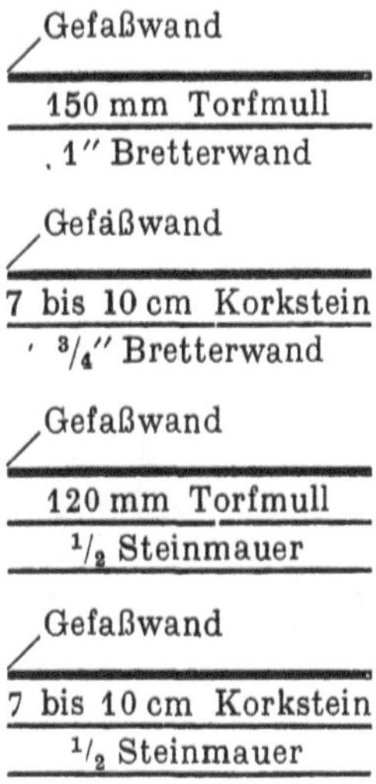

Fig. 251.

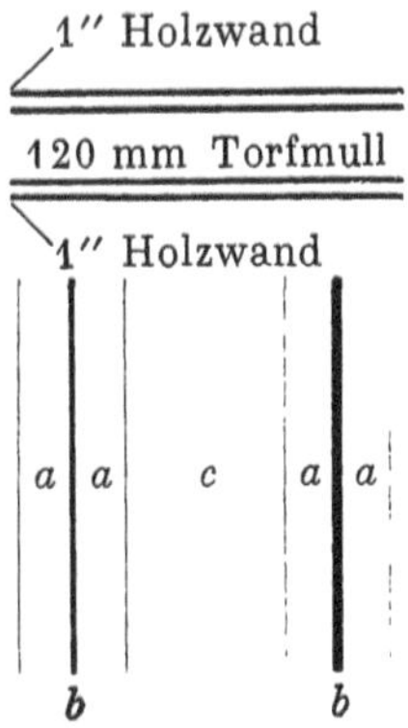

a 7/8″ Holzwande
b Isolierpapier
c Kalteschutzmittel

Fig. 252.

oder

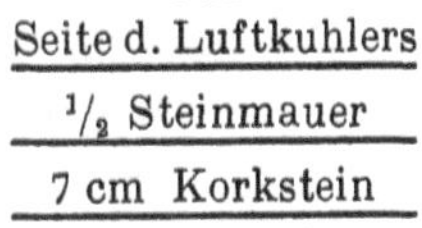

Fig. 253.

Statt der Torfmulle werden auch Blatterholzkohle, Seiden-, Wollabfalle, Kunstbims verwendet.

Besondere Sorgfalt ist oben beim Anschluß der Schutzhulle an den Versteifungswinkel des Gefaßes anzuwenden, besonders bei Eiserzeugern, da das Eindringen von Feuchtigkeit in die Schutzhülle oder zwischen diese und die Blechwand vermieden werden muß. Es muß also die obere Fläche der Schutzhülle stets durch Blech abgedeckt sein, mit Gefälle nach außen.

Bei Luftkuhlern wird wohl auch die Bauart nach Fig. 252 und 253 angewendet. Dann bilden diese Umbauten besondere Wände für sich. (Siehe auch Fig. 217, S. 263.)

Holzwande werden zweckmäßig mit sog. Isolierpapier bekleidet, um sie luft- und wasserdicht zu machen. In Amerika, das großen Holzreichtum hat, werden vielfach mit gutem Erfolg Doppelholzwände verwendet nach Fig. 252.

Für die oben angegebenen Formen ware ein angenommener Wärmedurchgang von 1 WE für 1 qm und 1° C Temperaturunterschied noch reichlich bemessen.

Bei kleinen Gefäßen kommt bei sehr tiefen Temperaturen noch in Betracht unter ständigem Vakuum stehende Fullung des Isolierzwischenraumes mit Expansitkorkschrot.

65. Kälteschutzmittel für Bauwerke.

Die Ausfuhrungsformen sind sehr mannigfaltig. Fur alle gelten folgende Regeln neben den unter 62 genannten Anforderungen:

Grundwasser, Regenwasser, uberhaupt Feuchtigkeit, Mauerschwamm u. dgl. dürfen nicht bis zu den Kälteschutzmitteln dringen.

Eisensaulen und Eisentrager mussen verhullt werden, sobald die Moglichkeit vorliegt, daß durch sie Kalte abgeleitet wird. Die hohe Leitfahigkeit des Eisens (bis 57 Cal) erfordert dies. Sonst ist die Gefahr vorhanden, daß sich die Mauerteile, in denen die Eisenteile eingelegt sind, stark abkuhlen und mit Feuchtigkeit aus der Luft beschlagen. Neben dem Kalteverlust besteht also noch die Gefahr, daß die Mauer allmahlich schadhaft wird.

Das vielfach ubliche Anhängen der Rohre an die Deckentrager ist demnach nicht zu empfehlen. Richtiger ist es, die Trager zu verkleiden und die Rohre an Holzer zu hangen, die von einem Trager zum andern eingespannt oder an ihnen aufgehangt sind.

Es sollten auch die Deckengewölbe, wenn sie nicht geschützt sind, wie es vorkommt, wenn mehrere Kuhlräume von gleicher Temperatur übereinander liegen, an ihrer Stirnseite nicht an die Tragmauer stoßen, sondern es müßte hier die Tragmauer auf ganze Bauhöhe isoliert werden, bevor die Deckengewölbe fertig-

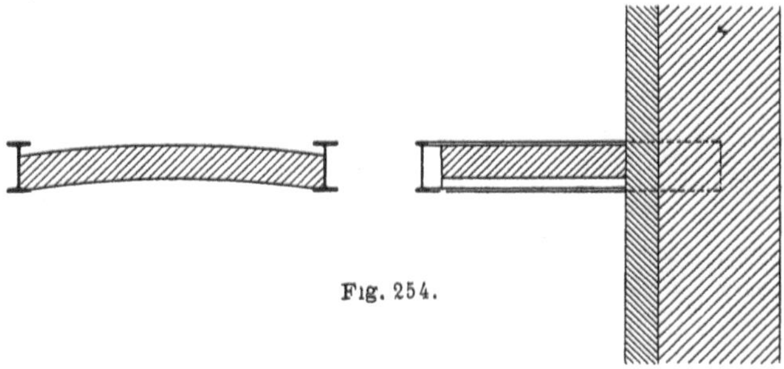

Fig. 254.

Fig. 255.

gestellt werden. Diese stoßen dann wenigstens an der Stirnseite an den durchgehenden Kalteschutz der Tragmauer, statt an diese selbst (Fig. 254). Außerdem empfiehlt es sich, das Deckengewolbe nicht gegen die Trager unmittelbar stoßen zu lassen, sondern den Trager in Holz und Isolierung einzukleiden nach Fig. 255. Das Holz ist mit Fäulnis verhindernder Flussigkeit zu tränken und nötigenfalls noch gegen Eindringen von Nasse zu schutzen.

Diese Bauweisen empfehlen sich auch dann, wenn der Kälteschutz dadurch erreicht wird, daß oberhalb der Decke eine $^3/_4$ bis 1 m hohe trockene Torfmullschicht aufgeschuttet wird.

Im übrigen lassen sich allgemeine Regeln nicht geben, da die richtige Anbringung des Kalteschutzes je nach Bauart und Anordnung der Kuhlräume sehr verschieden sein kann. Beim Entwurf des Gebaudes muß der Verwendungszweck der einzelnen Raume feststehen, und es muß berucksichtigt werden, ob die Raume ununterbrochen gekuhlt werden oder ob langere Unterbrechungen im Kuhlbetrieb eintreten und wie groß in diesem Falle die Schwankungen der Temperatur und des Feuchtigkeitsgrades der Luft sein dürfen. Sollen die Schwankungen der Temperatur klein sein, so mussen vor den Isolierungen Mauern von ½ bis 1 Stein aufgefuhrt werden als Kaltespeicher nach Fig. 256.

Fig. 256.

Dieser Kältespeicher hat aber den Nachteil, daß seine Temperatur sehr nahe an der Kuhlraumlufttemperatur liegt. Infolgedessen kann er wohl zur Erzielung einer kleinen Temperaturschwankung verwendet werden, aber das Ansteigen der Luftfeuchtigkeit uber das zulassige Maß nicht hindern. Deshalb ist z. B. bei Fleischkuhlanlagen ein weiterer Kältespeicher mit tieferer Temperatur (s. S. 321) notig, sobald die Unterbrechung des Kuhlbetriebes eine gewisse Stundenzahl uberschreitet und so viel Fleisch eingelegt ist, daß dadurch der Feuchtigkeitsgehalt der Luft erheblich beeinflußt wird. Oder es muß wahrend des Kuhlbetriebes mit besonders tiefer Verdampfungstemperatur und abnormal niedrigem Feuchtigkeitsgehalt der Luft gearbeitet werden.

Über eine umfangreiche Gebaudezerstorung einer Gefrieranlage durch Angefrieren des Grundwassers berichtet Heinel[1]). Trotz guter Bodenisolierung muß, wenn das unterste Geschoß ein Gefrierraum ist, im Laufe der Jahre der Untergrund allmahlich unter 0° kommen. Ist er wasserreich, so gefriert er aus. Das entstehende Eis ist von großerem Volumen als das Wasser und muß die Möglichkeit freier Ausdehnung haben, wenn es nicht das Gebäude beschadigen soll.

---

[1]) Z. f. ges. Kalte-Ind. 1921, S. 162.

Kapitel XII.

Die hauptsächlichsten Verwendungsgebiete der Kältemaschine.

66. Brauereien.

Die aus dem Sudhaus kommende Bierwürze wird mit den unter Kapitel X genannten Vorrichtungen erst durch Brunnenwasser, dann durch künstliche Kälte auf die sog. Anstelltemperatur gekühlt, nämlich die Temperatur, welche die Würze anfangs im Gärbottich haben soll, d. i. etwa 5° C. Diese Abkühlung geschieht in etwa 1 Stunde, je nach der Menge der Bierwürze und der Größe der Kühloberfläche.

Nötige Brunnenwassermenge

$$\frac{Q\,(t_1 - t_2)\ \text{Würze}}{(t_e - t_a)\ \text{Wasser}}$$

Die Würze kann bis auf etwa 5° über der Zulauftemperatur des Brunnenwassers vorgekühlt werden.

Von der Kältemaschine sind zu liefern:

$$Q \cdot (t_2 - t_{anst})\ \text{WE}$$

Ql = Würzemenge

t_1 = Würzetemperatur am Anfang
∾ 70° ohne Anwendung eines Kühlschiffes
∾ 30° mit Anwendung eines Kühlschiffes

t_2 = Würzetemperatur am Ende

t_e = Eintrittstemper. des Brunnenwassers

t_a = Austrittstemper. des Brunnenwassers

spez. Wärme der Würze ∾ 1

t_{anst} = Anstellungstemperatur

Wird diese Tiefkühlung nur durch Süßwasser, nicht durch Verdampferkühler vorgenommen, so ist eine Süßwassermenge von 0° C nötig gleich:

$$\frac{Q\,(t_2 - t_{anst})}{(t_e - 0)}\,l$$

wobei angenommen ist, daß das Süßwasser bis auf die Eintrittstemperatur des Brunnenwassers erwärmt wird.

Diese Süßwassermenge ist nun so groß, daß die zu ihrer Wiederabkuhlung notige Kältemenge, um wirtschaftlich zu arbeiten, auf mehrere Stunden verteilt werden muß. Es liegt der Fall vor, der unter 61b) beschrieben ist. Siehe dort[1]).

Der Vorgang bei der Würzekühlung an Oberflächen-Berieselungskühlern ist folgender: Die Luft wirkt da, wo die Würzetemperatur wesentlich über dem Taupunkt der Luft liegt, kuhlend, und zwar hauptsächlich durch die Verdunstung von Wasser aus der Würze, also am stärksten in den oberen Teilen des Kühlers. Am unteren Teile des Kuhlers liegt die Temperatur der Wurze tiefer als die der Luft und meist auch tiefer als der Taupunkt der Luft. Daher gibt dort die Luft Warme und Wasser an die Wurze ab. Durch Abgabe von Warme und Wasser an die Luft wird der Übergang von Infektionskeimen aus der Luft an die Würze erschwert, durch Abgabe von Wasser aus der Luft an die Wurze dagegen erleichtert. Es ware daher eine Trennung des Tiefkuhlers von dem ubrigen Apparat wunschenswert in der Weise, daß die Kuhlung bis auf Lufttemperatur und etwas darunter durch einen Berieselungskuhler, die weitere Kuhlung auf 5^0 in einem geschlossenen Kuhler nach amerikanischem Muster geschieht.

Die mit der Anstelltemperatur in die Garbottiche kommende Würze muß in diesen auf einer bestimmten Temperatur gehalten werden, indem die Garwarme durch Kuhlwasser und durch Kuhlung der Garkellerluft abgefuhrt wird.

Da die Flussigkeit im Gefäße keine Temperaturveranderung erleiden soll, so ergibt sich der Kaltebedarf lediglich aus der chemischen Reaktionswärme. Hat man z. B. Bierwürze von 15 kg Extraktgehalt pro 1 hl, von welchem 50% vergoren werden sollen, so sind, da bei der Garung von 180 g Zucker (entsprechend dem Molekulargewicht) rund 32 Cal frei werden[2]) fur 1 hl der Wurze $32 \frac{15000 \cdot 0{,}5}{180} = 1333$ Cal durch die Kühlung abzufuhren. Fur einen Bottich von 30 hl Inhalt ergibt sich demnach ein Gesamt-Kaltebedarf von 40000 Cal, der sich auf die ganze Gardauer, also etwa 10 Tage = 240 Stunden verteilt, so daß

[1]) S. auch Heinel, »Bau und Betrieb von Kaltemaschinenanlagen. Sußwasserkuhlung fur Brauereien« S 182 ff

[2]) Nach Buffard, »Comptes rendus 1862« Nr. 8. Siehe auch Zeitschr. f d. ges. Kalte-Ind. 1895, S. 215.

auf jeden mit Würze angestellten Bottich stündlich rd. 167 Cal kommen. Soll nun die Temperatur nicht über 6° C steigen, so darf das Kühlwasser, welches mit rd. + 1° eintritt, den einzelnen Kühler jedenfalls nicht mit höherer Temperatur als 5° verlassen.

Werden täglich 2 Sude zu 150 hl in den Gärkeller gebracht, so sind, da die Gärdauer 10 Tage ist, ca. 20 Sude gleichzeitig in Gärung bzw. 100 Bottiche zu 30 hl. Die stündlich abzuführende Gärwärme beträgt also: 167 · 100 = 16700 Cal.

Durch die Bottichwand und die Flüssigkeitsoberfläche werden stündlich in jedem Bottich etwa 40 Cal abgegeben, der Rest muß durch die Kühlvorrichtung abgeführt werden. Man hatte also bei jedem Bottich von 30 hl Inhalt etwa 33 l Kaltwasser nötig und eine Oberfläche des Schwimmers von etwa 0,22 qm. Für 100 Bottiche à 30 hl waren benötigt 100 · 130 : 4 = 3250 l Kaltwasser von 0°, welches sich durchschnittlich auf 5° erwärmt.

Nun ist aber die Entwicklung der Gärwärme nicht gleichbleibend, sie ist anfangs klein, steigt bis zu einem Höchstmaß und fällt dann wieder. Die Kühlvorrichtung des einzelnen Bottichs muß ausreichen für das Höchstmaß.

Es empfiehlt sich deshalb in einem Gärbottich von 30 hl Inhalt einen Kühler von etwa 0,35 qm Gesamtoberfläche einzusetzen und die Wasserleitung so reichlich weit zu machen, daß dem einzelnen Bottich von 30 hl Inhalt 50 l Kaltwasser zugeführt werden können. Die Temperatur der Würze muß fortlaufend gemessen und durch die in Kapitel X Abschnitt 60 erwähnten Hähne in der Kaltwasserleitung geregelt werden.

Die schon in Kapitel X erwähnten Kühlrohre an der Decke führen den Teil der Gärwärme ab, der durch die Bottichoberfläche sowie die Flüssigkeitsoberfläche abgegeben wird, außerdem noch die durch die Mauern, Decke und den Boden des Kellers eindringende Wärme sowie die bei der Abkühlung einer bestimmten Menge Frischluft abgegebene Wärme. Den Gärkellern muß Frischluft zugeführt werden, weil bei der Gärung viel Kohlensäure frei wird. Hierbei ist zu berücksichtigen, daß die Kohlensäure schwerer ist als die Luft und daß außerdem die Luft im Keller kälter und schwerer ist als außen. Man muß also unterirdische Gärkeller durch einen Ventilator lüften, oberirdische erhalten ihren Luftabzug nicht an der Decke sondern am Boden. Siehe S. 287.

Das ausgegorene Bier wird sodann in die Fässer des Lagerkellers umgefullt. In diesen findet noch eine schwache Nachgärung statt, deren Gärungswärme unbedeutend ist. Die an der Decke des Kellers befindlichen Kühlrohre brauchen daher nur für die durch die Mauern, Decke und den Boden des Kellers eindringende Warme und fur die Abkühlung der aus dem Garkeller in den Lagerkeller kommenden Biermenge von 5° auf 2° bemessen zu werden.

Bei beiden Kellern rechnet man außerdem noch für die Entwicklung von Warme durch Arbeiter und Beleuchtung eine Kalteleistung von etwa 2% des gesamten Kaltebedarfes des Kellers.

Die allgemeine Anordnung einer Brauerei mit Kühlanlage zeigt Fig. 257 (Tafel). (A. Borsig, Tegel.)

67. Fleischereigewerbe.

Die gegenwartige Verwertung der Kaltemaschine im Fleischereigewerbe teilt sich in zwei Stufen. Die Stadte oder die Metzgerinnungen besitzen meist große Schlachthofe, welche mit Kuhlanlagen zur Abkuhlung der frisch geschlachteten Tiere in Vorkuhlhallen und Kuhlhallen zur Aufbewahrung des ausgeschlachteten Fleisches ausgerustet sind.

Fig. 204, S. 258: Vorkuhlhalle. Die Tierhalften hangen an Wagen, die auf Schienen laufen, welche unter der Decke der Halle hängen und bis in den Schlachtraum fortgefuhrt sind. Oberhalb dieser Schienen sind die Luftschläuche fur die Zubringung der gekuhlten und das Absaugen der wieder erwarmten Luft.

K ä l t e b e d a r f: Fur die Abkuhlung des Fleisches von der Außentemperatur auf etwa 6° rechnet man 24 h Zeit. Jedoch sind dann die innersten Teile noch nicht ganz auf 6° angelangt. Die spez. Wärme des Fleisches wird als nahezu 1 angenommen. Auf 1 qm Grundflache der Vorkuhlhalle kann man etwa 200 bis 250 kg Fleisch rechnen.

Q^{kg} = Fleischmenge, die an einem Hauptschlachttag eingebracht wird (sie benotigt etwa bis zu $^2/_3$ der Grundflache der Vorkuhlhalle).

t_e = Einbringtemperatur, t_{vk} = Vorkuhltemperatur.

Kaltemenge: $Q \cdot (t_e - t_{vk}) \cdot 1$ in 24 Stunden,

$Q \cdot (t_e - t_{vk}) \cdot {}^1/_{24}$ in 1 Stunde.

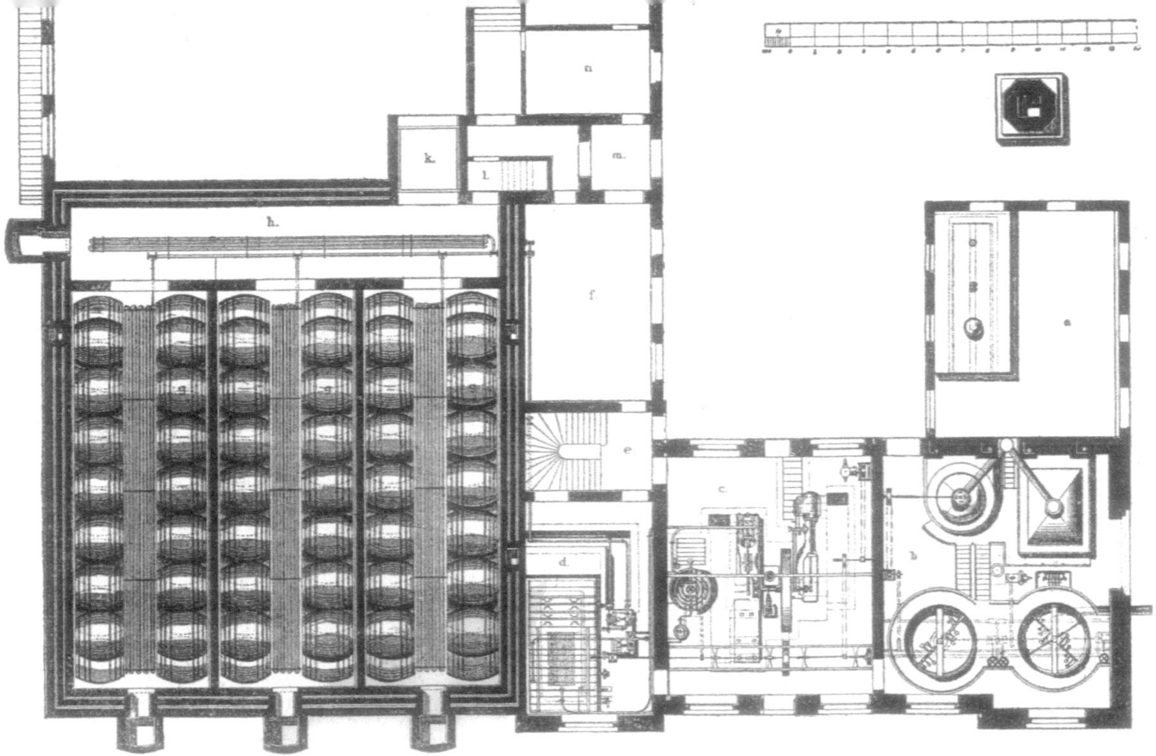

Fig. 257.

Dazu kommt noch die durch die Mauern, Decke, Boden usw. verlorengehende Kälte, die durch die Arbeiter, die Beleuchtung, das Öffnen der Türen, die Vorkühlung und Trocknung der nötigen Frischluft und die Ventilatorarbeit verbrauchte Kältemenge.

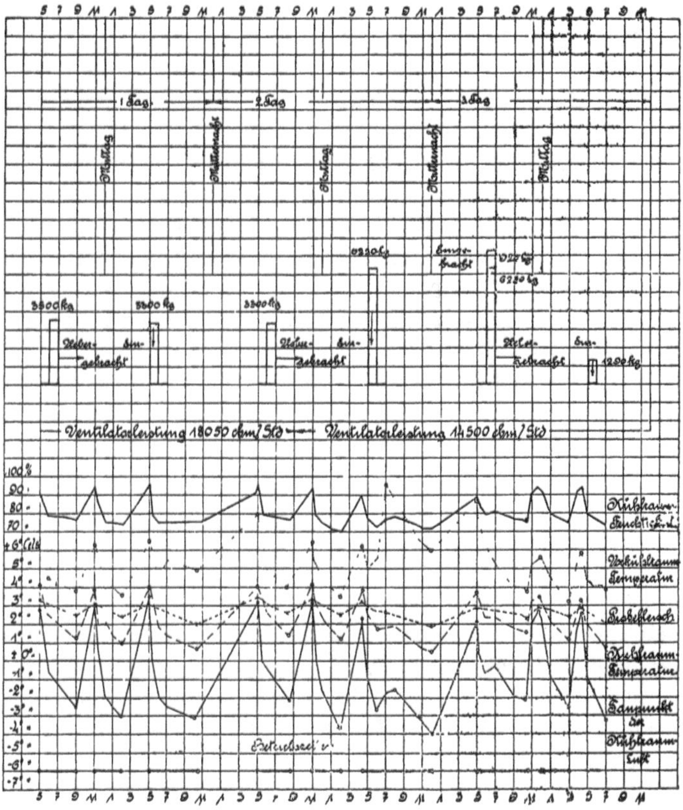

Fig. 258.

Die Vorrichtung zur Frischluftzufuhr muß so reichlich bemessen sein, daß stundlich ein halb bis einmal der ganze Luftinhalt erneuert werden kann.

Siehe Kapitel IX. Luftkuhlung Abteilung 47 und 59.

Fig. 205, S. 258: Hauptkuhlhalle. Diese dient zur langeren Aufbewahrung des ausgeschlachteten Fleisches (bis zu 6 Wochen). Die Temperatur betragt zwischen 2 und 4°. Fur den Feuchtigkeitsgehalt der Luft besteht in Preußen eine Ministerialverordnung dahingehend, daß, bezogen auf 4°, der Feuchtigkeitsgehalt 75% betragen soll. Vorübergehende Überschreitung des vorgeschriebenen Feuchtigkeitsgehaltes und der Temperatur wird als zulässig erachtet, solange das aufbewahrte Fleisch keinen Schaden nimmt. Um diese letztere Bestimmung genauer auslegen zu können, haben Stetefeld und Heinel Versuche angestellt an einer Kühlanlage mit großen Betriebsunterbrechungen. (Siehe Fig. 258.) Hiernach erscheinen Schwankungen soweit zulässig, daß die Temperatur der Oberflache des Fleisches im Kühlraum nie unter der Taupunktstemperatur der Luft liegt. Es ist zweckmaßig, den Unterschied zwischen diesen beidenTemperaturen nicht kleiner als ½° werden zu lassen. Bei großen Betriebsunterbrechungen mussen zu diesem Zwecke unter Umständen Kältespeicher eingebaut werden, deren Temperatur immer unter dem Taupunkt der Kühlraumluft liegen muß.

In den Schlachthofen ist der Kaltebedarf der Vorkuhlräume an Hauptschlachttagen nach dem Einbringen des frisch geschlachteten Fleisches am großten, im Kuhlraum am Tage nach dem Hauptschlachttag. Diesem Bedarf muß sich der Betrieb anschmiegen, und es muß die der Luft im Luftkuhler erteilte Kaltemenge jeweils durch Regulierung und Umstellen der Klappen in den Luftkanalen dem Raume zugefuhrt werden, der sie gerade am notigsten braucht. Demnach wird die tagliche Betriebszeit am Hauptschlachttage und am Tage darnach länger sein mussen als an den anderen Tagen.

Kaltebedarf: Zur Abkuhlung des Fleisches von der Vorkühltemperatur auf die Hauptkuhlraumtemperatur in etwa 24 Stunden: $Q\,(t_{kv} - t_k) \cdot 1$ WE, dazu kommt der Ersatz der durch Mauern, Decke, Boden, Fenster und Turen verlorengehenden Kalte, der durch die Ventilatorarbeit, die Arbeiter und die Beleuchtung vernichteten und der zur Abkuhlung und Trocknung der Erneuerungsluft notigen Kaltemenge. Die Frischluft soll so reichlich gegeben werden, daß taglich 6 bis 12mal der ganze Luftinhalt erneuert wird.

Da das Fleisch in diesen Raumen in kleineren Stucken aufgehangt wird, und zwar meist in geschlossenen Zellen, so rechnet man auf den qm Kuhlraumflache, die Gange mitgerechnet, etwa 150 kg Fleisch. Die nach einem Hauptschlachttag eingehängte Fleischmenge beansprucht in der Regel $\frac{1}{2}$ bis $\frac{2}{3}$ der Gesamtfläche, je nach den örtlichen Marktverhältnissen, und je nachdem einzelne Schlächter in ihrem Hause noch eine eigene kleine Kühlanlage besitzen oder nicht.

Solche kleinere Kühlanlagen werden in der Regel nach den gleichen Gesichtspunkten gebaut und eingerichtet, wie die großen, nur in wesentlich vereinfachter Form. Da außerdem das Fleisch in diesen kleinen Anlagen selten länger als 8 bis höchstens 14 Tage hängt, so genügt hier eine Durchschnittstemperatur von 5^0 und ein Feuchtigkeitsgehalt von 80%. Über 6^0 sollte aber die Temperatur nie steigen, der Feuchtigkeitsgehalt nie über 85%. Lufterneuerung und Vorkühlung der Erneuerungsluft darf nicht fehlen. Statt eines außerhalb des Kühlraumes liegenden Luftkühlers kann man Kühlröhren verwenden, die an der Decke des Raumes hangen. (Siehe S. 250 u. ff.) Zweckmäßig ist die Verwendung von Kältespeichern[1]).

Übrigens lassen sich auch große Fleischaufbewahrungsanlagen durch Luftkühler mit naturlichem Luftumlauf kühlen. Ein Ventilator und besonderer Luftkühler für die Vorkühlung der Erneuerungsluft ist aber nicht zu umgehen. Der Luftkühler mit natürlichem Luftumlauf muß eben dann mit der aus Kapitel IX Abteilung 50 zu entnehmenden Temperatur des Kühlmittels arbeiten, damit der richtige Feuchtigkeitsgrad eingehalten wird.

Über Eiskühlanlagen siehe S. 210 u. 246.

Besondere Vorkehrungen sind bei den Fleischkühlanlagen zu treffen gegen große Temperaturschwankungen (s. S. 320). Wenn nämlich die Temperatur des Fleisches zufällig tiefer liegt als der Taupunkt der Kühlhausluft, so beschlägt sich das Fleisch außen mit Feuchtigkeit. Dies läßt sich mit Sicherheit vermeiden durch Beschränkung der Temperaturschwankung auf höchstens 3^0 C. Ermöglicht wird dies:

a) durch ununterbrochenen Betrieb, b) bei nicht fortwährendem Betrieb durch Kältespeicher. Ersteres kommt nur bei sehr großen Anlagen in Frage, wobei die Maschinen so einzurichten sind, daß die Kälteerzeugung jederzeit dem Kaltebedarf angepaßt werden kann. S. Kap. III 17.

Über Kaltespeicher siehe S. 314.

---

[1]) S. Zeitschr. f. d. ges. Kalte-Ind. 1907, S. 1.

Die Gesellschaft für Lindes Eismaschinen besitzt Patente, nach denen das Tropfwasser in Rinnen oder Trichtern aufgefangen wird, die mit dem Kühlrohr verbunden sind. Dieses so angesammelte Tropfwasser wird während des Betriebes gefrieren und speichert dann eine erhebliche Kältemenge auf. Die Temperatur dieses Speichers beträgt 0° C. Will man demselben mit Rücksicht auf den Feuchtigkeitsgrad der Luft dauernd eine Temperatur unter 0° geben, so muß eine abgeschlossene Menge Salzwasser von einem bestimmten spezifischen Gewicht (s. S. 168) zum Gefrieren gebracht werden. Das aus der Luft ausscheidende Wasser darf sich mit dem Salzwasser nicht vermischen.

Wichtig ist die Frage[1]) des Antriebes der Maschinenanlagen von öffentlichen Schlachthöfen. Diese Frage kann wirtschaftlich gut nur gelöst werden in Verbindung mit der Frage nach dem großen Bedarf an Warmwasser und Heizdampf. Am wirtschaftlichsten arbeitet die Gesamtanlage dann, wenn hierzu genügend große Mengen von Abdampf aus Dampfmaschinen zur Verfügung stehen oder Abgase aus einer größeren benachbarten Feuerungsanlage. Aus diesem Grunde kommen Gaskraftmaschinen und Elektromotoren nur in Frage, wenn die Gasanstalt oder das Elektrizitätswerk dicht benachbart sind, so daß diese den größten Teil der für Warmwasser und Heizdampf nötigen Wärme zu Selbstkosten liefern oder wenn beide Werke das Gas bzw. den elektrischen Strom zu reinen Selbstkosten liefern können.

Eine sehr große Kühlanlage zeigt die Tafel Fig. 259 (Schweineschlachthof Berlin, ausgeführt von A. Borsig, Tegel.)

68. Kühl- und Gefrierhäuser.

Bei der Anlage solcher Häuser ist der jeweilige Zweck genau ins Auge zu fassen und die Bauweise diesem in gewissenhaftester Weise anzupassen.

Ungünstige Grundrisse, verzwickte Bauweise, unbequeme Treppen, unrichtig angelegte Aufzüge, schlechte oder falsch angebrachte Ein- und Ausfuhrwege, Mangel an Platz für den Verkehr der Fuhrwerke, falsche Luftkühlanordnung, sowie über-

[1]) Siehe die Aufsätze von Heinel in Zeitschr. f. d. ges. Kälte-Ind. 1908, S. 178 u. ff. und Eis-Kälte-Industrie 1911, S. 144.

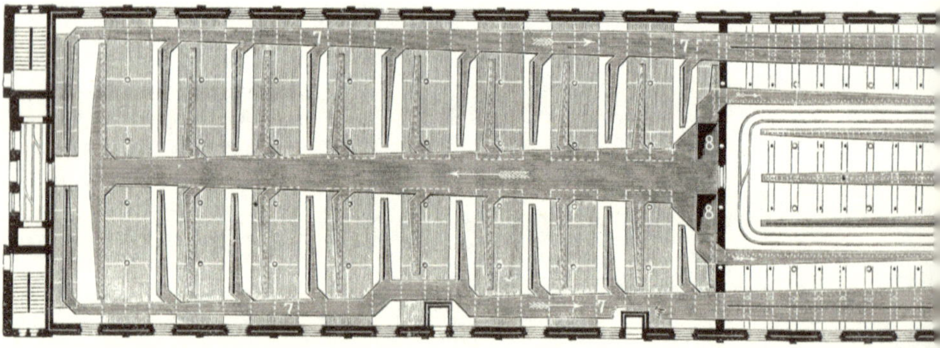

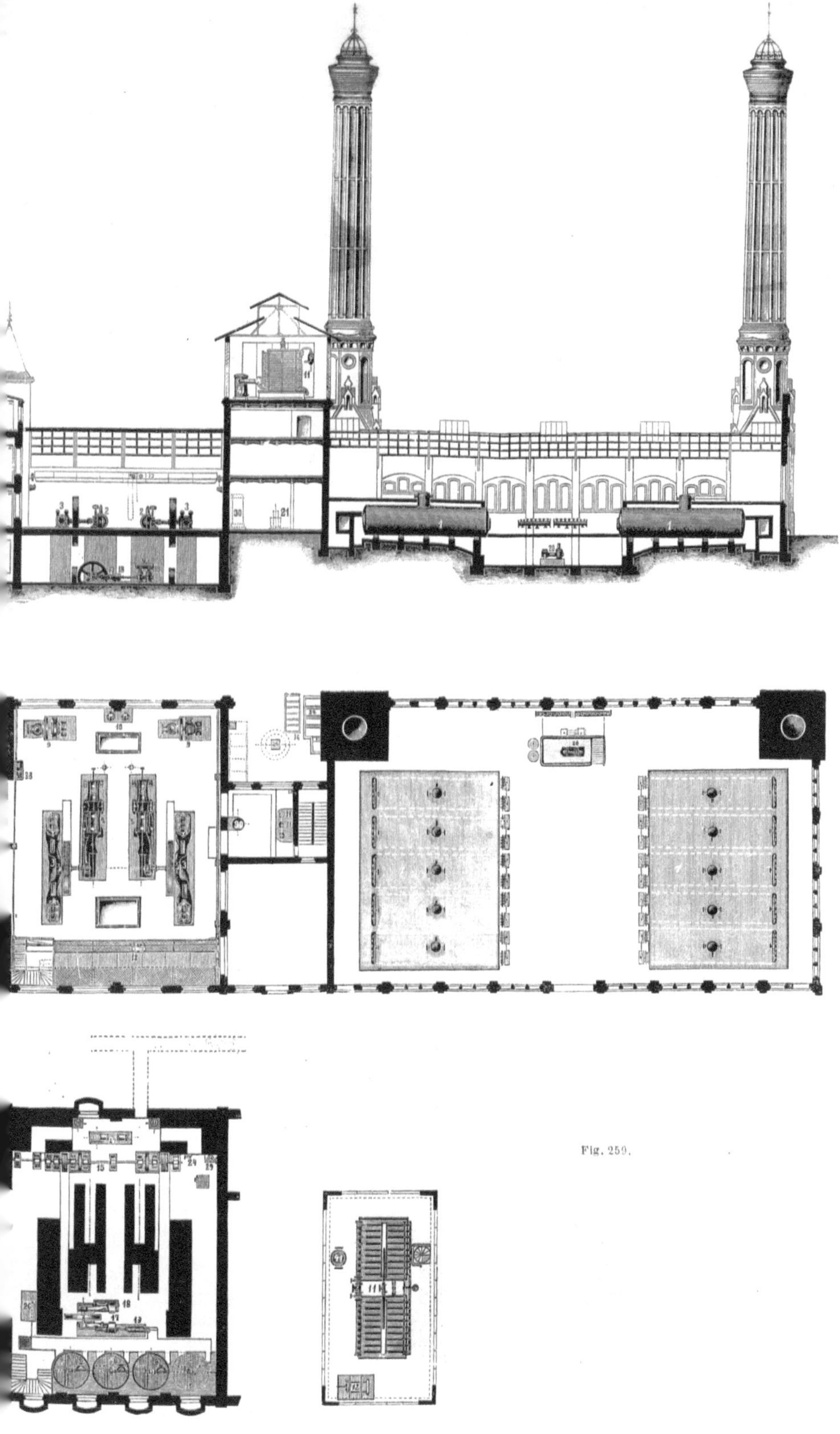

Fig. 259.

haupt unrichtige oder ungenügende Versorgung mit Kälte rachen sich schwer, selbst dann, wenn nur einzelne scheinbar untergeordnete Punkte zutreffen.

In den nachfolgenden Zeilen sind die Hauptregeln für einige Sonderbeispiele gegeben.

a) Gefrieranlagen für Fleisch oder Fische. Solche finden sich in Rußland, Australien, Südamerika. Sie dienen ausschließlich dem Zweck, Fleisch oder Fische einzufrieren für einen langen Überfuhrungsweg in Kühlschiffen oder Kühlzugen. Diese Anlagen sind verhältnismäßig einfach, aber infolge meist sehr großer Abmessungen von besonderer technischer Bedeutung.

Das Haus besteht meist aus einer Reihe von Räumen von großer Grundfläche und 3—4 m Hohe. Da nur ein und dieselbe Warengattung oder nur wenige in Betracht kommen, ist es nicht notig, viele Abteilungen mit getrennten Luftkühlern einzurichten, die ganze Anlage erhält vielmehr einen sehr einheitlichen Charakter. In der Regel wird mit der Kühl- bzw. Gefrieranlage eine durch isolierte Tore verschließbare Halle verbunden, in welcher die Eisenbahnwagen vor dem Einladen des Gefriergutes ausgekuhlt werden. Die Kühlgüter müssen, bevor sie das Haus verlassen, vollkommen durchgekuhlt bzw. durchgefroren sein. Dies dauert stets mehrere Tage, selbst dann, wenn sie der kalten Luft gut zugänglich sind. Unzulassig ist es, die Kühlguter in Verpackung in das Gefrierhaus zu bringen und so ausfrieren zu wollen. Die Verpackung wirkt isolierend und hindert den Kältedurchgang unter Umständen so lange Zeit, daß in den inneren Pa tien mittlerweile die Zersetzung beginnen kann. Ebenso ist es unzulassig, Waren, die in Verpackung gefroren ankommen und in einem Kuhlhause längere Zeit aufbewahrt werden sollen, ohne weiteres in der Verpackung einzulagern. Es muß bei jeder Kiste eine genaue Kontrolle stattfinden, ob dieselbe noch durch und durch gefroren ankam. Wenn dies nicht der Fall ist, so muß man die ganze Ware erst auspacken, luftig lagern, und darf sie erst nach dem Wiedergefrieren wieder in die Verpackung legen. Das Auspacken darf nur im kalten Raume geschehen, nicht im Freien, weil sich die gefrorenen Guter sonst mit Luftfeuchtigkeit beschlagen würden. Falsch wäre die Einlagerung auch in folgendem Falle. Wenn sich unter einem Gefrierraume ein Raum mit einer Temperatur über 0° befindet und die Waren oder Kisten im Gefrierraum sehr dicht aneinander unmittelbar auf dem Boden liegen, so wird die Wärme von unten her durch den isolierten Boden allmählich durchdringen und zu den Waren gelangen. Es müssen die Waren auf genügend hohe Gitterpodeste, die Kisten auf genügend hohe Unterlaghölzer so gelegt werden, daß die Luft unten durchstreichen kann.

Während des Krieges 1914—1919 sind in Deutschland umfangreiche Untersuchungen über richtiges und unrichtiges Gefrieren von Lebensmitteln gemacht worden[1]). Es werden dabei die höchstzulässigen Temperaturen der Gefrierräume für verschiedene Güter (verschiedener Größe) festgestellt, sowohl beim Gefrieren als auch

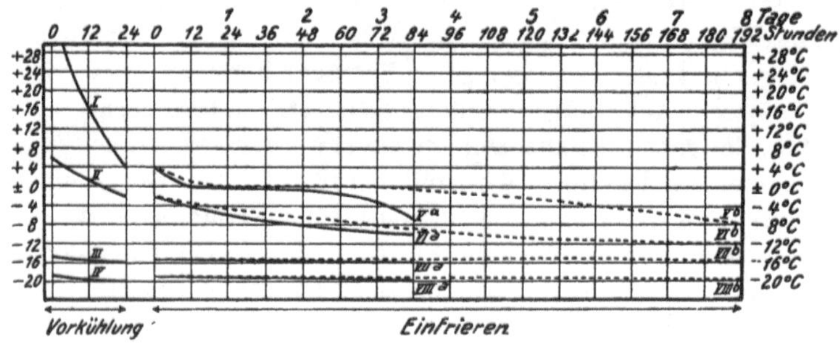

Fig. 260.

beim Aufbewahren. Wichtig ist dabei hauptsächlich auch der Luftumlauf, da Schimmelpilze auch bei Temperaturen unter 0° bestehen, ja sogar sich vermehren können, allerdings nur in unbelüfteten Ecken. Fig. 260 (entnommen aus einem Aufsatze von Stetefeld[2]) zeigt Versuchstemperaturen. Um die Zeit für das Gefrieren abzukürzen, erstens der rascheren Unterbrechung der inneren und äußeren Verderbnisvorgänge wegen, zweitens um die nur dem Gefrieren (nicht der Aufbewahrung) dienenden Gefrierräume weniger groß machen zu müssen, werden neuerdings die Gefriergüter in Kälteflüssigkeiten getaucht[3]) oder nach einem Vorschlage von Hirsch (D.R.P. 335871) von solchen berieselt. Die Gefrierzeit kürzt sich ab wegen der besseren Kälteübergangszahl.

[1]) Z. f. ges. Kalte-Ind. 1915.
[2]) Eis u. Kalte-Ind. 1915, Heft 6.
[3]) Z. f. ges. Kalte-Ind 1921, S. 76.

Kühl-, Gefrier- u. Eismaschinen-Anlage

der Herren E. u. J. Mayer in Frankfurt a/M.

ausgeführt von der

Maschinenbau-Anstalt Humboldt in Kalk.

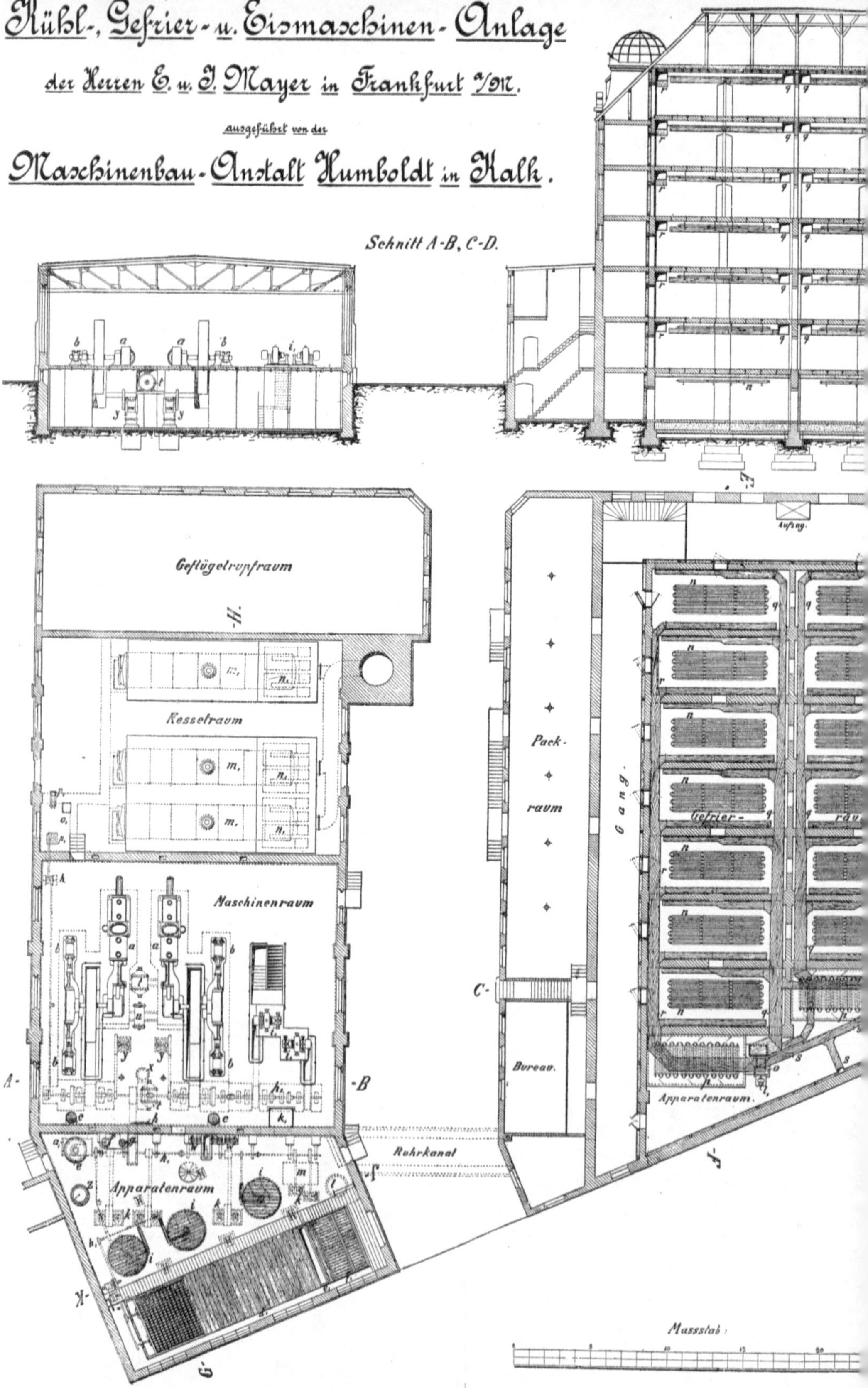

Schnitt E-F.

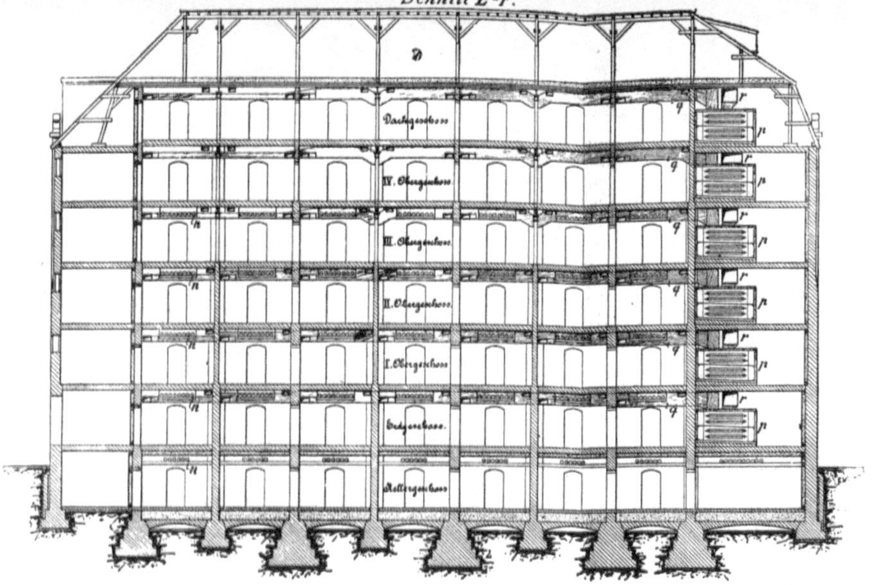

Stündl. Gesamt-Kälteleistung : 600000 Calorien einschl. 1000 kg Crystalleis.

Kühl- u. Gefrierräume:

2 Kühlräume: Dach- u. IV. Obergeschoss	: 992 qm Bodenfläche,	2877 cbm Inhalt bei 2,5 m bezw. 3 m Höhe
4 Gefrierräume: III., II., I. Obergeschoss u. Erdgeschoss	: 1868 qm "	, 5604 cbm " " 3 m Höhe
1 Lagerkeller	: 552 qm "	, 1545 cbm " " 2,5 m " "
Zusammen	: 3412 qm Bodenfläche,	10026 cbm Inhalt

Schnitt G-H.

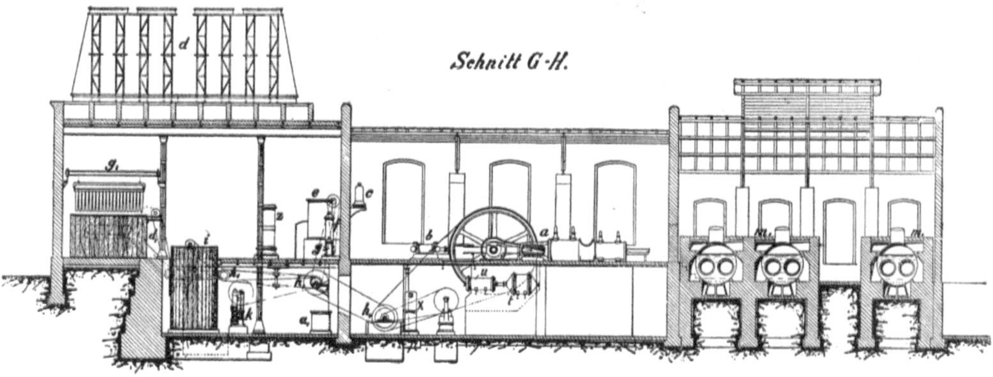

Schnitt J-K.

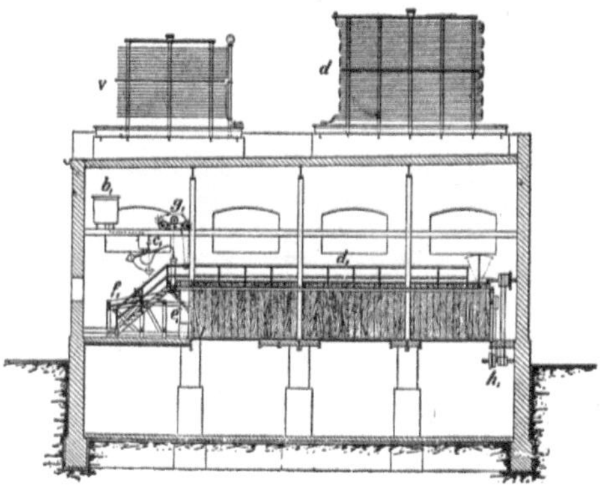

Erklärung:

a Dampfmaschinen
b Ammoniak-Compressoren
c Oelabscheider
d Amm. Berieselgs. Condensatoren
e Nachkühler für Ammoniak
f Sammelgefäss " "
g " " " Oel
h Manometertafel
i Verdampfer für Salzwasser
k Salzwasser - Pumpen
l " - Anwärmer
m " - Sammelbassin
n Kühlrippenrohre
o Ventilatoren
p Luftkühlapparate
q Leitung für kalte Luft
r " " warme "
s " " frische "
t Dampfreiniger
u Speisewasser - Vorwärmer
v Dampf-Berieselgs. Condensator
w Circulationswasser - Pumpen
x Kochapparat
y Luftpumpen
z Nachkühler für Gefrierwasser
a, Filterapparat
b, Gefrierwasser - Behälter
c, Füllvorrichtung
d, Eisgenerator
e, Auftaugefäss
f, Entleerungstisch
g, Laufkran
h, Transmission u. Vorgelege
i, Dynamos
k, Schalttafel
l, Electromotoren
m, Dampfkessel
n, Ueberhitzer
o, Speisewasser - Bassin
p, " " - Pumpen.

b) Die obigen Bemerkungen unter a) gelten, mit Ausnahme der auf das Gefrieren bezüglichen, auch für die großen Obstkühlanlagen in den Ländern, welche Obst in großen Mengen ausführen.

c) Schwieriger liegt die Aufgabe bei den Kühl- und Gefrierhäusern, welche die Aufgabe haben, dem Handel mit Lebensmitteln in einer Großstadt Gelegenheit zur zeitweisen Einlagerung von Lebensmitteln zu geben, deren Erzeugung an bestimmte Jahreszeiten gebunden ist. In diesem Falle muß es zur wirtschaftlichen Ausnutzung des Kühlhauses möglich sein, die verschiedenen Räume immer wieder für andere Güterarten zu verwenden. Dies zwingt dazu, die Hallen in eine größere Zahl gegeneinander abgeschlossener Räume zu unterteilen und für jeden derselben oder wenigstens für jede Gruppe besondere Luftkühler aufzustellen, soferne diese mit Luftumlauf arbeiten. Den weitesten Spielraum gewährt hierbei das in größeren Kühlhäusern jetzt mit Vorliebe benutzte System, die einzelnen Kühlräume mit Luftkuhlern mit natürlichem Luftumlauf (s. Kapitel Nr. IX, S. 282ff.) zu versehen und nur fur Frischluft ein oder mehrere geschlossene Luftkuhler aufzustellen. Dann kann ein einziger Frischluftkühler mehrere oder alle Raume mit kalter Frischluft versehen.

Werden die Gefrierraume durch Latten- oder Drahtverschläge in einzelne Zellen eingeteilt, so empfiehlt es sich, die Hallen so hoch zu halten, daß zwischen der Drahtdecke der Zellen und den Kühlrohren Platz genug bleibt für Anbringung von Schneeauffängern (s. S. 254) bzw. zum Abkratzen des Schnees.

Die Tafel (Fig. 261) zeigt eine Anlage, bei der jeder einzelne Raum oder Gruppen von Räumen besondere Luftkühler mit künstlichem Luftumlauf und Frischluftkühlung besitzen.

Die Regeln für die richtige Einlagerung sind bei diesen Kühlhäusern mit besonderer Sorgfalt einzuhalten. Leider fehlt es hierfür trotz der von den Kühlhäusern mit den Mietsverträgen hinausgegebenen gedruckten Anweisungen vielfach noch an dem richtigen Verständnis auf seiten der Mieter, so daß oft große Warenmengen verderben, trotzdem die Kuhlvorrichtungen durchaus ordnungsgemäß arbeiten. Die unter a) betreffs der Verpackung, des Ein- und Auspackens und des Einlagerns gemachten Bemerkungen gelten auch hier.

Besonders bei diesen Lagerhäusern ist für alle Räume ein genügender Kältespeicher, und zwar am besten in dem vor der Isolierung stehenden Mauerwerk zu schaffen, weil von vornherein die Art der jeweils einzulagernden Güter nicht feststeht, und viele Güter (z. B. Eier) in bezug auf Temperaturänderungen sehr empfindlich sind.

Beim Ausbringen der Waren aus dem Kühl- bzw. Gefrierraum sollte stets dafur gesorgt werden, daß die Feuchtigkeit der warmen Außenluft sich nicht auf die kalten Güter niederschlagen kann. Dies geschieht entweder nach dem (patentamtlich geschützten) Verfahren, die Guter erst in Räumen erwärmen zu lassen, deren Luft zwar die Temperatur der Außenluft aber den absoluten Feuchtigkeitsgehalt der Kühlhausluft besitzt, also sehr trocken ist. Diese große relative Trockenheit der Luft wird dadurch hergestellt, daß die Luft im Anwärmeraum aus der Kühlhausluft erneuert und vor dem Eintritt in den Anwärmeraum angewärmt wird.

Besitzt das Kühlhaus die eben beschriebenen Anwärmeraume nicht, so mussen die Waren vor dem Ausbringen aus dem Kühlhaus so eingepackt werden, daß die Außenluft nicht direkt die Waren beruhren kann. Will man nun aber die Waren kalt halten, um sie nach einem andern Kuhlraum zu schaffen, so muß die Verpackung außerdem noch isolierend wirken.

Auch diese Regel wird sehr oft nicht eingehalten. Ganz verkehrt ist es natürlich, die Waren offen herauszunehmen, eine Zeitlang in warmen Verkaufshallen frei an der Luft hängen zu lassen, sie dann wieder ins Kühlhaus zu bringen und endlich das Kühlhaus für das Verderben der Waren haftbar machen zu wollen.

69. Molkereien.

Die Anwendung der künstlichen Kälte im Molkereiwesen ist in größerem Maßstabe möglich geworden, nachdem zahlreiche eingehende Versuche den günstigen Einfluß der Kalte erwiesen haben:

1. bei der raschen Abkühlung der Milch,
2. beim Gefrieren von Milch,
3. beim Aufbewahren von Milch,
4. zum Erkennen des Wasserzusatzes,

5. bei der Vorbereitung des Rahms zur Butterbereitung und bei der Butterbereitung selbst,
6. beim Aufbewahren von Butter,
7. bei der Bereitung von Kase und dessen Ausreifung,
8. bei der Aufbewahrung von Käse.

Die auf moglichst wirtschaftliche Ausnutzung der Milch ausgehende Molkerei ist übrigens ein ziemlich verwickelter Betrieb. Deshalb empfiehlt es sich, sich uber das Molkereiwesen genau zu unterrichten, besonders auch über die Versuche über den Einfluß der kunstlichen Kalte auf die verschiedenen Molkereierzeugnisse[1]).

Durch Kälte kann man einwirken

a) auf das Wachstum und die Vermehrung der Keime, Bakterien und die Bildung der Säure,
b) auf die chemische Zusammensetzung,
c) auf die mechanischen Mischungsverhältnisse.

Zum Abkühlen der Milch[2]) dienen heute meist Berieselungsapparate ahnlich wie Fig. 238 und 239, S. 293/294, deren Schlangen bzw. Wande durch Salzwasser oder unmittelbare Verdampfung des Kältemittels gekühlt werden. Diese Apparate haben den großen Vorzug, daß sie leicht zu reinigen sind, und der Grad der Reinheit mit dem Auge erkannt werden kann. Apparate, bei welchen die Milch in Rohren od. dgl. umlauft, können nur in sehr gut uberwachten Betrieben zufriedenstellend arbeiten. Sie mussen nach jedem Gebrauch sofort mit gegen 100° heißem Wasser kraftig und genugend lange ausgespült werden.

Die Milch halt sich, wenn sie bald nach dem Melken auf etwa 2 bis 4° abgekuhlt und auf dieser Temperatur gehalten wird, bis zu 7 Wochen, jedoch ist diese Zeitdauer sehr abhängig von der Reinheit der Milch und der Gefäße. Im allgemeinen wird man die Milch nicht uber 14 Tage aufbewahren. Je langer die Milch aufbewahrt werden soll, desto naher muß die Temperatur der Milch an 0 bis 0,5° gehalten werden. In der chemischen Zusammensetzung wird die Milch durch die Abkuhlung bis auf 0° nicht geändert, ebenso nur ganz wenig die Verteilung ihrer Bestandteile.

---

[1]) S z B Otto Kasdorf, »Eis und Kalte im Molkereibetrieb« und andere.

[2]) S. S. 317 und Fußnote dort.

Beim Gefrieren der Milch dagegen findet eine starke Entmischung statt. Diese ist am geringsten, wenn das Gefrieren in kleinen engen Kannen möglichst rasch geschieht. Man muß also die Gefäße in tief gekühltes Salzwasser stellen bzw. hängen. Dem Gefrieren sollte das Abkühlen in einem Berieselungskühler vorhergehen, damit das Gefrieren rasch genug eintritt. Gefrorene Milch verändert sich allmählich in der Weise, daß sich Eiweiß in Flocken ausscheidet. Deshalb wird man gefrorene Milch in der Regel nicht über einen Monat aufbewahren wollen. Der Gefrierpunkt der normalen Milch liegt bei etwa —0,55°. Zum Gefrieren von 1 l Milch braucht man ca. 135 Cal. Gefrorene Milch wird mit Vorteil verwendet beim Transport von Milch in nicht gekühlten Wagen in der Weise, daß in die Milchkannen, deren Inhalt vorher schon abgekühlt wurde, Stücke von Eismilch gelegt werden, die beim Schmelzen die andere Milch kalt halten.

Der Gefrierpunkt der mit Wasser verdünnten Milch nähert sich mit zunehmendem Wassergehalt dem Gefrierpunkt des reinen Wassers und beträgt

bei 10% Wasserzusatz —0,51° C,
» 20% » —0,44° C,
» 50% » —0,26° C.

Es kann also aus dem Gefrierpunkt auf den Wasserzusatz geschlossen werden. Außerdem kann aber auch aus dem Aussehen der gefrorenen Milch die Menge des zugesetzten Wassers erkannt werden.

Zur Butterbereitung muß der Rahm von guter Beschaffenheit sein. Deshalb wird er nach Gewinnung aus der Zentrifuge bei 4° aufbewahrt. Die Verbutterung geschieht bei etwa 8 bis 10°, wobei angeblich der Wassergehalt der Butter kleiner wird als bei höherer Temperatur. Das Kühlhalten geschieht am besten durch Kühlhalten des Gefäßes oder durch Einwerfen von gefrorenem Rahm. Ebenso soll das Auskneten bei etwa 8° C geschehen.

Zur Aufbewahrung von Butter dienen Kühlräume, deren Luftkühlvorrichtungen mit natürlichem Luftumlauf arbeiten, bei einer Temperatur von etwa 0° und 80 bis höchstens 85% Feuchtigkeitsgehalt der Luft. Frischluft ist reichlich genug zu geben. Diese muß vorgekühlt und getrocknet sein. Das Gefrieren der Butter verändert diese und sollte vermieden werden. Die Aufbewahrungsdauer bei 0° beträgt ½ Jahr und darüber. Als Verpackung werden luftdichte Steingefäße empfohlen zur Vermeidung von Gewichtsverlusten oder Schimmelbildung.

Bei der Käseerzeugung hat das Kühlhalten des Käses auf etwa 2 bis 10° C einen Einfluß auf die Zeitdauer der Reifung und den Geschmack. Das Reifen geht langsamer vor sich, der Geschmack wird milder. Das Kühlen geschieht in Kühlräumen mit Kuhlröhren. Bei Beginn der Reife soll die Temperatur etwa 4° sein, am Ende derselben etwa 10°.

Die Aufbewahrung des Käses soll in Kuhlräumen mit gleichbleibender Temperatur (Schwankung bis 1°) von etwa — 2 bis + 2° und bei max. 85, min. 75% Luftfeuchtigkeit geschehen.

Da Molkereien sich häufig in Gegenden befinden, in denen Obstbau und Hühnerzucht betrieben wird, so empfiehlt es sich manchmal, der Kühlanlage Räume für die Lagerung von Obst, Eiern und Ackerbauerzeugnissen anzugliedern.

70. Bergwerks- und Hüttenbetrieb.

Gefrierverfahren zur Schachtabteufung[1]).

Das Gefrierverfahren, welches zur Schachtabteufung im schwimmenden Gebirge zuerst 1886 von Pötsch vorgeschlagen wurde und seither mit gutem Erfolge an verschiedenen Orten zur Anwendung gelangte, verfolgt den Zweck, in wasserhaltigen Boden- oder Gesteinsschichten einen festen, dem Drucke und der Durchsickerung äußeren Wassers widerstehenden Eiskörper herzustellen und so lange zu erhalten, bis der Schacht durch die gefahrdrohende Schicht hindurchgeführt und durch Einsetzen einer versteiften Eisenröhre (sog. Cuvelage), hinter welche Beton mit rasch bindendem Zement gestampft wird, gegen Wassereinbrüche selbst geschützt ist. Der fragliche Eiskörper, welcher entweder eine vollzylindrische oder ringförmige Gestalt mit senkrechter (mit der Schachtachse zusammenfallender) Achse erhält, bildet sich nach und nach durch Gefrieren des im Boden befindlichen Wassers um eine Reihe von Doppelrohren, die in gegenseitigen

[1]) S. auch J. Riemer, »Das Schachtabteufen in schwierigen Fallen« (Freiberg i. S.).

Fig. 262.

Abständen von ca. 1 m in einem gegenüber dem Schachtdurchmesser um mindestens 1,5 m größeren Durchmesser eingesenkt sind. In den Doppelröhren zirkuliert eine vom Kühlmaschinenverdampfer kommende und nach demselben zurückkehrende Salzwasserlosung. Diese Rohre können naturgemäß erst, nachdem durch einen Bohrer die nötigen Löcher bis zur erforderlichen Tiefe erstellt sind, eingefuhrt und dabei zusammengesetzt werden. Sie bestehen stets aus bestem Stahl; die äußeren besitzen meist lichte Weiten von 110 bis 130 mm, die inneren von 30 mm bei Wandstarken von 7 bzw. 4 mm, so daß die außere Warmedurchgangsfläche 0,34 bis 0,41 qm pro 1 lfd. m beträgt. Wieaus Fig. 262 bis 266 hervorgeht, werden die einzelnen Stücke der außeren Rohre durch Innenmuffen, die der inneren Rohre durch Außenmuffen zusammengeschraubt; die Dichtung erfolgt durch Hanfschnüre, welche mit Teer und Mennige getrankt sind, oder durch autogene Schweißung. Das innere Rohr wird in Abständen von ca. 30 m durch mit Rippen versehene Muffen (Fig. 263) des außeren zentriert und schließlich in dem ebenfalls mit Rippen ausgerüsteten halbkugelförmigen Abschlußstuck des Außenrohres (Fig. 266), in welchen es offen mundet, zentrisch befestigt. Obertags werden sowohl das innere wie auch das äußere Rohr unter Einschaltung von Abschlußorganen R und R' durch geeignete Paßstucke mit ringformigen Sammelrohren C_a und C_s von etwa 200 mm l. W. verbunden (Fig. 267). Die Salzlosung durchfließt das innere Rohr von oben nach unten, das außere umgekehrt. Das gleichmäßige Arbeiten der Rohre wird kontrolliert durch Thermometer, von denen je eines in dem Steigrohr vor Eintritt in das Sammelstuck steckt.

Mit der Geschwindigkeit der Salzlösung im äußeren Rohre geht man niemals über 0,13 m pro Sekunde, um nicht durch

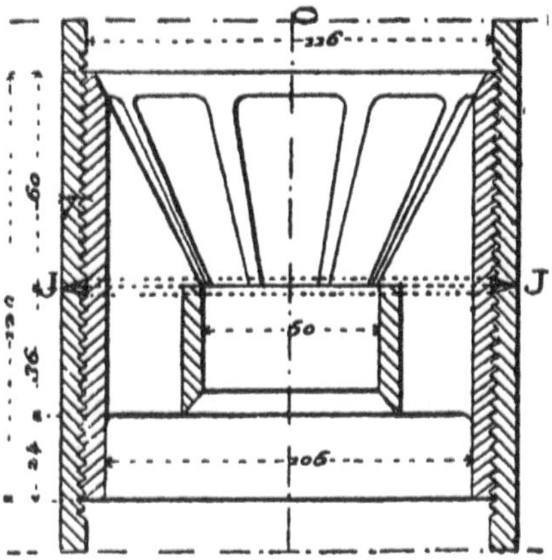

Fig. 263.

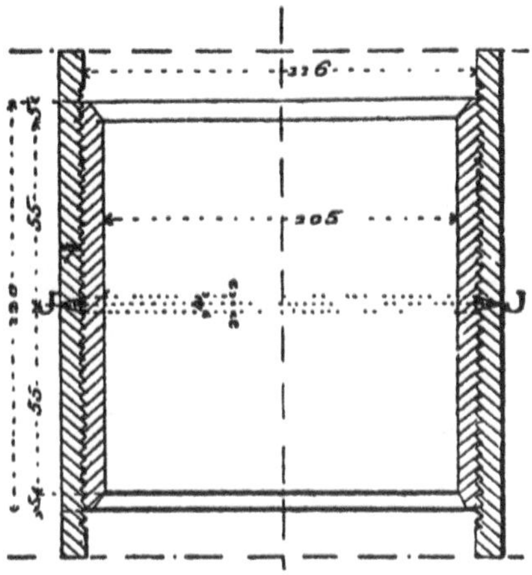

Fig. 264.

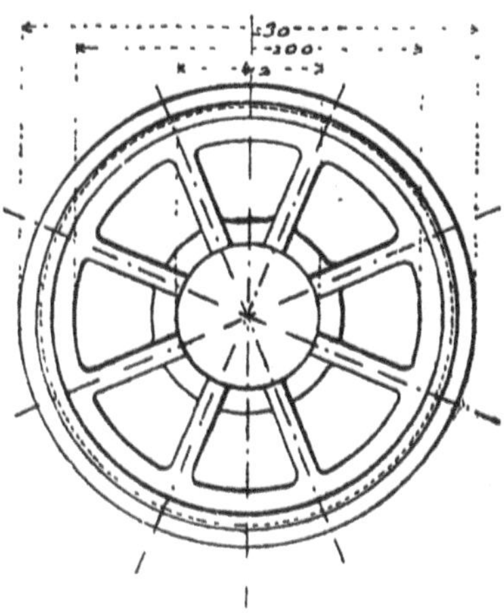

Fig 265

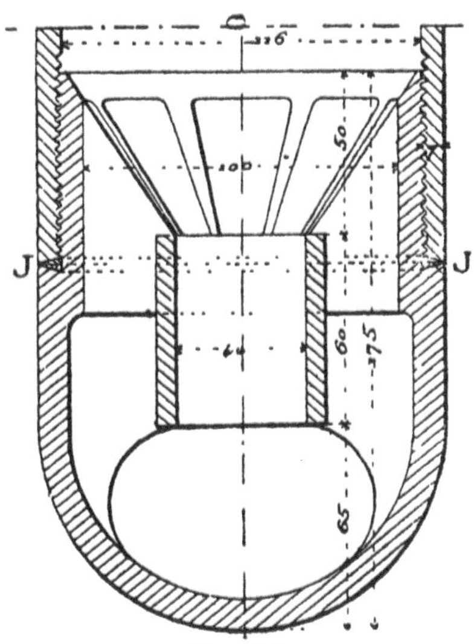

Fig. 266.

Reibungsverluste den Arbeitsaufwand nutzlos zu erhohen und eine langsame Ausnutzung der Kalte zu erzielen, wahrend man anderseits die Losung im Innenrohre moglichst rasch an die Stelle ihrer Wirksamkeit zu bringen beabsichtigt und darum dort ihre Geschwindigkeit auf 1,5 bis 2 m pro Sekunde steigert.

Die Salzsole hat zu Beginn der Arbeit eine Temperatur von etwa — 10⁰, die mit fortschreitender Bildung des Eiskörpers absinkt bis auf etwa — 25⁰ C.

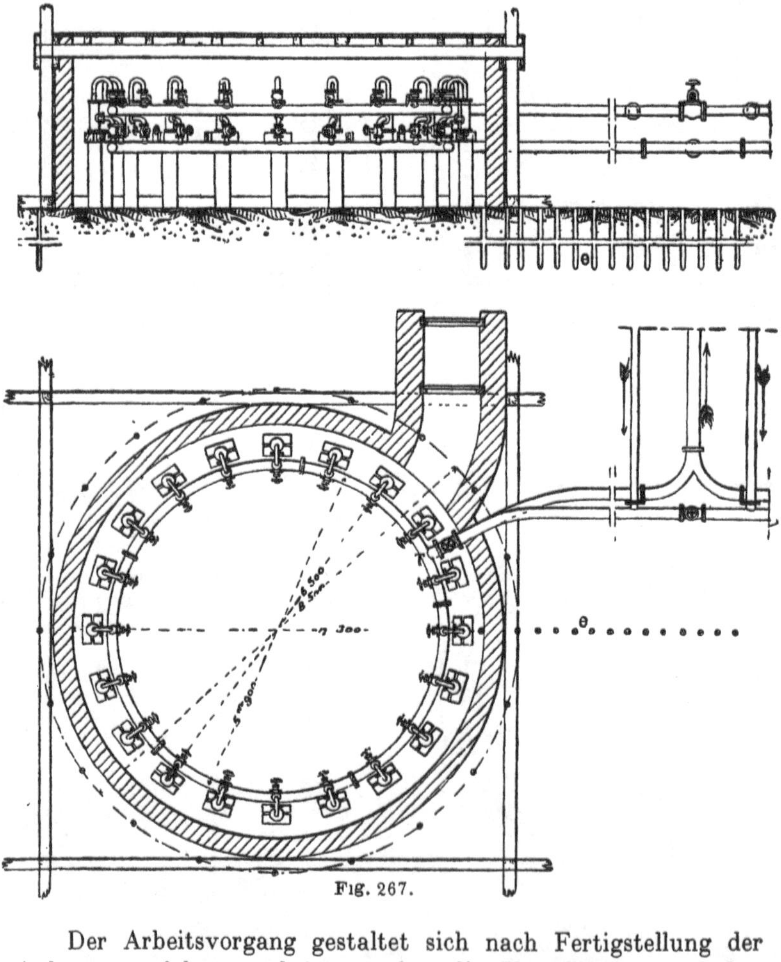

Fig. 267.

Der Arbeitsvorgang gestaltet sich nach Fertigstellung der Anlage ungefähr so, daß zunächst die Umgebung der Rohre nach innen und außen zu eine rasche Abkuhlung erfährt. Sobald diese unmittelbar an den Rohren den Gefrierpunkt erreicht hat, beginnt dort die Eisbildung, welche, langsam von den Rohren ausgehend, nach innen und außen fortschreitet unter gleichzeitiger weiterer Temperaturabnahme der entfernteren, konzentrischen Schichten, wobei die Rohre durchschnittlich in der Stunde 230 bis 250 Cal pro 1 qm aufnehmen. Unter normalen Verhältnissen darf man erwarten, daß der Eiskörper, von den Röhren ab gerechnet, nach außen eine Dicke von 0,5 m, nach innen dagegen bis zu 1 m erreicht, während seine Temperatur von den Rohren bis zu den Mantelflächen, wo sie 0° beträgt, kontinuierlich abnimmt. Die weitere Abkühlung der Umgebung erstreckt sich bis auf eine Entfernung von rd. 2,5 m, und zwar von der Eisfläche mit 0° ab bis zur Bodentemperatur. Sind diese Grenzen im allgemeinen erreicht, so dient die ganze Kälteleistung nur noch zur Deckung der Verluste, muß aber trotzdem im Betrage von 50 bis 55 Cal stündlich pro 1 qm der inneren und äußeren Mantelfläche des Eiskörpers weiter geleistet werden, bis die Abteufungsarbeiten vollendet sind. Erst dann kann man ohne weitere Befurchtungen die Schachtumgebung bei eingestelltem Kühlmaschinenbetriebe sich selbst uberlassen, die Salzsole aus den Rohren emporheben, diese selbst herausziehen und die Locher mit Beton ausfullen. Soll die Sole nicht wieder benutzt werden, so verdrängt man sie am einfachsten durch Einpumpen warmen Wassers, wodurch die Rohre selbst rasch abgetaut werden. Im Falle der Wiederbenutzung hebt man sie durch zylindrische, mit Fußventil versehene Rohre (Fig. 268) von etwa 2,5 m Länge, deren außerer Durchmesser 15 mm kleiner ist als der Innen-

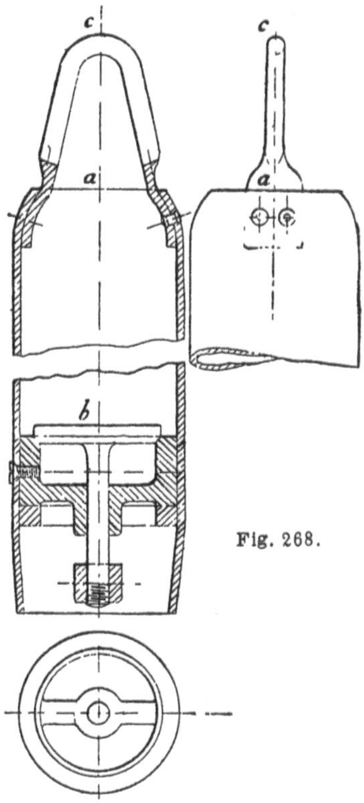

Fig. 268.

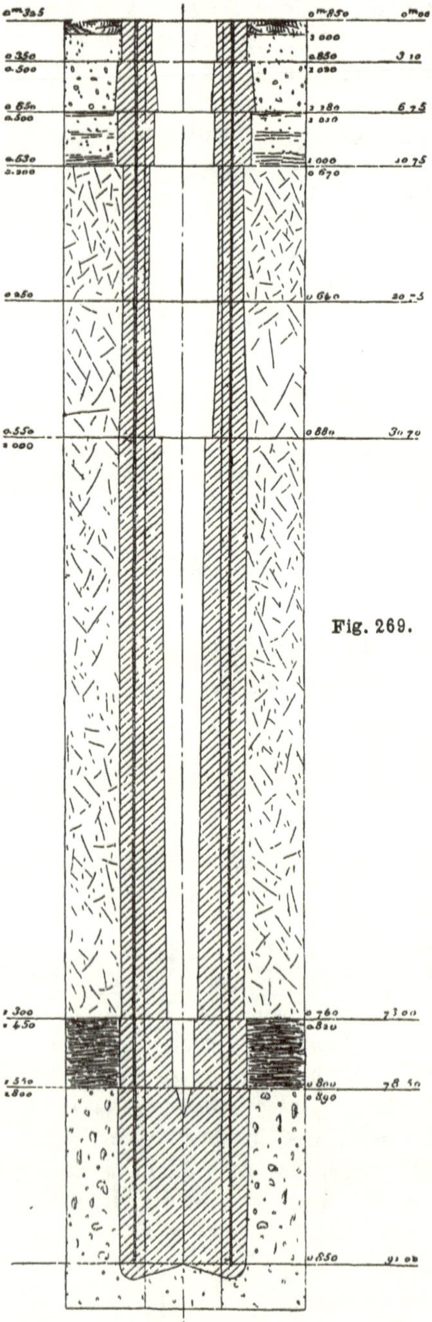

Fig. 269.

durchmesser der Verbindungsmuffen, empor, besser noch durch Preßluft, welche in das äußere Rohr gepreßt wird.

In Fig. 269 ist das Ergebnis des Gefrierverfahrens an einem Schachte der Gruben von Anzin (Nordfrankreich) verdeutlicht[1]), die Dicke des ringformigen, hier schraffier-

---

[1]) Naheres hieruber enthalt die Arbeit von Saclier und Waymel, »Fonçage des puits de Vicq par le procédé Poetsch«; Bulletin de la société minérale de St. Etienne 1895, im Auszuge: Zeitschr. f. d. ges. Kälte-Ind. 1896. Die einzelnen Schichten bestanden dort von oben gerechnet aus: 1. Schwemmsand mit Humusdecke 7 m, 2. toniger, wasserundurchlassiger Sandstein 4 m, 3. lockere Kreidelager mit Grundwasser 20 m, 4. feste Kreideschicht mit Mergel und Grundwasser 60 m, 5. kalkiger und plastischer Ton,. gruner Sandstein 97 m, 6. Kohlenlager. Die Gefrierrohre wurden bis zu einer Tiefe von 91 m eingesenkt.

Die fragliche Veroffentlichung enthalt das Ergebnis sehr ausgedehnter Versuche, aus denen die im Texte gegebenen Erfahrungswerte größtenteils abgeleitet werden konnten.

Weiteres interessantes Material uber diesen Gegenstand enthalt die umfassende Arbeit von F. Schmidt, Paris, »Die Benutzung des Gefrierverfahrens zur Ausfuhrung bergmannischer Arbeiten«. Zeitschr. f. d. ges. Kalte-Ind. 1898.

ten Eiskörpers, in welchem man die Gefrierrohre eingebettet erkennt, variiert vorwiegend nach innen etwas mit der Formation der Schichten; an der tiefsten Stelle, wo die Kältewirkung am stärksten ist, fullt er den Schacht in einer Mächtigkeit von 12,5 m sogar vollständig aus.

Es sei z. B. ein Schacht von 4,5 m Durchmesser auf eine Tiefe von 50 m abzuteufen, das Gestein enthalte durchschnittlich in 1 cbm 250 kg Wasser, nur eine 10 m mächtige Sandschicht führe 500 kg; das spezifische Gewicht des wasserfreien Gesteins sei im Mittel 2,3, das des trockenen Sandes 1,4, die spezifische Warme beider Stoffe im trockenen Zustande sei 0,2; die Bodentemperatur $+10^0$.

Alsdann wird man zunächst auf einem Kreise von 6 m Durchm. rd. 20 Gefrierrohre einsetzen, um welche sich ein ringförmiger Eiskörper von rd. 4 m innerem und 7 m äußerem Durchmesser, also bei 50 m Tiefe von ca. 1300 cbm Inhalt, bilden wird. Der Wasserinhalt des Korpers beträgt unter den oben genannten Verhaltnissen 390000 kg, das Gewicht des darin befindlichen Gesteines und Sandes 2656000 kg. Beide Massen werden vor dem Gefrieren auf 0^0 abgekuhlt und nach der Eisbildung auf eine Mitteltemperatur von $^1/_2(0-16) = -8^0$ gebracht, wobei wir voraussetzen, daß die Temperatur von den Rohren (-16^0) gleichmaßig bis zu den Mänteln (0^0) zunimmt. Der Innenraum dieses Ringzylinders, welcher auf eine mittlere Temperatur von $^1/_2(0+10) = 5^0$, gebracht wird, enthält in 625 cbm rund 188000 kg Wasser und 1325000 kg Gestein, der außerhalb des Eiskorpers auf dieselbe Temperatur abzukühlende Ringzylinder von 11 m außerm, 7 m innerem Durchmesser und 2825 cbm umfaßt 847500 kg Wasser und 5989000 kg Gestein und Sand. Schließlich wird infolge der in der Tiefe stärksten Kaltewirkung noch der unterste Teil des Innenraumes etwa von 10 m Machtigkeit ganz auf 0^0 abgekuhlt und hierbei gefrieren, wovon rd. 38000 kg Wasser und 265000 kg Gestein betroffen werden.

Wir haben demnach folgende Kalteleistungen:

a) zur Temperaturerniedrigung des spateren ringformigen Eiskorpers von $+10^0$ auf 0^0:
$390000 \cdot 10 + 2656000 \cdot 10 \cdot 0{,}2 = 9212000$ Cal

b) zur Eisbildung bei 0^0: $390000 \cdot 80 = 31200000$ »

Übertrag: 40412000 Cal

Übertrag: = 40412000 Cal

c) zur weiteren Abkühlung des Eiskörpers von 0° auf —8°:
$390000 \cdot 8 \cdot 0{,}5 + 2656000 \cdot 8 \cdot 0{,}2 = 5809600$ »

d) zur Abkühlung des inneren Zylinders von +10 auf +5°:
$188000 \cdot 5 + 1325000 \cdot 5 \cdot 0{,}2 = 2265000$ »

e) zur Abkühlung des äußeren Ringzylinders von +10 auf +5°:
$847500 \cdot 5 + 5989000 \cdot 5 \cdot 0{,}2 = 10226500$ »

f) zur Abkühlung des untersten Innenraumes von 5° auf 0° und Eisbildung:
$38000 \cdot 5 + 265000 \cdot 5 \cdot 0{,}2 + 38000 \cdot 80 = 3495000$ »

Mithin sind insgesamt abzuführen: 62208100 Cal

Die Gefrierrohre mit einer Wärmedurchgangsfläche von 0,35 qm pro lfd. m, also insgesamt von $20 \cdot 50 \cdot 0{,}35 = 350$ qm, können nun stündlich $230 \cdot 350 = 80500$ Cal aufnehmen, so daß zur Bewältigung des ganzen Vorganges $\frac{62208100}{80500}$ = rund 773 Std. oder etwas über 32 Tage erforderlich sein werden.

Infolge des stets provisorischen Charakters derartiger Anlagen fallen noch die Strahlungsverluste obertags, insbesondere bei langen Leitungen, sehr beträchtlich ins Gewicht, so daß man die Anlage etwa für eine stündliche Leistung von rund 100000 Cal bemessen würde.

Die Kältemenge, welche bei dem Schacht Anzin gebraucht wurde, läßt sich auf Grund der Versuchsergebnisse zeichnerisch ermitteln. In Abständen von ca. $\frac{1}{3}$ m in radialer Richtung waren Thermometer im Boden versenkt. In Fig. 270 sind die am 16. Juli vor Beginn des Abteufens gefundenen Temperaturen aufgetragen. Über diese Temperaturkurve wird nun zunächst eine zweite Kurve eingezeichnet, deren Ordinaten das Produkt aus dem jeweiligen Durchmesser, der Zahl π, der Temperaturabsenkung von der Erdtemperatur (11°) ab gerechnet und des Produktes aus der Dicke der Schichten des Gebirges und deren spezifischer Wärme darstellen.

Endlich wird bei dem gefrorenen Teil (zwischen den zwei Punkten, bei denen die erste Kurve durch 0° geht) auf die zweite

Kurve eine Kurve aufgesetzt, die um das Produkt aus jeweiligem $d \cdot \pi$ und der mittleren Gefrierwärme des Gebirges hoher liegt als die zweite Kurve. Die schraffierte Flache stellt dann die gesamte bis zum Beginn des Abteufens aufgewendete Kälte-menge dar.

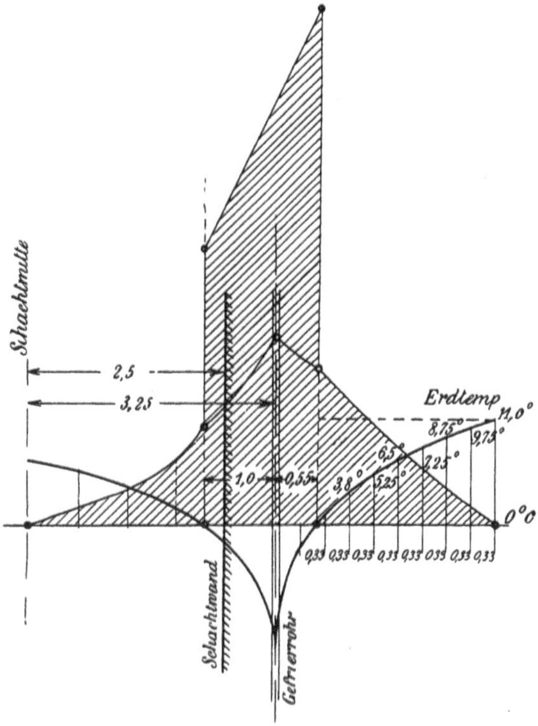

Fig. 270.

Fur das Gelingen des Verfahrens ist die **Parallelitat der einzelnen Gefrierrohre** Grundbedingung. Größere Abweichungen hiervon, wie sie sich leicht bei tiefen Bohrlochern einstellen, bewirken zu große Abstande der Rohre, so daß sich keine zusammenhangende bzw. an allen Stellen genugend starke Frostmauer bildet.

Bei sehr schrag einfallendem Gebirge ist die Gefahr des Verlaufen der Bohrlocher besonders groß. In neuerer Zeit sind ziemlich zuverlassige Lotmethoden gefunden. Wenn starkes

Verlaufen einzelner Löcher gefunden wird, so muß daneben ein neues Loch gebohrt werden, damit die Gefriermauer möglichst gleichmäßig dick ausfällt.

Wegen der Schwierigkeit, genau senkrechte Löcher abzuteufen, ist das Gefrierverfahren über 250 m Tiefe in der Regel nicht möglich. Ferner versagt es, wenn ein unterirdisch fließender Wasserstrom den Schacht berührt. An dieser Stelle wird die Kalte weggeschwemmt, und es ist nicht möglich, eine Gefriermauer herzustellen. Leider werden diese Ströme immer erst dann entdeckt, wenn der Bau des Schachtes schon ziemlich weit fortgeschritten ist. In der Regel gibt es dann einen plötzlichen, folgenschweren Wassereinbruch.

Endlich versagt das Gefrierverfahren da, wo das Wasser stark salzhaltig ist, so daß der Gefrierpunkt wesentlich unter 0^0 liegt. Auch scheint es, daß der hohe Wasserdruck bzw. Erddruck die Bildung des Eises bei Salzgehalt des Wassers erschwert.

Eine große Gefahr liegt in dem Undichtwerden der Salzwasserrohre. Wenn Salzwasser in das bereits gefrorene Gebirge eintritt, so taut dieses auf und ein Wasserdurchbruch ist die Folge. Diese Gefahr wird rascher erkannt, wenn nach Patent 158412 (Haniel & Lueg) die Salzsole aus den Steigrohren offen in Trichter auslauft, die an dem Sammelstuck befestigt sind. Die Abnahme der Dicke eines Salzwasserstrahles deutet auf Undichtheit des Rohres hin, allerdings nur dann in auffalliger Weise, wenn die Undichtheit schon ziemlich groß ist. Außerdem sichert Haniel & Lueg seine Anlagen dadurch, daß er die Saugleitung der Laugepumpen mit einem offenen Rohre ausrustet, dessen Mundung nur 5 cm tief unter den normalen Spiegel der Lauge in den Verdampfern hinabreicht. Wurde nun Lauge verlorengehen, also der Stand der Lauge in den Verdampfern sinken, so würden die Laugepumpen schon bald Luft saugen, und damit ware automatisch das Nachfließen der Lauge abgestellt. Dieser Fall ist allerdings bisher glucklicherweise noch nicht eingetreten.

Das Abteufen des Schachtes der Gewerkschaft Schieferkante vermittelst des Gefrierverfahrens verdient besondere Beachtung, weil hier die Firma Haniel & Lueg zum erstenmal das Abteufen nach der sog. absatzweisen Gefriermethode ausfuhrte. Dasselbe erfolgte in der Weise, daß außer den außerhalb des Schachtes im Durchmesser von 9 m stehenden 30 Bohrlöchern noch im Schachtinnern vier Bohrlöcher niedergebracht wurden.

Wahrend nun die äußeren Gefrierrohre bis zur Endteufe bei 185 m in den wasserfreien, festen Ton hinabreichten, gingen die vier inneren Gefrierrohre nur bis zur Teufe von 100 m.

Es wurde nun zunachst nur der oberste Absatz bis zu 100 m Teufe ausgefroren, indem man die Fallrohre nur bis zu dieser Teufe einhing, und die Lauge demnach ihre Kälte vorerst nur diesem obersten Schachtteile abgab und hier die wasserreichen Gebirgsmassen zum Erstarren brachte.

Die vier inneren Gefrierrohre waren so eingerichtet, daß die Lauge in den oberen 80 m die Gefrierrohre sehr schnell durchstromte, wahrend sie die Strecke zwischen 80 und 100 m Teufe sehr langsam durchfloß, so daß sie also bei den inneren Gefrierrohren fast ihre gesamte Kälte in einer Teufe von 80 bis 100 m abgab und hier im Schachte einen provisorischen Frostboden erzeugte.

Unter dem Schutze dieses Frostbodens konnte man mit dem Abteufen beginnen, ehe der zweite von 100 bis 180 m reichende Absatz ausgefroren war. Erst nachdem man ca. 50 m fertig abgeteuft hatte und sich ergab, daß die Kalteabgabe in dem oberen Absatze nur noch sehr gering sei, senkte man die Fallrohre in den außeren Gefrierrohren tiefer, zunachst bis 125 m und dann bis 185 m, so daß, als der Schacht bis 100 m fertiggestellt war, mittlerweile auch der untere Absatz von 100 bis 180 m vollstandig ausgefroren war, wie man durch vorsichtiges Vorbohren beim Durchteufen des Frostbodens feststellte.

Das Abteufen konnte somit ohne jegliche Unterbrechung unterhalb des Frostbodens weiter fortgesetzt werden. Durch die Disposition, den Schacht absatzweise auszufrieren, ist es also moglich geworden, bedeutend fruher mit dem Abteufen zu beginnen, als wenn man den Schacht sofort in der Gesamthöhe ausgefroren hatte.

Hervorgehoben zu werden verdient es auch, daß der Ausbau des Schachtes sofort beim Abteufen nach der sog. Methode des Ausbaues in Unterhangetubbings vorgenommen wurde.

Der Ausbau mit Unterhangetubbings ging sehr glatt vonstatten; jedesmal, wenn die Schachtsohle um 1,50 m vertieft war, wurde sofort ein Tubbingsring zur Sicherung der Schachtwandung als endgultiger Ausbau eingebaut und der Zwischenraum zwischen Frostwand und Eisentübbings sofort mit Beton durch in den Tubbings eigens angebrachte Gießlöcher ausgegossen. Dann werden die Gießlöcher zupikotiert. Hervorzuheben ist die Schnelligkeit, mit welcher diese Arbeit vonstatten geht, da sie jede provisorische Verzimmerung, das Umlegen der Schachtbühnen, das Ansetzen der Pikotagefugen usw. überflüssig macht. Fur Gefrierschächte durfte diese Methode des Ausbaues noch ganz besonders zu empfehlen sein, da der Schacht bei Anwendung derselben standig bis zur Sohle gesichert ist, und die Gefahr eines Wasserdurchbruches aus der Schachtwandung definitiv vermieden ist; dadurch gewinnt die Gefriermethode aber außerordentlich an Sicherheit, da die Bergleute höchstens durch einen Durchbruch aus der Schachtsohle uberrascht werden konnen, hierbei aber Gelegenheit haben, sich außer auf den Fahrten allenthalben an den Rippen und Schrauben der Tubbings emporkletternd vor den andringenden Wassern zu retten.

Das Gayleysche Windtrocknungsverfahren.

Zuerst in Amerika und darnach auch in Deutschland sind Versuche an Hochofen angestellt worden[1]), die ergeben haben, daß mit trockenem Wind eine wesentliche Steigerung der Leistungsfahigkeit und ein viel gleichmaßigerer Betrieb der Hochofen erzielt werden und daß gleichzeitig die Windmenge kleiner sein kann. Besonders wird der Hochofenbetrieb von der Witterung unabhangig gemacht. Die theoretische Begrundung hat u. a. Geh. Reg.-Rat Wüst im Jahre 1910 ausführlich gegeben[2]). Bei der Oxydation des im Hochofen niedergehenden geschmolzenen Eisens spielt die Anwesenheit von Wasserdampf eine diese Oxydation fordernde Rolle. Man muß deshalb bemuht sein, diese Wasserdampfmenge erstens moglichst klein und zweitens moglichst gleichbleibend zu machen. Das Verfahren besteht darin, daß die Luft vor dem Eintritt in das Geblase in Luftkuhlern auf etwa — 5° abgekuhlt und damit getrocknet wird. Da die Windmengen sehr groß sind, ist der Kaltebedarf und damit der Arbeitsaufwand sehr erheblich. Da die Luft im Sommer von 20 bis

---

[1]) Zeitschr. d. Vereins deutsch. Ing. 1904, S. 1897; 1905, S. 69. — Stahl und Eisen 1904, 15 Nov. — Zeitschr f d. ges. Kalte-Ind. 1909, S 220

[2]) Zeitschr. f. d. ges Kalte-Ind. 1910, S 121 u. 142.

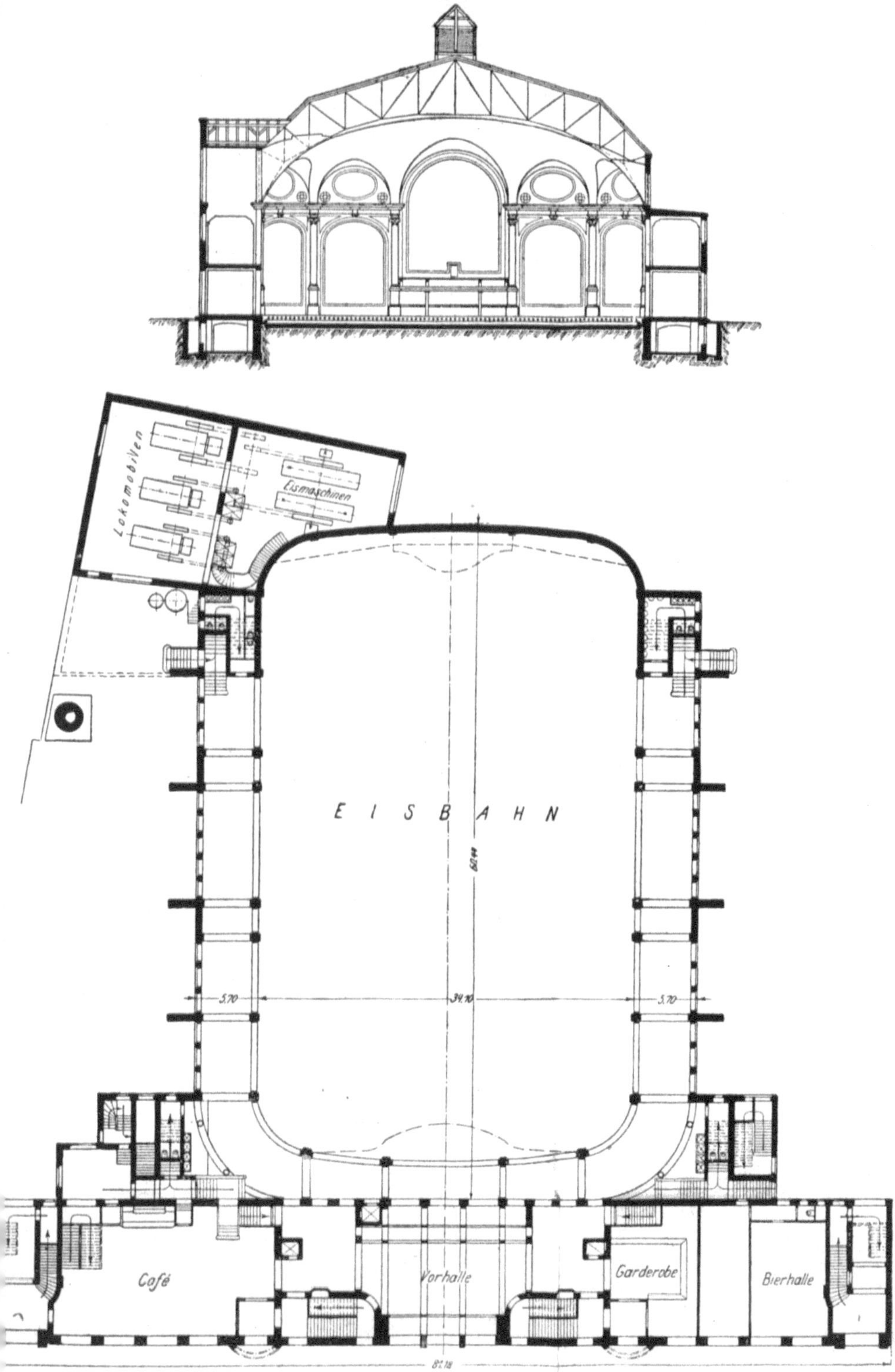
Lokomobilen
Eismaschinen
EISBAHN
5.70
34.10
5.70
Café
Vorhalle
Garderobe
Bierhalle

Fig. 271.

25° an abgekühlt werden muß, so ist zur Ersparnis an Verdichtungsarbeit notig, drei bis vier, im Winter vielleicht nur eine Verdampfungsstufe anzuwenden dadurch, daß jede Saugseite der Zylinder auf einen besonderen Verdampfer arbeitet Da die Kuhlung durchaus gleichmäßig sein muß, eignet sich ein Luftkuhler mit Salzwasserumlauf, also einem gewissen Kältespeicher, besser als ein Luftkühler mit unmittelbarer Kühlung durch das verdampfende Kältemittel. Aus dem gleichen Grunde ist Vorsorge zu treffen fur gleichmäßiges Arbeiten des Luftkuhlers durch rechtzeitiges Abtauen, wobei während des Abtauens die Kuhlung nicht unregelmäßig werden darf. Es eignen sich daher die Luftkühler besser, bei denen der Schnee durch die einströmende warme Luft abgetaut wird durch Umschalten der Strömrichtungen. Trockene Luftkuhler werden bevorzugt, weil hier das staubförmige Mitreißen von Salzwasser nicht zu befürchten ist. Ein Teil der Kalte, etwa 50%, ließe sich wiedergewinnen, wenn man die Luft vor dem Eintritt in das Geblase mit Hilfe der frisch anzusaugenden, noch nicht gekuhlten Luft wieder erwarmt. Tut man dies nicht, so hat man dagegen den Vorteil, daß die vom Gebläse angesaugte Luftmenge dem Gewichte nach erheblich größer ist; man spart also an Gebläsearbeit (etwa 5 bis 6%). Diese Ersparnis deckt schon einen großen Teil der Arbeit fur die Kaltemaschinen (etwa 40 bis 50%, wenn das Geblase auf etwa 0,8 Atm. Überdruck verdichtet). Diese Arbeitsgrößen lassen sich je nach den obwaltenden Verhältnissen berechnen. Bei einer Berechnung der gesamten Jahreskosten muß die während der Jahreszeiten schwankende Temperatur der Luft und ihr Feuchtigkeitsgehalt in Rechnung gezogen werden, damit der Einfluß der Besitzkosten im richtigen Verhaltnis zu den Betriebskosten erscheint.

Ferner wurden Versuche angestellt mit der Verwendung getrockneten Windes fur den Bessemerprozeß. Auch hier scheint der Erfolg sicher zu sein, denn der Wasserdampf ist in der Bessemerbirne zweifellos noch schädlicher wie im Hochofen.

71. Künstliche Eisbahnen.

Als Beispiel einer solchen sei die Eisbahn des Berliner Eispalastes erlautert. Fig. 271 (Tafel) bis 273 (Einrichtung von A. Borsig, Tegel). Die Aufgabe: Glattes, ebenes, nicht zu

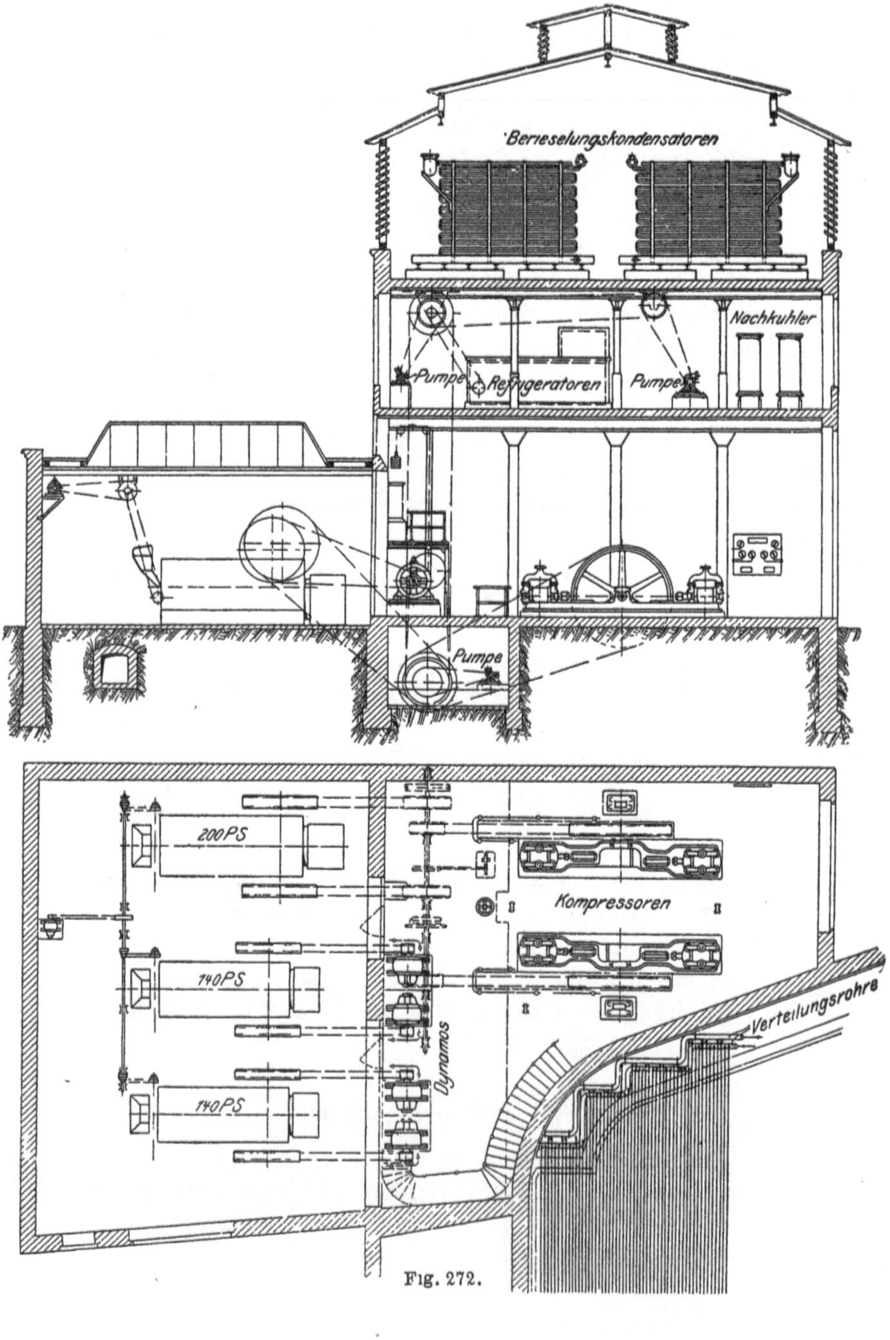
Berieselungskondensatoren
Nachkuhler
Pumpe
Refrigeratoren
Pumpe
Pumpe
200PS
Kompressoren
140PS
Dynamos
140PS
Verteilungsrohre

Fig. 272.

hartes, und vor allem trockenes Eis, Temperatur der Luft etwa 18° C wegen der Gasträume auf den gegen die Eisbahn zu offenen Galerien, möglichst hohe Verdampfertemperatur, d. h. billige Kalteerzeugung, dünne Eisschicht, um rasche Inbetriebsetzung zu ermöglichen, ist hier wie folgt gelost.

Die Oberflache des Eises soll so kalt sein, daß das Niederschlagswasser sofort gefriert. Dies wird, wenn man mit möglichst hoher Salzwassertemperatur (bzw. Verdampfertemperatur) arbeiten will, ermöglicht durch Halten einer möglichst dunnen Eisschichte über den Rohren. Zu diesem Zwecke sind Flanschen im allgemeinen vermieden, und nur an den Enden Ovalflanschen

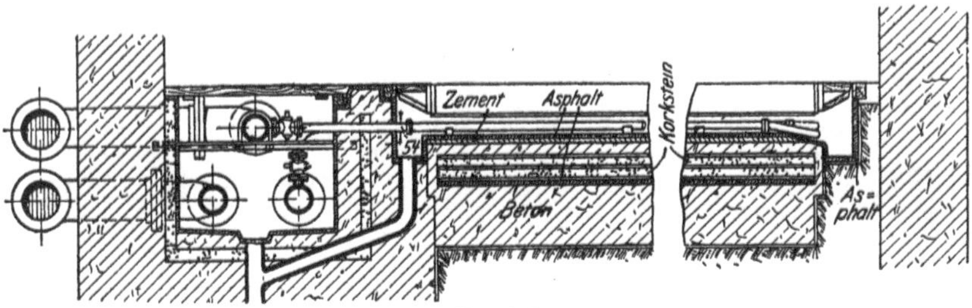

Fig 273.

angebracht bei den Doppelkrümmern (Fig. 273). Die Rohrschlangen sind gebildet durch autogenes Aneinanderschweißen der Rohre.

Wenn die Eisoberflache 3 cm über Rohroberkante liegt, kann die Eisoberflache mit einer Salzwassertemperatur von — 8° trocken gehalten werden. Das wahrend des Betriebes zukommende Eis wird jede Nacht durch Schlittenhobel entfernt, dazu noch eine weitere Schicht von 1—2 cm, zusammen etwa 3 bis 4 cm. Darauf wird, um eine glatte, ebene Flache herzustellen, wieder 1 bis 2 cm Wasser aufgegossen und zum Gefrieren gebracht.

Die Luft wird durch Heizkorper auf 18° C gehalten und dadurch Nebelbildung verhindert.

Fur die Kalteerzeugung sind vier Druckverdichter zu je 100000 WE aufgestellt, von denen von 4 Uhr morgens bis 6 Uhr abends zwei arbeiten, von 6 Uhr abends bis 12 Uhr nachts drei. Die Flache betragt bei 56 m Lange und 34 m Breite rd. 1900 qm. Die 45 Kuhlrohre von 54 mm außerem Durchmesser liegen auf gußeisernen Unterlagen. An der einen Seite sind die 56 m langen Rohre durch Doppelkrümmer verbunden, während auf der anderen die Rohre an die Verteilungs- bzw. Sammelstücke angeschlossen sind. Alle Rohranschlusse sind mit Rotgußhähnen zur Regulierung versehen. Die Gesamteisstärke beträgt 12 cm.

Rings um die Bahn läuft eine mit Asphalt ausgekleidete, durch Klappen uberdeckte Rinne von 25 cm Tiefe, in die das

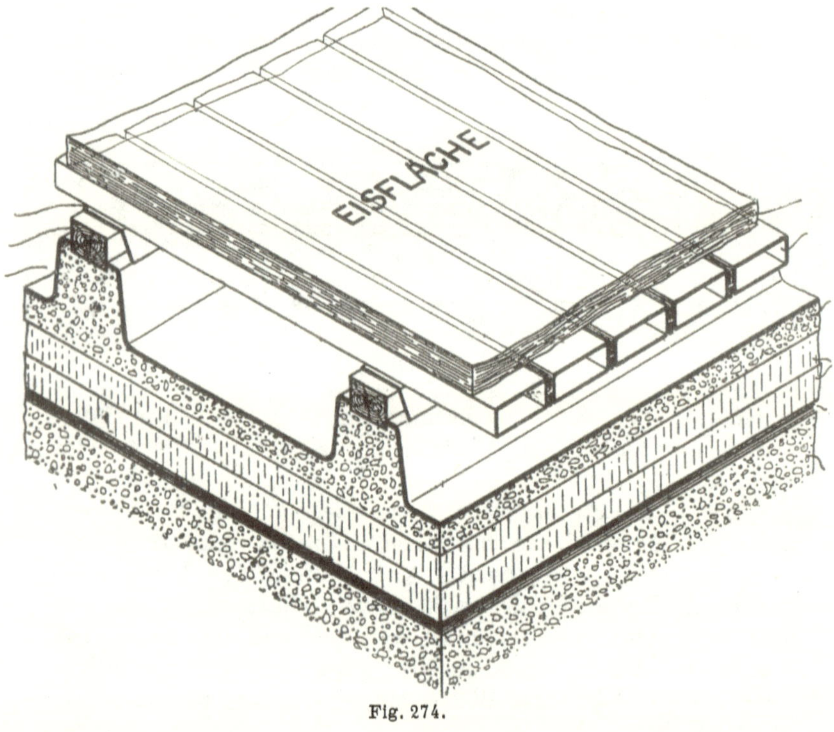

Fig. 274.

uberschussige Wasser läuft, und der abgeschabte Schnee eingeworfen wird, der dann in dieser Rinne wegschmilzt. Die Salzsohle erwarmt sich beim Umlauf um nur 1 bis 2°, damit die Eistemperatur uberall gleichmaßig ist.

Sehr zweckmaßig erscheint die rechteckige Ausfuhrung der Solerohre, da hierbei die zu gefrierende Wassermenge sehr klein, die Gefrierdauer kurz wird und die Verlegung eines Parkettbodens zu vorübergehendem anderweitigen Gebrauch des Raumes erleichtert wird. Fig. 274. (Escher, Wyß & Co., Zurich.)

Fig. 275.

Daß in Herbst- und Fruhjahrsmonaten auch kunstliche Freiluftbahnen betrieben werden konnen, zeigt Fig. 275 (L. A. Riedinger, Augsburg).

72. Luftkühlung und Lufttrocknung für Wohn-, Versammlungs- und Arbeitsräume[1]).

Über die Apparate und deren Berechnung ist in Kapitel IX das Nötige gesagt. Die Aufgabe liegt hier vorerst so, daß nur eine sehr geringe Abkühlung der Luft nötig wäre, daß aber die Lufttrocknung der wichtigere Teil ist. Ärztliche Gutachten bezeichnen als zureichend für Räume, in denen mit maßiger Anstrengung körperlich gearbeitet wird, eine Temperatur von 13° C und einen Feuchtigkeitsgrad von 50%, für Räume, in denen körperlich nicht gearbeitet wird, eine Temperatur von 18 bis 20° und einen Feuchtigkeitsgehalt nicht über 60%. Bei höherer Temperatur mußte der Feuchtigkeitsgrad entsprechend niedriger sein, bei tieferer kann er etwas höher liegen. Um eine Durchschnittstemperatur von 20° C mit 55% Feuchtigkeit im Saale zu halten, mußte die Luft auf etwa 8 bis 10° C abgekuhlt werden. Jedoch kommt es noch darauf an, ob die im Saale entwickelte Feuchtigkeit (z. B. in Färbereien) sehr groß ist. In diesem Falle wird die Luft auf mindestens 2 bis 4° abzukühlen sein, kann aber zur Wiedergewinnung eines Teiles der aufgewendeten Kälte wieder erwärmt werden unter Abgabe der Kalte an die neu zu kühlende und zu trocknende Luft im Gegenstrom.

Stets liegt also die Aufgabe vor, die Luft bis unter den Taupunkt abzukuhlen, weil ja sonst Feuchtigkeit nicht ausgeschieden wurde.

Es ist zu ermitteln:

die in 1 Stunde dem Raume von außen zugefuhrte Wärme,
die im Raume selbst entwickelte Wärme,
die im Raume selbst entwickelte Feuchtigkeitsmenge,
die von den im Raume arbeitenden Menschen abgegebene Warme,
die von den im Raume arbeitenden Menschen abgegebene Feuchtigkeitsmenge,
die vor Benutzung der Raume zu entfernende Luftwärme,
die vor Benutzung der Raume zu entfernende Mauerwärme,
die zur Wegschaffung der stundlichen großten Warmemenge benotigte Luftmenge,

[1]) Comptes rendus du Premier congrès international du froid à Paris. I Band. S. 142. Vortrag von Prof. v. Linde.

die durch den Umlauf derselben erzeugte Wärmemenge,
die Kälteverluste, soweit sie nicht in obigem enthalten sind,
die nötige Frischluftmenge und die zu ihrer Abkühlung und Trocknung notige Kältemenge.

Besondere Sorgfalt ist der Verteilung der Luftzufuhr und Luftabsaugung zu widmen. Sie soll sehr gleichmäßig sein, und es darf an keiner Stelle eine lästige Luftgeschwindigkeit entstehen.

Die Austrittsgeschwindigkeit aus den Luftkanälen soll etwa 0,8 m/Sek. nicht überschreiten, wobei zu berucksichtigen ist, daß durch den Unterschied der Temperaturen, wenn er größer ist als 3°, die zutretende kältere Luft schon von sich aus eine unangenehm wirkende Fallgeschwindigkeit bekommen kann. Die Luftzufuhr soll uber der ganzen Decke, die Luftabfuhr uber den ganzen Boden gleichmaßig verteilt sein, sonst entstehen ortliche Einzelströmungen von zu hoher Geschwindigkeit.

Es ist besser, eine reichliche Luftmenge mäßig tief, als eine kleine Luftmenge tief zu kuhlen. Man kann zwar mit beiden Mitteln das gleiche erreichen, bei kleiner Luftmenge und tiefer Temperatur wird aber die Gleichmaßigkeit der Luftverteilung in Frage gestellt; außerdem arbeitet aber auch die Kälteerzeugungsmaschine unwirtschaftlicher.

Sehr wichtig ist, daß die Wande, Decken, Boden der Räume vor der Benutzung durch die Menschen die gleiche Temperatur schon haben, welche nachher die Luft in den Räumen haben soll. Andernfalls würde ein störender Luftstrom und ein unangenehm empfundener Strahlungsaustausch stattfinden.

Räume, welche abwechselnd verbunden und getrennt werden (z. B. Buhne und Zuschauerraum) müssen auf gleicher Temperatur und gleichem Luftdruck gehalten werden.

Bei nur stundenweise (z. B. Theater) benutzten Raumen wird ein Kältespeicher verwendet, so daß eine kleine Maschine fast den ganzen Tag über die nötige Kalte im voraus erzeugt. Da die Luft nicht unter 0° zu kuhlen ist, eignet sich Eisansatz als Kaltespeicher[1]).

[1]) S. Heinel, »Bau und Betrieb von Kaltemaschinenanlagen«. S 185.

Ausfuhrungsbeispiele sind beschrieben in:

Zeitschrift fur die gesamte Kälte-Industrie 1899, S. 101; 1905, S. 1. Ice and Refrigeration 1901 (Dez.), S. 224; 1903 Juni),) S. 232; 1904 (März), S. 148, 298; 1901 (Okt.), S. 135; 1905 (April), S. 145; 1907 (Okt.), S. 126; Sonderabdruck aus »Eis- und Kalte-Industrie«: Die Kuhlanlage im Stadttheater zu Rio de Janeiro (A. Borsig, Tegel).

73. Sonstige Verwendungsgebiete.

a) In anatomischen Instituten und Leichenschauhäusern[1]).

In der Regel genugt eine Temperatur von 0° bis 2°. Es werden jedoch einzelne Zellen auf etwa — 15° bis 20° gebracht, dann, wenn Leichen eingebracht werden, bei denen der Verwesungsprozeß schon eingetreten ist und unterbrochen werden soll. Rascher geht das Gefrieren vor sich durch Eintauchen der Leichen in kaltes Salzwasser. Außerdem werden Praparate ausgefroren zu anatomischen Zwecken Fig. 276 (Tafel).

b) Schokoladefabrikation.

Die Vorrichtungen zum Erstarrenlassen der Schokolade durch Kaltluft sind manchmal sehr primitiv und kosten dann viel Kalte. Die Schränke oder Raume, in denen die Masse erstarren soll, sind manchmal mit Salzwasser- oder Verdampferrohren ausgestattet. Sie sollten immer etwas isoliert sein und gut schließende Turen haben. Es ist nicht gunstig fur den Kalteverbrauch, Schränke zu verwenden, die sehr lang und schmal sind. Man lasse das Ein- und Ausbringen nur von einem Arbeiter besorgen, der verantwortlich ist fur den Kuhlbetrieb. Dagegen sorge man fur bequeme Transportvorrichtungen vom Kuhlraum zu den Arbeitsplätzen.

Einen Kuhlschrank großerer Art stellt die Fig. 277 (Tafel) dar[2]). (Escher, Wyß & Co.) Die Schalen mit Schokoladebrei werden an einem Ende des Schrankes auf endlose Gurten gestellt, die uber Rollen laufen und durch Handkurbel vorgeschoben werden, sobald am anderen Ende des Schrankes die dort be-

---

[1]) Zeitschr f. d. ges. Kalte-Ind. 1907, S 161

[2]) Zeitschr. f. d. ges. Kalte-Ind. 1907, S. 91.

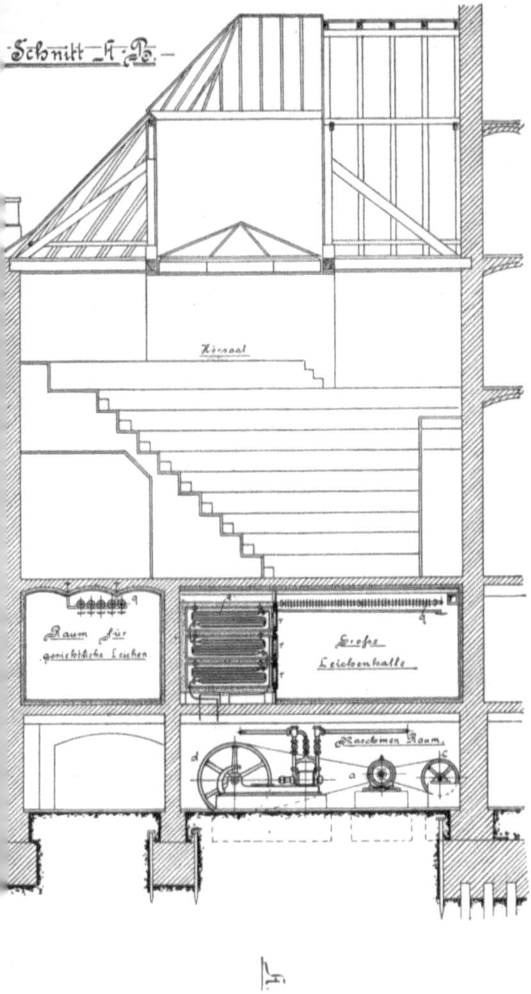

Erklärung.

- *a* Elektromotoren
- *b* Anlasser
- *c* Transmission
- *d* Kompressor
- *e* Kondensator
- *f* Verdampfer I
- *g* 〃 II
- *h* Manometer für Regulierventil
- *i* Hauptsolepumpe
- *k* Solepumpe für die Gefrierzellen
- *l* Sole-Verteilungsstück
- *m* Sole-Sammelstück
- *n* Luftkühler
- *o* Elektroventilator
- *p* Luftkanäle
- *q* Kühlrohre
- *r* Kühlzellen
- *s* Gefrierzelle
- *t* Elektroventilator im Präparatenraum
- *u* Elektroventilator im Raum für ansteckende Leichen

Präparaten-Raum mit Schrank.

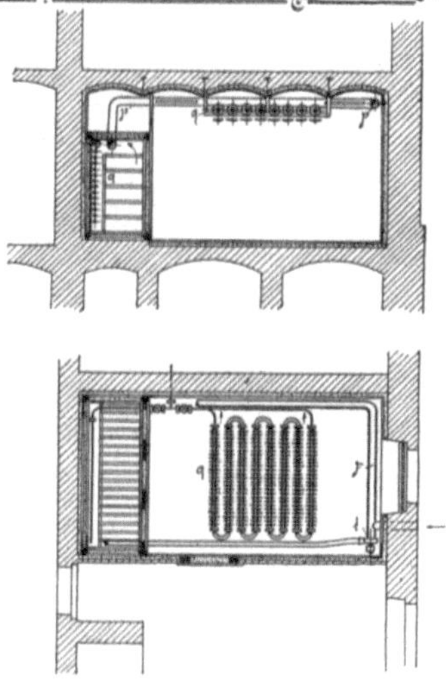

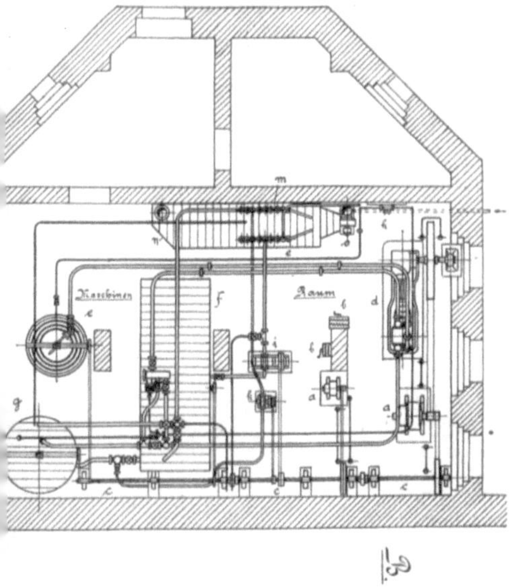

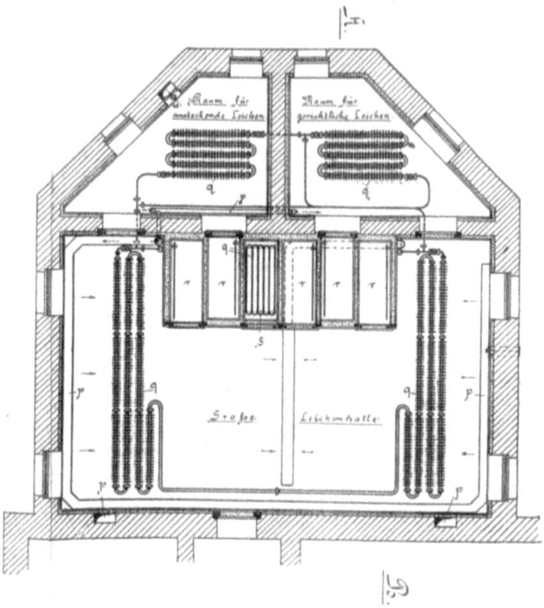

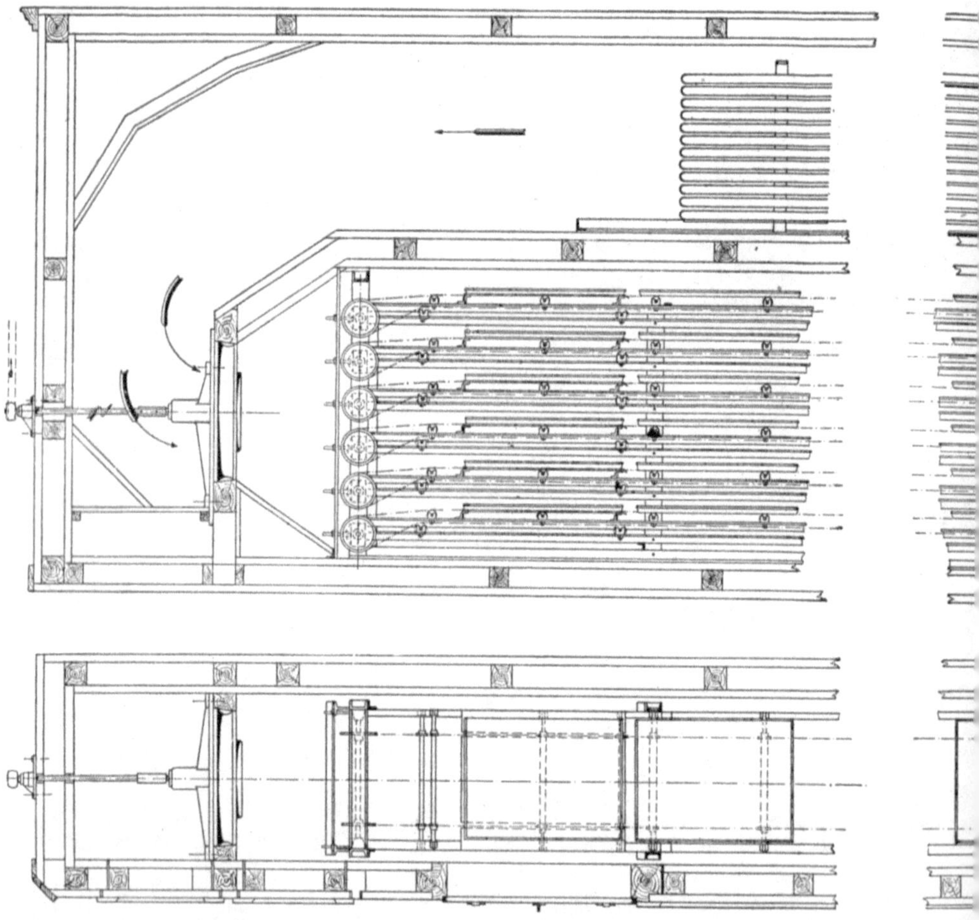

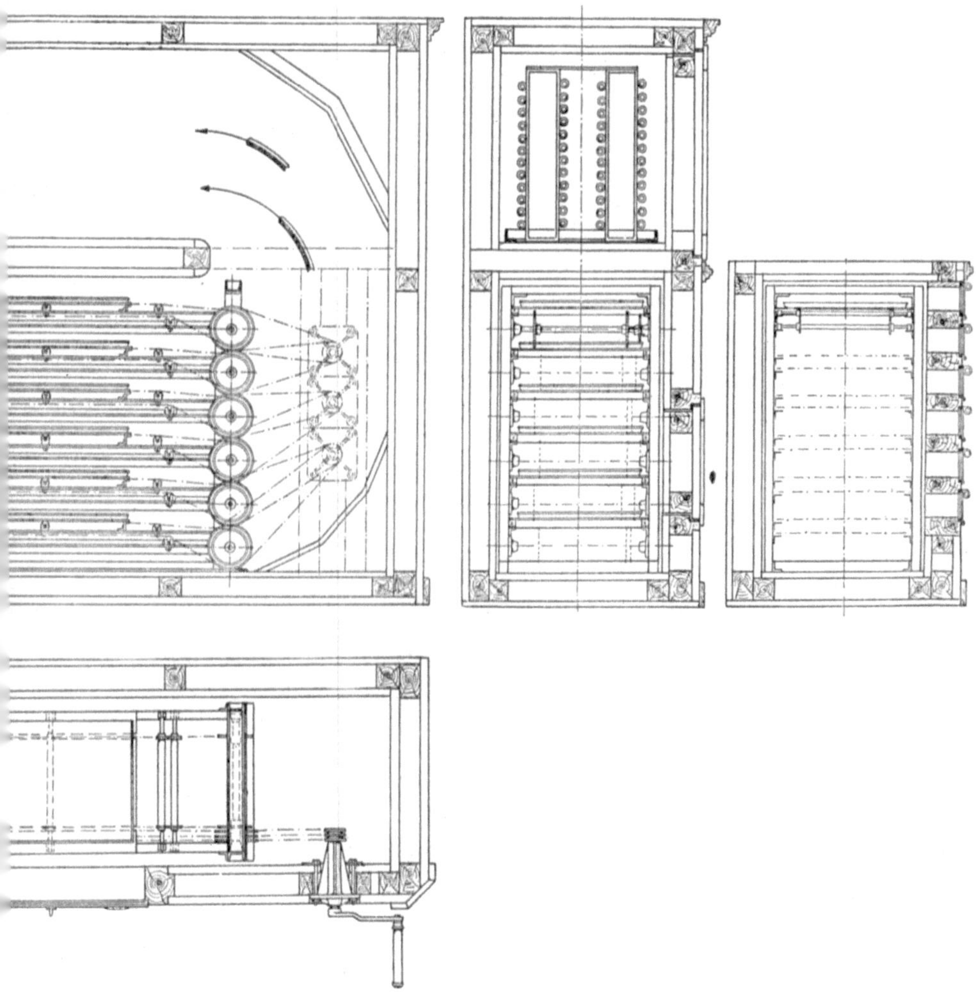

findlichen Schalen entfernt sind. Über dem Schranke befindet sich ein Luftkühler mit künstlichem Luftumlauf. Der Schrank kann bis 4000 kg Schokolade in Tafeln üblicher Dicke in 10Stunden zum Erstarren bringen, bei einer mittleren Kuhllufttemperatur von 10 bis 12° C.

Fur 1 kg Schokolade rechnet man 40 WE. Die Luftgeschwindigkeit darf im Luftkuhler nicht größer als 1,5 m/Sek. sein, weil

Fig 278.

sonst Feuchtigkeitstropfchen mitgerissen und auf die Masse geschleudert werden. Salzwasserberieselung wird man ausschließen und kann es auch sehr gut, weil der Verdampfer mit einer Temperatur uber 0° arbeiten kann.

Fig. 278 (A. Borsig, Tegel) zeigt einen Schokoladekuhler ohne Transportvorrichtung, dafur mit gut schließenden und isolierenden Turen, sonst ahnlich wie vorher.

c) Paraffingewinnung[1]).

Das Rohol wird einem Destillationsprozeß unterworfen, bei dem zuerst die leichteren Produkte (Benzin und Petroleum) abdestillieren. Aus dem weiteren Destillationsprodukt wird das Paraffin (neuerdings stufenweise) in großen Gefaßen durch Abkuhlen gewonnen. Das Paraffin setzt sich an den auf 0° bis auf

[1]) Zeitschr. f. d. ges. Kalte-Ind. 1909, S. 101, und 1914, S. 29.

— 15° gekühlten Flächen an und wird durch Kratzer entfernt, während das Öl abläuft. Das so gewonnene Paraffin wird in Filterpressen mit etwa 15 Atm. Druck von dem noch anhaftenden Öl befreit. Statt des Auspressens wird auch das sog. Schwitzverfahren, d. i. ein langsamer Destillationsvorgang, angewendet. In neuester Zeit wird auch dieses Schwitzverfahren vermieden durch stufenweises Kristallisieren bei 0°, dann 9°, dann 16° C. (Patente Porges-Singer-Steinschneider.)

d) In Kabelfabriken

wird die Isolierung der Kabel zum raschen Erstarren gebracht durch Kühlen mit kaltem Wasser von etwa 0 bis 1° C. Das Kabel läuft hierbei durch lange Rinnen, durch die im Gegenstrom das Wasser läuft. Das Wasser kehrt zum Verdampfer zurück und wird dort von neuem gekühlt.

e) Bei der Erzeugung photographischer Platten und Papiere.

1. Die Gelatine wird nach der Herstellung in flache Gefäße gegossen und in diesen zwecks Aufbewahrung bis zur Versendung bei 0° zum Erstarren gebracht.

2. Die auf die Papiere und Platten aufgegossene Gelatineschicht wird durch Kaltluft oder Kältestrahlung rasch zum Erstarren gebracht, damit sie beim Aufhängen der Papiere im Trockenraum nicht abfließt.

3. Die aufgebrachte Gelatineschicht und die im Dunkelraum aufgebrachte lichtempfindliche Schicht wird durch Luft getrocknet, die durch Kälte getrocknet und dann durch Dampf wieder auf 20° erwärmt wird.

Bedingung ist absolute Staubfreiheit der Luft und Fernhalten von Salzwasser.

f) Gekühlte Frachtschiffe[1]) und Eisenbahnwagen.

Gekühlte Frachtschiffe unterscheiden sich von Lagerhäusern in bezug auf Bau und Betrieb der Kühlvorrichtungen nicht wesentlich, es gelten also auch bei diesen die für die Luftkühlung von Lagerhäusern schon gegebenen Regeln. Bei den in den Tropen verkehrenden Schiffen ist die Isolierung der Schiffswandungen bzw. der Kühlraumwände und -decken besonders

[1]) Zeitschr. f. d. ges. Kälte-Ind. 1907, S. 181.

sorgfaltig herzustellen; außerdem ist beim Bau und bei den Abmessungen der Kälteerzeugungsmaschine darauf Rücksicht zu nehmen, daß man zeitweise mit sehr warmem Kühlwasser arbeiten muß.

Deutschland besitzt zurzeit nur wenige Frachtschiffe mit Kuhlvorrichtung. Es sind einige Schiffe zum Transport von Seefischen vorhanden. Außerdem verkehren auf der Elbe gekuhlte Transportkahne für Bier und andere Nahrungsmittel.

Fig. 279.

Dagegen besitzen fast alle größeren Passagierdampfer und Kriegsschiffe Kühlmaschinen mit Kühlräumen fur Nahrungsmittel und Munition.

Da der Einbau großerer Ventilatoren und der dazu gehörigen Luftschläuche mit Rucksicht auf die geringe Hohe des Decks zweckmäßigerweise vermieden wird, so werden die Kühlräume in der Hauptsache mit Kuhlrohren fur naturlichen Luftumlauf ausgestattet. Die Ventilatoren versehen die Räume mit Frischluft und unterstützen den Luftumlauf.

Die fur kleinere Schiffsraume verwendeten Kältemaschinen sind meist nach Art der in Kapitel VI dargestellten Kleinkuhlmaschinen gebaut. Auf Kriegsschiffen ist möglichst große Verminderung des Gewichtes und des Raumbedarfes notig. Es wird daher dort moglichst Schmiedeeisen zu verwenden sein, z. B. Fig. 279, Gehause fur den Verflüssiger (A. Borsig, Tegel).

Eisenbahnzuge mit kunstlicher Kuhlung.

Man unterscheidet drei Arten:

1. Eisenbahnwagen mit Kältespeicher in Form von Eis oder sonstigen Kuhlkorpern.
2. Eisenbahnwagen mit kleinen Kuhlmaschinen, die von der Achse des Wagens aus oder elektrisch betrieben werden und nur diesen einen Wagen kühlen.
3. Eisenbahnzüge, bestehend aus Kuhlwagen mit Kuhlkörpern fur Salzwasserumlauf und einem Maschinenwagen, in welchem die Maschine steht, die den ganzen Zug mit Kalte versorgt.

Zu 1. Eisenbahnwagen mit Eisvorrat sind schon lange im Gebrauch zum Versand von Bier. Sie haben den Nachteil, daß das Eis auf längeren Strecken erneuert werden muß, daß bei geringer werdender Eismenge die Temperatur im Wagen steigt, daß das Eis einen großen Teil des Laderaumes wegnimmt. Zu berucksichtigen ist hierbei, daß der Wagen erstens den Sonnenstrahlen eine große Oberflache darbietet und daß der Warmedurchgang durch den starken Luftzug beim Fahren begunstigt wird. Man muß also Wande, Boden und Decke des Wagens mit Korkplatten aufs beste isolieren. Das Eis wird zweckmaßigerweise in an der Decke angebrachte Behälter gelegt. Mehrere auf die Lange des Wagens gleichmaßig verteilte Behalter sind besser als ein einziger Behalter, da hierdurch die Kalteverteilung gleichmaßiger wird. Will man Temperaturen unter 0° im Wagen halten, oder Feuchtigkeitsgrade der Luft herstellen, deren Taupunktstemperatur nahe bei oder unter 0° liegen, so sind entsprechend großere Behalter mit dunnem, gefrorenem Salzwasser von entsprechendem Gefrierpunkt vorzusehen. Stetefeld[1]) hat berechnet daß die Kuhlkosten einschließlich der Besitz- und Bedienungskosten mit sog. »Minuseis« geringer sind als diejenigen beim Kuhlen mit im Zug befindlichen Maschinen, wenn das Minuseis im großen an bestimmten Halteplatzen erzeugt und eingeladen wird. Sie sollen dann hochstens fur jeden Zentner Ladegewicht des Wagens fast nur halb so viel betragen gegenuber der Kuhlung durch mitgefuhrte Maschinen. Dabei sind 100 Fahrtage mit Kuhlung im Jahr angenommen.

[1]) Bericht uber den II. Intern. Kaltekongreß. in Wien.

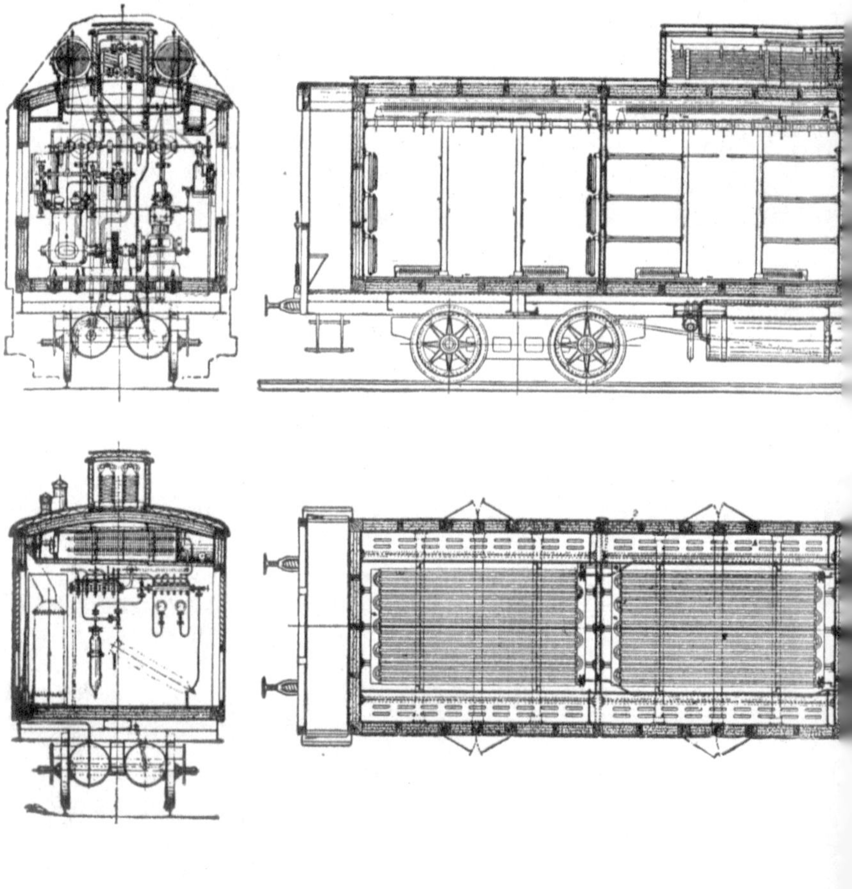

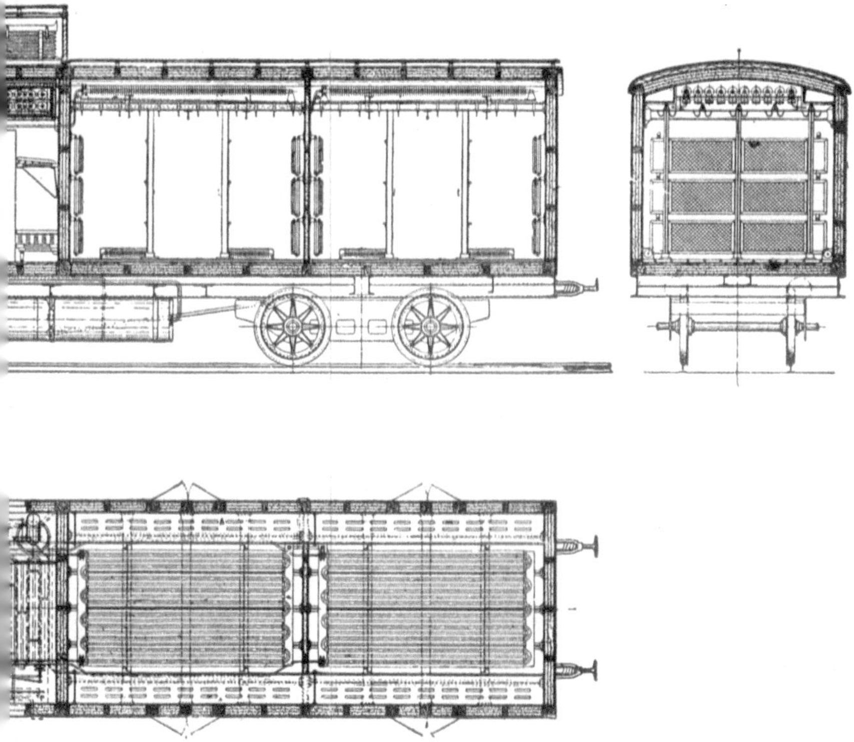

Da der Wagen auch gegen Ende der Fahrt noch kühl sein soll, so muß man einen reichlichen Überschuß an Eis mitgeben, der dann in der Regel nach der Fahrt nutzlos wegschmilzt.

Bei einem Wagen von 12 m Länge kann man demnach für eine 20stündige Fahrt etwa 1500 kg Eis rechnen.

Vor dem Beladen muß der Wagen schon durchgekühlt sein, desgleichen das Transportgut. Die zum Abkühlen des Wagens nötige Eismenge ist also noch besonders zu berechnen. Das Transportgut kommt meist aus Kühlhausern. Ist dies nicht der Fall, so muß es im Wagen ausgekuhlt werden und hierfur eine weitere Menge Eis berechnet und eingelegt werden. Dies ist z. B. bei Milchwagen manchmal der Fall, desgleichen bei Obst. Es wird die Ausnahme bilden, da naturlich das Abkuhlen in größeren Anlagen billiger ist als im Wagen.

Zu 2. Eisenbahnwagen mit kleiner, nur fur einen Wagen berechneter Kuhlmaschine laufen zurzeit in Frankreich und Rußland (Fig. 280, Maschinenbauanstalt Humboldt, Kalk). Diese Wagen eignen sich besonders zum Einstellen in Personenzüge und Güterzuge, die nur wenig gekühltes Gut zu befördern haben.

Der früher gebrauchliche Antrieb des Verdichters und der Nebenmaschinen von der Wagenachse aus bedingt, daß die Wagen einen Kaltespeicher erhalten, weil bei längerem Stillstand des Wagens die Kälteerzeugung unterbrochen ist. Bei langsamer Fahrt ist die Kälteerzeugung gering. Dies ist ein Nachteil dieser Antriebsart. Ferner ist das Durchkühlen vor dem Beladen mit Hilfe der Kühlmaschine des Wagens nicht möglich. Es muß zu diesem Zwecke vorher Eis eingeladen werden, oder es muß ein Elektromotor im Wagen sein, der in den Güterstationen von einem stationären Netz aus elektrischen Strom erhält, oder es muß der Wagen in einer Kuhlhalle ausgekühlt werden. Die Wagen werden in Hallen eingeschoben und haben an der Decke eine Öffnung zum Einblasen kalter Luft. Diese Öffnungen werden an Luftschläuche angeschlossen, die an der Decke der Halle hängen. Außerdem kann eine Salzwasserleitung mit Salzwasserrohren, die im Wagen liegen, verbunden werden. Das Salzwasser kuhlt den Wagen und bildet nachher einen gewissen Kaltespeicher.

Diese Salzwasserrohre können wieder von dunner Salzsole umgeben sein, die, zum Gefrieren gebracht, einen weiteren größeren Kaltespeicher bildet.

Diese Durchkühlung der Wagen in Hallen kann natürlich auch bei den unter 1. beschriebenen Wagen durchgeführt werden.

Zweckmäßiger ist der durch die jetzige Entwicklung der Verbrennungskraftmaschinen ermöglichte Antrieb durch diese (s. S. 134). In diesem Falle ist dann allerdings nötig, daß ein Maschinenführer die ganze Fahrt mitmacht und einen Aufenthaltsraum neben dem Maschinenraum erhält.

Zu 3. Eisenbahnzuge mit einem Maschinenwagen. Diese werden nur in Betracht kommen für Massentransport gekühlter Waren uber großere Strecken.

Durch die schon oben erwähnte Antriebsart mit Hilfe einer Verbrennungskraftmaschine ist eine der beiden schwierigsten Fragen gelöst. Die zweite Schwierigkeit liegt im ausreichenden Kuhlen des Verflussigers, da nur ein sehr beschränkter Wasservorrat mitgeführt werden kann. Grundsatzlich finden wir einen Berieselungsverflüssiger, der durch die beim Fahren entstehende Zugluft oder beim Stillstand des Zuges durch einen mit Ventilator hergestellten künstlichen Luftzug gekühlt wird. Das verdunstete Wasser ist zu ersetzen, am zweckmaßigsten an den Platzen, an welchen die Lokomotive ausgewechselt oder mit Wasser versehen wird.

Der Maschinenwagen wird etwa in der Mitte des Zuges eingestellt. Die Verteilung der Kalte auf die einzelnen Wagen geschieht durch Wasserumlauf, zu welchem Zwecke von Wagen zu Wagen mehrere Salzwasserkupplungsschläuche gehen von so kleinem Durchmesser, daß ausreichende Nachgiebigkeit vorhanden ist.

Wesentlich vereinfachen wird sich die Aufgabe in dem Augenblicke, wo Fernzüge durch Elektromaschinen betrieben werden. Dann sind in dem Maschinenwagen Transformatoren unterzubringen, um eine fur den Antriebsmotor der Kuhlanlage gunstige Stromart und Spannung zu bekommen. Alle Maschinen und Apparate haben auf einem Wagen Platz. Der Kühlzug kann gekuhlt werden, auch wenn er ohne Lokomotive auf einem Bahnhof oder vor der Einlade- oder Ausladehalle liegt. Der Maschinenwagen kann an gunstiger Stelle in den Zug eingestellt werden. Die Bedienung der ganzen Maschinenanlage kann einem einzigen Manne anvertraut werden. Das mitzufuhrende tote Gewicht ist sehr klein. Kaltespeicher sind kaum notig in den

Kühlwagen. In jedem Kühlwagen kann ein Ventilator mit Elektromotor eingebaut werden und vom Maschinenwagen aus ein- und ausgeschaltet werden.

Mit dem Bau von Elektrobahnen werden sich auch Einzelkühlwagen, wie unter 2. beschrieben, rascher einführen, da ihre Bedienung dann einfacher ist, als bei Verwendung eines Verbrennungsmotors.

g) Ölkühlung.

Die Deutsch-Überseeische Elektrizitätsgesellschaft hat in Buenos Aires ein Elektrizitätswerk errichtet, welches nach seinem Ausbau 10 Turbogeneratoren von je 11200 PS enthalten wird. Von diesen gelangten zunächst 5 Gruppen zur Aufstellung. Das Öl, mit welchem die Lager der Turbogeneratoren geschmiert werden, erwärmt sich auf ca. 50° C und wird in Röhrenkühlern durch Süßwasser rückgekühlt. Da kaltes Brunnenwasser für diesen Zweck nicht zur Verfügung steht, so wird das Süßwasser mit Hilfe einer Kältemaschinenanlage von 28° C auf 18° C gekühlt. Die Kältemaschinenanlage (A. Borsig, Tegel) umfaßt 2 Doppelverdichter von zusammen 400000 Cal stündlicher Kälteleistung bei einer Verdampfungstemperatur von ± 0° C gemessen, und arbeitet mit schwefliger Säure als Kältemittel. Das Süßwasser wird in 4 Verdampfern gekühlt, in deren kupfernen Rohrschlangen die schweflige Säure direkt verdampft, und durch Zentrifugalpumpen den Ölkühlern zugeführt.

h) Prüfung von Gummi.

Die bei kalter Witterung im Freien zu verwendenden Gummigegenstände, z. B. Kupplungsschläuche der Luftdruck-Eisenbahnbremsen, werden bei — 30° geprüft in bezug auf Brüchigkeit bzw. Elastizität.

Mit den Aufzählungen unter a) bis h) sind natürlich die Verwendungsgebiete nicht erschöpft. Weitere Aufzählungen und Besprechungen (z. B. die Verwendung von Kälte in der Blumenzucht) sind aber von geringem Interesse, weil bei allen anderen Verwendungsgebieten die bisher besprochenen Einrichtungen immer wiederkehren mit geringen Anpassungsabänderungen, die unschwer zu wählen sind, sobald die Bedingungen für die günstigste Arbeitsweise auf dem neuen Verwendungsgebiete klargelegt sind.

Kapitel XIII.

Betriebsführung der Verdichtungskältemaschine.[1]

74. Führung des Druckverdichters.

Die Bedienung und Instandhaltung des Kurbeltriebes ist hier von besonderer Wichtigkeit wegen des sehr kleinen schädlichen Raumes. Dieser muß genau eingestellt sein, am besten durch Mikrometermessung in folgender Weise: Man stellt die Kurbel in den hinteren Totpunkt: es wird gemessen die Entfernung *a* zwischen Kreuzkopf und Stopfbuchsflansch. (Mißt man bis zur Stopfbüchsbrille, so muß diese unbeweglich bleiben beim Hin- und Herschieben des Kolbens.) Kurbel im vorderen Totpunkt: es wird wieder die genannte Entfernung, hier *b*, gemessen. Dann wird die Kurbelstange vom Kurbelzapfen losgelöst: Man schiebt nun den Kreuzkopf so lange nach hinten, bis der Kolben am hinteren Deckel anstößt. Es ergibt sich ein kleineres Maß als *a*, wird dann der Kolben bis an den vorderen Deckel geschoben, so ergibt sich ein Maß etwas größer als *b*. Die kleinen Unterschiede sind die schädlichen Räume.

Bleiabdrücke, auch Wachsabdrücke täuschen manchmal, besonders dann, wenn das Gestänge sich etwas zusammenschieben oder biegen kann, oder wenn der Zylinder oder der Deckel etwas nachgiebig sind. Addieren sich mehrere dieser kleinen Fehler, so entsteht ein Gesamtfehler bis zu 1½ mm.

Zwischen den Schalen des Kurbeltriebes und des Wellenlagers müssen Beilagen von so genau abgemessener Dicke liegen, daß die Schrauben mit Vorspannung angezogen werden können, ohne daß Luft zwischen den Zapfen und den Schalen ist und ohne daß die Schalen die Zapfen pressen. Haben die Schrauben keine Vorspannung, so dehnen und kürzen sie sich elastisch im Betriebe

---

[1]) Fur einige besondere Falle, namlich Untersuchung der Anlage und Instandsetzung, gibt »Heinel, Bau und Betrieb von Kältemaschinenanlagen« genauere Anweisungen in Tabellenform, die aufgezogen und im Maschinenhaus aufgehangt werden konnen.

und verursachen den gefürchteten Stoß, der die Schalen sehr stark abnutzt[1]).

Tropföler, Zentralkurbelzapfenschmierung dürfen nicht fehlen und müssen stets mit reinem Öl arbeiten.

Man halte die Maschine rein, wische überflüssiges Öl ab und vermeide, daß das Öl auf dem Fundament schwimmt, da dieses manchmal durch das Öl aufgeweicht wird und dann der Druckverdichter nicht mehr ruhig auf dem Fundament stehen bleibt.

Besondere Sorgfalt ist auch der Stopfbüchse und der Kolbenstange zu widmen. Das zur Schmierung der Kolbenstange verwendete Öl muß wasser- und säurefrei sein. (Siehe S. 131.) Es dürfen hierzu nur folgende Schmiermittel verwendet werden[2]):

Für Ammoniakmaschinen: Mineralöl von niedrigem Gefrierpunkt, sog. Kompressoröl,
für Kohlensäuremaschinen: chemisch reines Glyzerin,
für Schwefligsäuremaschinen: am besten nur reine Vaseline. (Siehe S. 72.)

Die Stopfbüchsbrille muß genau gleichachsig angezogen werden; der Abstand des Flansches der Stopfbüchsbrille vom Stopfbüchsflansch ist durch Abtasten überall genau gleichzumachen. Ist eine Kühlung vorgesehen, so darf das Anstellen derselben nicht übersehen werden. Der Ablauf des Wassers aus dieser Kühlung muß sichtbar sein. Da die Dauer der Packungen begrenzt ist (siehe beim Kapitel Bauweise der Druckverdichter), so sind diese rechtzeitig zu ersetzen. Hierbei kann, wenn die Maschine sonst gut geführt ist und nie heiß geht, in der Weise vorgegangen werden, daß man einige Male nur die vorderen Ringe ersetzt. Mindestens alle Vierteljahre und dann, wenn die Maschine heiß geworden ist, ist die ganze Packung zu entfernen und nachzusehen, ob der Grundring noch gut ist. Alle in der Stopfbüchse liegenden Metallringe müssen Löcher mit Schraubengewinde haben, damit sie leicht durch Stängchen herausgeholt werden können. Das Abschmirgeln der Kolbenstange soll man möglichst unterlassen, da sie hierbei leicht unrund gemacht wird. Vor Rost muß sie durch Einschmieren

---

[1]) Siehe Zeitschrift: »Wärme- und Kältetechnik« 1921, Heft 1.
[2]) Siehe Z. f. ges. Kälte-Ind. 1914, S. 157.

geschutzt sein. Das Nachrunden der Stange uberlasse man der Fabrik. Bezüglich des Öffnens des Druckverdichters zum Zwecke der Erneuerung der Packungen siehe Seite 105. Die Packungsringe dürfen nicht zu reichlich sein, sie sollen die Stopfbüchse satt ausfüllen und doch leicht von Hand eingeschoben werden können. Das Einkeilen durch Hölzer und Hammer ist falsch.

Die Ölabscheidevorrichtung ist in richtigen Zeitabständen zu bedienen. Überreißen von Öl in die Schlangen darf nicht stattfinden. Man wiege ständig das in die Stopfbuchsschmierung gegebene und das aus dem Öltopf abgezapfte Öl. Die Gewichte dieser beiden Mengen mussen einander gleich sein. Es ware gut, wenn der Ölstand im Ölabscheider von außen erkennbar ware. Fig. 281 enthält einige Vorschläge, die ubrigens in das Kapitel III 23 gehören. Das Ammoniak kommt von oben durch das Mittelrohr herein und wirft das Öl senkrecht nach unten in den Ölsammler, der von dem Ölabscheider getrennt ist. Das gereinigte Ammoniak geht mit kleiner Geschwindigkeit wieder nach oben seitlich ab. Den Ölstand zeigt entweder ein Glasrohr an, das man aber nicht gerne verwendet, erstens wegen der leichten Verschmierung des Glases und weil beim Zerspringen eine erhebliche Gefahr droht. Jedenfalls sind Absperrventilchen vorzusehen und diese nur bei der Kontrolle zu offnen. Oder es wird ein Schwimmer mit Zeiger so angebracht, daß der Zeiger außerhalb des Öles bleibt.

Ferner scheint geeignet als Ölstandszeiger der Vorschlag nach Fig. 285, wo dann das Außenrohr mit dem Öl, das Innenrohr mit dem Verflussiger einerseits und der Saugleitung anderseits verbunden wird. Siehe weiter unten.

In der Fig. 281 ist weiter gezeigt die unmittelbare Verbindung des Ölsammlers mit dem Ammoniakaustreiber (Öltopf), der so oft zu entleeren ist, daß Durchgang von Öl durch die Absaugeleitung in dem auf beiden Seiten mit Durchblickglas versehenen Kontroller nie beobachtet wird. Ist dies doch einmal der Fall gewesen, so werden die Hahne vor und hinter dem Kontroller geschlossen und die Glaser herausgenommen und gereinigt. Auch ist (nach G.R.G.-M. 275123 A. Freundlich, Dusseldorf) automatische Öluberfuhrung mit Schwimmerventil (Fig. 282) vorgeschlagen worden.

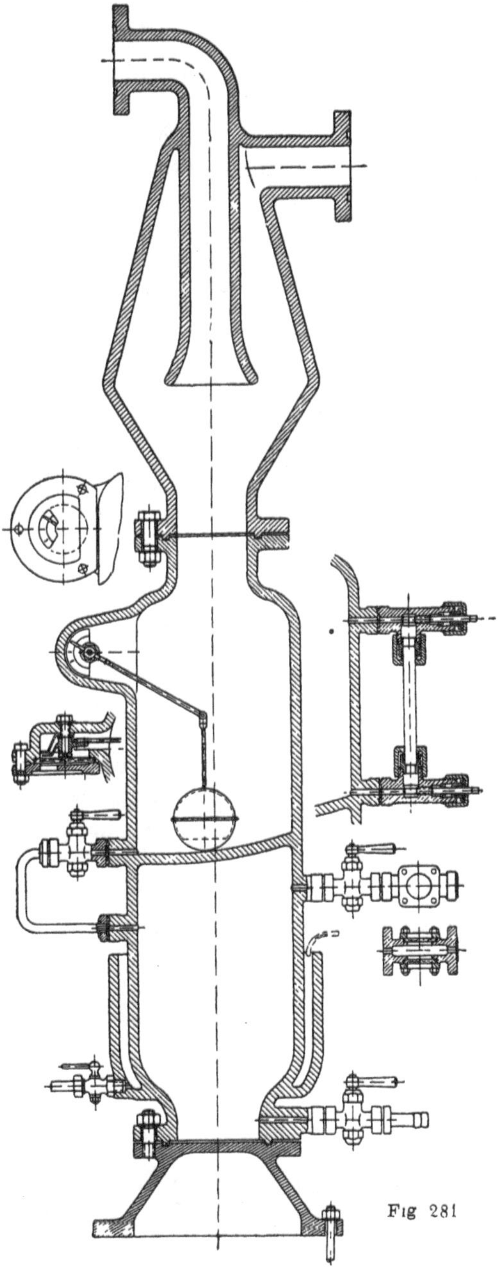

Fig 281

Ventildeckel- und Flanschdichtungen sollen nach dem Öffnen der betreffenden Flanschen stets erneuert werden. Alte, hart gewordene Gummidichtungen dürfen nicht verwendet werden. Hat man Schwierigkeiten mit dem Dichthalten einzelner Flanschen, so muß untersucht werden, ob der Flansch schief angezogen ist, ob er undicht wird durch Bewegungen der Rohrleitung oder des Druckverdichters, oder ob die Flanschen und Schrauben zu schwach sind. Das übermäßige Anziehen der Schrauben ist gefährlich. Besser ist es, man hilft sich dadurch, daß man die Flanschen so nachdrehen läßt, daß eine recht schmale Dichtung herauskommt, damit diese einen hohen spezifischen Flächendruck erleidet. Man dreht die Feder des einen Flansches schmäler und legt in die Nut zu ihrer Verschmalerung einen Ring ein. Die Packung darf nicht zu dünn sein.

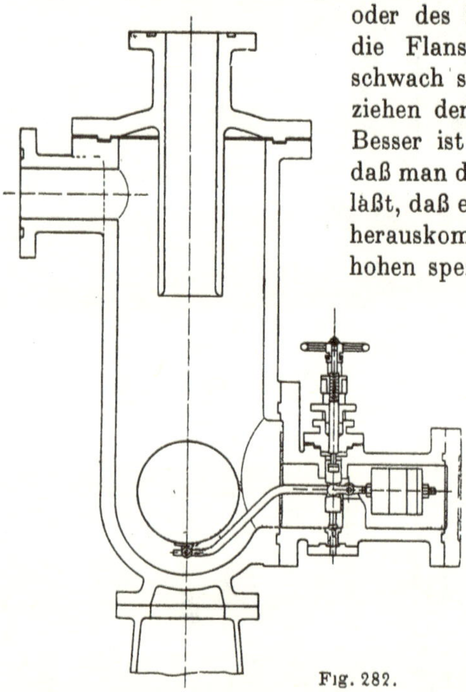

Fig. 282.

Die Druckverdichterventile mussen ab und zu wieder eingeschliffen werden. Dies muß so geschehen, daß genau kreisrunde Flächen entstehen. Man erreicht dies durch ständiges Drehen beim Einschleifen und durch gute Führung des Ventilkegels. Dies gilt auch fur die Kegel der Absperrventile. Die Führung der Kegel und Ventilstangen der selbsttatigen Ventile muß absolut sauber gehalten werden, leicht gehen und darf trotzdem nicht zu viel Spiel haben. Der Ventilsitz muß in den Gehäusen absolut sauber, dicht und gleichachsig sitzen. Die Federn dürfen nicht zu wenig Gewindegange haben. Die Spannung der Federn soll bei vollem Hub des Kegels nur wenig zunehmen gegenuber der Vorspannung. Dies bedingt lange Federn mit vielen Windungen. Die Federn mussen aus naturhartem Stahl gemacht sein; am besten werden sie von Spezialfabriken nach Angabe bezogen. Die Federenden müssen so zugerichtet sein, daß zwei genau parallele Flächen entstehen, sonst kippen die Federn und bringen die Führung zum Klemmen. Etwaige Luftpuffer am Ventil müssen vom Ingenieur ausprobiert sein. Willkürliche Änderungen der Durchlässe daran darf der Maschinist nicht vornehmen. Zum richtigen Ausbalanzieren des Luftpuffers und der Feder gehört das Indizieren.

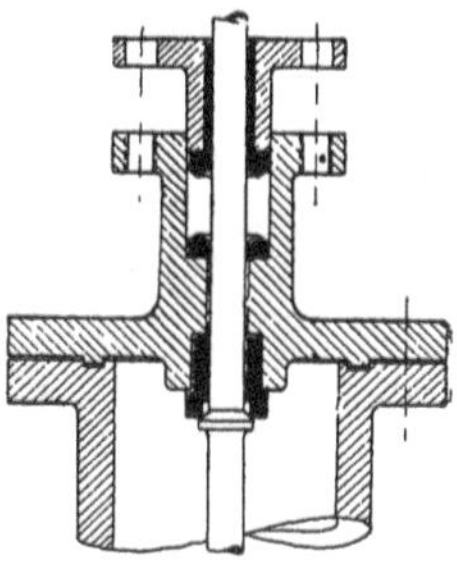

Fig. 283.

Die Stopfbüchsen der Absperrventile und Hähne sind sorgfältig dicht zu halten, und zwar richtiger durch gutes Verpacken mit passendem Material, statt durch zu scharfes Anziehen. Bei den Absperrventilen fordere man, daß die Spindel so gemacht ist, daß bei vollstandig geöffnetem Ventil ein Konusbund der Spindel sich gegen eine Dichtungskante legt und so die Stopfbuchse abdichtet, so daß deren Packung ohne jede Betriebsstörung erneuert werden kann (Fig. 283). Naßwerden der Spindeln von Schwefligsäureventilen muß vermieden werden, weil sonst die Spindeln bei Undichtheit zerfressen werden.

75. Die Bedienung des Regelventiles und der Absperrventile.

Die der Maschine beigegebene Betriebsanweisung muß sagen, ob die Maschine fur nasses, trockenes oder überhitztes Arbeiten bestimmt ist. Hiernach hat sich der Maschinist zu richten. Die Kennzeichen fur diese Arbeitsweisen muß die Betriebsanweisung der Maschine enthalten, desgleichen Anweisungen fur das Verhalten beim Stillsetzen und beim Anfahren der Maschine nach kurzem oder langem Stillstand. Alle diese Anweisungen werden bei jeder Maschine etwas verschieden sein. Im allgemeinen gilt etwa folgendes:

A n f a h r e n: Nachdem alle Öler nachgesehen und in Tatigkeit gesetzt sind, uberzeugt man sich zunächst davon, daß die Absperrventile in der Druckleitung offen sind. Es ist nutzlich, wenn die Ventile dies von außen erkennen lassen. (Fig. 284, Dreyer, Rosenkranz & Droop.) Sodann sind alle Kuhlwasserleitungen in Tätigkeit zu setzen. Dann laßt man den Druckverdichter bei geschlossenem Hahn in der Flüssigkeitsleitung und geöffnetem Absperrventil der Saugleitung langsam und allmählich anlaufen.

Ist vermutlich viel Flüssigkeit im Verdampfer, z. B. wenn während des Stillstandes die Flüssigkeitsleitung offen war, so vermeidet man Ansaugen von Flüssigkeit durch Drosseln des Absperrventils der Saugleitung. Wird das Druckrohr am Verdichter allmählich warm, so wird das Absperrventil der Saugleitung allmählich ganz geöffnet. Es ist falsch, im normalen Betriebe dieses Ventil gedrosselt zu lassen. Das führt zu erheblichem Saugdruckabfall im Verdichter und Verminderung der Kälteleistung. Rechtzeitig, bevor der Verdichter zu heiß wird, ist die Flüssigkeitsleitung zu öffnen. Zum Schließen und Öffnen derselben bedient man sich zweckmäßig nicht des Regelventils, sondern eines neben diesem eingebauten Hahnes oder Ventiles, so daß das Regelventil immer in ungefähr gleicher Stellung stehen bleiben kann. Das Regelventil ist im weiteren Verlaufe so einzustellen, und zwar ohne große Hin- und Herbewegungen des Regelorganes, daß das Druckrohr die richtige Temperatur annimmt und die Manometer die zu den Temperaturen der Salzsole bzw. der Luft und des Kühlwassers gehörigen Drucke zeigen. Dabei muß sich die richtige Verflüssigerleistung einstellen, die bei Tauchverflüssigern aus der Menge (siehe S. 150) und der Temperaturzunahme des Kühlwassers berechnet wird. Stimmen diese Drucke und die Kälteleistung nicht zu den betreffenden Temperaturen, so ist die Maschine genau zu beobachten, um an Hand besonderer Anweisungen[1]) die Ursachen des anormalen

Fig 284

[1]) S. Heinel, »Bau und Betrieb von Kältemaschinenanlagen«, S. 102 u. ff.

Verhaltens der Maschine zu erkennen. Das Druckmanometer soll gewöhnlich in der Temperaturskala nur wenig Grade (4 bis 5) über der Ablauftemperatur des Kühlwassers, das Saugmanometer etwa 7 bis 10° unter der Temperatur des Salzwassers anzeigen. Doch können diesbezuglich andere Sondervorschriften fur die betreffende Maschine gelten.

76. Füllungskontrolle.

Aus den Beobachtungen muß namentlich erkannt werden, ob die in der Maschine befindliche Menge an Kaltemittel zu groß oder zu klein ist und ob Luft in die Maschine eingedrungen ist. Etwa notwendiges Nachfullen geschieht vorsichtig in der Weise, daß die Flasche, aus der nachgefullt wird, nachdem sie gewogen ist, an die Flussigkeitsleitung (Fig. 91, S. 121) angeschlossen wird. Das Regelventil *R* wird geschlossen. Nach starkem Sinken des Saugdruckes wird, wenn moglich, der Druckverdichter auf kleinere Umlaufzahl gesetzt und nun das Flaschenventil und Hahn 9 geoffnet. Glaubt man genug Kaltemittel nachgesaugt zu haben (lieber zunachst zu wenig als zu viel), so wird das Flaschenventil und Hahn 9 geschlossen, das Regelventil geöffnet, die Maschine wieder auf normale Umlaufzahl gebracht und nun in normalem Betriebe die Untersuchung auf genugende Fullung wiederholt.

Ist als Grund der Minderleistung die Vermischung des Kaltemittels[1]) mit Luft erkannt, so ist der Verdampfer bei geschlossener Flussigkeitsleitung leerzusaugen, dann die Anlage einige Zeit stillzusetzen bei weiterarbeitender Verflussigerkuhlung.

Dann wird das am Verflüssiger befindliche Entluftungsventil vorsichtig geoffnet. Diese ganze Hantierung wird so oft wiederholt, bis Anzeichen von Luftbeimischung nicht mehr zu erkennen sind. Ob aus dem Entluftungsventil Luft entweicht, erkennt man bei Ammoniak am besten dadurch, daß man vom Ventil aus einen Schlauch in einen Eimer voll Wasser oder in das Verflussigerbecken leitet. Das ausströmende Ammoniak wird vom Wasser absorbiert, die Luft steigt in Blasen hoch. Man scheue

[1]) Siehe Fußnote S 362

beim Entlüften einen geringen Verlust an Kältemittel nicht und fülle lieber wieder etwas nach.

Um den Flüssigkeitsstand im Verflüssiger zu erkennen, was besonders bei nassem Verdampfergang (s. S. 173) sehr wichtig ist, sind verschiedene Vorschläge gemacht worden. Einer derselben geht dahin (Fig. 285): Das Außenrohr aus Eisen ist mit dem unteren Ende am unteren Teile des Verflüssigers, mit dem anderen am oberen Teile desselben angeschlossen, so daß sich in dem Außenrohr der Flüssigkeitsspiegel in gleicher Höhe wie im Verflüssiger einstellt. Ein Innenrohr wird durch ein **feines** Regelventil mit dem unteren Teil des Verflüssigers in Verbindung gebracht, mit dem oberen an die Saugleitung angeschlossen. Im normalen Betriebe bleibt das Regelventil zu, weil sonst unnütze Verluste eintreten würden. Will man den Flüssigkeitsstand ablesen, so wird das Regelventil **kurze Zeit** so weit geöffnet, daß etwas Flüssigkeit in das innere Rohr tritt und dort infolge des Verdampfungsdruckes verdampft. Dadurch wird die das Innenrohr umgebende Flüssigkeit unter 0° gekühlt, während das darüber stehende Gas diese Temperatur nicht annehmen kann, ohne zu verflüssigen. Das Außenrohr beschlägt sich dann mit Reif, und zwar von unten herauf bis etwa zum Flüssigkeitsspiegel, vorausgesetzt, daß dies nicht durch heftigen Kältemittelumlauf im Außenrohr gestört wird. Die Bedienung der Vorrichtung scheint etwas Gewandtheit zu erfordern.

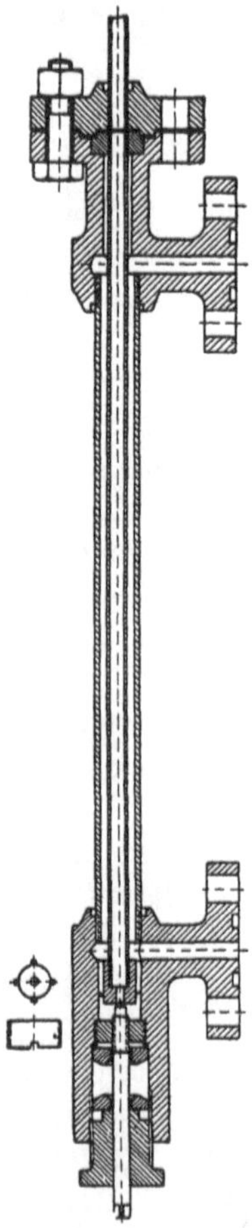

Fig. 285.

Bei der Flüssigkeitsüberschußpumpe nach **Döderlein**, s. S. 175, läßt sich vielleicht die ausreichende Füllung feststellen dadurch, daß die Verdichtung reiner Flüssigkeit (aus dem Flüssigkeitsabscheider) eine niedrigere Verdichtungstemperatur gibt als die Verdichtung nassen oder gar trockenen Dampfes.

Der Reinhaltung der Füllung durch die Siebtöpfe (siehe S. 122) ist genügende Aufmerksamkeit zu schenken. Namentlich nach der ersten Inbetriebsetzung ist das Sieb baldigst, etwa nach 2 Wochen zum erstenmal, nach weiteren 3 Wochen zum zweitenmal, von da ab etwa alle halbe Jahre herauszunehmen und zu reinigen, wenn nötig, zu erneuern. Verschwindet mit der Zeit zu viel Packung aus der Verdichterstopfbüchse, so ist zu vermuten, daß diese durch den Zylinder eingesaugt und in die Leitungen gedrückt ist. Dann ist gelegentlich auch der Ölabscheider zu öffnen und zu reinigen, vor allem ein neuer, gut an der Kolbenstange anschließender Grundring in die Stopfbüchse zu legen und der Siebtopf nachzusehen. Versäumnisse in dieser Hinsicht haben sich schon durch unangenehme längere Betriebsunterbrechungen und die Notwendigkeit einer durchgreifenden Reinigung aller Rohre und Schlangen gerächt. Manchmal sind zersprungene oder zu weite Grundringe die Ursache, manchmal auch Versäumnis in der rechtzeitigen Erneuerung der Stopfbüchspackung. Diese darf nie zerfasert sein[1]).

Ferner ist öfter die Füllung in bezug auf Wasser zu untersuchen (siehe S. 25), um ein allmähliches Einfrieren der Verdampferschlangen zu vermeiden.

Ab und zu muß der Verflüssiger als ganz geschlossenes Gefäß gebaut werden, damit das Kuhlwasser durch dieses mit Druck in ein höher gelegenes Aufnahmegefäß gepumpt werden kann. Ähnlich sind meistens auch die Flüssigkeitsunterkühler (s. S. 154) gebaut. Die Wasserableitung muß hier immeroben sein, damit sich im Gefäß nicht Luft abscheiden kann, wodurch die vom Wasser benetzte Fläche vermindert und dadurch der Verflussigerdruck in die Höhe getrieben wurde, was zunächst das Vorhandensein von Luft in den Verflüssigerschlangen vortäuschen konnte.

77. Äußere Instandhaltung des Verflüssigers und des Verdampfers.

Beim Verflüssiger müssen die Schlangen gelegentlich nach Bedarf von Schlamm gereinigt werden, da dieser den Wärmeaustausch behindert und unter Umständen die Schlangen

[1]) Über die Erkennungsmerkmale von inneren Verstopfungen siehe Heinel, »Bau und Betrieb von Kaltemaschinenanlagen«, S. 104, 114.

anfrißt. Kohlensäurehaltiges Wasser greift Eisenschlangen stark an, so daß sie unter Umständen schon nach einem Jahr durchlöchert sind. Von außen erkennt man manchmal beulenartige Ansätze, bei deren Entfernung das Loch zum Vorschein kommt. Auch andere Säuren im Wasser können Ähnliches bewirken. Wo man nicht sicher weiß, ob das Kuhlwasser rein genug ist, verwende man lieber Berieselungsverflüssiger. Die Schlangen werden geschont, wenn sie mit einer Rostschutzfarbe gestrichen werden, die oft genug zu erneuern ist. Dieser Anstrich beeinflußt den Wärmedurchgang etwas, aber wenig. Gegen Wasser, das Kohlensaure und Luft mitführt, schutzt nur Feuerverzinkung. Galvanische Verzinkung hat sich nicht bewahrt! Bezuglich des Dichthaltens der Flanschen gilt das oben unter S. 360 Gesagte. Um die Schlangen reinigen zu konnen, stelle man Tauchverflüssiger stets so auf, daß man von oben aus genugend lange Stecken mit Bursten hineinstecken kann. Bei Rührwerken ist darauf zu achten, daß die Zahnrader in richtigem Eingriff bleiben, man richte die Welle beizeiten nach, wenn sich die Stutzung abgenutzt hat, sonst sind die Zahnrader in kurzer Zeit unbrauchbar. Sie mussen stets gut eingefettet sein. Die Flugel der Ruhrwerke mussen instand gehalten werden. Die auf S. 150 erwahnten Überläufe mussen nach Inbetriebnahme geeicht werden.

Beim Verdampfer ist besonders auf Reinhaltung der Salzsole zu achten und darauf, daß die Salzsole das richtige spezifische Gewicht hat. Man mißt dies nach durch ein Araometer mit Anzeige des spezifischen Gewichts großer als 1 (siehe S. 168). Bei größeren Anlagen und da, wo die Salzsole sich durch Aufnahme von Wasser verdunnt, ist die Aufstellung eines Selbstsattigers mit Reinigungsapparat zu empfehlen (Fig. 231, S. 287). (Balduin Weißer, Basel.) Auch am Verdampfer ist den Rührwerken genugend Augenmerk zuzuwenden. Unwirksamkeit des Ruhrwerkes verursacht geringere Leistung der Maschine.

Kapitel XIV.

Die Feststellung der Leistung von Kühlmaschinen.

Der immer schärfer werdende Konkurrenzkampf auf dem Gebiete der Kälte-Industrie hat neben mancherlei praktischen Übelständen, welche sich hauptsächlich auf die Zahlungsbedingungen erstrecken, doch entschiedene Fortschritte in der Ausfuhrung der Kuhlmaschinen zur Folge gehabt. Dies macht sich vor allem in der Prazision der in der Neuzeit angebotenen und — was die Hauptsache ist — meistens auch ohne Schwierigkeit eingehaltenen Garantien in bezug auf Leistung und Arbeits- bzw. Dampfverbrauch solcher Anlagen vorteilhaft geltend. Auch auf Nachweis dieser Garantien, der fruher nur selten und dann auch vorwiegend durch Ingenieure der ausfuhrenden Fabriken dem Besteller geliefert wurde, wird jetzt viel mehr Wert gelegt, und die Vornahme solcher Versuche trotz der damit notwendig verbundenen Kosten durch unparteiische Sachverständige bevorzugt. Im folgenden sollen nun die bei solchen Versuchen angewandten Methoden kurz besprochen und in bezug auf ihre Zuverlassigkeit einer Kritik unterzogen werden. Diese Erorterung durfte um so notwendiger sein, als man sich mit der Versuchsanordnung dem praktischen Betriebe, der haufig nicht einmal auf kurzere Zeit, d. h. mehrere Stunden, unterbrochen werden darf, anpassen muß, auch wenn darunter die Genauigkeit der zu gewinnenden Ergebnisse etwas leiden sollte. Immerhin läßt sich bei einiger Sorgfalt und der mit der Zeit sich einstellenden Gewandtheit fast stets eine recht befriedigende Genauigkeit erreichen, welche die Beurteilung der wichtigsten Garantiewerte ermoglicht.

Von der Ermittelung der häufig auch der Garantie unterstellten Verdichterarbeit konnen wir an dieser Stelle absehen, da wir dieselbe schon in § 20 erortert haben.

Die hier in Frage kommenden Versuche bezeichnet man, da ihr Hauptzweck die Ermittelung einer Warmemenge, d. i. der Kalteleistung während der Zeiteinheit, und zwar unter vorgeschriebenen Temperaturverhältnissen, ist, im allgemeinen als kalorimetrische Versuche. Wärmemengen sind aber nur nachweisbar an ihren körperlichen Trägern, deren Natur, insbesondere deren Aggregatzustand demnach für den Versuch als maßgebend anzusehen ist.

78. Nachweis der Kälteleistung aus der Eiserzeugung.

Scheinbar am bequemsten gestaltet sich nun die Wägung fester Körper, also z. B. der Nachweis der Kälteleistung einer Maschine durch das gebildete Eis, dessen Schmelzwärme mit 80 Cal pro 1 kg für atmosphärischen Druck als bekannt und unveränderlich angesehen werden darf. Wenn es auch keine Schwierigkeiten bietet, die Temperatur des Gefrierwassers vor seinem Einbringen in die Eiszellen des Eiserzeugers zu messen, so ist doch diejenige des erzeugten Eises, welche bei der langen Gefrierdauer wohl meist der mittleren Soletemperatur im Eiserzeuger gleich ist, weniger sicher, und schließlich darf man nicht übersehen, daß die Wägung nur mit einzelnen ausgehobenen Blöcken vorgenommen werden kann, da die vollständige Wagung ganzer Zellenreihen in gefulltem und leerem Zustande, insbesondere bei großen Eiserzeugern, zu zeitraubend ist. Das Ausbringen der Eisblöcke ist aber erst nach dem Eintauchen der gefüllten Zellen in ein Abtaugefäß moglich, also durch einen gewissen Schmelzverlust. Man behilft sich darum meistens mit der Abwägung einzelner Blöcke als Stichproben, wobei auf eine möglichst gleichartige Füllung der einzelnen Zellenreihen zu achten ist, und schätzt den Schmelzverlust auf etwa 3 bis 10%. Das Gesamtergebnis dieses Verfahrens kann demnach auch bei sorgfältigster Temperaturbestimmung nur sehr wenig genau ausfallen, weshalb die Ermittelung der Kälte aus der Eisleistung einer Maschine mit Recht auch als die ungenaueste Versuchsmethode angesehen werden muß. Einer Verbesserung ist dieselbe indessen dadurch fähig, daß man die Zellen mit Wasser möglichst gleichartig füllt und die Füllung selbst etwa durch Ausmessung der sog. Füllvorrichtung bestimmt. Diese Ausmessung geschieht bei unregelmäßiger Form des Gefaßes am einfachsten durch Einbringen einer vorher abgewogenen, zur Füllung sämtlicher Zellen einer Reihe hinreichenden Wassermenge, deren Spiegelhöhe alsdann durch eine Marke festgehalten wird. Bis zu dieser Höhe muß alsdann jedesmal nachgefüllt werden, um sicher zu sein, daß jede Zellenreihe dieselbe Wassermenge erhält. Ist das Füllgefäß mit einem Überlaufe versehen, so bildet die Unterkante desselben diese Marke, wodurch die Kontrolle der gleichmäßigen Füllung der Reihen sehr erleichtert wird. Um die Füllung der einzelnen Zellen braucht man sich dann ebensowenig zu kümmern wie um den Schmelzverlust beim Ausbringen des Eises. Diese Methode ist entschieden viel genauer als die mehrfach ausgeführte Entnahme von Stichproben einzelner Zellen deren mittlere Fullung durch die Spiegelhöhe festgestellt wird. Immerhin darf man nicht vergessen, daß infolge der unsicheren Feststellung der wirklichen Mitteltemperatur der Eisblöcke eine Ungenauigkeit übrigbleibt, welche niemals ganz beseitigt, sondern nur durch ein etwas längeres Verweilen der schon fertigen Eisblocke im Eiserzeuger, sofern dies zulässig ist, vermindert werden kann. Dieses Verweilen bringt nämlich einen Ausgleich der Temperatur im Innern der Blocke mit derjenigen an der Außenflache mit sich, der indessen bei der geringen Wärmeleitungsfahigkeit des Eises nur langsam sich vollzieht. Da die spezifische Wärme des Eises nahezu = 0,5 ist und die mittlere Soletemperatur der meisten Generatoren sich um — 6° C bewegt, so entspricht die Abkuhlung des Eises vom Gefrierpunkt auf die Soletemperatur einer Wärmemenge von 0,5 · 6 = 3 Cal fur 1 kg. Wird jedoch der Block unmittelbar nach dem Ausfrieren des Kernes, der dann keine tiefere Temperatur als 0° C besitzt, ausgehoben, so kann man die Mitteltemperatur des Eises auf etwa — 5° bis 4° C abschätzen, was einer Abkühlungswärme von 1,5 bis 2 Cal pro 1 kg entspricht. Innerhalb der Differenz von hochstens 1,5 Cal pro 1 kg bewegt sich demnach der bei dieser Methode in Frage kommende Fehler. Wird das Eis aus Wasser von + 10° C gebildet, so erfordert 1 kg bis zum Gefrieren eine Wärme-Entziehung von 10 + 80 = 90 Cal, bzw. mit der Abkühlung des Eises 93 bzw. 91,5 WE, so daß der Fehler im ganzen noch nicht 2% betragt. Damit aber kann man im allgemeinen zufrieden sein, da, wie wir spater sehen werden, eine viel größere Genauigkeit auch mit anderen Methoden nicht erzielt werden kann.

Wenn sich somit das Ermittelungsverfahren der Kälteleistung von Eismaschinen dadurch verbessern läßt, daß man statt des gewonnenen Eises die zu seiner Bildung eingebrachte Wassermenge feststellt, so hat man immerhin nur die reine Nettoleistung der Maschine bestimmt. Vergleicht man dann dieselbe mit entsprechenden Werten an Kühlmaschinen, denen die Wärme durch eine zirkulierende Solemenge (wie z. B. bei der Kellerkühlung von Brauereien) zugeführt wird, so wird man diese meistens bei derselben Maschinenarbeit sowie denselben Temperaturen im Verdampfer und Verflüssiger größer, also günstiger finden. Den Aufschluß für diese Erscheinung liefert dann die Wärmebilanz, d. h. die gleichzeitige Feststellung der indizierten Verdichterarbeit und der Verflüssigerleistung. Zieht man das Äquivalent der ersteren (d. h. die Anzahl der Pferdestärken, multipliziert mit 632, der Zahl der Wärmeeinheiten, welche durch Vernichtung von 1 PS entstehen) von der letzteren ab, so erhält man die Bruttokälteleistung der Maschine, welche sich bei reinen Eismaschinen in der Tat meist bedeutend größer als die oben besprochene Nettoleistung herausstellt. Arbeitet nun der Verflüssiger unter Temperaturen, welche sich nur wenig von der Temperatur ihrer Umgebung unterscheiden, so kann man die auf denselben einwirkenden Nebenumstände vernachlässigen, und die Differenz der Brutto- und Nettokälteleistung stellt nichts anderes dar als die Verluste, welche durch Eindringen äußerer Wärme auf dem Wege der Leitung und Strahlung in dem Eiserzeuger entstehen. Bei Eiserzeugern ist nun wegen des erheblichen Raumes, den die Eiszellen mit der sie umgebenden Sole einnehmen, die diesen störenden Einflüssen ausgesetzte Oberfläche viel größer wie bei gewöhnlichen Verdampfern, womit die relativ bedeutenden Verluste hinreichend begründet erscheinen.

Zum Schlusse mag noch darauf hingewiesen werden, daß mit dem eben geschilderten Verfahren einigermaßen zuverlässige Ergebnisse nur dann erreichbar sind, wenn streng auf die Einhaltung des Beharrungszustandes geachtet wird, d. h. wenn die Temperatur der Salzsole infolge gleichmäßigen Ersatzes des entnommenen Eises durch eingebrachtes Wasser tunlichst in denselben Zeitabschnitten aufrechterhalten wird. Insbesondere sollte die schließliche Temperatur der Sole, um alle mehr oder weniger ungenauen Umrechnungen zu vermeiden, stets mit der anfänglichen übereinstimmen. Bemerkt man gegen das Ende des Versuches ein Steigen der Soletemperatur, so wird man demselben durch ein- oder zweimalige Verlängerung der Periode der Eisentnahme vorbeugen können, während man beim Sinken der Temperatur die Entnahme etwas beschleunigt. Dabei darf aber keinesfalls übersehen werden, daß die etwa rascher entnommenen Reihen auch wirklich durchgefroren sind, da andernfalls leicht ein sehr bedeutender Fehler sich einschleichen kann.

79. Das Abkühlungsverfahren an Salzwasserkühlern.

Läßt sich bei einer Kühlmaschine ein Beharrungszustand überhaupt nicht erzielen, etwa infolge zeitweiliger Einschaltung von Süßwasserkühlern und Eiserzeugern im Brauereibetriebe, oder steht den mit der Untersuchung betrauten Personen keine Zeit zur Vorbereitung derselben bzw. zur Erzielung des Beharrungszustandes zur Verfügung, so bleibt meistens nichts anderes übrig, als unter Ausschaltung aller äußeren Wärmequellen auf kurze Zeit den Verdampfer allein mit seinem Soleinhalt von einer bestimmten oberen Temperatur auf eine tiefere herunterzukühlen. Dient der Verdampfer gleichzeitig als Eiserzeuger, so sind die Zellen aus demselben vorher zu entfernen und so viel Sole nachzufüllen, daß dieselbe ihre normale Höhe wieder besitzt. Bleibt alsdann das Rührwerk im Gange, so arbeitet die Maschine — abgesehen von der ständigen Temperaturabnahme im Verdampfer — unter normalen Verhältnissen. Es braucht wohl kaum hervorgehoben zu werden, daß man die Soletemperatur nicht nur in kurzen Intervallen, etwa alle 10 Minuten, sondern auch an mehreren Stellen im Generator ablesen sollte, um zuverlässige Mittelwerte für jeden Zeitpunkt zu gewinnen. Die hierbei entstehende Schwierigkeit der Feststellung der Soletemperatur in größeren Tiefen läßt sich leicht dadurch umgehen, daß man die Thermometer, wie in Fig. 286 angedeutet, in Blechbüchsen (zur Not sind alte Konservenbüchsen verwendbar) vermittelst eines langen Holzstieles befestigt und eventuell durch einige Bleigewichte beschwert in den Apparat versenkt. Beim raschen Herausheben bleibt alsdann das Thermometer in derselben Sole, die es unten umgeben hat, und zeigt außen ohne nennenswerten Fehler deren Temperatur an. Sind dagegen, wie z. B. an Lindeschen Luftkühlapparaten, seitliche in das Innere der Sole ragende, mit Glyzerin oder Sole gefüllte Thermometerhülsen vorhanden, so umwickelt man zweckmäßig die Kugel des Thermometers mit leichtem Stoff oder Putzwolle, damit nicht schon beim Herausziehen zum Zwecke der Ablesung der Faden infolge des Einflusses der Außentemperatur steigt.

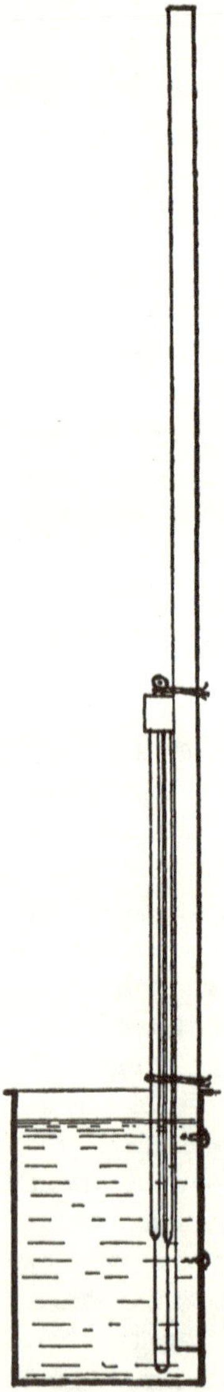

Fig 286

Nach diesen geringfügigen Vorkehrungen verläuft der Versuch, bei dem man nicht verfehlen wird, wenn möglich den Druckverdichter zu indizieren und die Verflüssigerleistung (worauf wir weiter unten noch zurückkommen) festzustellen, ganz glatt und ist meistens, wenn man etwa bei einer Soletemperatur von 0° angefangen hat und die Abkühlung bis etwa — 7° bis 8° fortsetzt, in 1 bis 2 Stunden erledigt.

Die beobachteten mittleren Temperaturen trägt man zweckmäßig als Funktion der Zeit graphisch auf und erhält so ein Diagramm, wie es in Fig. 287 dargestellt ist. Die Temperaturkurve wird, wenn die Umdrehungszahl der Maschine während des Versuches keine erheblichen Schwankungen erlitten und auch sonst keine störenden Einflüsse dazwischengetreten sind, stets einen stetigen Verlauf nehmen, so zwar, daß die Temperatur anfänglich stärker, bei tieferen Soletemperaturen dagegen langsamer sinkt. Diese Stetigkeit bietet überdies Gelegenheit, etwaige fehlerhafte Ablesungen nachträglich zu korrigieren, weshalb man bei diesem Verfahren niemals die Aufzeichnung der Temperaturkurve während des Versuches versäumen sollte. Diese Aufzeichnung ist aber auch dadurch von großem Nutzen, weil sie geeignet ist, auf einen für diesen Versuch manchmal sehr störenden Umstand aufmerksam zu machen. Zeigt nämlich die Temperaturkurve eine auffallende Unstetigkeit an einer bestimmten Stelle, wie z. B. in Fig. 288 bei — 3,5°, so muß man auf das plötzliche Hinzutreten einer vorher unwirksamen Wärmequelle schließen. Diese liegt nach den Erfahrungen des Verfassers stets im Ausscheiden von Salz aus der in diesem Falle zu schwachen Sole auf der Oberfläche der Verdampferrohre[1]).

Von der Richtigkeit dieser Vermutung kann man sich leicht durch den Vergleich der durch das Verdampfermanometer an-

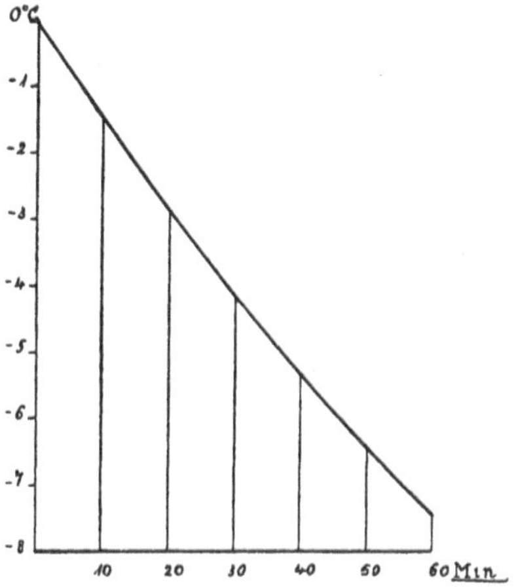

Fig. 287.

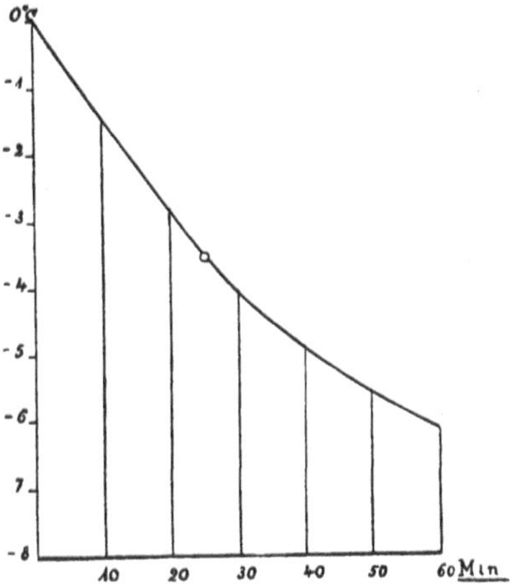

Fig. 288.

gezeigten Temperatur im Innern dieser Rohre mit der gleichzeitig in der Sole herrschenden uberzeugen. Man wird in diesem Falle stets Differenzen von 8 bis 10° C feststellen, wahrend unter normalen Verhältnissen, unter denen die Rohre nicht mit einer isolierenden Salz- und Eisschicht bedeckt sind, diese Differenz 4 bis 6° beträgt. Diese Erscheinung tritt besonders leicht bei Luftkuhlapparaten auf, deren Sole mit der zu kühlenden Luft in Beruhrung kommt und dieser Wasser entzieht. Das Ausscheiden von Salz verursacht ein sehr unwirtschaftliches Arbeiten der Anlage. Man erkennt daraus, daß es durchaus nicht genugt, den Salzgehalt der Sole so hoch zu be-

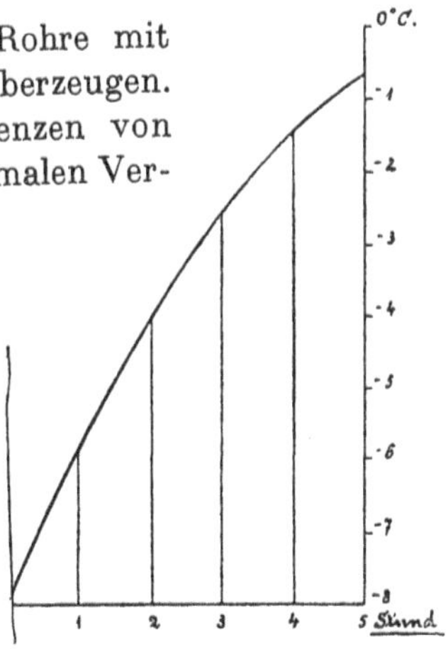

Fig 289

[1]) Siche Seite 168

messen, daß er bei der tiefsten Soletemperatur dieselbe vor dem Gefrieren schützt, sondern daß hierfür ein der Temperatur im Innern der Rohre nahekommender Wert maßgebend ist[1]).

An den Abkühlungsversuch wird häufig, um den Einfluß der Umgebung des in Frage stehenden Apparates festzustellen, ein Erwärmungsversuch bei ausgeschaltetem Kompressor und geschlossenem Regulierventil, aber in Bewegung bleibendem Rührwerk angeschlossen und, wenn möglich so lange fortgesetzt, bis die anfängliche Temperatur wieder erreicht ist. Dies wird natürlich um so langsamer geschehen, je näher die übrigens als gleichbleibend vorausgesetzte äußere Temperatur derjenigen in der Sole liegt und je besser der Apparat isoliert ist. Die diesem Versuch entsprechende Temperaturkurve wird demnach einen Verlauf etwa nach Fig. 289 annehmen. Sind die Rohre dagegen mit ausgeschiedenem Salz oder Eis bedeckt, so wird dieses zunächst wieder unter dem Einflusse der von außen eindringenden Wärme aufgelöst, so daß oft längere Zeit hindurch gar keine Temperaturzunahme bemerkbar ist. In diesem Falle hat der Erwärmungsversuch naturgemäß keinen Zweck, wie denn auch der vorhergehende Abkühlungsversuch wenigstens unterhalb der Unstetigkeitsstelle der Temperaturkurve Fig. 288 als unbrauchbar anzusehen ist.

Was nun die Verwendung dieser Versuchsergebnisse zur Ermittelung der Kälteleistung betrifft, so verfährt man gewöhnlich in der Weise, daß man zunächst aus der im Verdampfer befindlichen Solemenge und dem (meist aus der Versandfaktura oder der Konstruktionszeichnung zu entnehmenden) Metallgewicht des Gefäßes und der darin befindlichen Rohre mit Hilfe der spezifischen Wärmen dieser Größen den Wasserwert W der abgekühlten Masse bestimmt. Dabei bleibt die Isolation, deren Temperaturänderung sich durchaus der Beobachtung entzieht, während auch ihr Gewicht selten und ihre spezifische Wärme niemals genau bekannt sind, unberücksichtigt, was man damit begründet, daß dagegen die Abkühlung der Metallteile derjenigen der Sole gleich und darum zweifellos etwas zu hoch angenommen wurde. In dieser Vernachlässigung der Isolation einerseits und der Annahme über die Abkühlung der

[1]) Siehe Seite 263.

Metallteile liegt nun die Schwäche des ganzen Verfahrens, welche auch nicht durch einen darangeschlossenen Erwärmungsversuch, der für sich nur die mit derselben Ungenauigkeit behaftete äußere Wärme ergibt, beseitigt werden kann. Eine gewisse Kontrolle wird indessen ermöglicht durch die schon oben als zweckmäßig bezeichnete gleichzeitige Feststellung der Verdichter- und Verflussigerleistung, aus denen sich die theoretische Kälteleistung Q ergibt. Hat man nun z. B. eine stündliche Abkühlung innerhalb des der Garantie entsprechenden Temperaturintervalles von t^0 gefunden und festgestellt, daß weiterhin beim Erwärmungsversuche bei den gleichen Mitteltemperaturen der Sole und Umgebung in derselben Zeit die erstere um Δt stieg, so muß die Gleichung

$$Q = W(t + \Delta t) \quad \ldots \ldots \quad (1)$$

erfüllt sein. Hieraus kann man nun rückwärts W bestimmen und diesen Wert mit dem oben aus den Gewichten und der spezifischen Wärme berechneten vergleichen. Mit einer Übereinstimmung bis auf 4% muß man sich im allgemeinen begnügen und kann dann den Wert Wt als Nettokalteleistung aussprechen. Wenn auch dieses Verfahren hiernach eine ziemlich bescheidene Genauigkeit[1]) zuläßt, so wird es doch recht häufig angewandt, und zwar nicht allein aus den im Eingang erwähnten Gründen, sondern auch, weil es wenigstens gestattet, die verhältnismäßige Abnahme der Kälteleistung bei — sonst gleiche Zustände vorausgesetzt — immer tiefer sinkenden Verdampfertemperaturen festzustellen.

Die in der Unbestimmtheit des Wasserwertes W, welche insbesondere dann besonders schwer wiegt, wenn z. B. bei Verdunstungsverflüssigern die Ermittelung der Bruttokälteleistung und mit derselben die Kontrolle von Q nicht durchfuhrbar ist, liegende Ungenauigkeit läßt sich übrigens durch einen zweiten Versuch beseitigen, den man nach Vergrößerung von W um einen bekannten Betrag vornimmt. Zu diesem Zwecke vermehrt oder vermindert man einfach die im Apparate enthaltene Sole-

[1]) Naturlich darf man nicht auch noch den Wasserwert der Metallteile des Gefaßes vernachlassigen, der insbesondere bei mittleren und kleineren Verdampfern leicht bis zu 20% desjenigen der Sole ausmacht.

menge und erhält alsdann, wenn w den Wasserwert des Zusatzes bedeutet, mit derselben Kälteleistung

$$Q = (W + w) \cdot (t' + \Delta t') \quad \ldots \ldots \quad (2)$$

Aus (1) und (2) folgt schließlich

$$W = \frac{w(t' - \Delta t')}{t - t' + \Delta t - \Delta t'} \quad \ldots \ldots \quad (3)$$

Dieses Verfahren hat den großen Vorzug, daß man die Messung des Wasserwertes w an einem Körper von verhältnismäßig geringem Gewicht außerhalb des Verdampfers, also mit beliebiger Genauigkeit, vornehmen kann. Es ist dies aber auch um so notwendiger, als alle Fehler, welche hierbei begangen werden, in gleichem Verhältnis zu der Größe W auftreten, wie aus (3) deutlich hervorgeht. Hat man z. B. durch den ersten Versuch eine Temperaturabnahme von $t = 3{,}5^0$ und eine nachherige Erwärmung von $\Delta t = 0{,}2^0$ pro Stunde bei derselben Mitteltemperatur gefunden, so ist

$$Q = W \cdot 3{,}7.$$

Nach dem Einfüllen von 1000 l Sole mit der spezifischen Wärme $c = 0{,}9$ (entsprechend der schon vorhandenen) pro 1 l, also eines Körpers vom Wasserwert 900, ergibt sich mit derselben Kälteleistung im zweiten Versuch $t' = 3{,}2^0$ und für die Erwärmung wieder $0{,}2^0$, also

$$Q = (W + 900) \cdot 3{,}4.$$

Dann ist nach dem Gleichsetzen

$$W = \frac{900 \cdot 3{,}4}{3{,}7 - 3{,}4} = 10\,200.$$

Die Genauigkeit hängt hiernach nicht allein von derjenigen ab, mit welcher W ermittelt wurde, sondern auch von der Temperaturmessung, auf die mithin die größte Sorgfalt verwandt werden muß. Gerade hierfür aber ist die oben erläuterte Aufzeichnung des Temperaturdiagramms von hohem Werte. Schließlich sei noch erwähnt, daß man nicht etwa nur Wasser in den Eiserzeuger zur Veränderung von W einfüllen sollte, da man hierdurch leicht eine zu schwache Sole erhält und Störungen, wie sie in Fig. 288 angedeutet sind, gewärtigen muß.

80. Feststellung der Kälteleistung bei gleichbleibender Temperatur durch Kondensation von Wasserdampf (Beharrungsversuch).

Bezieht sich die garantierte Kälteleistung auf eine bestimmte Temperatur (etwa —5°) im Salzbade, so erlaubt die Abkühlungsmethode, wohl mit leidlicher Genauigkeit die Leistung innerhalb eines die erwähnte Temperatur als Mittelwert umfassenden Temperaturintervalles zu ermitteln, wenn die Hinzufügung oder Entnahme einer gewissen Lösungsmenge zur Feststellung des wahren Wasserwertes der Gesamtmasse möglich bzw. zulässig erscheint. Dies letztere ist nun leider insbesondere bei Luftkühlapparaten kaum jedesmal der Fall, und deshalb konnten die mit der Abkühlungsmethode bisher erzielten Ergebnisse oft nur als recht rohe Annäherungen betrachtet werden. Daher dürfte der Vorschlag des früheren Oberingenieurs Prof. Dr. Preßel der Gesellschaft für Lindes Eismaschinen, durch Verflüssigung von Wasserdampf die entwickelte Kälteleistung zu vernichten und gleichzeitig durch Auffangen und Wägen des niedergeschlagenen Wassers zu messen, um so eher allgemeinen Anklang finden, als hierbei unmittelbar die wirkliche Nettokälteleistung unabhängig von den Strahlungs- und Leitungsverlusten festgestellt wird und der Zeitaufwand zur Gewinnung zuverlässiger Resultate im Beharrungszustand sehr gering ist. Verfasser hat diese Methode wiederholt angewendet und recht befriedigende Ergebnisse mit derselben erzielt. Es erfordert auch eine Anzahl von Vorsichtsmaßregeln, deren Nichtbeachtung leicht das Scheitern des ganzen Versuches zur Folge hat. Zunächst wollen wir das Versuchsverfahren schildern.

In den zu untersuchenden Apparat (Luftkühler usw.) wird senkrecht zur Soleströmung eine aus dünnwandigem, aber solid hergestelltem Kupferrohr[1]) gefertigte Spirale (siehe Fig. 290 und 291) eingehängt, deren beide Enden sich außerhalb des Salzbades befinden müssen und mit gewöhnlichen Flanschen versehen sind. Unmittelbar an das eine Ende wird ein Manometer und alsdann ein Dampfventil angeschlossen, während kurz vor demselben sich

[1]) Die Spirale ist demselben Probedruck wie der Kessel, welchem der Dampf entnommen wird, zu unterwerfen und auch mit Luft unter Wasser auf Dichtheit zu untersuchen.

ein Wasserabscheider (Kondenstopf) befindet, der so einzustellen ist, daß er während des Versuches nicht nur alles Wasser der Dampfzuführungsleitung sondern auch noch reichlich Dampf ins Freie läßt. Nur dadurch ist man sicher, daß in die Spirale wirklich trockener Dampf eintritt, dessen Temperatur sich aus den Manometerangaben ermitteln läßt. Manchmal drosselt man durch

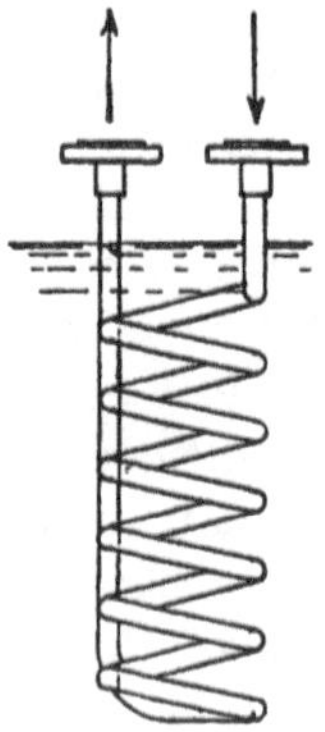

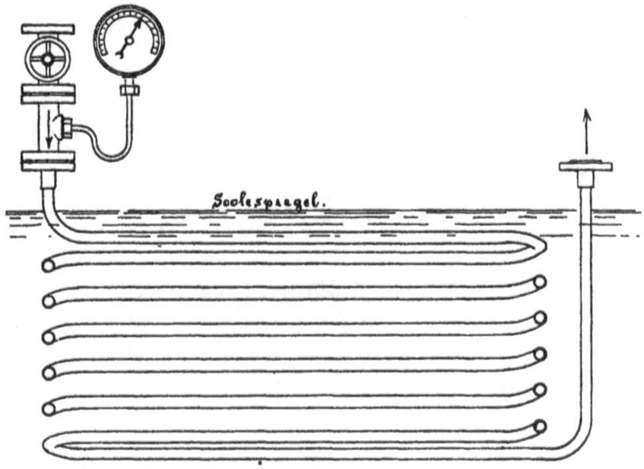

Fig. 290. Fig. 291.

das Eintrittsventil den Dampf stark ab, wodurch derselbe eine leichte Überhitzung erfährt, die man durch ein in die Dampfleitung hinter dem Ventil eingeführtes Thermometer durch Vergleich mit der Angabe des Manometers feststellen kann. Um in der Spirale während des Versuches den Druck gleichmäßig aufrechtzuerhalten, befindet sich auch am anderen Ende derselben ein Ventil, dessen Öffnung gerade hinreicht, das gebildete Wasser unter dem inneren Drucke entweichen zu lassen. Es wird alsdann durch einen Gummischlauch dem möglichst nahe befindlichen Meßgefäß, welches zweckmäßig auf einer Wage steht, zugefuhrt. Wahrend des Versuches werden nun die beiden Ventile an der Spirale so reguliert, daß einerseits der Wasseraustritt moglichst gleichmaßig, anderseits aber die Temperatur der Sole nahezu konstant bleibt. Ein vorher gut eingeschulter Monteur oder Maschinist muß, soll der Versuch gelingen, diesen Dingen seine volle Aufmerksamkeit dauernd zuwenden.

Für die Abmessung der Spirale gilt folgendes: Zunächst erscheint es selbstverständlich, daß eine Bildung von Eis an irgendeiner Stelle im Innern der Spirale, welche in kürzester Zeit zum Einfrieren derselben führen muß, auf alle Fälle zu vermeiden ist. Dies setzt aber voraus, daß das Kondensat erstens nur einen kurzen Weg in der Spirale zurücklegen und zweitens eine gewisse Mindestgeschwindigkeit, die ich zu etwa 0,12 m pro Sekunde ermittelt habe, nicht unterschreiten darf. Mit dieser Geschwindigkeit ist aber bei gegebener (das heißt zu erwartender) Kälteleistung der größte Rohrdurchmesser bestimmt, während sich die Länge der Spirale aus dem Wärmedurchgang pro 1 qm der mittleren Heizfläche in der Stunde ergibt. Hält man den Dampfüberdruck in der Spirale auf etwa 3 kg/qcm (entsprechend einer Temperatur von $+ 143^0$), während im Salzbade eine Temperatur von $- 5^0$ herrscht, so darf man den stündlichen Wärmedurchgang durch 1 qm der beiderseits blanken Wandung von der Stärke 1,5—2 mm auf etwa 200000 Cal veranschlagen, was einem Wärmedurchgangskoeffizienten $k = 1350$ Cal pro 1^0 Temperaturunterschiede entspricht.

Bei einer Kühlmaschine von ca. 50000 Cal stündlicher Leistung wird man beispielsweise einen sekundlichen Wasserniederschlag in der Spirale von 0,0280 l = 28 ccm erwarten dürfen, welche bei einer Geschwindigkeit von 0,14 m = 14 cm pro Sek. einen Querschnitt von 2 qcm oder eine Lichtweite von $d = 15$ mm erfordert. Bei 1,5 mm Wandstärke beträgt die mittlere Heizfläche des Rohres (d. i. Mittelwert zwischen der Innen- und Außenfläche) 0,055 qm pro lfd. m, so daß mithin die Spirale eine solebenetzte Länge von

$$\frac{60000}{200000} \cdot \frac{1}{0,055} = 6 \text{ m}$$

haben sollte.

Von größter Wichtigkeit ist für dieses Verfahren, daß die ganze Spirale bis zum Steigrohr für das Kondensat ein ausreichendes Gefälle besitzt und nirgends Gelegenheit zur Bildung von Wassersäcken, welche unfehlbar einfrieren würden, bietet. Das Steigrohr selbst soll das Kondensat so rasch wie möglich aus dem Bereich der abkühlenden Sole entfernen, wird also zweckmäßig ganz vertikal angeordnet. Bei Beginn des Versuches läßt man zunächst eine etwas größere Menge von

Dampf, als es dem Beharrungszustande entspricht, hindurchstreichen und reguliert erst dann, wenn man sicher ist, daß keine Wasseransammlungen zu befürchten sind, den Dampfzutritt und damit die Spannung, so daß die Soletemperatur auf der gewünschten Höhe stehen bleibt und das austretende Wasser jedenfalls keine Dampfentwicklung mehr zeigt. Anfangs

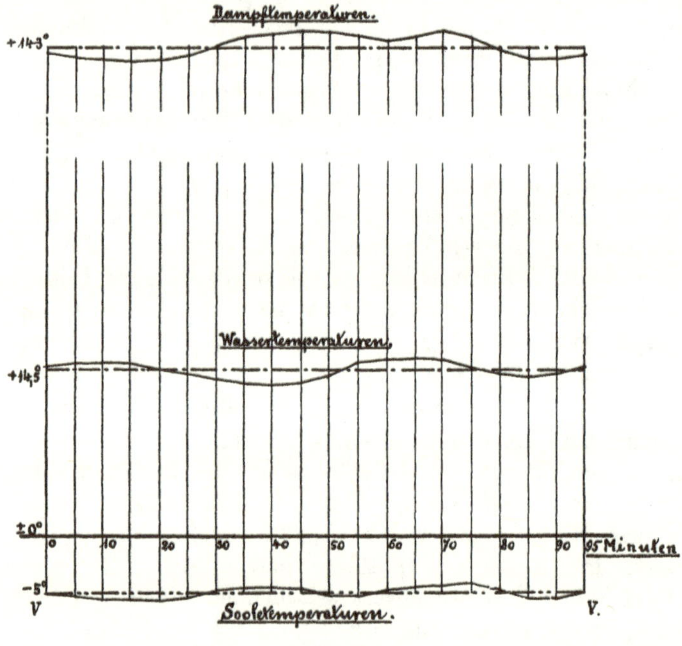

Fig. 292.

ist es auch nötig, die eintauchende Länge der Spirale etwas zu verändern. Wenn danach ein zu langes Ende aus dem Salzwasser herausragt, so ist es abzuschneiden. Die Temperatur der Sole wird so oft als möglich, am besten alle 5 Minuten, an mehreren Thermometern abgelesen und deren Mittelwert, wie auch beim Abkühlungsversuch, graphisch aufgetragen. Man erhält alsdann eine wie in Fig. 292 verlaufende Linie *V V*, deren Endpunkt (beim Versuchsschluß) dieselbe Höhe wie am Anfang besitzen muß, wenn man lästige und unzuverlässige Umrechnungen vermeiden will. Dies hat man übrigens durch die Regulierung des Dampfzutrittes vollständig in der Hand. Die mittlere Höhe dieser Linie bezeichnet dann sofort die mittlere Temperatur der Sole während des Versuches.

In dasselbe Diagramm kann man sodann noch die Temperaturen des Dampfes (nach den Manometerangaben der Dampftabelle zu entnehmen) und diejenigen des austretenden Wassers eintragen. Wenn auch der Verlauf dieser Temperaturkurven schon eine recht gute Übersicht über den Beharrungszustand gewährt, so ist es doch angebracht, auch die Wägung des Kondensats im Meßgefäß öfters, also etwa halbstündlich, vorzunehmen. Bei der niemals sehr ausgedehnten Versuchsdauer (welche meist durch die Aufnahmefähigkeit des Meßgefäßes auf der Wage) beschränkt ist, erscheint eine graphische Verzeichnung dieser Werte nicht angebracht.

Aus den der Fig. 292 entnommenen oder auch genugend genau als arithmetisches Mittel der Beobachtungsdaten berechneten Mitteltemperaturen berechnet sich nunmehr leicht die Leistung. Ist die der Verflussigungstemperatur t_1 entsprechende Gesamtwärme des Dampfes λ, t_0 die Mitteltemperatur des austretenden Wassers, so hat man bei einem stundlichen Niederschlag von G kg desselben eine Nettokälteleistung von

$$Q = G(\lambda - t_0) \quad . \quad . \quad . \quad . \quad . \quad . \quad . \quad . \quad (4)$$

an der keinerlei Korrekturen anzubringen sind. Will man dazu noch die Bruttoleistung ermitteln, so kann man dies einfach durch nachträgliche Anstellung eines Erwärmungsversuches, wenn nicht die Differenz der Kondensatorleistung und des Äquivalentes der Verdichterarbeit hierüber hinreichenden Aufschluß gewährt.

Betragt zum Beispiel die dem mittleren Manometerstande von 3 kg/qcm Überdruck entsprechende Temperatur $t_1 = 143^0$, so ist die Gesamtwärme des Dampfes nach der Zeunerschen Tabelle $\lambda = 650$ WE. Bei einer stündlichen Verflüssigung von $G = 92$ kg Wasser, dessen mittlere Austrittstemperatur hinter der Spirale zu $t_0 = 14{,}5^0$ festgestellt wurde, hätte man eine Nettokalteleistung von stundlich

$$Q = 92\,(650 - 14{,}5) = 58466 \text{ Cal.}$$

81. Die kalorimetrische Untersuchung im Beharrungszustande bei Anlagen mit Salzwasserumlauf durch Pumpe.

Diese gibt erfahrungsgemäß die zuverlässigsten Resultate und setzt strenggenommen voraus, daß die Temperaturen aller einzelnen Beobachtungsstellen während der ganzen Versuchsdauer keine Veränderung erleiden, d. h. aber, daß die in jedem Zeitintervalle der Kühlmaschine zugeführte Wärme, vermehrt um das Äquivalent der gleichzeitig geleisteten Kompressorarbeit, mit der im gleichen Intervalle abgegebenen Wärme genau übereinstimmt. Das Verfahren erfordert zunächst die genaue Messung der die ganze Kühlanlage in der Zeiteinheit (Stunde) passierenden wärmeaufnehmenden Flüssigkeiten und die Beobachtung der Temperaturen vor und nach der Wärmeaufnahme. Die Indizierung des Verdichters dient alsdann wesentlich zur Kontrolle bzw. zur Aufstellung der Warmebilanz. Die wichtigste Feststellung ist naturgemaß diejenige der Kälteleistung, welche hier — abgesehen von der Luftkühlung — stets in der Salzlosung zu messen ist. Zu diesem Zwecke muß dieselbe vor allem einen zuverlässigen Meßapparat passieren, am besten ein mit Ponceletmundungen, d. h. kreisförmigen und scharfrandigen Löchern, versehenes Gefaß, dessen Spiegelhohe so oft wie möglich während des Versuches festgestellt wird. Das Meßgefäß wird am einfachsten zwischen die sogenannte Soleruckleitung (d. h. fur die Zurückführung der aus den Kellern oder Kuhlhallen erwärmten Sole dienenden Rohrleitung) und den Verdampfer eingeschaltet, so zwar, daß es uber den letzteren zu stehen kommt. Alsdann fließt die Sole aus den Ponceletmündungen

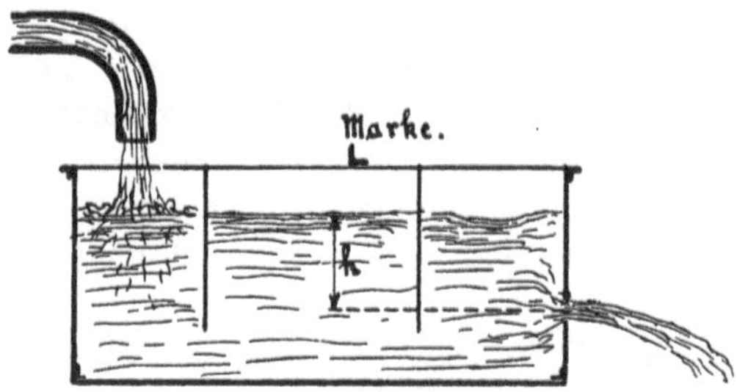

Fig. 293.

unmittelbar in den Verdampfer. Um eine gleichmäßige Spiegelhöhe ungestört von dem Einflusse der eintretenden und austretenden Sole zu erhalten, empfiehlt es sich, in das Gefäß, Fig. 293, zwei Scheidewände, welche nur im unteren Teile eine Kommunikation der drei Abteilungen übriglassen, einzubauen. In den mittleren Abteilungen werden die Spiegelhöhen gemessen, und zwar am einfachsten mit einem gewöhnlichen Maßstab von einer oben angebrachten Marke aus, deren Höhen über den Mitten der Ponceletmündungen natürlich vor dem Versuch festzustellen sind.

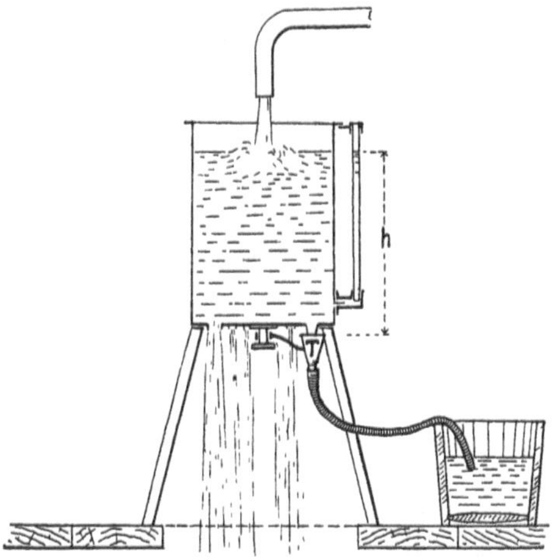

Fig. 294.

Die in der Münchener Versuchsstation[1]), in welcher das hier besprochene Verfahren für die Messung des Kondenswassers der Dampfmaschinen zur Anwendung kam, eingeführte Bestimmung der Spiegelhöhe durch eine von unten dem Wasserspiegel genäherte Spitze ist natürlich genauer als die Verwendung eines gewöhnlichen Maßstabes, da hierbei der Fehler infolge der Kapillarität wegfällt, ist aber nur nötig, wenn die Spiegelhöhe sehr klein (< 200 mm) ist. Ist man genötigt, das Gefäß und die Ausflußöffnungen erst an Ort und Stelle mit rohen Hilfsmitteln herstellen zu lassen, so müssen die Ausflußöffnungen bei meh-

[1]) Schröter, »Untersuchungen an Kältemaschinen verschiedener Systeme« II. Bericht 1890.

reren Spiegelhöhen geeicht werden. Wirbelbildungen im Gefäß, besonders an den Ausflußöffnungen, beeinträchtigen die Genauigkeit der Messung bedeutend.

Zur Erleichterung dieser Kontrolle hat Prof. E. Bauer[1]) vorgeschlagen, relativ kleine Öffnungen, aber in größerer Zahl und kreisförmiger Anordnung mit gleichen Abständen im Boden des zylindrisch ausgebildeten Meßgefäßes anzubringen, so daß bei axialem Wasserzutritt (siehe Fig. 294) alle Öffnungen symmetrisch dazu gelegen sind. Durch einen Trichter T, welcher der Bequemlichkeit halber um einen Zapfen drehbar ist, kann man nun die aus einer Öffnung austretende Flussigkeit abfangen und vermittelst eines Gummischlauches in ein volumetrisch schon vorher ausgewertetes oder nachträglich zu wiegendes Gefäß leiten. Die Beobachtung der Füllungszeit, d. h. die zwischen Ein- und Abrucken des Trichters unter die zu prüfende Öffnung verflossene Zeit, wird um so genauer, je kleiner die durch eine Öffnung ausfließende Solemenge ist. Außerdem wird die Spiegelhohe h an dem seitlich angebrachten Wasserstandsglase so oft als moglich, jedenfalls aber in gleichen Zeitabständen notiert. Fuhrt man diese Messung für jede Öffnung wahrend des Versuches wenigstens einmal durch, so kennt man für alle die in der Zeiteinheit bei bestimmten Spiegelhohen durchfließende Solemenge und damit auch die sog. Ausflußkoeffizienten.

Das vorstehende Verfahren läßt sich naturgemäß auch zur Bestimmung der den Verflüssiger durchfließenden Wassermenge verwenden, nur wird man das Gefaß hier zweckmäßig mit dem Wasserabfluß des Verflüssigers verbinden, da fur diesen stets hinreichendes Gefalle zur Verfugung steht und alsdann keine unter Druck stehenden Rohrleitungen fur den Versuch demontiert werden mussen. Da die Feststellung der Verflussigerleistung bei einigermaßen regelmäßigem Wasserzutritt ohnehin leichter ist sowie unter Zuhilfenahme der abgeschätzten Verdichterarbeit einen Schluß auf die Kalteleistung wohl zulaßt, so findet man haufig nach dem Vorgange der Gesellschaft fur Lindes Eismaschinen derartige Poncelетmundungen unmittelbar mit dem Verflussigeruberlauf (Fig. 118) verbunden. Dieselben konnen alsdann natürlich nur ziemlich roh ausgefuhrt sein, lassen sich aber

[1]) Z. d. V. d. I. 1892.

doch mit Vorteil für die Messung der Verflüssigerleistung beim praktischen Versuche benutzen und ersparen so jedenfalls einen Teil der Vorbereitungen.

Bezüglich der Verwendung der Beobachtungsergebnisse begnügt man sich meist damit, der Berechnung der umlaufenden Menge das arithmetische Mittel h_m der beobachteten Spiegelhöhen sowie für diejenige der Kälteleistung die mittlere Temperaturdifferenz t_m beim Ein- und Austritte des Verdampfers zugrunde zu legen. Es erscheint nun zweckmäßig, über die dabei auftretenden Fehler sich vorher Rechenschaft zu geben. Zu diesem Zwecke sei c die spezifische Wärme der Flüssigkeit pro 1 l und φ der Ausflußkoeffizient[1]) der Mündungen, beide Werte können innerhalb der praktisch vorkommenden Intervalle als konstant betrachtet werden. Dann hat man, wenn n die Zahl der Einzelbeobachtungen und F den Gesamtquerschnitt aller Mündungen bedeutet, die Kälteleistung Q bekanntlich aus

$$Q = \frac{\varphi \cdot c \cdot F}{n} \cdot \Sigma\,(t \cdot \sqrt{2\,g\,h}), \quad . \quad . \quad . \quad . \quad (5)$$

worin t eine der beobachteten Temperaturdifferenzen, h eine entsprechende Spiegelhöhe ist und Σ die Summierung über alle n Einzelbeobachtungen andeutet. Setzen wir jetzt

$$t = t_m + \Delta t \text{ und } h = h_m + \Delta h,$$

worin Δt und Δh die bei einer Beobachtung festgestellten Abweichungen der Temperaturdifferenz t und des Gefälles h von den Mittelwerten bedeuten, so wird

$$Q = \frac{\varphi\, c \cdot F}{n} \sqrt{2\,g}\, \Sigma\,(t_m + \Delta\, t)\, \sqrt{h_m + \Delta\, h}$$

$$= \frac{\varphi\, c\, F}{n} \cdot t_m \sqrt{2\,g\,h_m}\, \Sigma \left(1 + \frac{\Delta\, t}{t_m}\right) \sqrt{1 + \frac{\Delta\, h}{h_m}}.$$

Sind nun die Abweichungen vom Mittelwerte klein, so dürfen wir auch statt dieses Ausdruckes angenähert schreiben

---

[1]) Fur denselben habe ich durch eigene Beobachtungen in Übereinstimmung mit anderweitigen Ergebnissen an scharf geschnittenen Ponceletmundungen Werte von 0,620—0,635 gefunden, jedoch durfte diese Zahl in gewissen Grenzen abhangig sein vom Durchmesser der Öffnung. Die spezifische Warme der Sole bestimmt man nach Feststellung des spezifischen Gewichtes durch das Araometer nach Tafel XV. S. 168 und Fig. 295.

$$Q = \frac{\varphi \cdot c F}{n} t_m \sqrt{2 g h_m} \Sigma \left(1 + \frac{\Delta t}{t_m} + \frac{1}{2} \frac{\Delta h}{h_m}\right), \quad . \quad . \quad (6)$$

worin einerseits das Produkt von $\Delta t : t_m$ mit $\Delta h : 2 h_m$ und

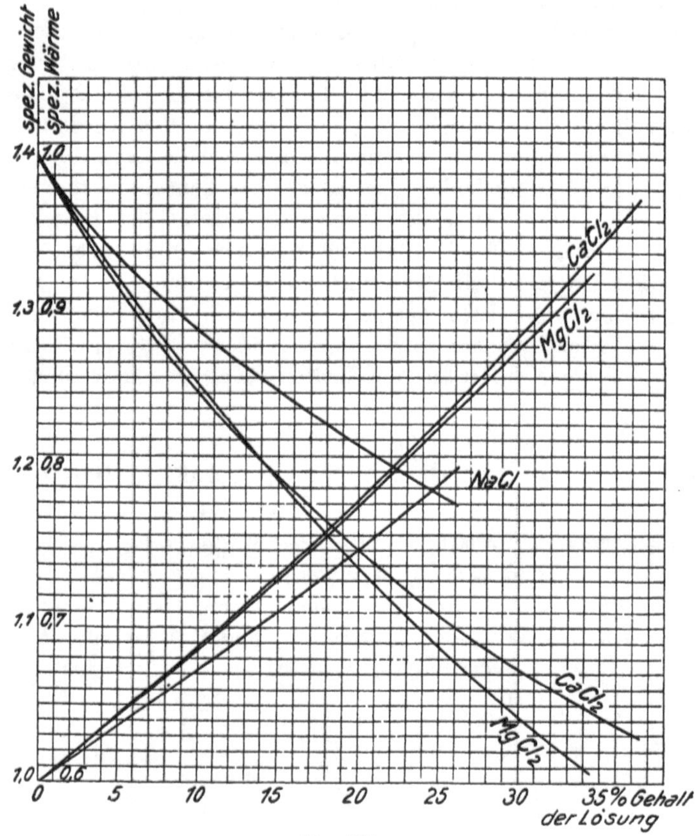

Fig. 295.

weiter alle höheren Potenzen von $\Delta h : h_m$ vernachlässigt sind Da aber t_m und h_m arithmetische Mittel darstellen sollten, so ist

$$\Sigma \Delta t = 0 \text{ und } \Sigma \Delta h = 0,$$

mithin reduziert sich der Summenausdruck bei n Beobachtungen auf

$$\Sigma(1) = n,$$

und wir haben statt (6)

$$Q = \varphi \cdot c F \cdot t_m \sqrt{2 g h_m}, \quad \ldots \ldots \quad (6a)$$

d. h. bei kleinen Abweichungen der Beobachtungsdaten von ihrem Mittelwerte oder, was auf dasselbe hinausläuft, bei einem sehr gleichmäßigen Beharrungszustande während des Versuches ist die Berechnung der Kälteleistung auf Grund der Mittelwerte zulässig.

Ist man sich über die Zulässigkeit dieses einfacheren Verfahrens nicht vollkommen klar, so bleibt natürlich nichts weiter übrig, als die in Gl. (5) eintretenden Produkte der einzeln beobachteten Temperaturdifferenzen mit den Wurzeln aus den entsprechenden Spiegelhöhen zu bilden und diese schließlich zu summieren. Daß es nützlich ist, alle Beobachtungsdaten wieder graphisch aufzutragen, ist nach dem Früheren wohl als selbstverständlich anzusehen. Man erhält dadurch insbesondere eine gute Übersicht über die Einhaltung des Beharrungszustandes.

Um über die Genauigkeit des soeben geschilderten Rechnungsverfahrens eine Übersicht zu gewinnen, wollen wir dasselbe an einer Beobachtungsreihe prufen. Es seien in der folgenden Tabelle die beobachteten Höhen h, die daraus berechneten Wurzeln $\sqrt{h}$, die zugehörigen Temperaturdifferenzen t und schließlich noch die Produkte $t \cdot \sqrt{h}$ eingetragen und die Mittelwerte hinzugefugt.

h	$\sqrt{h}$	t	$t \cdot \sqrt{h}$
249 mm	15,78	2,0° C	31,59
221 ,,	14,87	2,3 ,,	34,20
203 ,,	14,25	2,4 ,,	34,20
217 ,,	14,73	2,3 ,,	33,88
240 ,,	15,49	2,1 ,,	32,53
232 ,,	15,20	2,1 ,,	31,92
Mittelwert 227 mm	15,05	2,2° C	33,05

Berechnet man nun das für die Kälteleistung unter sonst gleichen Umstanden maßgebende Produkt $t_m \sqrt{h_m}$ aus den Mittelwerten der ersten und dritten Spalte, so erhält man mit $\sqrt{h_m} = \sqrt{227} = 15{,}07$ (statt 15,05 aus der zweiten Spalte)

$$t_m \cdot \sqrt{h_m} = 2{,}2 \cdot 15{,}07 = 33{,}15,$$

während der genauere Wert, wie die letzte Spalte ergibt, 33,05 ist. Der Fehler beträgt aber in unserem Falle, in dem die Einzelbeobachtungen sowohl der Spiegelhöhen h wie auch der Temperaturdifferenzen t bis zu 10% von ihren Mittelwerten abweichen, nur etwa 0,3% und kann somit unbedenklich vernachlässigt werden, da bei allen derartigen praktischen Versuchen die direkten Beobachtungsfehler zweifellos höhere Beträge erreichen. Damit ist wohl die Anwendbarkeit des Rechnungsverfahrens auf Grund der Mittelwerte in ziemlich weiten Grenzen erwiesen. Angesichts der weiten Verbreitung desselben könnte die vorstehende Prüfung vielleicht als überflüssig erscheinen; indessen ist es immer nützlich, wenn der untersuchende Sachverständige sich in jedem Einzelfalle von der Zulässigkeit der Beobachtungsmethoden und der Verwendung der Beobachtungsdaten zur Bestimmung des Gesamtresultates wissenschaftlich Rechenschaft abzulegen vermag. Diese Vorsicht wird, wie ich aus Erfahrung weiß, nicht immer geübt und hat dann in der Praxis mitunter recht bedenkliche Folgen. Jedenfalls sollte man, wenn während des Versuches sehr große Schwankungen der Spiegelhöhen (also etwa bis zur Hälfte des Mittelwertes) auftreten, was bei ungleichmäßig fördernden Pumpen gar keine Seltenheit ist und dann auch meist erhebliche Schwankungen der Temperaturdifferenz zur Folge hat, die Berechnung mit Hilfe der Mittelwerte der Einzelbeobachtungen nicht anwenden, sondern die Produkte $t\sqrt{h}$ für jeden Posten bestimmen und erst aus diesen Werten die Kälteleistung ermitteln. Die schon erwähnte Aufzeichnung der Beobachtungsdaten, möglichst gleich während des Versuches, erleichtert die Übersicht dabei ganz außerordentlich.

Die Verwendung eines Meßgefäßes mit Ausflußöffnungen beruht, wie wir gesehen haben, auf der Möglichkeit einer während des Versuches jederzeit durchführbaren Bestimmung der Spiegelhöhe. Diese ist nun bei schäumenden Salzlösungen, wie sie mir hier und da begegnet sind, nicht mehr mit Sicherheit zu erkennen, und damit wird, wenn das Meßgefäß nicht mit einem seitlichen Wasserstandsglase, dessen Spiegel vom Schaume unberührt bleibt, versehen ist, das ganze Verfahren unbrauchbar. In solchen Fällen kann man sich manchmal durch Einführung eines Schwimmers, der über den Schaum herausragt, helfen, nachdem man dessen Tauchtiefe vorher in einem anderen mit derselben Sole (welche, zur Ruhe gekommen, keinen Schaum mehr aufweist) gefüllten Gefäße bzw. dem Meßgefäße selbst bei verschlossenen Mündungen ermittelt hat. Leider wird durch starke Blasenentwicklung der Schwimmer häufig derart in Bewegung erhalten, daß eine befriedigende Höhenbestimmung sehr erschwert, wenn nicht unmöglich gemacht wird, so daß man sich alsdann am besten nach einer ganz anderen Methode umsieht.

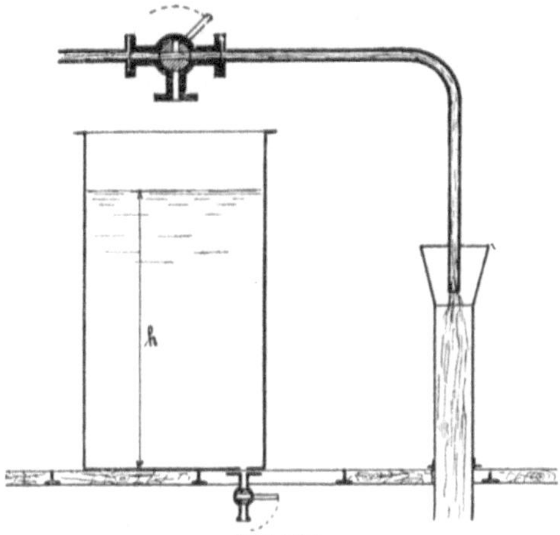

Fig. 296.

Als genauestes und nach jeder Richtung hin einwandfreies Verfahren bietet sich naturgemäß hier die Wägung der Sole unter Anwendung zweier auf Wagen stehender Gefäße. Diese müssen jedoch schon bei mittleren Kühlanlagen von so bedeutendem Fassungsvermögen sein, daß ihre Beschaffung sowie diejenige der Wagen fast immer unmoglich erscheint. Deshalb habe ich mich in allen solchen Fällen dazu entschlossen, die Flüssigkeitsmenge zeitweilig, d. i. etwa alle 20 Minuten, in einem Gefäß mit möglichst konstantem Querschnitt abzufangen und die Füllungszeit desselben durch ein Chronoskop festzustellen. In Brauereien, wo derartige Versuche am häufigsten vorkommen, sind solche Gefäße in Gestalt von zylindrischen Hopfenbüchsen von ca. 300 l Inhalt fast stets vorrätig. Nachdem man am Boden des Gefäßes (Fig. 296) einen gewöhnlichen Hahn befestigt hat, welcher zur Entleerung nach vollzogener Messung dient, stellt man dasselbe uber dem Verdampfer so auf, daß die Solerückleitung sich gerade daruber befindet. In diese wird alsdann ein Dreiweghahn eingeschaltet, der es gestattet, die Sole entweder in den Verdampfer oder in das Gefäß treten zu lassen. Die Messung selbst erfordert einen mit Chronoskop ausgerüsteten Beobachter und einen Arbeiter zum Öffnen und Schließen des Dreiweghahnes. Dieses erfolgt auf Kommando des Beobachters, welcher gleichzeitig das Chronoskop ein- und ausrückt. Während der Füllung kann dann auch die Messung der Temperatur der eintretenden Sole erfolgen, während diejenige der Austrittstemperatur am besten unmittelbar vor der Messung vorgenommen wird. Der Grund hierfür liegt in der, wenn auch geringfügigen Störung des Beharrungszustandes des Verdampfers, welchem während der Füllung durch die Pumpe kontinuierlich Flüssigkeit entzogen wird. Da kein Zufluß stattfindet, muß die Abflußtemperatur währenddessen eine kleine Senkung erfahren, welche die Kälteleistung höher erscheinen läßt, als sie in Wirklichkeit ist. Durch Ablesung dieser Temperatur vor der Flüssigkeitsmessung wird dieser Fehler vermieden. Nachdem das Gefäß gefüllt ist und der Schaum sich verzogen hat, bietet die Ermittelung der Spiegelhöhe keine Schwierigkeiten mehr. Kennt man durch vorherige oder nachträgliche Wägung des Gefäßes mit und ohne Inhalt sein Fassungsvermögen, etwa bei der mittleren Spiegelhöhe, so ergibt sich aus den Einzelwerten der Höhe h, dem Querschnitt F und der beobachteten Zeit τ das Volumen in der Zeiteinheit zu

$$V = F \cdot \frac{h}{\tau} \quad \ldots \ldots \quad (7)$$

oder, wenn wir wieder unter Einfuhrung der mittleren Beobachtungswerte h_m und τ_m

$$h = h_m + \Delta h, \quad \tau = \tau_m + \Delta \tau$$

setzen angenähert bei kleinen Abweichungen Δh und $\Delta \tau$

$$V = F \cdot \frac{h_m}{\tau_m} \cdot \frac{1 + \frac{\Delta h}{h_m}}{1 + \frac{\Delta \tau}{\tau_m}} = F \frac{h_m}{\tau_m} \left(1 + \frac{\Delta h}{h_m} - \frac{\Delta \tau}{\tau_m}\right) \quad \ldots \quad (8)$$

Sind unter h_m und τ_m die arithmetischen Mittel verstanden, so verschwinden beim Summieren aller Beobachtungen die Werte $\Sigma \Delta h$ und $\Sigma \Delta \tau$, und es bleibt

$$V = F \cdot \frac{h_m}{\tau_m}, \quad \ldots \ldots \quad (8\,a)$$

d. h. die zirkulierende Flüssigkeit kann bei kleinen Abweichungen der Füllungshöhe und Füllungszeit des Meßgefäßes von ihren Mittelwerten lediglich aus diesen bestimmt werden. Daß man auch fur die Temperaturdifferenz sich mit dem Mittelwert begnügen wird, ist hier um so eher begründet, als deren Messung ja, wie wir schon sahen, zeitlich nicht genau mit derjenigen der Flüssigkeitsmenge zusammenfallen darf. Bezeichnet mithin wieder c die spezifische Wärme der Lösung pro 1 l, t_m die mittlere Temperaturdifferenz in Grad Celsius, ist ferner F in Quadratdezimeter, h_m in Dezimeter und τ_m in Sekunden gegeben, so folgt für die stündliche Kälteleistung

$$Q = 3600 \cdot F \cdot \frac{h_m \cdot t_m}{\tau_m} c, \quad \ldots \ldots \quad (9)$$

ohne daß es notwendig ist, irgendeinen Koeffizienten einzuführen. Zur Beurteilung der Genauigkeit der eben erläuterten Berechnung der zirkulierenden Solemenge mit Hilfe der Mittelwerte moge die nachstehende Tabelle dienen. In derselben gibt die erste Spalte die beobachteten Höhen des Solespiegels im Meßgefäße in Dezimetern, die zweite die Füllungszeit in Sekunden wieder, während die dritte Spalte die Quotienten beider Werte enthält, welche sichtlich auf eine sehr konstante Pumpenleistung schließen lassen.

h	τ	$h:\tau$
7,38 dm	24,2 Sek.	0,3050
7,22 ,,	23,6 ,,	0,3059
7,10 ,,	23,2 ,,	0,3060
7,51 ,,	24,4 ,,	0,3078
7,45 ,,	24,4 ,,	0,3053
7,26 ,,	23,8 ,,	0,3050
Mittelwert 7,32 dm	23,9 Sek.	0,3058

Berechnet man den Quotienten $h_m \cdot \tau_m$, so ergibt sich 0,3063 gegenüber dem exakteren 0,3058, d. h. ein Unterschied von 0,17%, welcher keinesfalls in Betracht gezogen werden kann. Der Beobachter hat es ubrigens in der Hand, bei einigermaßen gleichbleibender Pumpenleistung durch Abgabe des Kommandos für den Hahnschluß nach Ablauf einer bestimmten Zeit die Abweichungen der Einzeldaten von ihrem Mittelwerte ziemlich klein zu halten. Dann aber ergibt dieses, einem Notbehelfe entsprungene Verfahren recht befriedigende Resultate.

Eine ähnliche Methode empfiehlt sich übrigens häufig zur Ermittelung der Verflüssigerleistung, wenn die Anwendung von Ponceletmündungen aus irgendeinem Grunde nicht zulässig erscheint. Man ermittelt dann in einem Bassin, welches das Kühlwasser vor seinem Übertritt in den Verflüssiger passiert, einfach nach Absperrung des Zuflusses die Spiegelsenkung innerhalb einer gewissen Zeit und erhält so einen brauchbaren Mittelwert. Ist kein Bassin vorhanden, so kann man sich oft dadurch helfen, daß man das Kühlwasser zunächst einem hochstehenden Reservoir, z. B. einem Süßwasserkühler, zuführt und in diesem, nach Absperrung des Zuflusses oder Ableitung desselben in ein anderes Reservoir, die Messung durchführt. Mit zwei derartigen, tunlichst gleich hoch stehenden Reservoiren läßt sich sogar eine fortlaufende Messung der ganzen Kühlwassermenge durchführen. Dieses Verfahren erfordert neben der genauen Kenntnis des Querschnittes der Reservoire eine sorgfältige Regulierung des Einlaßorgans am Verflüssiger mit Rücksicht auf die veränderliche Druckhöhe in den Reservoiren.

Zeigt sich bei einem Vorversuch, daß infolge zu großer Maschinenleistung gegenüber den Wärmequellen ein Beharrungszustand nicht erreichbar bzw. nicht aufrechtzuerhalten ist, so wird man versuchen, den Überschuß der Kälteleistung durch Einschalten einer neuen Wärmequelle auszugleichen. Hierzu bieten sich verschiedene Mittel dar, von denen als das einfachste die Verlegung einer Heizschlange, welche mit warmem Wasser oder Dampf gespeist werden kann, direkt in das Meßgefäß erscheint. Aus der Menge und Temperaturdifferenz des zu- und abfließenden Wassers bzw. des Dampfes unter Berücksichtigung der latenten Wärme des letzteren ergibt sich alsdann der im Beharrungszustande vorhandene Kälteüberschuß, wenn auf dessen Ermittelung überhaupt Wert gelegt wird. Ist keine brauchbare, d. h. hinreichend feste und dichte Heizschlange vorhanden, so kann man sich auch, wenigstens bei sehr großer, in den Leitungen und dem Verdampfer befindlicher Solemenge, durch direktes Einleiten von Dampf in das Meßgefäß helfen.

Da durch die Kondensation von je 1 kg Wasserdampf mehr als 600 Cal frei werden, so genügt meist die Einfuhrung einer so geringen Menge, daß hierdurch die spezifische Wärme der gesamten zirkulierenden Sole keine bemerkbare Änderung erfährt. Davon kann man sich übrigens leicht durch Bestimmung des spezifischen Gewichtes, welches eng mit der spezifischen Wärme zusammenhängt, vor und nach dem Versuche überzeugen. Hat man den Dampf, dessen Eintritt in die Sole selbstverständlich mittels eines Drosselventils unter Beobachtung der Temperaturen genau geregelt werden muß, etwa dem mittleren Raume des Meßgefäßes Fig. 313 zugeführt, so kann man durch gleichzeitige Beobachtung der Temperaturen der Sole beim Ein- und Austritt aus dem Gefäße die zugeführte Wärmemenge bestimmen. Der Dampfverbrauch selbst läßt sich allerdings nur angenähert angeben, da der Wassergehalt beim Eintritt in die Sole nicht als bekannt vorausgesetzt werden kann. Ein Ablassen des Leitungswassers wie beim Preßelschen Verfahren, lohnt sich hier nicht.

Sachregister.

R.

S.

T.

U.

V.

W.

Z.

www.ingramcontent.com/pod-product-compliance
Lightning Source LLC
LaVergne TN
LVHW092151300926
849161LV00002B/244